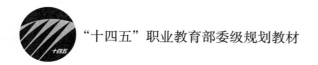

"十四五"职业教育部委级规划教材

电脑横机技术教程：
毛衫花样设计与制板

卢华山　编著

中国纺织出版社有限公司

内 容 提 要

本书以毛衫花样设计与制板为主要内容，将电脑横机工艺技术的知识点进行编排与讲解。本书共三个项目，第一个项目介绍电脑横机的基本结构与工作原理，讲述了岛精、慈星以及龙星电脑横机的基本操作方法；第二个项目介绍毛衫常用的织物组织与花样的设计、制板与编织方法。第三个项目介绍毛衫花样的仿样设计与创新设计。

本书内容丰富翔实，讲解由浅入深，既可作为服装院校针织设计等专业的实训项目教材，也可供广大服装企业技术部门的专业人员阅读和参考。

图书在版编目（CIP）数据

电脑横机技术教程：毛衫花样设计与制板 / 卢华山编著. -- 北京：中国纺织出版社有限公司，2021.6

"十四五"职业教育部委级规划教材

ISBN 978-7-5180-8623-8

Ⅰ. ①电… Ⅱ. ①卢… Ⅲ. ①毛衣－服装设计－横机－高等职业教育－教材 Ⅳ. ① TS941.763

中国版本图书馆 CIP 数据核字（2021）第 108265 号

责任编辑：朱冠霖　　责任校对：王花妮　　责任印制：王艳丽

中国纺织出版社有限公司出版发行
地址：北京市朝阳区百子湾东里A407号楼　邮政编码：100124
销售电话：010—67004422　传真：010—87155801
http://www.c-textilep.com
中国纺织出版社天猫旗舰店
官方微博 http://weibo.com/2119887771
三河市宏盛印务有限公司印刷　各地新华书店经销
2021年6月第1版第1次印刷
开本：787×1092　1/16　印张：24
字数：509千字　定价：68.00元

前言

进入21世纪，教育的对象发生了根本的变化。针对我国当前高等职业教育的特点，本教材以针织技术与针织服装专业相关职业能力为依据，以"毛衫首样的制作"为设计主线，将电脑横机工艺技术的知识点进行设计与编排，整个教学内容依据整体结构从易到难，按内容的衔接依次设计了若干项目与任务，实现以实践为导向、"教、学、做"合一的教材编写设计思想。

本系列教材分为《电脑横机技术教程：毛衫花样设计与制板》和《电脑横机技术教程：毛衫成型设计与制板》。分别介绍电脑横机的结构与工作原理，毛衫基础组织的结构与织物特性，毛衫花样的设计与制板方法，岛精、恒强、琪利制板系统操作，时尚款毛衫套装的设计与制作等。

《电脑横机技术教程：毛衫花样设计与制板》共三个项目。第一个项目为电脑横机的基本操作，介绍电脑横机的基本结构与工作原理，讲述了岛精、慈星、龙星电脑横机的基本操作方法；第二个项目介绍毛衫常用的织物组织与花样的设计与电脑横机制板、编织方法；第三个项目介绍毛衫花样的仿样与创新设计。

《电脑横机技术教程：毛衫成型设计与制板》共三个项目。第一个项目为毛衫衣片成型设计与制板，介绍毛衫各衣片的制板方法；第二个项目为毛衫全成型制板，介绍国产和岛精电脑横机的全成型制板方法；第三个项目介绍时尚款毛衫套装的设计与制作方法。

教材每个项目中依据教学内容设计了多个学习任务，每个任务的开头设有"学习目标"与"任务描述"，明确"知识与技能目标"的要求。教材内容结合学生的认知特点，以工作任务为引领，将各知识点有机地结合其中，使学习内容深入浅出、层层递进，并配以适当图片与范例，重点突出，便于自学。

本系列教材在编写过程中，得到了日本岛精机制作所、杭州恒强科技有限公司、达利（中国）集团针织中心、杭州款库羊绒科技有限公司等企业的大力支持，尤其是岛精公司台州办事处马樑工程师、无锡鲸绫有限公司郭海斌总经理、达利针织中心办厂何元喜、杭州款库羊绒科技有限公司卢震儒及唐伟等人的大力支持和帮助，为本系列教材提供了大量的技术资料与指导。限于篇幅，本系列教材只对电脑横机操作与制板基础部分进行了编写，使学生学会使用电脑横机进行各种花型试样与成型衣片的制作。

由于编者水平有限，本系列教材在编写过程中难免有错误和疏漏之处，欢迎专家、同行和广大读者批评指正，不胜感谢。

杭州职业技术学院　卢华山

2020年7月

目录

项目一　电脑横机的基本操作

针织为经编与纬编两种编织方式的总称。经编是指经向喂入纱线由针钩弯曲成圈，线圈纵向连接、横向相互串套形成片状织物的编织过程。纬编是指纬向喂入纱线由针钩弯曲成圈，线圈横向连接、纵向相互串套形成片状或圆筒状织物的编织过程。纬编的主要设备分为圆机与横机两种类型。圆机编织形成圆筒状织物，小针筒圆机主要编织袜子和罗口，大针筒圆机面料主要用于裁剪类针织服装；横机是一种多针床的纬编平型针织机器，是毛衫成型衣片以及横机领、罗口、手套等产品生产的主要机种。

20世纪70年代前，横机的编织主要采用机械式控制技术，80年代以后，电子技术在横机上应用广泛，实现了单板机控制的半自动横机到电脑控制的全电脑横机的飞跃。与机械控制的横机相比，电脑横机具有以下特点：

（1）任意选针：电脑横机上采用了电磁选针装置，实现了单针选针功能。单针选针与三角变换、针床横向移位、导纱器变换等功能相组合，使得毛衫纹样几乎无限变化。

（2）成型编织：电脑横机具有翻针接圈功能，配合针床的移动，实现了线圈的转移功能，能进行加、减针的编织动作从而编织出成型衣片。采用特殊的牵拉技术（如压脚、沉降片和分段式牵拉）、多针床技术（四针床+辅助针床）能编织出各种花样的整件毛衫，也称为全成型技术，从而节省了套口缝合劳动力和因裁剪所产生的原料浪费。

（3）快速变更产品花样、品种：电脑横机配有相应的花型准备系统，将新的花样、品种制成相应的编织文件，通过网络或U盘输入电脑横机中，即可编织成产品。

（4）生产高效、高产：电脑横机具有多个成圈三角系统，即每个机头可具有两个或三个成圈系统，或用双机头、多机头并联使用。在编织小尺寸的衣片时，机头可分开单独编织；编织大尺寸的衣片时，多个机头可连在一起，多个系统同时编织。多系统和宽针床应用极大提高了电脑横机的效率和产量，比如一个254cm针床可同时编织四片衣片。

电脑横机的普及使我国毛衫行业发生了巨大的变化。20世纪80年代末，中国拥有电脑横机不足100台，主要使用手摇横机进行毛衫的生产；而亚洲其他横编发达地区电脑横机拥有量如中国香港1500台、中国台湾400台、韩国600台，差距很大。经过多年的努力，国产电脑横机得到迅猛发展，出现了几十个品牌，在2005~2010年经过短短数年，电脑机已经完成了取代手摇横机的进程，实现了全面换装。现在，中国电脑横机数量已达到世界第一，最多一个企业就有超过2000台。近几年，中国年均进口电脑横机仍保持4000~5000台、自产20000多台。据不完全统计，中国现已拥有电脑横机10多万台。

国产电脑横机的关键技术（控制器、制板系统）是在日系的基础上发展而来。慈星、大伟、越发等多数机型采用浙江大学和杭州绣花机厂共同研发的仿日系第一代的控制器又称杭州系统（如杭州恒强科技）；龙星机型采用睿能电控系统，也是仿日系统毕加索PICASSO系统；其他还有仿意大利的诺基卡LOGICA系统。慈星公司近年来收购了斯坦格公司，电控系统也得到了进一步的发展。

任务1　电脑横机的认知

【学习目标】
（1）了解和熟悉纬编针织线圈的形成原理，掌握纬编针织物的主要工艺参数。
（2）了解和熟悉电脑横机的结构，认知电脑横机的机构组成和主要构件的名称。
（3）了解和熟悉电脑横机的编织与选针原理，能描述电脑横机三功位的选针过程。

【任务描述】
通过对电脑横机结构与工作原理的学习，了解和掌握电脑横机的类别、机器构造、主要机构的组成和编织工作原理，能描述电脑横机三功位的选针过程。

【知识准备】

一、纬编针织物的基本知识
纬编针织是将纱线横向喂入针钩，针钩把纱线弯曲成线圈进行纵向串套形成织物的过程。纬编针织物结构柔软，横向、纵向的延伸性、弹性好，吸湿透气、触感舒适，是制作服装的良好材料。

（一）线圈的概念
弯曲成圈的纱线段称为线圈，是构成针织物的基本单元。织针通过退圈、垫纱、弯纱、带纱、闭口、套圈、连圈、脱圈、成圈、牵拉十个动作完成弯纱、成圈、串套形成织物的过程，如图1-1-1所示。线圈由针编弧、圈柱、沉降弧构成，如图1-1-2所示。线圈在形成织物过程中由于织针的运动有上升退圈（成圈）、上升不退圈（集圈）、不动作（不编织）三种运动状态，对应形成的线圈有成圈、集圈、浮线三种基本形态，如图1-1-3所示。成圈的线圈特征是下端封闭的形态，集圈线圈是开口的形态，浮线是未形成线圈的形态。

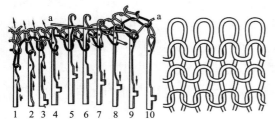

图1-1-1　纬编针织的编织过程与线圈图　　图1-1-2　线圈结构图　　图1-1-3　线圈基本形态图

（二）纬编针织物组织的概念

毛衫是针织学科纬编范畴中的一个分支，其特点是主要采用平型编织机进行编织，相对于圆机织物用纱较粗，外观纹理视觉效果较为粗犷，组织结构与纬编织物相同。

纬编组织通常分为原组织、变化组织、花色组织和复合组织四大类。

1. 原组织

原组织又称为基本组织，是由单一结构的线圈构成。原组织有三种，分别称为纬平针、罗纹和双反面，是纬编组织中最基本的、不可再分割的线圈结构。

（1）纬平针组织：由连续的单面线圈同一个方向依次串套而成的组织，由于其在一个针床上编织形成单面线圈，又称为单面组织，如图1-1-1右图所示。

（2）罗纹组织：正、反面线圈纵行按一隔一的规律配置而成的组织。由两个针床同时编织形成，称为双面组织，学名为1+1罗纹，为双面线圈结构，行业内称为四平针。

（3）双反面组织：由正面线圈横列与反面线圈横列按一隔一的规律交替配置而成的组织。

2. 变化组织

由同一个原组织进行变化、组合而形成的组织，如双罗纹和变化平针。

（1）双罗纹组织：由两个罗纹组织彼此复合而成。即在一个1×1罗纹组织的线圈纵行之间配置了另一个1×1罗纹组织的线圈纵行。

（2）变化平针组织：在一个平针组织的线圈纵行之间配置了另一个平针组织的线圈纵行，此编织方法也称为交错吃针。

3. 花色组织

指在纬编基本组织的基础上织入附加纱线或采用不同形态的线圈组合所形成的组织。按照线圈的结构分为集圈组织、添纱组织、移圈组织、菠萝组织、提花组织、衬纬组织、衬经组织、衬垫组织、毛圈组织、长毛绒组织等。

（1）集圈组织：在单面或双面基本组织基础上，某些线圈除有闭口的旧线圈以外还有一个或多个未封闭的线圈悬弧的组织。配合不同色彩纱线可形成图案、闪色、孔眼、凹凸及配色横条和竖条等效应。

（2）添纱组织：全部或部分线圈是由一根基本纱线和一根或多根附加纱线一起形成的组织。显示在线圈正面的称为面纱，处于背面的称为添纱；添纱配以不同原料、色彩的纱线，与正面、反面线圈结合，可形成不同的色彩图案或两面不同效果的织物。

（3）移圈组织：在同一个横列中将一个或多个线圈向左或右侧转移，或成对相互交换位置所形成的孔眼、纹理方向变化、交叉扭曲等效果的组织。

（4）菠萝组织：是指将新线圈穿过旧线圈针编弧和沉降弧的一种纬编组织。由于沉降弧上反转移，在织物结构中形成的小孔，外观类似菠萝纹理，故称为菠萝组织。

（5）提花组织：是指将纱线按照花纹图案的要求垫在相应的织针上形成线圈，在不成圈处则以浮线或延展线的形式衬在背面或以一定的规律在织物背面成圈编织。

（6）衬经、衬纬组织：是指在线圈的沉降弧之间纵向、或圈柱之间横向周期性的垫入一根或多根不参与编织的纱线而成的组织。纵向垫入纱线的称为衬经组织，横向垫入纱线的称为衬纬组织，纵、横向同时垫入纱线的称为衬经衬纬组织。垫入后织物纵、横向延伸性差，尺寸稳定。

（7）衬垫组织：是由一根或几根衬垫纱按照一定顺序在地组织某些线圈上形成悬弧，而连接悬弧的纱线则呈浮线处于织物的反面。常用组织为添纱衬垫组织，纱线固结牢固。

（8）毛圈组织：是指由平针线圈和带有拉长沉降弧的毛圈线圈组合而成的组织。形成单面或双面带有毛圈外观的织物。

（9）长毛绒组织：将毛圈割断或在单面组织基础上织入纤维条，使织物表面形成纤维状绒毛的组织。该组织毛衫常用绒纱进行编织，后整理进行刷毛处理。

4. 复合组织

由两种或两种以上组织组合变化而成的组织，结构比较复杂，能形成复杂多样的织物外观。毛衫织物常用复合组织，使织物外观具有多样性。

（三）纬编针织物的主要工艺参数

1. 线圈长度

指一个完整线圈所具有的长度。长度越长，织物越稀松；长度越短，织物越紧密。圆机针织物常用100个线圈的纱线长度来表示；横机中常用拉密来表示（如将10个线圈横向或纵向拉伸到的最大长度）。

2. 线圈密度

指针织物横方向或纵方向单位长度内所具有的线圈个数，分别称为横密和纵密。横密用WPC或WPI表示，WPC表示每厘米长度内的线圈个数，WPI表示每英寸长度内的线圈个数。纵密用CPC或CPI表示，分别表示每厘米或每英寸长度内的线圈个数。密度大则织物紧，密度小则织物松，在编织过程中可控制线圈的大小以达到不同紧密度的针织物要求。

3. 纱线细度

即为纱线的粗细程度，用线密度来表示，国家标准线密度单位为公制号数（tex）表示。纺织行业传统中用英制支数（s）表示棉型纱线、纤度（D）表示长丝、公制支数（N）表示毛纱的线密度。以下概念是在公定回潮率（温度24℃、湿度60%）的条件下解释。

（1）线密度（tex）：是指长度为1000m纱线的重量克数，数值越大则纱线越粗。

（2）英制支数（s）：是指重量为一磅的纱线长度是840码的倍数，数值越大则纱线越细。

（3）纤度（D）：是指长度为9000m丝线的重量克数，数值越大则丝线越粗。

（4）公制支数（N）：是指重为1g的纱线所具有的长度米数，数值越大则纱线越细。

4. 平方米克重

针织物由于横向、纵向延伸性和弹性好，不易准确度量其宽度与长度，因此针织物常用平方米克重来表示该织物的规格。普通针织物常用纱线细度+织物平方米重量克数+组织结构来表示其规格，如JC32s、130g/m²、汗布，表示使用精梳32英支纯棉纱线编织的纬平针织物，平方米重量为130g；如毛70/腈30、24N/2、320g/m²、罗纹，表示使用24公支双股的70%羊毛和30%腈纶的毛型纱线编织的罗纹组织针织物，平方米重量为320g。

二、电脑横机的外观特征

横机经历了普通手摇横机、花式手摇横机、半自动横机、全电脑横机、全成型电脑横机的发展过程。电脑横机在国内从2005年前后开始普及,在短短的数年内全部替换了手摇横机。如今全成型电脑横机正在迅速发展,毛衫行业逐渐进入自动化、智能化生产阶段。全电脑横机的主要标志为:可任意选针、任意翻针、可成型编织、多纱嘴配置、自动起口落片。

目前国内毛衫行业的电脑横机进口品牌主要有德国斯托尔(STOLL)、日本岛精(SHIMA SEIKI)、瑞士斯坦格(STEIGER)、意大利普罗蒂(PROTTI)等。国产电脑横机有慈星、龙星、华伦飞虎、天元、必沃、双玉、丰帆、连兴、红旗马、千里马、松谷、盛天、盛星、梦之星、国光、国盛、强隆、巨星、金昊、晨桂、织丰、信诺德、浩丰、聚龙、博鼎、明达、太阳洲、广博、高亨、鼎丰、辰光、大纬、佳岛、汇丰、创富、万事兴、东莞天岛、海森、宏鹰、盛美、嘉大、南星、沪马福利、隆镒、通宇、鑫业、佳峰、嘉升、金鹏、中龙、中岛、越发、吴越、新三纺、桐星等五十多个品牌,经过洗牌效应,已有多个厂家退出了市场。

电脑横机是在手摇横机基础上加装了电动机传动、电脑控制系统、选针系统、具有翻针片的织针和移床系统,在机体外加装了保护罩,利于安全生产。各机型的外观与内部结构相似,如图1-1-4所示,分别为德国斯托尔、日本岛精、国产慈星电脑横机的外观图。

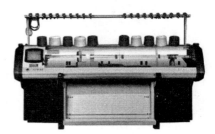

图1-1-4 斯托尔、岛精、慈星电脑横机示意图

(一)电脑横机的外观

电脑横机从外形上看基本相同,上部为纱线台架,中部为封闭的编织系统的机箱、外部显示器、操纵杆,下部为落布与机架部分。如图1-1-5所示,以岛精、龙星电脑横机为例说明主要部位的名称与作用。

图1-1-5(a)为岛精电脑横机,用文字标明有:台板、筒纱座、纱架与张力装置、控制面板与机箱、机头、针床、操作杆、电源开关、落布板等,其特征是显示屏安装在机箱左上位置。

图1-1-5(b)为龙星电脑横机。

(二)电脑横机的识别

电脑横机主要以编织系统数、针型、编织幅宽、功能进行识别。

1. 电脑横机类别

(1)机头分类:电脑横机按机头形状分为整体式机头和分体式机头;按机头个数分为

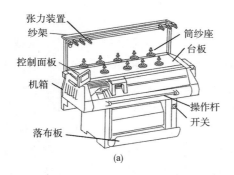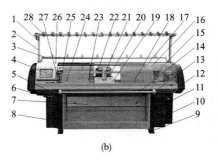

图1-1-5　岛精、龙星电脑横机外观示意图

1—警示灯；2—纱架；3—辅助纱架；4—操作面板；5—急停开关；6—电源开关；7—起底板系统；8—电器箱；9—机架；10—储物箱；11—润滑供油系统；12—马达；13—前护板；14—操作杆，控制机头停止或运转；15—导纱器；16—前护罩；17—置纱板；18—针床；19—机头；20—导轨；21—机头桥臂；22—带纱控制器；23—沉降片；24—夹子、剪刀，夹纱、剪纱线装置；25—U盘插口；26—显示器护罩；27—触摸笔；28—纱架张力装置。

单机头和多机头。斯坦格（STEIGER）多为分体式机头，其他品牌多为整体式机头。

（2）编织系统数分类：分为单系统、双系统、三系统、四系统、六系统等。

（3）编织功能分类：普通型、嵌花型、全成型（织可穿）。

（4）多针距功能分类：标准型、变针距型。

（5）起底板分类：有、无起底板。

（6）选针器类型分类：分为接触式与非接触式。

（7）按带纱嘴类型分类：分为带纱器型与自跑纱嘴型。

针对其他产品，电脑横机扩展为手套机、鞋面机等专用机型。

2. 电脑横机规格的表达

电脑横机的规格常用机号、编织功能与幅宽来表达。

（1）电脑横机机号：机号是指1英寸长度内所具有的织针数，常用的机号有3、5、7、8、9、10、12、14、16、18针等。电脑横机可使用两种针钩型的织针：小针钩、大针钩织针；小针钩为普通标准织针，大针钩一般为变针距时使用。

（2）编织功能：是指区分普通机、嵌花机、织可穿机，或系统数、可变针距、沉降片、压脚、起底板等。

（3）编织幅宽：幅宽范围一般在110～254cm，常用有44、48、50、52、72、84英寸等。

三、电脑横机的机构组成

电脑横机主要有送纱机构、编织机构、牵拉卷取结构、传动机构、控制机构及辅助机构。

（一）送纱机构

送纱装置主要位于机器上部与侧面，由台板、筒纱座、筒纱、纱架、纱架张力装置、侧边张力装置、送纱器、导纱装置、夹纱装置等构件组成。其功能为保障纱线高速、稳定、轻快、顺利的退解和送出，并能探测结头、粗节、断头等纱疵，能调节送纱张力。

1. 台板、筒纱座、筒纱

台板为一个面积较大的面板，也为机箱盖板，用来放置编织用的筒纱，如图1-1-6所示。台板上放置有筒纱座，筒纱插放置筒纱座之上，筒纱座底部有磁铁，可以吸住台板，防止由于震动造成筒纱滑移而影响纱线的顺利退解。

2. 纱架、纱架张力装置

纱架是用来安装导纱钩及纱线张力装置的架子。其上安装有若干个纱线张力装置和导纱钩，如图1-1-7所示。纱线从筒纱的轴向向上垂直引出，穿过导纱钩进入张力装置。纱架张力装置具有张力控制、清纱、断头自停三个主要功能。

（1）张力调节器：调整纱线张力保持纱线平直、防止缠绕及导纱钩误动作。

（2）断头自停钩：具有断纱自停功能，分为下落式和上挑式。

（3）缝隙式清纱器：当纱线有粗节、结头通过时，能停车报警或使机器自动降速运行；根据纱线的粗细进行调节缝隙的大小加以控制，缝隙大小一般为纱线直径的1.5～2倍。

纱架张力装置、导纱钩可以根据筒纱放置的需要左右调节间距位置，保持筒纱顺利退解。

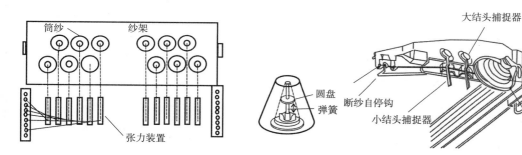

图1-1-6　纱架上筒纱的放置与筒纱座示意图　　　图1-1-7　张力装置示意图

3. 侧边张力装置及线圈长度控制装置

电脑横机具有上送纱和侧边送纱两种方式。

斯坦格电脑横机为上送纱式，纱线从纱架张力装置垂直下引到导纱器，与自走式导纱器、分体式机头相配合，优点是送纱张力小、缺点是机头控制要求高。

其他电脑横机为侧边送纱，左、右两侧均具有输送纱线的功能，以左侧为主、右侧为辅，如图1-1-8所示。

左侧均安装有主动送纱装置（罗拉式、储纱式）、纱长控制及收线器；右侧较为简化（如岛精机），或根据需要选装送纱装置。侧边送纱各构件及作用为：

① 线圈长度控制装置：岛精电脑横机具有线圈长度控制装置，称为DSCS系统，具有纱线测长和控制功能，能精确控制每个横列的线圈长度，如图1-1-8所示。

② 收线器：当机头回转时吸收多余的纱线，保持纱线张力恒定；兼具断纱探测及自停功能，如图1-1-9所示。

③ 制动片：赋予一定纱线张力，保持纱线平直，在高速运动中防止缠绕。

④ 送纱装置：如图1-1-8所示的送纱罗拉为罗拉摩擦式主动送纱装置，通过罗拉主动旋转与纱线产生摩擦力，减轻针钩对纱线的摩擦力。如图1-1-10所示为储纱式送纱器，利用储

存的纱线作小张力的轴向退解，减小纱线的张力，降低针钩对纱线的摩擦力。

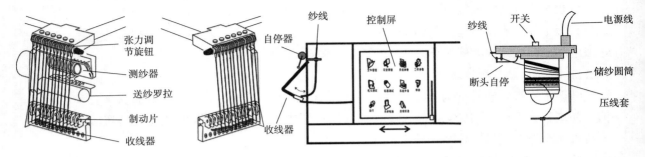

图1-1-8　岛精机侧边张力装置图　　　图1-1-9　国产机侧边张力装置图　　　图1-1-10　储纱器示意图

4. 导纱装置

导纱装置由导轨、导纱器及纱夹、剪刀组成。导纱器是将纱线准确垫入织针针钩的构件，俗称为纱嘴，安装在机箱内的导轨上，如图1-1-11所示。

（1）导轨：导轨固装在机架上，一般有四根，扩展型为五根，分为平型导轨和圆弧导轨。每根导轨上分前、后两侧共两个轨道，分别装有导纱器，四根导轨具有八条导纱器运动的轨道。

（2）导纱器：如图1-1-12所示，导纱器由推块、纱嘴柄、导纱瓷珠、纱嘴组成。上方的左右推块可微调导纱时间；缺口A有两种尺寸：窄口与宽口，窄口为普通式导纱，宽口为添纱（叠纱）方式导纱。为了方便编织管理，导纱器有一个规定的编号，左侧机前向机后数编号为1、2、3、4、5、6、7、8号。机头作左右往复编织运动时，带动选定的导纱器随机头在导轨上运动进行导纱。当编织复杂花色组织时，导纱器可以在右侧再增加8把，或根据需要再增加，每侧并排装2把或多把，最多时可以达到40把或更多。

电脑横机以左侧为机头运动的起始点，标准配置的导纱器安装在导轨的左侧，扩展时在右侧加以安装。导纱器分为被动式（机头带动）、自走式（单独数控电动机驱动）两种类型。

（3）纱夹与剪刀：纱夹是用来夹住穿纱后的纱线，剪刀的作用是将夹住的纱线尾纱剪断，如图1-1-13所示。

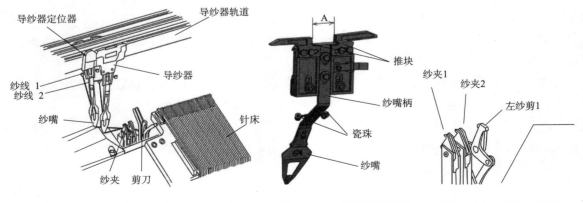

图1-1-11　电脑横机导纱装置示意图　　　图1-1-12　导纱器结构图　　　图1-1-13　夹子、剪刀

（二）编织机构

编织机构由机头、针床、织针系统、控制装置、辅助装置组成。

1. 机头结构

机头由双向三角系统、选针装置、探测装置、带纱装置及辅助装置组成。

机头由前后两部分组成，分别对应前后针床，分为整体式与分体式，如图1-1-14所示。一般电脑横机采用整体式机头，即前后三角座用桥臂刚性连接在一起，桥臂上装有导纱器连接装置，如图1-1-14（a）（b）所示。

斯坦格独有前后机头无桥臂相连、分别同步传动的分体结构，纱线由上张力装置直接喂给，缩短穿纱路线，减少了纱线的张力波动；其导纱器采用数控电动机独立驱动定位，节约了机头空移的时间；机头轻小回转更灵活，如图1-1-14（c）所示。

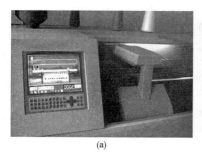

(a)　　　　　　　　　　　(b)　　　　　　　　　　　(c)

图1-1-14　机头整体式与分体式示意图

（1）三角系统：机头内具有编织与集圈、翻针与接圈和选针与复位等多个三角系统。

编织与集圈三角用来控制每枚织针做周期性的升降的编织运动，使织针上升钩取纱线，下降成圈从而完成成圈或集圈过程，即控制织针完成成圈、集圈编织两个基本动作。翻针与接圈三角可以控制前后针床的织针完成线圈转移的动作。选针与复位三角对选针片进行选针和回复原位，便于等待下次选针动作。

（2）选针装置：选针装置是通过电脑指令的电子信号控制电磁铁动作，作用于每枚选针片；选针片与织针一一对应。编织前分两次选针，第一次选针推动选针片上升一个位置，未被选上的织针则不动；对上升的选针片做第二次选针，选上的上升进入编织位置进行成圈编织，未被选上的织针作集圈编织；这种方式称为三功位选针，也有五功位选针。日系与国产电脑横机采用接触式选针，易磨损；德系机采用电磁式无接触选针，无磨损寿命长。

（3）探测装置：探测装置是指机头运行的保护装置，机头两侧或正中装有铁片式探针，探知布片浮起、撞针等故障，探针被碰歪即可触发停车，处理后需要复原探针位置。

（4）带纱装置：由控制信号、机头上电磁铁组成。控制装置发出信号指令，机头上的电磁铁将卡块在对应的导纱器上方释放，卡进导纱器的缺口内，机头运动带动导纱器在导轨上同步运动。分体式机头采用数控电动机通过齿形皮带单独带动导纱器作同步运动，称为自跑式。

（5）辅助装置：机头上的辅助装置是指压脚与毛刷，如图1-1-15所示。

①压脚：在机上对应针床槽口位置分别装有毛刷、压脚等辅助机构。压脚是用来压下织口上的线圈，与沉降片共同辅助织针完成脱圈的动作，使形成的织物及时离开织口位置，防止布片（线圈）浮起；同时辅助翻针的退圈动作，使翻针动作稳定。

②毛刷：其一是辅助织针打开针舌。在空针上执行编织时，有敞开的针舌，也有关闭

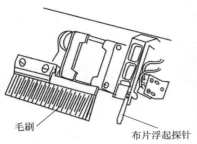

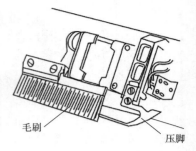

毛刷　　布片浮起探针　　　　　　　　　　　　　　毛刷　　压脚

图1-1-15　机头探测装置、压脚与毛刷装置

的。针舌关闭时，不能将纱线导入针钩，造成脱圈。毛刷的作用是当针上升时将原来关闭的针舌打开。其二是防止针舌关闭，针上有线圈时，线圈的存在有助于打开针舌，当线圈从针舌上滑脱的瞬间，针舌的反弹作用而使针舌闭合，此时毛刷挡住针舌，防止关闭。

2. 针床及织针系统

电脑横机有前后两个针床，由针床、针床横移机构、织针系统、沉降片等主要构件组成。

（1）针床：针床由前后两块平板呈"八"型110°夹角组成，用较高精度的针槽隔片串接而成，穿钢丝定位与固定。针槽中插有织针系统中的各种针，如图1-1-16所示。

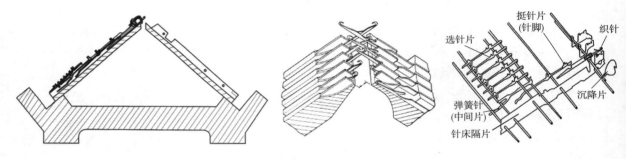

挺针片（针脚）　织针
选针片
弹簧针（中间片）　沉降片
针床隔片

图 1-1-16　针床结构与织针系统连接示意图

（2）织针系统：电脑横机所用织针主要为舌针与复合针，复合针没有针舌，可提高速度，但成本较高，目前主要使用舌针。如图1-1-17所示为日系与国产电脑横机织针系统中各构件形状与连接的关系，各构件的名称为：①—织针、②—底脚针（挺针片）、③—选针针脚（弹簧针、中间片）、④—选针片、⑤—沉降片、⑥—沉降片弹簧。

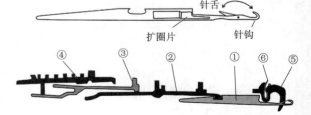

针舌
扩圈片　　针钩
④　③　②　①　⑥　⑤

图1-1-17　日系机的织针系统示意图

（三）牵拉卷取机构

为了将编织完成的线圈横列及时拉离织口位置，电脑横机主要采用罗拉式牵拉卷取机构。该机构由主、副罗拉和起底板组成，有的机型改进了机构，只安装主罗卷取拉一套装置；多数国产机采用胶皮式罗拉卷取机构，全成型织机则采用重块耙式卷布机构。

（1）副罗拉：罗拉直径较小，表面光滑，安装在针床下接近织口位置，减少布幅缩小，改善边针的受力，适合控制布幅缩率较大的织物卷取控制，如图1-1-18所示。

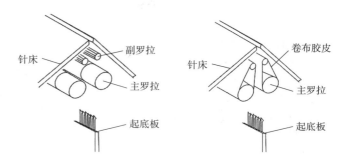

图1-1-18 卷布机构示意图

（2）主罗拉：罗拉直径较大，卷取力量大，表面摩擦系数大，是卷布的主要装置。利用两个罗拉的夹持力夹持布片并旋转将布卷下。

（3）起底板：在布片未到主罗拉之前，需要有一个较大的稳定拉力使线圈成圈良好。起底板为一个板状上有梳状钩针的构件，用于勾住弹性纱的起口横列，向下运动产生拉力。电脑横机起口编织时有两种方式选择：有起底板方式和无起底板方式。

①有起底板编织方式：优点是起口稳定，织物变形小，适合单片编织。

②无起底板编织方式：需要较长的废纱起口编织，拉力稳定，适合多片连续编织。

（四）控制机构

控制机构由控制面板、控制系统、操纵杆及辅助机构组成。

1．控制面板

在机器的左上方或左侧安装有一个显示屏与功能按键组成的控制面板（或触摸屏）。显示屏上显示各种信息：文件管理、编织调整、机器参数、手动操作、运行信息等菜单，通过功能键进行人机交互，设定工艺参数、机器参数，控制机器的运行。

2．控制系统

在机器侧后下方机箱内有电子控制系统，通过接收文件和控制面板的信息进行处理后给机头上的导纱装置、选针系统、各三角系统、针床横移系统和传动机构发出电子控制信号。

3．操作杆

位于机器前方，用来控制机头的运行，向外转动为开车使机头运动，向内转动则为停车，机头停住。

（五）传动机构

由主电动机、摇床电动机、齿型皮带及齿轮等构件组成。电动机采用高精度的步进电动机，通过齿型皮带带动机头运动或针床移动。

四、电脑横机编织原理

电脑横机编织工作是通过电脑制板软件编制的编织文件由控制系统向机头、针床输出控制信号，在机头的每次运动中对每枚织针的运动方式、前后针床的位置、纱嘴的运动状态、卷布机构卷取状态、速度等进行控制。

（一）电脑横机机头结构与各构件的作用

如图1-1-19所示是日本岛精电脑横机典型的机头平面图，国产多数机器与之相同。图中以a-a线为左右对称线，左右各为一个系统构成，称为双系统。机头中包含两个编织系统和四

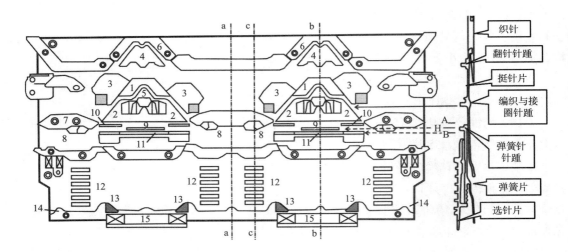

图1-1-19 电脑横机机头背面结构示意图

个选针器。以图中一个系统的各部件名称及作用说明如下。

（1）构件1为人字三角：它活嵌于三角底板上，可垂直底板作上下运动。进入工作时对挺针片下针踵作用，使其向下转向而带动织针下降，起转向、压针作用。

（2）构件2为起针三角：它固装在三角底板上，其作用是推动挺针片的下针踵使之上升，带动织针运动到集圈位置。

（3）构件3为成圈（弯纱）三角：它活嵌于三角底板上，可以平行于底板上下移动，移动位置的高低控制织针弯纱深度。其作用是使挺针片下降，带动织针弯纱成圈。

（4）构件4为翻针起针三角：它活嵌于三角底板上，可垂直底板作上下运动，作用时下降、不作用时收起。作用于挺针片上针踵，使织针上升送到移圈位置上，使该织针上的线圈可转移到对面的织针上。

（5）构件5为接针三角：位于起针三角内，活嵌于三角底板上，其作用是使挺针片上升，带动织针上升进入接圈位置，插入对面相应织针的扩圈片内，将线圈接过来。

（6）构件6为翻针眉毛三角：固装在三角底板上，工作时作用于挺针片的上针踵。其作用是使挺针片下移，带动织针向下脱圈，使线圈留在对面的织针上并下降到初始位置。

（7）构件7为导针板：固装在三角底板上，作用是把A位置的弹簧针针踵压到H位置。

（8）构件8为选针片压下三角：它活嵌在三角底板上，作用是将H位置的弹簧针针踵进一步压到B位置（原始位置）。

（9）构件9为集圈压块：活嵌在三角底板上，作用是把位于H位置上的弹簧针针踵压进针槽内，使挺针片不能上升到成圈位置，只能沿集圈轨迹运动，进行编织集圈。

（10）构件10为接圈压块：活嵌在三角底板上，作用是使H位置的弹簧针针踵相对应的挺针片下针锤不能沿起针三角上升，而沿接圈三角运动，带动织针完成接圈工作。

（11）构件11为不编织压块：它固装在三角底板上，其作用是把B位置的弹簧针针踵压进针槽，使相对应的挺针片不能沿起针三角上升，所作用的织针不参加编织。

（12）构件12为选针器：共有四组，每个系统有两组，供机头往返两个方向使用。它有六档（或四档、八档）选针压板，每档压板对应一片选针针踵，而每个选针压板可做上下摆动，上摆不压选针针踵；下摆则下压选针针踵。选针时压板下摆，被压入的选针片不沿A位置选针三角13或H位置选针三角14上升，反之则将推片送A位置或H位置。

（13）构件13为A位选针三角：是将没被压入的选针片所对应的弹簧针踵送入A位置。

（14）构件14为H位选针三角：是将没被压入的选针片所对应的弹簧针踵送入H位置。

（15）构件15为复位三角：其作用是在选针前将选针片全部推出针槽，准备选针。

（二）电脑横机选针原理

电脑横机的选针是将编织文件的编织信息读出到控制系统，控制系统识别后按程序运行输出到机头的选针电磁铁，电磁铁的吸合动作控制选针三角的向下摆动，作用到每枚织针的选针针踵，进行精确的选针控制。电脑横机要求织针需要有三个位置，即成圈（或翻针）、集圈（或接针）、不编织，因此选针后将织针分为三个位置即可实现。三个位置定义为：B位置为最低点（起始点），不编织；H位置为中间点，集圈位置；A为高点，成圈位置。一次选针只能实现上、下两个位置，三个位置需要进行二次选针，选针过程如下。

（1）第一次选针：第一次选针是在上一横列编织时的后选针器作用进行选针；如果是第一横列则机头会空跑一次进行选针，称为预选。需要编织的织针其选针针踵不被作用，构件14作用于选针片下针踵，推动推片上升到H位置（集圈位置）。不编织的织针对应的选针针踵被选针器摆片压下，使选针片沉入针槽内，构件14不能作用到选针片的下针踵，选针针脚留着原位不动（B位置）。

（2）第二次选针：在第一次选针的结果上对H位置的织针进行选针，被选中的则被构件13推动推片上升至A位置，不被选中的则留在H位置。两次都没被选上的推片则留在B位置上。

（3）复位：两次选针结束后由构件15将被压下的选针片向上回推，回复到原始状态，等待下一次选针。

（三）编织与翻针工作原理

1. 编织工作原理

如图1-1-20所示在同一横列中达到编织、集圈、不编织（浮线）三种状态工作情况。

（1）编织：位于A位置的选针针脚（弹簧针）的针踵不被作用，挺针片的下针踵露在针床表面，被起针三角、挺针三角作用推动上升到最高点，再由人字三角作用下转向、弯纱三角下压向下，织针进行了退圈、垫纱、弯纱、成圈、脱圈等动作，完成了编织成圈。

（2）集圈：位于H位置的选针

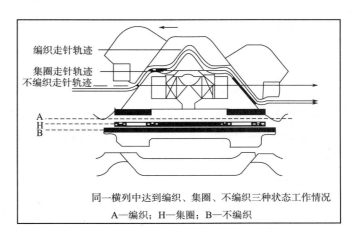

图1-1-20 横机编织、移圈工作状态图

针脚（弹簧针）针踵对应于集圈压板，在当挺针片针踵在起针三角作用下带动织针起到集圈位置，集圈压板就将H位置上的选针针脚（弹簧针）的针踵压进针床，将相应的挺针片针踵压入针槽内，同时挺针片被选针针脚（弹簧针）作用也被压入针槽内，弹簧针将挺针片下针锤压进针床表面下，挺针三角不能作用于挺针片下针踵，织针不能上升退圈，即进行集圈编织。

（3）不编织：在B位置的选针针脚（弹簧针）针踵对应于不编织压板，在织针起针前被压进针床表面下，对应的挺针片针踵也被压入针槽内而不被起针，织针处于不编织状态，即不编织（浮线）。

2. 翻针工作原理

前翻后编织时，前针床的挺针三角缩进不作用、翻针三角弹出可作用于翻针针踵。前床在A位置的织针起针后由翻针三角作用翻针针踵使织针上升到最高点，并有短暂停顿等待接圈。此时后针床接圈织针的弹簧针踵处于H位置，后机头的接圈压板压下，使该位置弹簧针脚相对应的挺针片针踵压入针床表面，织针不能沿挺针三角上升；当选针针脚脱离接圈压板控制后，相对应的挺针片针踵弹出针床表面，由工作的接圈三角推到接圈位置，针钩插入翻针片内，如图1-1-21所示。前床织针受翻针人字三角作用先下降，该针上的线圈留在后床织针针钩内，完成翻针动作；随后后床织针受弯纱三角作用回到原位。

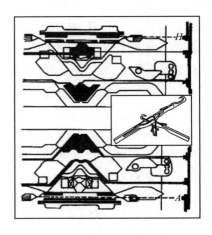

图1-1-21　翻针工作状态图

（四）电脑横机的编织动作

根据上述的编织原理得出，电脑横机基本的编织动作有六个：编织（成圈）、集圈、不编织（浮线）、针床横移、翻针、接圈，通过这六个基本动作组合使线圈的结构多样化。

五、电脑横机编织控制原理

（一）编织文件

电脑横机的编织是由编织文件（上机文件）进行控制的，不同类型的电脑横机相应有专用的电控系统即编程（制板）软件系统。如岛精电脑横机使用岛精专用SDS-ONE花型准备系统，慈星使用恒强制板软件，龙星使用琪利制板软件。通过制板软件进行编织意匠图描绘、控制指令设置，编制成电脑横机可识别的信息文件。

（二）控制指令

成型衣片、花样试片的编织需要通过花型编织动作、密度、拉力、速度等各种指令的控制信息配合。花型编织动作指令由意匠图的编织动作生成，其他指令由意匠图边上的多条功能线所设定指令生成，达到精确控制每一编织行的所有动作。

岛精系统功能线与意匠图如图1-1-22所示，国产系统图形如图1-1-23所示。

岛精系统编织文件两侧各有20条功能线，国产系统右侧有30多条功能线，各条功能线分别控制密度、拉力、速度、摇床、循环编织、纱嘴停放等不同的指令。功能线上用数字来

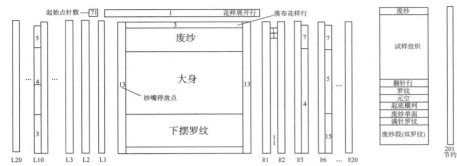

图1-1-22 岛精系统编织文件结构示意图

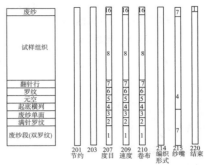

图1-1-23 国产系统编织文件结构图

表达分段号码、开关、具体数值等不同的信息含义。如控制编织密度时，在度目功能线上设置，将相同编织状态的编织行指定为同一号码，称为密度段，不同编织状态编织行则使用不同的段号。再在具体的段号行中输入具体的织针压纱程度，称为度目值。

（三）密度控制原理

成圈时织针受到弯纱三角的作用而下降，使针钩与沉降片顶部产生了一定的距离，此距离称为弯纱深度，毛衫行业俗称为度目，意指线圈的长度。机器设计了弯纱深度的最小与最大值范围，用刻度值来表示。刻度最小值为0，最大值根据机型不同而不同。例如岛精SSG、SIG等最大值为90，SCG 3G机型最大值为130。慈星机度目值范围为0～730；龙星机度目控制范围为0～180。只要在输入框中输入数值，能显示的最大值即为上限。

度目值设定原理如图1-1-24所示，纬平针为单针床编织，最易编织的位置应处于针距值的深度，即为机器设计弯纱深度范围的一半左右；罗纹为双面编织，线圈长度为前后线圈之和加上针床缝隙宽，应为平针的一半即处于弯纱深度四分之一位置，其他组织以这两个位置作参考。例如岛精SSG、SIG、SSR机型，其度目值范围为0～90，每0.5为单位指定，编织纬平针最适合范围度目值40～45；满针罗纹（四平针）约为20，1×1罗纹约为25，2×1罗纹约为30，2×2罗纹约为35；其他机型可以此类推。

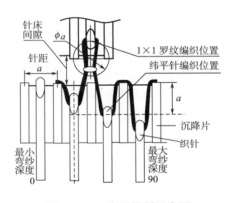

图1-1-24 度目控制示意图

慈星机型编织纬平针最适合范围度目值340～360；满针罗纹（四平针）约为180，1×1罗纹约为220，2×1罗纹约为260，2×2罗纹约为280；其他组织可以此类推。

龙星机型编织纬平针最适合范围度目值80～90；满针罗纹（四平针）约为40，1×1罗纹约为55，2×1罗纹约为70，2×2罗纹约为75；其他组织可以此类推。

（四）卷布拉力控制原理

普通电脑横机的卷取机构均采用罗拉旋转进行拉布，将旋转速度设定在0～100的数值范围，数值越大，则旋转速度越快，即拉力越大。根据不同的编织幅宽变化，在拉力功能线上进行设定不同的拉力段号，在段号中进行设置拉力值。

六、各品牌电脑横机主要特征介绍

（一）德国斯托尔（STOLL）电脑横机

德国斯托尔横机已有130多年的历史，其技术发展经历了三个阶段：手摇横机、机械式选针自动横机、多级选针电脑横机、电磁选针全电脑横机。

斯托尔电脑横机分为紧凑型、超大型多针距型、织可穿型等。常用型号有CMS 211、CMS 311、CMS 320、CMS 330、CMS 340、CMS 411、CMS 422、CMS 433、CMS 502、CMS 530、CMS 740、CMS 822、CMS 922、CMS 933等系列。

1. 机型识别

斯托尔电脑横机型号为CMS320TC，"CMS"为电脑横机系列，如CMS、CMT；第一个数字表示针床长度，对应有45英寸、50英寸、72英寸、84英寸、96英寸等，"3"为旧机型；第二个数字表示系统数，"2"表示为双系统、"3"表示为三系统；第三个数字表示机头数，"0"表示为单机头，其他数字为双机头；后缀字母"T"表示带有辅助针床，"C"表示沉降片可多级握持，"HP"表示多针距，"E"表示经济型、"S"表示多密度、"K&W"表示织可穿型。

2. 机器特点

（1）操作简单：斯托尔电脑横机采用人性化操作界面和触摸屏技术，操作简单方便。

（2）耐用性好：采用无接触式电磁选针方式，无磨损，耐用性好。

（3）机型易变性强：每种机型可根据需要更换针床以改变机号，易变性强。

（4）机型多：具有紧凑型、经济型、超大型、特殊型，涵盖基本型、多针距型、多变度目型、无缝型、织可穿型等，适用毛衫、产业用布等生产。

（5）机器结构合理：机器构件少、易于维护，自动加油。

（6）制板系统：难度略大，难入门易提高。

（二）日本岛精（SHIMA SEIKI）电脑横机

日本岛精公司1962年成立，生产横机已有50多年的历史，是以生产全自动手套机开始，至今已经发展为型号全、技术先进的电脑横机生产厂家。其机型主要有：SES、N.SES、SFJ、SJF、N.SFE、LAPIS、SPL、SWG、SSG、SIG、N.SIG、SCG、SSR、SIR、SVR、MACH2X、MACH2S等。岛精公司的发展是多元化的，其生产涵盖手套机、织袜机、电脑横机、自动裁床、喷墨打印机等，其设计制板系统SDS-ONE包括了纱线设计、编织设计、图案设计、板型设计、印花设计、绣花设计、3D模拟等功能，使之具有了"大服装""大纺织"的理念，全方位体现了电脑全能工厂"ALL in One"的理念。

1. 机型识别

毛衫类常用的电脑横机主要有SES、SSG、SIG、SIR、SVR、SCG、SSR、MACH2等系列。如SSG-122 SV机型，第一个字母表示岛精公司的缩写；第二个字母："E"表示电子控制、"S"表示普通提花型、"I"表示嵌花、"C"表示粗针型，"W"表示全成型编织；第三个字母："G"表示成型服装、"R"简板型。第一、二位数字表示编织宽度，常用有44″、48″、80″、90″等；第三位数字表示系统数，"2"表示为双系统，"3"表示为三系统。后缀第一个字母："S"表示具有沉降片系统，"F"表示为成型编织；第二个字母："V"表示可变针距，"C"表示固定针距机型。MACH2系列为新型多针床全成型编织机。

2．机器特点

（1）机器轻巧灵活：使用新材料及设计，使机头重量较轻，配合机头急速回转技术，编织速度高，生产效率高。

（2）智能型纱长控制系统：具有专利的DSCS数码测速纱长控制系统，精确控制线圈长度。

（3）多针床技术：最新电脑横机设计了4+1针床结构，实现了全成型编织，织可穿。

（4）新型的复合针技术：发明了新型复合针技术，能编织出左右完全对称的线圈，提高了织物的品质，也提高了编织速度。

（5）新型的卷布系统：发明了耙式拉力卷布装置，有效控制了各部位的拉力，使成型能力更强，有效的编织立体成衣织物。

（6）可摆动的纱嘴：发明了可摆动的嵌花专用纱嘴，使嵌花编织效率提高。

（7）沉降片、压脚技术：使用了弹簧式沉降片、压脚技术，使编织更加稳定。

（8）选针机构采用接触式选针方式，选针片的针踵易磨损。

（9）最完善的网络控制技术设计，用SDS-ONE系统传输编织文件控制车间机器的生产。

（三）慈星电脑横机

国产电脑横机起步晚，主要机器结构参照了岛精电脑横机，外形参照了德国斯托尔电脑横机，以毕加索软件为制板系统、电控技术的基础发展而成。

1．主要机型

慈星电脑横机主要机型为：GE1-60S、GE2-52C、GE2-52S、GE3-52C、GE3-52S、CX-145、CX-152、CX-252S等。机型识别为：字母"GE"表示慈星公司电脑横机，数字"2"表示双系统、"3"表示三系统，"1"表示单系统。"52"表示针床宽度为52″，后缀"C"表示有起底板机型，"S"表示无起底板机型、双罗拉卷取装置。

2．主要特点

慈星公司位于浙江宁波，为我国较大的电脑横机生产企业，产品销往全世界。近期收购了瑞士斯坦格公司，更加增强了企业的实力。公司重于研发，最新成功开发了自动套口机、辅助针床等为智能化生产起到了推动作用。

慈星机型结构仿自于岛精电脑横机，结构具有一定的通用性。系列机型具有结构简单（无起底板系统）、单机头单系统、多系统、多机头等配置全、价低物廉等特点，适合发展中的中国市场。缺点是结构较重、编织速度低、送纱张力偏大、密度调节生硬。

电脑横机的控制采用杭州恒强控制系统，其软件以毕加索制板软件为基础，简单实用。

（四）龙星电脑横机

江苏金龙科技有限公司是我国诸多电脑横机制作厂之一，近年致力电脑横机的发展，逐渐成为当前主要大型制造企业，其产品"龙星"电脑横机享誉长三角，逐渐走向世界。该公司近期全力推出鞋面机，使电脑横机出现了一个新的方向。

龙星机型同属于日系机型，其织针系统、针床结构、机头结构与岛精相同，可通用性强。该机的控制系统采用福建睿能电控，制板软件采用琪利软件。该软件与恒强系统同宗同源，近期发展各有特点，各有特色，在系统的操作性上琪利软件略胜一筹。

龙星电脑横机机型主要有LXC-122S/SC、LXC-132S/SC、LXC-252S/SC系列。机号有5G、

7G、12G、14G、14.8G、16G等；编织幅宽有122cm（48英寸）、132cm（52英寸）；系统数有单机头双系统、三系统等；主传动采用AC伺服马达驱动，机头可依编幅自动调整行程；度目采用36段可供选择；编织速度最高1.2m/s，36段速度供选择；自停装置可感知断纱、结头、落布、断针、浮布、倒卷布、移床不当、撞针、纱线过量、片数终了等。该机的优缺点如同慈星电脑横机，送纱机构有所改善。

国产电脑横机主要结构、外观、功能类似，与进口机相比还有较大的差距。

七、电脑横机的纱线准备与穿纱

（一）纱线准备

1. 纱线的选择

电脑不同的针型其针钩大小差别比较大，其所对应的纱线粗细、织物厚薄与外观风格差别也很大。各种机号的横机最适合编织的纱线公制号数（公支N）数值对应如表1-1-1所示。

表1-1-1　机号与纱线细度、组织结构的配合

机号	组织	细	标准	粗
3G	平针	375 tex（16 N/2×3）	400 tex（15 N/2×3）	428.5 tex（14 N/2×3）
	四平	300 tex（20 N/2×3）	333.3 tex（18 N/2×3）	353 tex（17 N/2×3）
5G	平针	250 tex（16 N/2×2）	266.6 tex（15 N/2×2）	285.7 tex（14 N/2×2）
	四平	200 tex（20 N/2×2）	222.2 tex（18 N/2×2）	235.3 tex（17 N/2×2）
7G	平针	153.8 tex（26 N/2×2）	166.6 tex（24 N/2×2）	181.8 tex（22 N/2×2）
	四平	125 tex（32 N/2×2）	133.3 tex（30 N/2×2）	142.9 tex（28 N/2×20
8G	平针	133.3 tex（30 N/2×2）	153.8 tex（26 N/2×2）	166.6 tex（24 N/2×2）
	四平	111.1 tex（36 N/2×2）	125 tex（32 N/2×2）	133.3 tex（30 N/2×2）
10G	平针	111.1 tex（36 N/2×2）	125 tex（32 N/2×2）	133.3 tex（30 N/2×2）
	四平	83.33 tex（48 N/2×2）	100 tex（40 N/2×2）	111.11 tex（36 N/2×2）
12G	平针	76.92 tex（52 N/2×2）	83.33 tex（48 N/2×2）	90.9 tex（44 N/2×2）
	四平	62.5 tex（64 N/2×2）	66.66 tex（60 N/2×2）	71.42 tex（56 N/2×2）
14G	平针	71.42 tex（56 N/2×2）	76.92 tex（52 N/2×2）	100 tex（40 N/2×2）
	四平	57.14 tex（70 N/2×2）	62.5 tex（64 N/2×2）	66.66 tex（60 N/2×2）
16G	平针	41.67 tex（48 N/2×1）	50 tex（40 N/2×1）	55.56 tex（36 N/2×1）
	四平	33.3 tex（60 N/2×1）	40 tex（50 N/2×1）	45.45 tex（44 N/2×1）
18G	平针	36.46 tex（52 N/2×1）	41.67 tex（48 N/2×1）	50 tex（40 N/2×1）
	四平	31.25 tex（64 N/2×1）	33.3 tex（60 N/2×1）	40 tex（50 N/2×1）

2. 纱线上蜡

纱线在通过染色后，由于化学药剂的作用将纤维去掉杂质、表面处理干净从而增加了纱线表面的摩擦系数，在编织中纱线的摩擦阻力较大，易造成断纱。在针织横机的织造过程

中，一般对短纤维纱线、股线都要进行上蜡处理，有的纱线需要进行多次上蜡以便较好的增加润滑程度，使编织顺利进行而提高效率。再者可以清除纱线中的疵点，去除大接头、断头等。

短纤维纱线的上蜡一般采用槽筒络筒机，要求纱线张力适中。张力太大使筒子卷绕后纱线过于紧密，纱线过度拉伸使纱线强力下降、退解困难，编织中易产生断头。张力偏小则筒子卷绕后纱线发软，筒子成型变形，会造成纱线线圈相嵌退解困难。

由于长丝中的单纤维较细，如果采用槽筒式络纱机会将单纤维磨断而使长丝起毛、钩挂乱丝。因此长丝的络丝需采用锭子络丝机进行络丝。

纱线张力大小调节通过夹片式张力器进行调节，一般络筒张力为该纱线断裂强度的40%～60%。弹力丝的张力调节尤为注意，不能过大。

（二）穿纱

电脑横机的编织运动速度较高，对穿纱要求较高，主要表现为以下几个方面。

1. 筒纱的放置

机器台板上筒纱放置应遵循节约空间、顺序顺畅、先边后中的原则，尽量使纱线退解通畅、退解张力最小、不能相互缠绕，筒心对正纱架上的导纱钩。如图1-1-25所示，双纱编织时为了平衡张力，可采用双侧供纱的穿法，即左边一根、右边一根喂入。

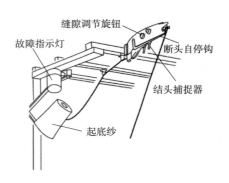

图1-1-25　纱架穿纱图

2. 纱架的张力调节

在确保断头自停钩正常工作状态下，张力越小越好。使用送纱装置时则需要一定张力。

3. 结头捕捉器的调节

将结头捕捉器的缝隙调节到纱线直径的1.5～2倍，缝隙过大将不起作用。

4. 侧边导纱孔的穿法

左侧边导纱孔机后第一个孔对应穿最左侧张力装置上的纱线，如图1-1-26所示，依次顺序对应使用，纱线不交叉。一般将起底纱穿在最左侧纱架张力装置、侧边最后一孔、8号纱嘴；废纱相邻起底纱穿在第二个张力装置、侧后边第二孔，对应7号纱嘴，或穿1号纱嘴。

5. 送纱罗拉

为了减轻针钩处的纱线张力，应该使用送纱罗拉或储纱式送纱装置进行送纱，不同的机型送纱罗拉位置、个数不同，需根据不同机型进行穿纱。

6. 导纱器穿纱

普通穿法为左侧送纱穿在左导纱孔，右侧送纱则穿在右导纱孔，两侧送纱则一左一右穿，如图1-1-27所示。

7. 接头

常用的接头方法有接头法和捻结法；结头类型有文字结、尼龙结和捻结（无结头）等。

遇到断头应用文字结（织布结）方法进行接头，遇到光滑的丝线采用尼龙结进行接头，防止滑脱，如图1-1-28所示。结头易撞坏针钩，在羊绒纱或要求较高时采用捻结法结头。

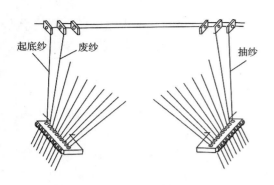

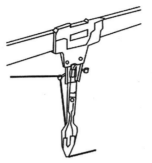

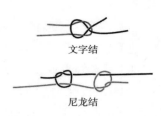

图1-1-26　侧边导纱孔穿纱图　　　图1-1-27　导纱器穿纱图　　图1-1-28　接头方法示意图

8．夹纱

夹纱操作如下：拉出全部纱线用右手捏住放在针床左端，左手操作控制面板菜单，选择夹纱，输入夹子号码"2"，点击执行。执行此动作前，将手指、头发及衣物远离夹子和剪刀装置。操作过程如图1-1-29所示，慈星、岛精的夹纱操作画面如图1-1-30所示。

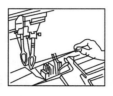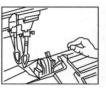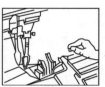

图1-1-29　编织前夹纱示意图

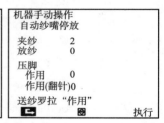

图1-1-30　纱夹的选择

八、电脑横机的编织操作步骤

下面分国产机型与岛精机型介绍电脑横机主要编织操作步骤。

1．国产机型（无起底板）编织操作步骤

读入文件→设定编织起始针位→穿纱→夹纱→检查使用纱嘴→设定编织工艺参数（度目值、卷布拉力值、速度等）→机头回原点→锁行→向外转动操纵杆开机→机头带动纱嘴运行→主罗拉卷住布头→解除锁行→正常编织→编织完成、落片。

2．岛精机型编织操作步骤

读入文件→查看纱嘴设定→穿纱→手动原点→设定工艺参数（度目值、卷布拉力值、速度等）→初期运转→向外转动操纵杆→机头运行编织→编织完成→自动落片。

【任务实施】

一、教学设备

（1）教学机器：岛精SSG-122SV 14G、SIG-122SV 7G、SSR-112SV 7G电脑横机，龙星LXC-252SC，慈星CE2-52C。

（2）教学材料：166.6tex（24N/2）毛纱或腈纶纱线。

二、任务说明

（1）使用织布结方法对毛纱进行连续接头，在规定1分钟时间内接头数达到8个。

（2）在台板上有4个筒纱需要接头，在规定1分钟时间内完成接头操作。

（3）在8分钟内完成电脑横机4根纱线的穿纱操作。

三、实施步骤

1．连续打结

用织布结方法进行指定纱线接头练习，连续打结达到每分钟8个，要求结头的纱尾长度不超过5mm。

2．机台纱筒接纱

台板上放置4只纱筒，与纱架张力装置导纱钩上预留的纱头对应，准备纱筒的纱线留头长短及位置，准备后示意开始，找出纱筒纱头，接头，纱尾不超过5mm，用时不超过1分钟。

3．穿纱

使用三种类型共4个筒纱按工艺要求进行穿纱操作：起底弹力纱、废纱涤纶丝各1筒，编织用主纱4个纱筒（4#、5#纱嘴）。共三种4个纱筒及4个纱座放在机台的左侧，纱筒纱头及纱座摆放位置自己做准备，听口令开始：按下安全按钮、拿纱、放纱、起底弹力纱放在专用架上、废纱放在台板上，主纱线放在纱座上。纱线引出按工艺路线穿纱，经纱架张力装置→侧边张力装置→导纱器→纱嘴→夹纱，调节侧边挑线簧的张力，所有纱线打结在所用纱嘴之下不脱离，穿纱完毕导纱器归位原点，关闭安全门，释放紧急停车按钮，举手示意结束。整个过程用时不超过8分钟。要求纱线顺序通畅，筒纱放置、侧边导纱穿纱孔及穿纱路线合理。

要点：未按下"紧急停止"按钮，不计成绩。

【思考题】

（1）什么是纬编针织？线圈是如何形成的？

（2）纬编针织物组织分为哪几类？具体有哪些组织？

（3）编织毛衫用的横机经历了哪些发展历程？

（4）当前电脑横机有哪些主流品牌？

（5）简述电脑横机的结构。

（6）电脑横机有哪些特点？

（7）电脑横机有哪些基本编织动作？

（8）简述电脑横机的选针原理。

（9）简述成圈的走针轨迹。

（10）简述集圈编织的走针轨迹。

（11）简述翻针的走针轨迹。

（12）简述接圈的走针轨迹。

（13）纱线接头有哪几种方法？

任务2　岛精电脑横机基本操作

【学习目标】

（1）了解和熟悉岛精电脑横机的结构和机构组成，学会识别岛精电脑横机的型号、机器各主要构件的名称及作用，学会开、关机，穿纱、夹纱操作。

（2）了解和熟悉岛精电脑横机的控制操作方法，学会岛精编织文件读入，密度、卷布、速度、纱嘴微调等工艺参数的设定方法。

（3）了解和熟悉岛精电脑横机的试样编织方法，学会岛精横机的试样编织操作方法以及常见故障产生的原因与处理的方法，学会织针的更换操作方法。

【任务描述】

通过对岛精电脑横机编织结构与工作原理的学习，了解和掌握岛精电脑横机的结构、编织工作原理，学会岛精电脑横机机型识别、穿纱操作、编织文件读入、工艺参数调整、试样编织的操作方法。

【知识准备】

岛精电脑横机是当今世界知名品牌之一，相比其他品牌该机具有以下特点：小巧轻量的机头在编织中回转灵巧，简单又经济的织针系统成本低，各机种中选针速度最快稳定性高，弹簧式沉降片系统使压纱持续、轻柔，世界首创的数控纱线测长装置能精确控制线圈的长度使编织的织片密度更加均匀，配合压脚技术、纱夹、边剪使织机编织质量和编织效率更胜一筹。MACH2X型为岛精最新型全成型电脑横机，运用电子测纱系统（i-DSCS）和全成型编织技术，具有四针床、单机头三系统，编织速度为1.6m/s；全成型的编织系统、多项岛精独有的专利技术，能在不到20分钟内完成整件普通毛衫的编织。

一、岛精电脑横机常用机型识别

岛精电脑横机的常用机型有：SES、SSG、SIG、SCG、SSR、SVR、SIR、SWG、MACH等系列机型，SES为2006年以前机型及现用的3针与5针机型的型号，2006年以后升级为SSG、SIG机型；SES、SSG、SIG等系列的新机型一般在前面加N来表示，如NSIG等。SES意为：S-SHIMA SEIKI（岛精公司），E-Electronic Control（电子控制），S-Secondery（第二代）；SIG意为：S-SHIMA SEIKI（岛精公司），I-Intarsia（引塔夏）嵌花，G-Garment 成型衣片；SSG意为：S-SHIMA SEIKI（岛精公司），S-ShaPed（针织成型），G-Garment（服装衣片）；机型常用标识识别如图1-2-1所示。

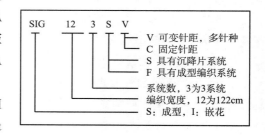

图1-2-1　岛精电脑横机标识图

以上标识从左向右表示：系列代码、编织宽度、编织系统数目、机型特征。如SIG-123SV解读为120cm（48英寸）编织宽度、3系统；SSG236为230cm（90英寸）、6系统。

二、岛精电脑横机的基本操作

基本操作包括开关机、显示屏菜单操作、工艺参数设定、穿纱、机头控制等。

（一）岛精电脑横机外观

如图1-2-2所示，包括：主要构件纱架张力装置、台板、筒纱座、控制面板、机箱、机头、操纵杆、开关按钮、落布板等。

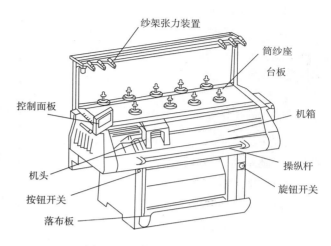

图1-2-2 岛精电脑横机示意图

（二）启动与关机

1. *启动步骤*

（1）打开电源开关：旋转机器前右侧下方旋钮开关，顺时针转90° 指向右侧为"开"。

（2）等待：此时控制面板开始显示自检，结束后显示厂标，加电成功。

（3）按下启动按钮：按机器左侧下方透明方形按钮便可启动机器控制系统。控制面板上显示六个图标，启动成功。启动过程如图1-2-3所示。

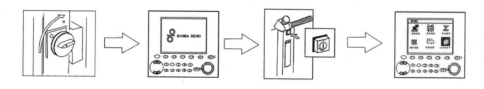

图1-2-3 加电启动机器过程示意图

2. *关机*

（1）机头复位：将机头回复至针床左侧，纱嘴回复到初始的位置，纱夹夹住全部纱线。

（2）软关机：长按机器左侧下方透明方按钮，控制屏显示允许关闭电源。

（3）断电：将机前右侧下方旋钮开关，逆时针转90°，旋钮指向下方关闭电源，如图1-2-4所示。

（三）编织基本操作流程

编织基本操作流程为：启动系统→文件读入→工艺参数设置→穿纱→编织→验片。

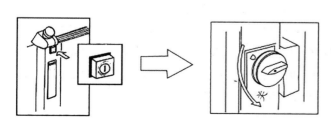

图1-2-4 关机过程示意

三、控制面板的认知和操作

电脑横机通过控制面板进行人机交互，控制面板上设有显示屏、功能键区，用来显示信息和输入指令。通过文件管理、运转信息、调整编织、手动操作等菜单进行指令操作。

（一）显示屏

显示屏位于控制面板上方，功能为信息显示，初始时显示有六个图标，分别为：运转信息、磁片操作（文件管理）、手动操作、调整编织、机器调整和计划性生产。每个图标内有多层子菜单，用于控制相应的操作。显示屏下方有功能键、方向键、数字键，用来控制光标和输入指令，如图1-2-5所示。

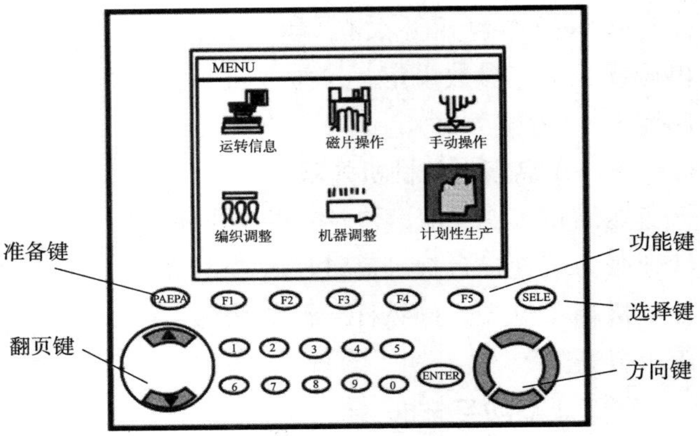

图1-2-5　控制面板示意图

（二）按键功能

显示屏下第一排为功能键，左起为"准备"键、F1 ~ F5功能键、右侧为"选择"键。

1. 准备键

功能为控制编织方式、机头位置。按下准备键，显示屏下方出现显示条，如图1-2-6所示，每个内容下面对应一个功能键。按下对应的功能键，该功能上方会出现圆点或直接执行。

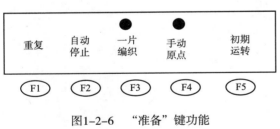

图1-2-6　"准备"键功能

（1）重复：对应按下F1键，"重复"上方会出现圆点。选此功能时，将重复编织控制资料第二张所控制的横列。编织中如取消此功能，则自动跳至下一张控制页资料进行编织。

注意：本功能适用于非起底板起口。使用起底板或启用DSCS时请勿用，会损坏起底针。

（2）自动停止：在编织完设定的衣片数后，会自动停机并自动关闭机器电源（慎用）。

（3）一片编织：选定则机器完成该片编织后会自动停止编织，不选定则会自动连续编织到"运转信息"画面中设定的衣片片数。试样编织时应该使用此功能。

（4）手动原点：选择此功能时会中止当前的编织，转动操纵杆后机头回到左侧原点位置，并进行传感器检测、针床回位、起底板下降复位。在设定参数前或中止编织时使用该功能。

（5）初期运转：功能为在编织文件读入后，将读入的文件设定为当前将要编织的文件。执行本功能后，即可转动操纵杆进行该文件的编织。

2. 功能键

（1）F1键：重复或退出键。可选择"重复"或进入子菜单后按该键返回上一级菜单。

（2）F2键：用于选择"自动停止"、显示向左翻页或与"选择"键配合切换到速度画面。

（3）F3键：可上下切换画面或编辑功能。当U盘插入时且在"文件管理"菜单中，该键上方有U盘的标志，欲退出U盘时，按该键退出U盘。

（4）F4键：向右翻页键。在子菜单状态时，该键上方显示向右箭头，进行翻页操作。

（5）F5键：读取、执行键。当光标选择菜单上的功能时，按此按键进入菜单；当出现故障报警时，在该按键上方出现"解除"字样，按键解除报警。

3. 其他按键功能

（1）选择键：用来改变功能键的内容。运行中按该键为"速度"快捷键，再按F3键出现速度菜单可调整速度值。与其他功能键配合，按该键会出现多个选项提供选择。

（2）ENTER键：确认键、回车键。用于确认数值和指令。

（3）方向键：控制光标上、下、左、右移动，有四个方向按键。

（4）翻页键：用于画面翻页，有向上、向下两个按键。

（5）数字键：用于输入0~9数字。

四、菜单操作

（一）"档案"（文件管理）菜单操作

编织文件用U盘通过"档案"（文件）菜单读入电脑横机的内存中或复制到机内存储器（SSD）或通过网线直接传送文件。"档案"图标即为文件管理菜单，将光标移至"档案"图标，如图1-2-7所示，按F5键进入子菜单。如图1-2-8所示，各菜单分别为：1—存储器选择（USB1/SSD），2—文件读取，3—文件对照，4—文件写入，5—文件拷贝，6—文件删除，7—U盘退出，8—返回上一级菜单，9—当前文件名，10—程式选择，11—文件操作设定，12—目录制作，13—目录删除，14—目录位置，15—删除所有文件，选择不同的子菜单对文件进行拷贝、删除、改名等操作。

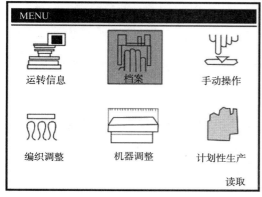

图1-2-7　SSG-122机型光标选择磁片操作

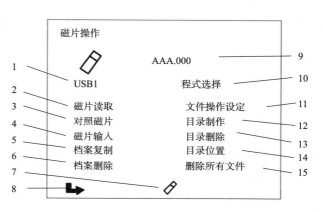

图1-2-8　进入"文件操作"菜单

1. 编织文件读入操作流程

（1）编织文件读入：插入U盘→选择存储器"USB1"→选择"读取"→选择"文件

名.000"→选择"执行"→按F5键→等待读入至完成。编织文件应位于U盘的根目录下。

（2）内存储器读入：选择存储器"SSD"→选择"读取"→选择"文件名.000"→选择"执行"→按F5键→等待读入至完毕。读取前应先将U盘中的文件拷贝到"SSD"中。

2. U盘插入的方法

将U盘插入USB接口中：SSG机型的接口在机器左下方的盒子中；SIG、SSR、SCG等新机型在控制面板（显示屏）的下方支座上，如图1-2-9所示。

3. 更改存储器

依据文件存储位置选择相应的存储器。将光标用方向键移至盘符下SSD（或USB1）上，按F5键，屏幕显示盘符：USB1、USB2、SSD等。USB1、USB2为外存储器即U盘，SSD为内存储器即机内的存储器。选择盘符USB1或SSD，按回车键进行转换，如图1-2-10所示。

图1-2-9　U盘插入示意图　　　　　　　　图1-2-10　盘符选择示意图

4. 文件读取

"读取"是将电脑制板软件中制作的编织文件（***.000格式）输入机器，其功能是将当前盘内的文件读到内存中进行编织。文件读取操作过程如图1-2-11所示。

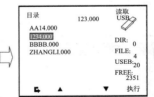
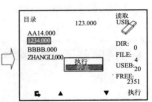

图1-2-11　编织文件读取过程示意图

移动光标到需要读取的文件名上，按F5键，弹出"执行/停止"选项，向上移动光标到"执行"，按F5或"ENTER"键，执行文件读取，出现进度条，至读取完毕。已经做成的情况下也可读取编织工艺参数文件（***.999格式），不需另行工艺参数输入操作。

5. 对照（对照磁片）

此操作可以对照、比对USB/SSD两个盘中的文件内容，如有不同时会出现错误提示信息。

6. 写入（磁片输入）

将电脑横机中已设定的编织工艺参数以文件形式存入U盘或SSD盘中，参数文件名为：

***.999。主要参数有度目、纱嘴、纱嘴微调、速度、卷布拉力、花样、DSCS等。目的是方便编织使用，如试样编织确认后大货的生产，直接读取工艺参数文件即可，方便记忆、存储。

（1）进入"写入（磁片输入）"子菜单，显示"资料选针画面"，如图1-2-12所示。

（2）选择需要输出的参数资料名称，光标移至文件名前，按回车键，圆点点亮即选中。

（3）更改右上角的文件扩展名：将***.000的扩展名改为***.999。

（4）按F5执行键，弹出"执行"或"停止"选项，选择"执行"，按回车键。

（5）选择"执行"时，会出现长条显示读取进度条，完成时回到"写入"画面。

7. 拷贝文件（档案复制）

指将当前盘下的全部或某些选定的文件复制到另外一个盘中，比如将USB1中的一个或全部文件复制到SSD盘中，反之亦然。

8. 档案删除

指删除当前盘下的全部或某个文件，比如可以将SSD或USB1中的一个或全部文件删除。

9. 退出U盘

指退出U盘。按F3键，弹出选择框，选择"USB1"，按回车键，如图1-2-13所示。

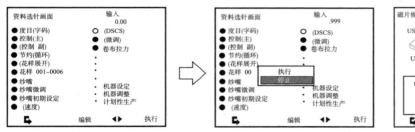

图1-2-12 写入编织资料过程　　　　　图1-2-13 退出U盘示意图

（二）"调整编织"菜单操作

编织工艺参数是控制电脑横机正确运转的关键要素。用方向键将光标移到"调整编织"菜单，按F5或"ENTER"键进入，弹出画面如图1-2-14所示，显示子菜单信息为：控制资料、节约、纱嘴、花样、花样展开、纱嘴微调、纱嘴初期设定、度目、DSCS、卷布拉力、行政管理资料、速度等，移动光标按F5键进入子菜单调整各项参数。

图1-2-14 进入度目菜单过程示意图

工艺参数由编织文件指令控制，编织文件的结构如图1-2-15所示，图正中为毛衫衣片，自下而上编织，下部为罗纹，中部为大身，上部为废纱封口。根据工艺要求，横机对每一个横列都要进行详细的控制，因此织片图形两侧各有20条功能线，各条功能线分别起不同的控制作用。如右侧第1条功能线称为R1，控制横列的编织循环数；R3控制使用的纱嘴号码、R6控制编织密度大小（度目）；左边L5控制速度大小、L10控制卷布拉力大小等。

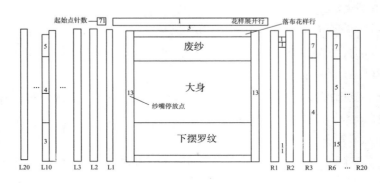

图1-2-15　编织文件结构示意图

1. 度目菜单操作（密度调整）

（1）进入度目菜单：进入"编织调整"，移动光标到"度目"，按F5键，切换到度目画面，如图1-2-14所示。画面中，左侧为度目段号，右边为具体的度目数值，数值上方为系统号与编织方向，设定度目值时注意系统1、系统2、系统3的前后针床、左右方向等各项填入。

（2）度目输入方法：毛衫衣片由多段不同组织结构组成，编织前正确调整各段密度是完成编织的关键。在编织文件中，不同的组织段用不同的度目段来控制，如图1-2-15中R6功能线上，下摆罗纹用第15段来控制、大身用第5段控制等。度目段的划分按制板的便捷来编号，编织前根据号段输入相应的度目值。度目画面如图1-2-14所示，左边No.以下数字为段号，每页为10段，用F2、F4键翻页，共有48段。图中有四列数值，分别对应左右两系统（S1、S2）、每个系统前后针床的三角系统，输入时应注意机头方向、系统位置与度目的关系。

①统一输入法：适用于四个弯纱三角一致的情况，在"全部"下方对应的段号位置输入一个数值，按Enter键，一行的四个数字全部相同，一般使用这个方法。

②分别输入法：当由于某种需要，使前后针床或不同系统的弯纱深度不同时则需要分别输入。将光标移到相应的号段中需要更改的位置，按Enter键，移动光标，用数值键改写，输入正确后按"ENTER"完成；再按"◁ ▷"翻页，在另一个编织方向画面中依次输入改写。

③翻页：第10段后面的内容按F2、F4键翻页，依次进行输入调整度目值。

编织时为了方便操作，有些段号是固定的，其他根据实际需要进行调整。例如：No.13为起底横列，设定向右编织时前度目10、后度目20，则在箭头方向向右的画面中进行输入；No.14为元空（空转）度目段，度目值为35～40；No.15为罗纹，度目值为25～35；No.17为翻针行度目段，前后为40～42；No.5为大身，如纬平针则为45，以上度目数值仅为参考。

（3）运行方向与系统的关系：设置度目值时需要注意编织系统与运行方向的关系，向右运行时第一系统在右侧；向左运行时第一系统在左侧。按F3键转换方向后再次设置度目。

2. DSCS

DSCS是岛精电脑横机系统特有的线圈长度控制系统，编织中自动控制每个线圈的等长。由测纱传感器、送纱罗拉组成，输入线圈长度值即可实施控制，篇幅有限此处不作介绍。

3. 卷布拉力设定

卷布拉力是指将编织完成的线圈横列拉离织口的拉力大小。电脑横机用起底板、主罗拉、副罗拉产生拉力，拉力大小要适中，过大易出现断纱、破洞、边针脱圈等疵点，过小会产生线圈成型不良、布片浮起、漏针等疵点。

（1）卷布拉力的作用原理：卷布装置如图1-2-16所示，织口下方为卷布副罗拉、主罗拉，起底板位于最下方。编织开始时起底板从主、副罗拉中间穿过钩住起底线圈，当织物编织长度大于主罗拉下方时，主副罗拉闭合，起底板放开回位，卷布拉力由主副罗拉产生。卷布拉力的数据大小根据不同的编织对象来定，与纱线的强力和弹性、织物组织结构有关。

（2）针数与卷布拉力数值的关系：在编织中幅宽会有很大的变化，如袖口与袖肥处的针数可能会差一倍，因此卷布拉力的大小也需要加以区别。针数的最小值与最大值之间，根据编织宽度的不同，机器的卷布拉力数值会自动相应改变。

卷布拉力规定范围为1～100，设置针数的（min）以下与（max）以上卷布拉力数值是固定的。如图1-2-17所示，设定作用针数范围为1～576针，相应的卷布拉力大小按比例求得。

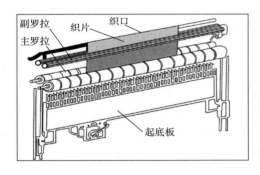

图1-2-16 卷布装置示意图

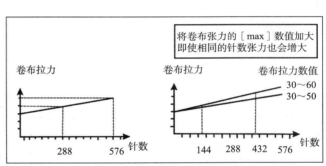

图1-2-17 卷布拉力与编织针数的关系

（3）卷布拉力分段控制：卷布拉力在编织文件中分区段控制，每段拉力的数值大小可在编织文件（.999）中确定，实际操作时可在横机控制面板上进行设定。如图1-2-15所示L10为卷布拉力功能线，下摆默认为第3段，大身为第4段，废纱封口时为第5段。L11为翻针时的卷布拉力功能线，相应的进行分为13、14、15段，段号可根据需要自行命名。

（4）卷布拉力画面解读：编织调整菜单→卷布拉力操作→按F5→出现卷布拉力画面。如图1-2-18所示为第2拉力段的状态：卷布拉力02段、作用针数1～576，卷布拉力范围35～50、当前大小为38、起底板100%作用大小为38、起底板作用时副罗拉的作用80%大小为30、副罗拉100%作用。

如图1-2-19所示，左起第1列"号码"为卷布的段数号，图中显示为1～10段，翻页可得其他段数，共四页；第2列为针数范围设置，控制针数为最小1针，最多576针（显示本机最大针数），控制范围根据具体情况设置；第3列为主罗拉卷布拉力资料，有最小（min）与最大（max）范围可填写，根据具体织物而定；第4列为起底板拉力调节（副罗拉未参与工作时），用主罗拉的拉力百分数来表示；第5列为"副/起底板"，表示为副罗拉参与工作时的起底板拉力设定；第6列（最右侧）为副罗拉的卷布拉力，其大小是独立的。

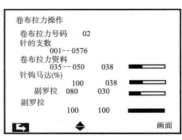
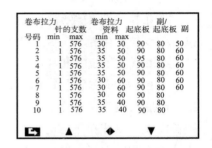

图1-2-18　卷布拉力操作画面　　　　　　　图1-2-19　卷布拉力画面

（5）起底板卷布拉力的设定：起底板与卷布罗拉不同，罗拉的卷布是依靠两个圆辊夹住织物的摩擦力进行卷布，卷布拉力较大。当卷布拉力过大时，布片与罗拉之间会发生打滑防止过度拉伸而拉坏，夹紧力的大小可以调节。而起底板是靠钩针钩住线圈进行拉布的，当拉力过大时就会直接拉坏织物，因而起底时采用高弹性高强力的氨纶包芯纱用作起底纱来缓和拉力过大或过小的问题。

①输入起底板张力的设定值（相对主罗拉卷布拉力的百分比），设定值为0~200%。

②当副罗拉起作用时，起底板的拉力值（起底板马达%），设定值为0~200%。

（6）主罗拉的拉力设定：主罗拉卷取拉力的大小以不让织片上浮起、使线圈顺利退圈、保持线圈成圈良好为标准来进行调整。试织时先设定30~40，再根据情况调整。

①如果设定罗拉拉力的数值过大，即使织片不再下降而主罗拉却依然在回转，称为打滑，因此会造成加速主罗拉橡胶部分的磨损、织物布面起毛等不良现象。

②如果设定主罗拉的数值过小，主罗拉回转量很小，则不能将织片拉下，造成浮起，使织物成圈不完全，则布面会出现成圈不良（圈柱不直）的现象。

（7）卷布拉力的确认方法：触摸法与推针法。

①触摸法：起底板作用时用手触摸织片，以确认织片的张力状况，确定拉力大小。

②推针法：用手将针向上推，感觉织针受到线圈拉力的情况，织针受力不能过紧，但需要有一定的拉力；针很紧，则可能卷布拉力过大；过松则推针时布片会带起或浮起。

主罗拉作用后，如果卷布拉力过小时，用手向下拉织片，则会有织片能被拉下的情况，此时织物可能成圈不良；拉力过大时，确认主罗拉回转是否有打滑。

（8）副罗拉卷布拉力设定：副罗拉的作用如图1-2-20所示，能有效保持幅宽、减轻由于织物较大回缩而造成织物边缘织针会承受较大的张力，防止布边掉针而发生破边的现象。副罗拉比主罗拉更靠近针床，可作为主罗拉的辅助来使用，相当于手摇横机小边锤的作用。

副罗拉的拉力是固定的，与针数（编织宽度）无关，数值是自身拉力的百分比。副罗拉

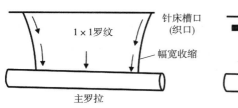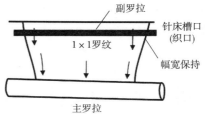

图1-2-20 主、副罗拉的作用示意图

卷布拉力设定值：0（最小）~ 100%（最大）。设定为"0"时，副罗拉打开，处于不工作状态。使用时副罗拉一般设定在60 ~ 80。使用副罗拉方法：

①由针床到主罗拉，编织宽度没有明显改变的组织（如提花），没有必要使用副罗拉。

②调整时请注意防止织片不再下降、副罗拉依然回转的情况发生，否则会拉断纱线。

③在引返编织（局部编织）等情况下只设定副罗拉作用时，注意主罗拉设定小数值。

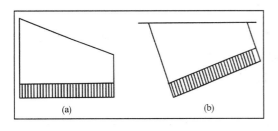

图1-2-21 斜片编织示意图

④在编织图1-2-21（a）形状织片时，编织后落下按照（b）图所示降下。编织中不能让主罗拉只是回转而织片不下降，而造成拉坏织片，因而应设定轻拉织片（拉力较小）。编织（b）时，如果主罗拉设定的数值过大，则左边部分会被拉断。可设定副罗拉为必需拉力中的最小值，需要与主罗拉加强配合使用。另外可在L10中设定主罗拉的开、关配合使用。

（9）卷布拉力设定举例：在机器的卷布拉力为图1-2-22所示的数值时，给定编织宽度分别为30支针、100支针、180支针，此时的起底板及主罗拉的卷布拉力如图所示。设定作用最少针数为51针，而30针小于最小值、180针超出设定的最大值。因此描绘出拉力曲线图，有效作用区间为51 ~ 150针，其拉力可按比例计算。

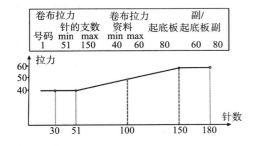

序号	编织宽度（针数）	起底板拉力	卷布拉力	副罗拉
1	30	80%×40	40	80%
2	100	80%×50	50	80%
3	180	80%×60	60	80%

图1-2-22 卷布拉力值与编织幅宽的关系

（10）卷布拉力数值输入方法：在"编织调整"画面中移动光标到"卷布拉力"，按F5键进入"卷布拉力操作"，按F5键进入"卷布拉力"画面，按工艺要求将光标移动到相应的段号、卷布装置位置上，按"ENTER"键，逐个设定数值按"ENTER"键完成。

4. 速度（功能线L5、L6）

速度是指机头运动的速率，在0～1.6m/s范围内可调。初学者操作前应该先检查速度设置，如图1-2-23所示，"高速"值调节为0.4～0.5m/s，过小容易卡机头，过大容易断纱、撞针。

机头运行分为超微低速、错误速度、开始速度、高速、中速、低速与设置段速度。速度画面如图1-2-24所示，在"编织调整"画面中"速度"菜单进入，共2页，按F2、F4键进行翻页。或按"选择"键再按F2键可快速进入"速度"画面，如图1-2-23所示。

（1）超微低速：机头的最低速度，可设置，常用为0.025m/s，打开机盖也可以运行，用于机器调试、修理、接断纱时使用。操作方法为：把光标移到"超微低速"行，按回车键，"不执行"会变成"执行"，此时用手向外转动操纵杆并保持，机头作超微低速运动。

（2）错误速度：当清纱器检测到有粗结时，机器自动降到"错误"速度（较低速）运行。

（3）开始速度：开始是指机头从停止状态开始运动时的初始行和最后一行的速度。设定范围为0.2～0.3m/s，如图1-2-24所示。

（4）高速：是指在没有指定速度的前提下大身部位的编织速度，可以在画面中设定。

（5）中速：是指在没有指定速度的前提下下摆部位的编织速度，可以在画面中设定。

（6）低速：是指在没有指定速度的前提下固定程式部位的编织速度，可以在画面中设定。

（7）设置段速度：图1-2-25中显示的是在功能线上指定的速度段，共1～7段，通常第1段为翻针时的速度，第7段为机头空跑时的速度，其他段可根据具体情况设定相应横列的编织速度。建议设定：错误速度0.25m/s、开始速度0.3m/s、高速0.4～0.5m/s、中速0.3～0.4m/s、低速0.3m/s。熟练后根据编织状态进行调整，最高速不宜超过0.8m/s。

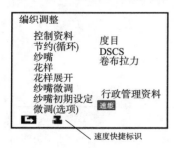

图1-2-23　速度快捷键示意图

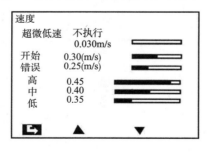

图1-2-24　速度调整画面示意图

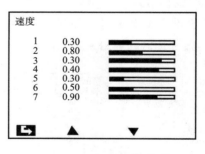

图1-2-25　七段速度示意图

5. 节约（循环）

当所编织的横列有连续完全相同时，可使用节约（循环）的功能，目的是减少电脑制板时花样原图描绘的时间。

（1）节约（循环）的概念：用2个横列进行循环编织N次，表示2N个横列。对同一个编织文件可设定31处节约设置。通常在电脑制板中进行设定。

（2）编织中修改节约数：如图1-2-26所示，每段节约在"节约"画面中显示出来，需要进行增减时，进入此画面，光标移动到需要的位置修改数值即可，图中一个数值表示1转。

6. 导纱器（简称为纱嘴）

纱嘴画面里显示纱嘴的使用情况，文件读入后自动生成画面数据，供检查与变更。

（1）纱嘴设定：当一个系统带一把纱嘴时纱嘴号码显示在N位置，如图1-2-27所示为4号纱嘴。编织添纱组织时一个系统带两把纱嘴，主纱纱嘴显示在N位置、添纱纱嘴显示在D位置。

（2）纱嘴的组合数：纱嘴使用方法的组合数可以有1～255组。

（3）更改纱嘴号码：在纱嘴画面中改变当前的纱嘴号码，与"纱嘴初期设定"配合使用。

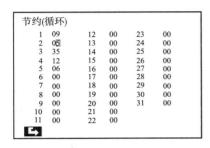

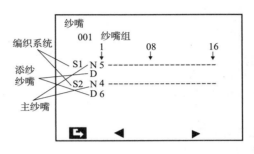

图1-2-26 节约指令示意图　　　　　　　图1-2-27 纱嘴示意图

7. 纱嘴初期设定

纱嘴初期设定菜单是指对导纱器初始状态的设定，如纱嘴位置、种类等。如图1-2-28所示，编织文件读入后显示纱嘴号码的启用及所在位置，按F2、F4键翻页。如图1-2-29所示为按F3后进入的第二页纱嘴种类设定子菜单，"编织"下方显示的则为本次使用的纱嘴。

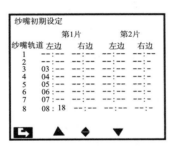

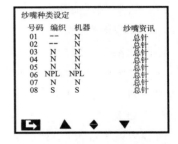

图1-2-28 纱嘴启用及位置图　　　　　　图1-2-29 纱嘴属性设置图

（1）纱嘴位置：编织文件读入后，机器上纱嘴必须与之指定位置相同，编织时才能在相应位置上带出、带回纱嘴，否则会发生碰撞。标准配置时纱嘴原点在左侧，如图1-2-30所示，共9把纱嘴；采用"扩张"配置，使用左、右两侧纱嘴，初始位置可根据需要设定。

（2）纱嘴编号：按导轨两侧顺序放置纱嘴，从机前到机后依次为1～8；增加纱嘴时可以左右放置或并排放置，同一轨道自左向右编号为3、13、23、33，如图1-2-31所示。

（3）纱嘴种类：纱嘴种类一般分为普通纱嘴（N）、宽纱嘴（NPL或NSP）、嵌花纱嘴（KSW0～3）、起底纱嘴（S）、抽纱纱嘴（DY）等。机器纱嘴按配置已经设置属性，因此编织前使用的纱嘴种类必须与机器的纱嘴种类相同，种类不同时会出现"纱嘴种类不同"的警告，非机修工不得改动"机器"列的纱嘴属性，必须取得技术人员许可方可改动，如图1-2-32所示。

（4）纱嘴种类更改：按F3键，切换到纱嘴种类设定画面。使用上下键将光标放到"纱嘴号码"与"编织"对应交叉处设定纱嘴种类，按"回车键"纱嘴类型循环变动。

（5）在机器上更改纱嘴号码：例如将当前的5号纱嘴变更为3号。操作步骤为：更改"纱嘴初期设定"→更改"纱嘴种类"→更改纱嘴号码，如图1-2-33所示。

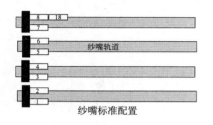

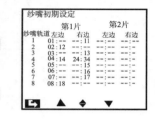

图1-2-30　标准配置纱嘴位置图　　　　　图1-2-31　纱嘴扩张配置初始位置设定图

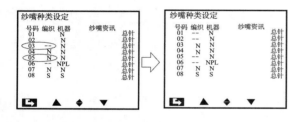

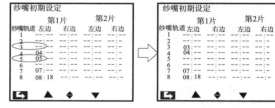

图1-2-32　纱嘴种类更改　　　　　　　图1-2-33　纱嘴初期设定更改

①更改纱嘴初期设定：打开"纱嘴初期设定"画面，将5号纱嘴去掉，添加3号纱嘴。

②更改纱嘴种类设置：打开"纱嘴初期设定"画面，按F3转入"纱嘴种类设定"画面，移动光标，将编织下5号的种类去掉，移到3号位置，添加3号纱嘴种类。

③纱嘴号码更改：如图1-2-34所示，打开"纱嘴"画面，按"选择"键在F3键上方出现"编辑"，按F3键跳出到"编辑"画面。将光标移至"→"位置，在左边输入"5"，箭头右边输入"3"，表示将"5"交换为"3"，然后按"ENTER"键结束。此文件内所有编织控制资料页面的5号纱嘴改变成3号纱嘴。至此纱嘴在机器上更改完毕，如图1-2-35所示。

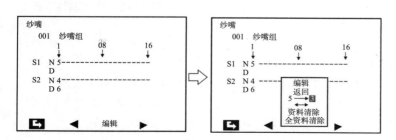

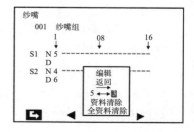

图1-2-34　纱嘴更换示意图　　　　　　图1-2-35　纱嘴互换示意图

注意：SIG机型如纱嘴扩张（15个以上）时，纱嘴号码一个轨道最多可以使用4把，从左边开始6、16、26、36，按照使用情况来设定纱嘴号码。

（6）纱嘴交换：在编织试样时经常会遇到多种不同颜色纱线交换使用情况，如5号纱嘴穿红色，3号纱嘴穿绿色，编织中欲将两者交换使用，在"←→"处即可互换纱嘴设定。

8. 纱嘴微调

编织中纱嘴需停放在编织区域外以防止撞针，停放的位置用距离布边的针数（数值）表示。为了不使纱嘴在停放位置重叠，必须使每个纱嘴错开停放，纱嘴微调是指对纱嘴停放位置的调整。4号纱嘴居中、为纱嘴柄，受力最小，因此优先使用，设定距离布边最近（数值与机型有关），如图1-2-36所示；其次5、3、6、2、7、1、8号纱嘴依次向外停放。编织频率高优先使用停放距离近的纱嘴，停放距离远且弯曲形的纱嘴如8号用则作起底纱、7号（或1号）用作废纱纱嘴。根据编织需要也可单独设定纱嘴的停放距离，设定方法为移动光标修改数值。需要设定标准值则按"SEL"键后选择"编辑"，弹出选项，选择"标准设定"即可。

结头慢速行数用来设定自动侦测到粗结时"错误"速度运行的行数，范围为0～9行。

9. 花样

花样菜单用来查看织片的编织情况，用符号编成。如图1-2-37所示，垂直方向称为花样位置、水平方向称为针数。中部花样代码用"1"～"7"及"0""－"表示。"1"表示前针床编织，"2"表示后针床编织，图中下部由"1""2"交替组成的表示1×1罗纹，上半部由"1"组成，表示为纬平针组织；"·"表示纱嘴停放点，"－"表示不编织。当有些组织点制板不合理时，进入"花样"菜单在画面中直接修改，无需到电脑中改动，方便快捷，减少时间浪费。

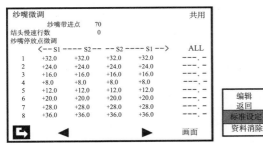

图1-2-36 SSG 14G机型纱嘴微调示意图

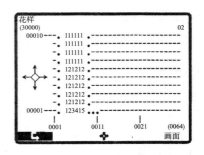

图1-2-37 花样画面

10. 花样展开

花样展开是指针床上执行编织的位置，如图1-2-38所示。花样展开菜单包括号码、代码、设定、休止、开始、结束等内容，如图1-2-39所示。

（1）号码有1～20组可以使用，使用左右方向键进行翻页。

（2）代码：在代码列中读取文件后自动生成，或可进行设定。代码列填写数字，其含义：2为顺读；8为重复；11为纱嘴微调1指令；12为纱嘴微调2指令；13为纱嘴微调3指令；32为由左边开始重复；33为由中央开始重复；34为自动纱嘴停放点指令。

（3）设定、休止：花样的开始、结束织针位置，如图1-2-39所示，花样始于第21针，311针结束。

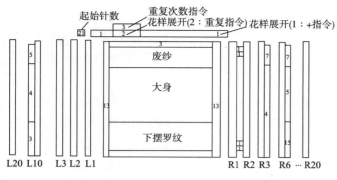

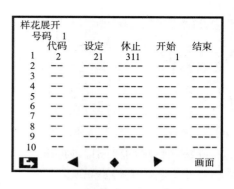

图1-2-38　编织文件花样展开示意图　　　　图1-2-39　花样展开菜单示意图

（4）开始、结束：表示针床上选针的起始、结束织针位置，针床左侧为织针原点。

（5）花样编织起始针数调整：先"手动原点"，再进入"花样展开"菜单，查看设定与休止的针数差值，将"设定"下的数值改为需要的起针数值，在"休止"下输入结束数值，修改后注意花样的宽度不能变，即"休止"数值减去"设定"数值的差值与之前相等。

11. 控制资料

（1）控制概念：控制是指用于选针及读取机头运动、密度控制、编织形式、速度等资料。控制资料是编织资料中的主要资料，其单位用页数或张数表示。分为主控制和副控制，分别显示主控制画面和副控制画面。副控制有31种，主要用于空车上，如图1-2-40所示。

（2）主控制：是控制机头从第一行到最后一行的主要控制资料，如图1-2-41所示。

（3）副控制：是指用来节省控制资料张数的补助控制资料，如果控制资料是由出带处理做成的，则偶数张数的空车行数会自动处理成副控制。比如绞花或挑孔组织，相同的副控制可以重复使用，以使控制资料总张数减少，如图1-2-42所示。

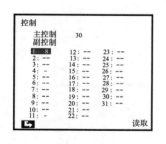

图1-2-40　控制画面

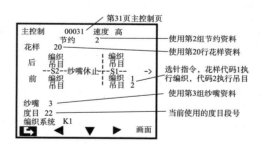

图1-2-41　主控制画面

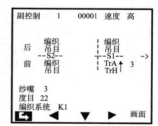

图1-2-42　副控制画面

（4）控制指令：控制资料的每个项目称为控制指令。主控制与副控制的不同在于副控制画面内没有控制指令选项。

（5）控制资料检查：控制资料可以在控制画面上进入主控制、副控制画面进行检查，编织时在运转信息画面检查目前执行的张数。

（6）指令内容：指令内容有选针指令、编织指令、吊目（集圈）指令、翻针指令、分针指令、结束指令、速度指令、纱嘴位置指令、纱嘴休止指令、带纱嘴进出指令、编织系统指令，卷布拉力、主副罗拉、起底针、落布、节约、摇床、花样位置指令等。

（三）"手动操作"菜单操作

控制面板右上角为"机器手动操作"菜单，用于控制纱嘴离合、夹纱放纱、压脚作用、起底板升降、主副罗拉的开合及旋转等手动操作方式。光标移动到"机器手动操作"图标，按F5键或"ENTER"键进入，画面如图1-2-43所示。

1. 纱嘴休止

光标移到之上，按F5键，机头上带纱磁铁跳起，脱开纱嘴；再按一次磁铁合上，便于机头在编织区域内时移出纱嘴进行穿纱。

2. 夹纱与放纱

（1）夹纱：夹子从左向右编号为1、2、3、4，输入夹子编号数值则控制该夹子夹纱，输入"0"，则所有夹子一起动作，夹纱时剪刀联动，剪断纱尾，开始时常用2号夹子夹纱。

（2）放纱：是指打开夹子。输入数值则指定该夹子打开放掉纱线。

3. 压脚

机头上每个系统前、后各配一个压脚，用来辅助退圈与翻针。输入压脚的编号数值控制该压脚的作用与不作用动作。

4. 送纱罗拉

光标移动到该处，按F5键，控制"送纱罗拉"旋转或不转，根据需要而定。

5. 起底板

操作前确认无异物挂在针床上。光标移动到选项文字上，按F5控制起底板上升、下降和回到初始（放开）位置。在机头归边时控制起底板的上升、下降的任意位置。

6. 起底板针钩

伸出是指伸出起底板上端的滑针（针舌），可以使钩针勾住纱线。收回（凹下）是指收回滑针，放开纱线，如图1-2-44所示。

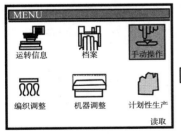
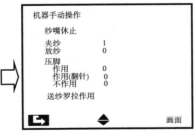
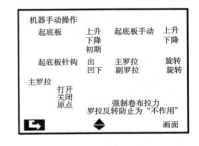

图1-2-43 机器手动画面（1）　　　　　　图1-2-44 机器手动画面（2）

7. 主罗拉

控制主罗拉打开、关闭、回复原点状态。需要查看或卷布拉力较大时可打开，再关闭。

8. 旋转

控制主、副罗拉的向下旋转。检查卷布拉力大小、布片有浮起现象或处理故障时使用。

9. 强制卷布拉力

以最大的张力旋转主罗拉及副罗拉，用于调节布片拉力或处理故障。

10. 罗拉反转防止片

用来移除卷在主罗拉上的布片。旋转此项时可使主罗拉反转退出被卷的布片。在使用"超微低速""手动原点"或"初期运转"作用后不能使用该功能。

（四）"运转信息"菜单操作

"运转信息"菜单是显示电脑横机编织运转过程中的参数情况，便于实时了解运转信息。将光标移到"运转信息"，按F5或"ENTER"键进入，画面显示当前信息：设定件数、已编织件数、机头运行方向、当前控制页数、节约、当前度目值、编织速度、文件名等信息。

进入"运转信息"菜单，如图1-2-45所示为运转信息画面第一页。

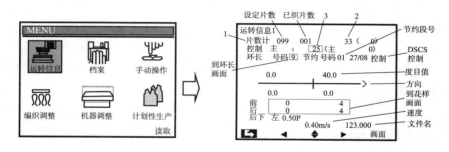

图1-2-45　运转信息菜单示意图

（1）片数设定：图中片数计为编织片数设定，设定片数范围为001～999，"99"表示为设定值，"11"为已完成编织片数。当前后两值相同时，编织结束，机头停止运动，需重新设定。

（2）当前编织行数：图中"33"为编织行数顺序号，显示从第1行开始的行数值，括号内为前一片的总行数。

（3）主控制：显示主控制页，光标移至此处按F5可进入"主控制"画面进行查看。

（4）节约：此处可查看节约段号（号码01）、本段节约总数（总27次）、运行的节约次数（第8次），光标移至此处按F5可进入"节约"画面，进行查看和修改。

（5）控制：此处为度目与DSCS控制的转换，按此处进入"DSCS"画面。不显示"控制"时为度目模式，设定的度目值为有效；如显示"控制"则为"DSCS"模式，线圈环长为有效。

为了方便操作，进入"运转信息"菜单后，可与其他子菜单画面之间的转换。将光标移到控制、节约、花样、速度、度目、可变度山、计划性、生产等，按F5进行画面之间切换。

（6）运转信息2画面：按F4翻页运转信息2画面，显示花样位置、花样展开、纱嘴组、纱嘴微调、卷布等画面，如图1-2-46所示。按图中的位置可直接切换到该画面进行查看与调整。

（7）运转信息3画面：称为弹性启动页，是指编织中途停止时，可以从停止的行数开始再继续进行编织的功能，通常采用此功能进行检查编织资料，如图1-2-47所示。

①中途运转：光标移至此位置，按回车键出现"作用"，表示执行中途运转，"休止"

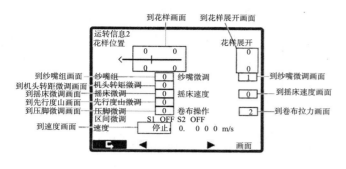

图1-2-46 运转信息2画面转换功能

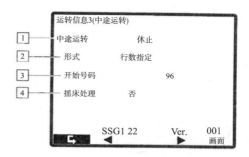

图1-2-47 运转信息3画面转换功能

表示不执行中途运转。

②形式：指定再编织的行数。行数号码是从指定的行数开始执行中途运转，在"开始行数"上指定控制张数。张数号码是从指定的张数开始执行中途运转。

③开始号码：显示开始中途运转的行数或控制资料（主）的张数号码。输入"0000"便可以检查所有的编织资料，此时选择张数或行数即可。

④摇床处理：执行编织指令。当有布片勾在针床上时选择"否"，不能摇床。

（五）"机器调整"菜单操作

用方向键将光标移到"机器调整"，按"ENTER"键进入视窗，显示当前机器调整画面的信息：摇床微调、放布编织、调整、错误侦查形式、感应器检查、编织初期资料设定、语言选择、键锁、压脚设定等子菜单，如图1-2-48所示。

1. 摇床微调

是指调整摇床时前后针床织针的相对位置，具有0.5针距和0.25针距两个画面，如图1-2-49所示，画面中的数值：1个单位相当于0.01mm，用于调整针床精确的相对位置。

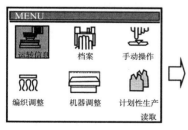

图1-2-48 机器调整画面

图1-2-49 摇床微调画面

2. 放布编织

是指在编织过程中出现编织疵点、错误等需要终止时，将针床上的织片落片的过程，画面如图1-2-50所示。操作步骤为：操作"手动原点"→转动操纵杆→机头回到左侧原点→进入"机器调整"→选择"放布编织"→按F5"执行"→执行"初期运转"→转动操纵杆→机头运行→落片。注意：由于布片浮起、撞针、度目值小引起的故障必须手动卸片。

3.感应器检查

此菜单用来检查机头中的选针电磁铁、三角电磁铁、摇床马达、度目马达、吹风马达等各个感应器的工作情况。检修时使用，机头必须在两侧原点时方可使用，机器修理时使用。

4.压脚设定

设定压脚的动作尺度，进入"压脚"画面，输入数值设定；为避免压脚纱嘴互碰，设定开与关，开时为"–"，关闭时为"OFF"。

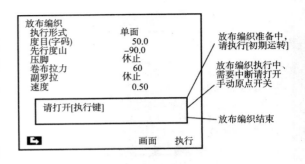

图1-2-50 放布编织画面

（六）"计划性生产"菜单操作

计划性生产菜单将光标移到"计划性生产"，按"ENTER"键进入弹出画面，如图1-2-51所示。主要功能是对毛衫前片、后片、袖片按顺序整件连续编织生产，效率高、质量好。

1.图中指示说明

（1）文件名：显示连续性编织资料的文件名及重复次数的设定值与现在值。

（2）衣片编织数量设定：显示各编织资料的文件名及重复次数的设定值与现在值。

（3）开始、结束：执行开始连续编织或结束连续编织。

（4）盘符：设定读取试样文件的盘符。

（5）使用方式：工艺控制资料时选择"再使用"。

（6）读取方式设定：进行连续编织时，若U盘发生错误，会出现"再读取"的提示。按"ENTER"键，再次进行文件的读取。

2."连续编织文件"概念

连续编织是将不同的编织资料（各衣片编织文件）以接续的方式编织完成的功能。

（1）整件毛衫衣片连续编织：将整件毛衫的四个衣片（前片、后片、两个袖片）依次编织作为一个编织单元，把三个文件制作成一个连续编织文件，如图1-2-52所示。

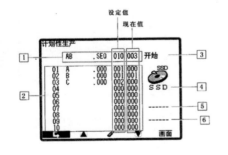

图1-2-51 计划性生产画面

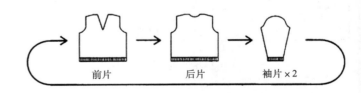

前片　　后片　　袖片×2

图1-2-52 整件毛衫计划性生产编织示意图

（2）连续编织的优点：缩短了从开始到出货的时间；可以使整件衣片及时送去套缝；可以及时发现次品以节约纱线；前后片、袖片不易产生色差。

3.连续编织文件的制作过程

连续编织文件是执行连续编织时决定编织顺序及简述的资料。制作的方法有两种，在机器上的"计划性生产"画面制作，或者在"SDS-ONE"设计系统中的"各种资料"中做成。

例如连续编织10件衣片：自动出带处理做成的资料"A.000""B.000""C.000"文件分别代表前片、后片、袖片，且可以与其他机器编织调整资料共用。按以下步骤进行制作。

（1）将USB盘中文件复制到SSD盘中：将A、B、C三个编织文件从USB1拷贝到SSD盘。

（2）读入编织文件：进入"计划性生产菜单"，如图1-2-53所示，将光标移至"01"位置，按F5键，读入"A.000"文件名，设定件数001；读入"B.000"文件名，设定件数001；读入"C.000"文件名，设定件数002（袖片2件）；光标移至图中"1"位置，设定10件，退回到主画面。

（3）建立连续编织文件：如图1-2-54所示，进入"磁片操作"菜单，将盘符改为SSD，光标移到文件名位置按F5键，用"翻页键"选择字母或数字，文件命名为ABC.SEQ，光标移动到"磁片输入"，按F5执行。

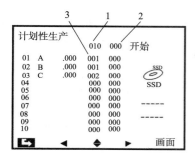

图1-2-53 连续编织文件读入

 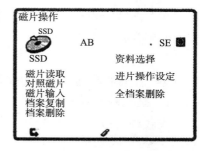

图1-2-54 连续文件命名示意图

（4）设定连续编织：光标移动到"资料选择"，按F5进入画面；选择"计划性生产"，按F5执行。弹出选择框，选择"执行"，按"ENTER"确认，显示进度条，直至完成。

（5）按准备键，执行初期运转，可以进行编织。

4. 连续编织制作注意事项

（1）连续编织用的各种编织资料的纱嘴数要相同，不使用的纱嘴在带纱进入后要立刻执行带出，否则该片不使用的纱嘴会由于夹子放开纱线弹出而造成停车。

（2）不同的度目、卷布资料要用不同的段号分开使用。

5. 分割花样编织

当编织资料（控制资料的张数及花样资料位置）容量超过机种的限制时，需要将原图分割成数个以上，利用自动出带将原图分割，并使用连续编织完成完整的成品。

（1）将原图分割成N个小原图，每个图横列数为偶数转，如图1-2-55所示。

（2）作图时第一个小原图设定固定程式，不设定落布花样；中间小原图两头不设定，最后一个设定落布花样。除第一个小原图外，其他小原图前加一转虚拟纱嘴浮线行，便于选针。

（3）将各小原图的编织文件制作成连续编织文件，即可分段编织出完整的花样。

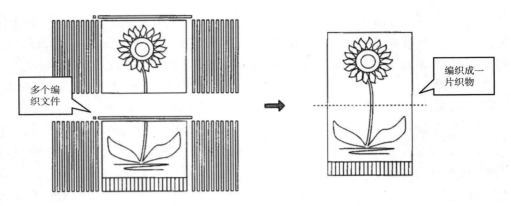

图1-2-55　采用原图分割法的连续编织示意图

五、编织前纱线准备

编织前纱线要按照机器编织要求所规定的路线依次穿过各个导纱器件。在岛精电脑横机中有使用多种类别不同用途的纱线。分别为起底纱（弹性纱线）、抽纱（长丝）、废纱、正式纱等。机器的上方有一个平台，称为台板，筒装纱线放置在台板上。

（一）各种用途纱线的穿法

1. 起底纱及穿法

起底纱一般采用弹性纤维，岛精公司指定采用氨纶包覆纱，强力较大弹性好，可以承受起底板的拉力，但成本较高。工厂也可以采用高弹涤纶长丝，一般14针采用150D高弹涤纶长丝，7G或3G机型可采用2根150D高弹涤纶长丝作为起底纱线。起底纱一般规定放在纱架的后左上方专用座上，纱线穿在最左边的张力装置上，如图1-2-56所示，穿到8号纱嘴中。

2. 抽纱及穿法

抽纱是指大身组织与起口纱之间连接的分离横列使用的纱线，分离横列在成品后需要拆

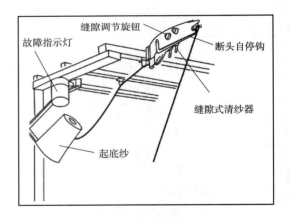

图1-2-56　穿纱线架图

离。拆离的方法是将分离横列的左右边缘线圈剪断，将该横列纱线抽出即可将织物分开，此方法用于横机领、袖口下摆、计件罗纹、袜子等编织中。为了降低成本和抽纱方便，一般采用长丝作为抽纱，长丝表面光滑，抽动拉力小，方便拆解。抽纱一般固定穿在最右边的张力装置上，筒纱放在筒子架平台的右后侧，穿过最右侧的张力装置，引穿到18号纱嘴中。

3. 废纱及穿法

废纱是起口段所采用的纱线，为了使织片的下边缘织物均匀稳定，一般先织一定横列数的平针织物再通过抽纱与织片相连。此段织物拆解后不能回收，因此宜采用低成本的纱线，一般称为废纱。工厂一般采用强力、细度与编织织物相适应的次品纱线或废弃纱线或低价的化学纤维纱线。废纱穿在左边起第二个张力装置上，与起底纱相邻，穿到7号纱嘴中。

4．正式纱

正式纱是指编织产品所使用的纱线，按工艺要求进行选用或定制的纱线。正式纱线一般穿在左边的张力装置和左边纱嘴上，编织双纱或多根纱线并纱产品时根据编织的需要可左右对称穿，优先使用4号、5号纱嘴。

（二）穿纱路线

岛精机穿纱路线为：台板上放置的筒子引出纱线→向上穿过导纱钩→夹片式张力器→缝隙式结头捕捉器→断头自停钩→侧边上导纱孔→送纱罗拉→制动夹片→收线器导纱孔→侧边下导纱孔→分纱器导纱孔→导纱器耳纱孔→纱嘴口→夹子夹住。

（三）各装置的穿纱方法

1．筒纱放置

为了防止纱线在筒子底部发生挂纱造成断纱，设置了若干筒座。纱筒置于纱筒座上，调整弹簧位置使圆盘轻压下方弹簧。弹簧位置的调整视纱管的角度而定，如图1-2-57所示。

为了提高生产效率，可将筒纱头尾相连，将前一个筒子的纱尾与下一个筒子的头部相连，连接方法如图1-2-58所示。纱线引出垂直向上穿过导纱钩，导纱钩位于筒芯的正上方，张力稳定、退解顺利。

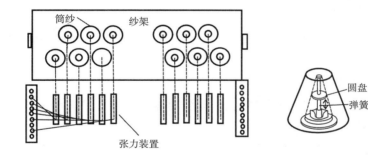

图1-2-57　纱架上筒纱的放置与筒纱底座

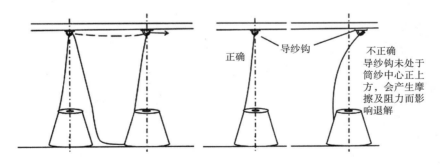

图1-2-58　筒纱连接方法示意图

2．上张力装置穿纱

纱线从导纱钩穿入纱架张力装置的张力调节压纱盘片、结头捕捉器、断头自停钩等。

（1）纱线张力调整：张力调节旋钮顺时针旋转弹簧压缩大，夹片的压力大，纱线的张力越大，反之越小。纱线张力一般调节在断头自停钩不会落下为好，张力根据纱线性质，保持正常退解和不发生缠绕为准，尽可能小为好。一般采用送纱罗拉送纱时张力为8g左右，不采用送纱罗拉时为3g左右。

当单侧取纱时可采用砝码测量；纱嘴为左右两侧同时取纱时，须将左右两侧的张力调整均匀。调节方法为：将一个砝码（圆形钢夹）夹在纱线纱上，旋紧张力夹片直到纱线不会滑动为止，两侧张力即为相同，如图1-2-59所示。

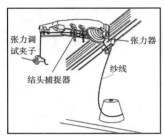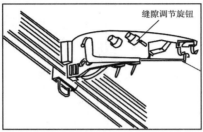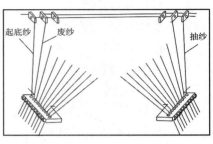

图1-2-59　纱架张力器穿纱、纱线张力测量、缝隙调节、侧边导纱孔穿纱示意图

（2）结头捕捉器的缝隙调节：图1-2-59所示缝隙调节旋钮有两个，左边为大结头探测调节旋钮，右边为小结头感知调节旋钮。旋钮顺时针旋转缝隙减小，反之增大。缝隙大小调节为纱线直径的1.5～2倍。

纱线较少时，纱架上的张力装置使用先左边后中间原则；使用频率较多的纱线优先穿左边张力装置，依次向右排列。当两边都有穿纱时则先两边后中间、对称穿的原则。

3. 侧面导纱孔穿纱排列

纱线的双侧导纱孔穿纱按照纱线不交叉、顺序的原则排列顺穿。

4. 侧张力装置穿纱

侧张力装置主要有：侧上穿纱孔、送纱罗拉、收线器、制动片、侧下穿纱孔等构件。纱线依次穿过，如不使用DSCS系统则不用穿数码测纱器，所有主纱在送纱罗拉上绕一圈以增强送纱力，废纱、起底纱、弹力纱则不需要绕送纱罗拉，如图1-2-60所示。将收线器的弹性调节到水平位置后再穿纱，在实际运行中调整，以保持适当的弹力吸收纱线的余量。

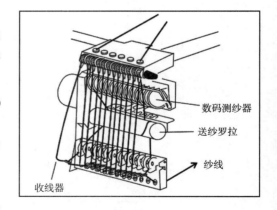

图1-2-60　侧张力装置及穿纱图

5. 纱嘴穿纱

纱嘴上有左右两个耳孔，从左侧过来的纱线穿左耳孔，从右侧过来的纱线穿右耳孔（如抽纱）。然后向下穿纱嘴孔：1～4号导轨上的纱嘴从内侧穿纱嘴孔，5～8号导轨纱嘴从正面穿纱嘴孔，如图1-2-61所示。纱嘴分为普通纱嘴（N）、宽纱嘴（6号纱嘴也称添纱纱嘴NPL）、嵌花纱嘴（KSW0～3）、起底纱嘴（S）、抽纱纱嘴（DY）等。

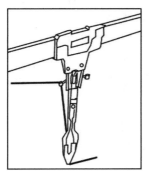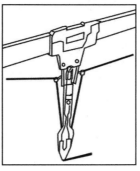

图1-2-61　纱嘴单、双向穿纱图

【任务实施】

一、教学设备

（1）教学机器：岛精SSG-122SV 14G、SIG-122SV 7G、SSR-112SV 7G、SCG-122SC 3G电脑横机。

（2）教学材料：24N/2毛纱、腈纶纱。

二、任务说明

按以下要求上机编织毛衫试样：开针数121针，文件名为123.000，使用SSG-122SV 14G电脑横机，使用纱线为26N/2毛纱，穿4号纱嘴，开针数121针，组织结构为下摆1×1罗纹、大身纬平针，要求罗纹拉密3.5cm/5坑，平针拉密3.8cm/10支，废纱拉密4cm/10支。主要编织工艺设定如表1-2-1所示。

表1-2-1　编织工艺参数设定表

参数	度目段号	卷布拉力段号	速度段号
下摆罗纹	15	3	14
大身	5	4	高
废纱	7	7	高

三、实施步骤

（一）文件读入

开机→插入U盘→移动光标到"文件操作"→按F5键→更改盘符为"USB1"→读入→按F5键→选择"123.000"→按F5键读取。

（二）穿纱

按穿纱方法穿起底纱（8号）、抽纱（18号右穿）、废纱（7号）、主纱（4号纱嘴），用2号夹子夹住。检查穿纱路线，调节纱线张力、结头捕捉器的缝隙等。

（三）岛精电脑横机采用起底板时的编织程序

固定程式起口→下摆编织→大身编织→废纱封口→落片。

（1）固定程式起口编织：起底纱编织一转→起底板上升勾住起底纱→起底纱圆筒编织→带废纱、正式纱纱嘴进→起底纱带出→废纱编织圆筒一转→前针床线圈翻到后针床→废纱后针床编织两行→抽纱编织一行。

（2）正式纱编织下摆：起底横列→元空（空转）一转半→编织罗纹→翻针行。

（3）大身编织：编织大身平针（单面）组织。

（4）废纱编织：编织废纱单面组织。

（5）落布：编织完成后，机头不带纱嘴编织，将织片脱下。

（四）编织工艺参数设定

设定工艺参数前，先执行"手动原点"。按"准备键"后按F4键，机器会发出自检声音。

1. 度目数值设定

本例为已知拉密，未知度目值，按度目原理先设一个中间数值，下机后得到拉密数值，然后进行两次调整，再编织得到正确的度目值。常用度目参考值如表1-2-2所示。

表1-2-2　SSG-122SV机型度目值设置表

编织部位	R6功能线默认段号	编织组织	度目参考值	固定数据
布身	默认第5段	单面类（参照纬平针）	40～50	
		罗纹类参照下摆	20～40	
		芝麻点提花	前40、后35	
		背面全出针提花	35～38	
下摆	13	起底行（正式纱第一行）	前10、后25	○
	14	起底圆筒（元空）	35～40	○
	15	1×1罗纹	25～30	
		2×1罗纹	30～35	
		2×2罗纹	33～38	
		圆筒袋编	38～42	
	17	下摆罗纹最后一行（翻针行）	38～42	
织片外固定起口部分	21	起底编织的SUPPY纱编织起头	50～60	○
	22	编织废纱段，带抽纱出	50～55	○
	23	起底纱编织SUPPY圆筒部分	50～60	○
	24	废纱编织	45～48	

在编织过程中，编织方向上织物含有废纱起口段、罗纹段、平针段、废纱封口段，由于组织不同、编织要求不同、套缝要求等，因此编织密度也不同。本案例度目值设定如下。

光标移动到"编织调整"按F5进入，光标移动到"度目"按F5进入度目设定画面。

（1）固定编织程式度目设定：按表中度目段设定度目第21段度目值为60、第22段度目值为65、第23段度目值为60、第24段度目值为55。

（2）罗纹组织度目设定：起底行度目第13段度目值为前10、后25，元空度目第14段度目值为38，罗纹度目第15段度目值为25，翻针行度目第17段度目值为42。

（3）大身度目设定：已知大身组织为纬平针，度目第5段，设定值为45。

（4）废纱度目设定：废纱组织应与大身相同，度目第7段设定值为55。

2. 卷布拉力设定

进入"编织调整""卷布拉力"画面，设定卷布拉力第1段（翻针行）为30~35，第3段为30~35，第4段为33~38，第7段为33~38。设定起底板为90。

3. 速度设定

进入"速度"画面，移动光标，设定高速为0.45m/s；设定中速为0.4m/s；设定低速为0.35m/s；第1段为翻针速度，设定为0.3m/s；第7段设定为0.45m/s；第4段设定为0.4m/s。

（五）编织

（1）初期运转：按"准备"键，如图1-2-62、图1-2-63所示，按F3键设定为"一片编织"，再按F5键，执行"初期运转"。

图1-2-62　一片编织设定示意图

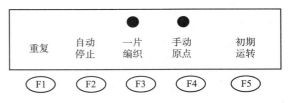

图1-2-63　初期运转示意图

（2）检查：移动光标进入"运转信息"，查看核对"文件名"、使用纱嘴号码等，仔细检查筒纱摆放位置、穿纱路线、纱线张力、侧边跳线杆弹力是否合理，核对各工艺参数。

（3）开车：检查无误后，向外转动操作杆，机头运动，眼睛紧盯织口的编织情形，发现有线圈浮起现象应立即停车检查卷布拉力情况。

（4）检查卷布拉力：起底板自动落下后，机头在边上时停车，打开机盖，用手向上推针踵，感知推动的力量，与旁边空针比较，略紧即可，过紧应调小卷布拉力值。正常编织，直至落片，查看布面情况。

（5）拉密测定：将罗纹5坑、平针10支横向拉开到最大，在刚性尺上进行度量拉开的长度，与工艺单对照。如果大了将度目值下调，反之调大。简单测算方法为：10支拉开的长度除以度目值所得数值相当于每个度目值的平均长度，换算为题目要求的拉密长度除以该平均数即为度目值。拉密测试如图1-2-64所示。

（6）工艺调整：在其他工艺参数不变情况下，

图1-2-64　拉密测试手法示意图

按计算所得的度目值输入，重新编织试样，得到题目要求的密度。

（六）编织故障处理

1. 断纱的处理方法

断纱在编织过程中较为常见，究其原因主要以下几个方面。

（1）断头自停钩：原因为纱架上遇到纱线断头、筒纱用完，则自停钩下落，机器自动停车，故障灯亮，并发出"嘀嘀"声，控制屏幕上显示断纱。

处理：将操纵杆向里旋转或在屏幕上按"取消"键，声音停止。用织布结方法接续纱线，开车即可。

（2）侧边张力装置断纱信号：原因为纱线在送纱罗拉到纱嘴孔之间发生断头，则侧边收线器弹起，机器自动停车，故障灯亮，并发出"嘀嘀"声，控制屏幕上显示断纱。

处理：将操纵杆向里旋转或在屏幕上按"取消"键，声音停止，用织布结方法接续纱线。

（3）易断纱：原因为遇羊绒等粗纺纱线由于捻度较低纱线强力较小，易发生断头。这是由于依靠织针的拉力将纱线从筒子上拉出，纱线线路较长，摩擦阻力大易发生断头。

处理：将纱线在侧边的"送纱罗拉"上顺时针缠绕一周，罗拉主动回转通过摩擦产生拉力，将纱线从筒子上拉出送向织针方向，使针钩处纱线的张力减小，有效减少纱线的断头率。

（4）结头捕捉器报警：纱线如有粗节、大结头等，则缝隙式清纱器会跳起，或会将纱线拉断，机器自动停车，控制屏幕上显示清纱器断纱、结头等信息。

处理：恢复捕捉器位置，去掉大结头用织布结方法接续纱线。

2. 送纱罗拉故障

原因为送纱罗拉上缠绕纱线，造成护板弹起，机器自动停车，控制屏上显示送纱罗拉故障。

处理：清理纱线重新接头，将纱线卡口向左移一个位置，使螺旋线分开，护板复位。

3. 放布编织

如果遇到不可挽救的编织故障，则可以中止编织，此时需要将织片从机器上卸下，重新开始编织。如果纱线浮起，则必须手动方法卸片，不可用放布编织，否则会发生撞针事故。操作方法为：停车→纱嘴归边→放布编织→手动原点→初期运转。

（1）纱嘴归边排列：具有将纱嘴归边排列的功能，即使编织途中停止编织，也可以自动将纱嘴移至编织开始位置。将机头停止后，按以下步骤操作。

步骤1：按准备键PREPA，将显示出如图1-2-65所示画面。注意：若按F4（手动原点）键，则不能使用"纱嘴排列"功能。

步骤2：按选择键SEL，将显示出如图1-2-66所示画面。

图1-2-65　准备菜单 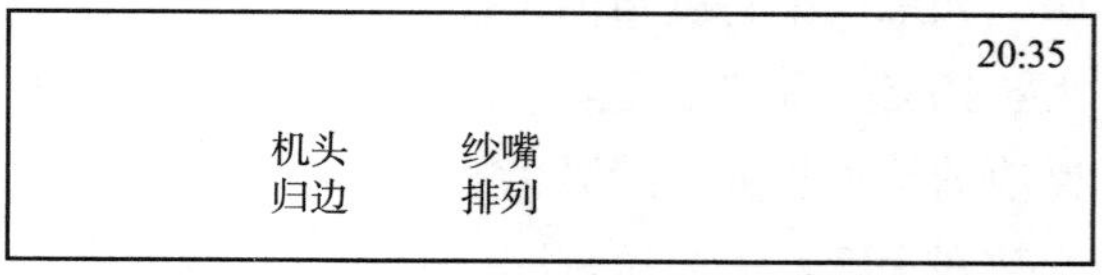　　　　图1-2-66　纱嘴归边

步骤3：按下F3（纱嘴排列）键，弹出对话框如图1-2-67所示。

步骤4：按下"准备"键后按F5键执行"初期运转"，如图1-2-68所示。

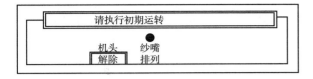

图1-2-67　执行初期运转

图1-2-68　执行初期运转

步骤5：将操作杆向前转动，机头将开始带动纱嘴归边。完成纱嘴排列后使用"放布编织"，也可以用手动方法将纱嘴归边，夹纱。

（2）放布编织：编织途中或纱嘴归边后要进行落布，落布时使用"放布编织"功能。进入"机器调整""放布编织"画面。放布编织完成时，出现下列讯息，如图1-2-69所示。注意：执行放布编织处理之前，先将纱嘴移动至编织前的初始位置。

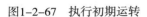

图1-2-69　放布编织结束

4. 布片浮起

原因：由于卷布拉力偏小，织物未能及时拉离织口，造成布片浮起，此时机头上的探针会被碰歪，机器自动停车，故障灯亮，并发出"嘀嘀"声，控制屏幕上显示"布片浮起"。

处理：将操纵杆向里旋转使声音停止。用压纱板进行向下压布，重新调整卷布拉力数值，将探针复位。用"手动操作"旋转主罗拉，将布片拉紧，开车即可。否则终止编织。

其他原因：

①卷布拉力小：编织时未及时调整或调整不当引起卷布拉力偏小造成织口未及时下拉使探针被碰歪。

处理：根据度目值调整为合适的卷布拉力。

②织物破损：在编织过程中由于组织及纱线的原因会造成织物局部破损，造成纱圈浮起。

处理：根据情况及时进行修补或放布编织处理。

③压脚故障：原因是机头上的压脚放下或未升起，也可能由于布片浮起造成压脚未能放下或升起。机器自动停车，故障灯亮，并发出"嘀嘀"声，控制屏幕上显示"压脚故障"。

处理：将操纵杆向里旋转或在屏幕上按"取消"键，声音停止。用压纱板进行向下压布，按"机器手动操作"→压脚，压脚有前后左右四个，与编织方向有关，输入数字1、2、3、4号码或0可使压脚单个或全部升起或放下，调整正常，开车即可。

5. 机头撞针

原因：由于卷布拉力不正常、布片浮起等多种因素影响造成机头撞针，机器自动停车，故障灯亮，并发出"嘀嘀"声，控制屏幕上显示"机头撞针"。

处理：在"运转信息"查看机头运行方向，用超微速将机头移出，检查织针情况，重新调整卷布拉力数值等参数，将探针探头复位，开车即可。如有织针损坏，及时换针。

6. 更换织针

使用的纱线过粗、拉力过大、织针上的线圈过多、度目值不正确都会造成织针的损坏。针织更换的操作步骤如下。

（1）退下压针条挡片：将针床上方左或右边缘黑色的挡片向下推，使压针条可以抽出。

（2）抽出压针条：用手将压针条推出，压针条分为3~4段，只要空出坏针位置即可。

（3）更换织针。

①抽出坏针：将织针压至最低点，用针尾挑起起压针板。然后依次翻起压针板、护针板。轻轻向上推针踵，抽出织针、挺针片，如果觉得卡住，则轻轻翻动压针板、护针片到适当的角度，当心不要碰到沉降片，如图1-2-70所示。

②换新针：将新织针与底脚针对接到位，轻轻插入，将针踵压至最低点。先将护针片盖上，再将压针板轻轻盖上。注意两个针片不能交叉。如果遇到紧或有较大的阻力，要及时停止，仔细分析情况，细心处理，不可野蛮操作，否则会损坏护针板。

③检查：将针踵向上推、下压，使织针上、下运动顺畅，感知织针的灵活程度，并观察织针与底脚片是否连接一体，有问题重新操作。

（4）插回压针条、关闭压针条挡板：轻轻插回压针条，推上压针条挡板。

（5）更换底脚针（挺针片）：如果底脚针的针踵撞坏，则用换针的同样方法将底脚片拔出，换新底脚片插入，再将压针条推回原位，推上挡板片，如图1-2-71所示。

图1-2-70　换针示意图

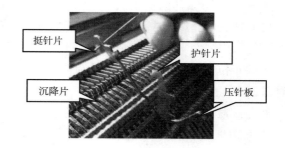

图1-2-71　换挺针片示意图

7. 起底板异常

原因：由于起底纱、废纱与抽纱断纱会造成拉力异常，起底板自动下降，控制屏幕上显示"起底板异常"。或由于第2段拉力过大造成拉断纱线。

处理：执行放布编织，检查纱嘴穿纱、卷布拉力设定的情况，重新进行编织。

8. 主罗拉卷布

由于纱头太长、落片时有纱线未清理干净等原因，造成布片卷进主、副罗拉中。

处理方法：停机→将光标调至"手动操作"→选择"罗拉反转防止片"不作用→拉出布片，或者进入"手动操作"→打开主罗拉→掏出布片（如发生缠绕时，则小心将布片拉出）。

9. 纱嘴种类不同

当读入文件后，按"初期运转"，屏幕上显示"纱嘴种类不同"。

原因：出带过程中设置的纱嘴属性与机器当前所用的纱嘴属性不一致。

处理：进入"编织调整"→"纱嘴初期设定"，按图1-2-34所示修改编织下方相应纱嘴的属性，与机器的属性相同即可。

10. 带头讯号错误

当出现"带头讯号错误"表明该编织文件所设定的机型与读入的机型不同，重新出带选定正确的机型。有时也显示为"格式化错误"。

【思考题】

（1）如何识别岛精电脑横机的机型？请举例说明。

（2）请说明纱架张力装置的主要作用及如何合理使用纱架张力器。

（3）请说明如何正确放置纱线筒子？筒子在台架如何排列为合理？

（4）请以起底纱为例说明该纱线合理的穿纱路线及该路线上所穿纱的构件名称。

（5）请简述正式纱起底横列的度目值设置的主要步骤和过程。

（6）举例说明文件读入的步骤与过程。

（7）请简述卷布拉力设置的步骤和过程，并举例说明。

（8）请举例说明速度的调整过程。

（9）请举例说明"节约"的调整过程。

（10）简述开机、关机机器的步骤。

（11）简述纱嘴号码的编排规则，图示说明纱嘴号码的位置。

（12）简述如何在机器上改变纱嘴号码的步骤和过程。

（13）当读入文件后执行"初期运转"时出现了"纱嘴种类不同"，请说明原因并简述处理的过程。

（14）在编织过程中出现了"起底板错误"的提示，请简述可能发生的原因和处理方法。

（15）在编织过程中出现了"布片浮起"的提示，请简述可能发生的原因和处理方法。

（16）请简述"放布编织"的方法和作用，说明在什么情况下使用，应注意的问题。

（17）请简述侧边收线器（侧边挑线簧）的作用与调节方法。

（18）请描述岛精SSG-122SV14G电脑横机的换针步骤和要点。

任务3　慈星电脑横机基本操作

【学习目标】

（1）了解和熟悉慈星电脑横机的结构与原理，学会慈星电脑横机的穿纱方法。

（2）了解和熟悉慈星电脑横机显示屏菜单功能，学会编织文件读入、工艺参数设定方法。

（3）了解和熟悉慈星电脑横机的操作方法，学会试样的编织操作及常见故障处理方法。

【任务描述】

通过对慈星电脑横机结构与编织原理的学习，学会慈星电脑横机穿纱操作、控制屏菜单操作、编织工艺参数设置、试样编织的操作方法，能进行试样的编织操作。

【知识准备】

一、慈星电脑横机的基本特征

1. 基本性能

（1）编织宽度：常用的编织宽度为112～132cm（45～52英寸）。

（2）编织速度：采用AC伺服马达控制，24段速度选择，最高速度1.7m/s。

（3）线圈密度：密度三角由步进电动机控制，24段密度选择控制，采用细分技术，度目可调范围为0～730，更能准确地控制衣片的编织密度。

（4）针床位移：移针范围±1英寸之间，同时具有各种调节功能。

（5）编织系统：单机头、双系统、多机头多系统，具有无虚线嵌花功能。

（6）成型能力：采用沉降片装置，具有有效的、稳定的成型能力。

（7）机号：具有3、5、6、7、9、12、14、15、16针等常用的机型。

（8）选针：利用电磁铁控制选针片，二次选针，每枚织针均可受到单独控制。

（9）卷布系统：电脑程式指令，力距马达控制，24段拉力选择。

（10）导纱嘴装置：标配2×8把导纱器，嵌花可根据需要配置更多纱嘴。

（11）起底装置：具有起底板装置可以采用自动起口，稳定性良好。

（12）编织控制：慈星以及大多国产电脑横机采用杭州恒强公司的电脑制板系统，该系统可以进行毛衫衣片成型编织CAD设计，通过U盘输入电脑横机进行编织。

2. 常用机型介绍与识别

慈星电脑横机的常用机型有：GE2–45S、GE2–52S、GE3–45S、GE3–52S、GE3–45C、GE3–52C、GE1–60S 3G等。例如机器型号GE2–52C，机型常用标识识别为：GE为慈星公司电脑横机产品代号；2表示双系统（1和3则分别表示单系统和三系统）；52表示编织宽度为52英寸；最后一位字母S表示有沉降片系统，C表示有起底板卷布系统。

3. 慈星电脑横机的主要特点

慈星电脑横机融合了德国STOLL与日本SHIMA SEIKI电脑横机的主要特征，结合中国的制造特点，编织速度快，多针种、固定或隔针距编织功能，平型纱嘴导轨，可配置多把纱嘴编织色泽多样的提花、嵌花图案织物。

二、慈星电脑横机的结构

慈星电脑横机主要由送纱机构、编织机构、牵拉卷取机构、控制机构、传动机构、机架和辅助装置等组成，如图1-3-1所示。

（一）送纱装置

送纱装置位于机器上部与侧面，由台板、筒座、筒纱、纱架张力装置、储纱装置、侧面张力导纱钩等主要装置和构件组成。其功能为保障纱线高速、稳定、轻快、顺利地退解并能探测纱结、粗纱节、断头等纱疵，使编织能顺利进行。

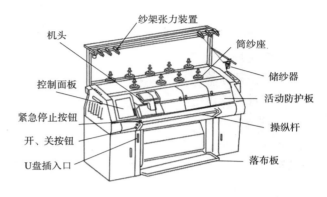

图1-3-1 慈星电脑横机示意图

1. 纱架张力装置

纱架张力装置如图1-3-2（a）所示。张力装置具有退解张力控制、结头捕捉、断头自停三个主要功能。张力装置位于机器上部，其各构件作用为：

（1）张力调节器：调整纱线张力，保持纱线平直，防止卷缩、缠绕。

（2）断头自停钩：自停钩进行断纱探测，具有断纱自停功能。断头自停钩为上跳式，左面有一个弹性调节旋钮，可以根据不同的状态进行调节弹性力。

（3）结头捕捉器：采用探针式。探针与架子之间的缝隙可以由左侧面的一个调节旋钮进行调节，当纱线有粗节、结头通过时，粗结碰到探针，使探针转动，从而停车、报警。处理结头后需将探针复位。缝隙大小调节为纱线直径的1.5～2倍。

整个张力装置可以在纱架上左右调节间距、位置，以适应大小筒子的存放间距。

2. 储纱器

储纱器沿用机织无梭织机上的储纬器的原理。如图1-3-2（b）所示，储纬器有光电探头进行感知，采用独立电动机带着储纱圆筒回转，将筒子上的纱线拉出卷绕到储纱圆筒上。退解时，纱线沿着圆筒的轴心向下，退解的张力较小。储纱器安装在左右两侧，储纱圆筒的表面有压纱套防止纱线滑脱，供细针机使用；粗针采用罗拉式送纱，如5针机采用双罗拉式。

3. 侧边张力装置

如图1-3-3所示，纱线从储纱器引下，穿过侧边张力装置。该装置有侧边导纱孔、夹纱片、张力调节簧及挑线杆、断纱感应器组成。挑线杆的作用是吸收机头回转时纱线松弛量和当纱线断头时机器立即自动停车。为了穿纱方便，控制屏可以左右移动，露出穿纱空间。3针、5针、7针等粗针机则采用双罗拉式送纱装置。

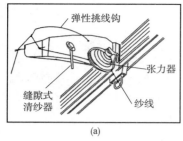
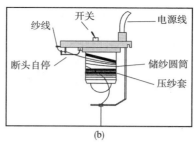

(a)　　　　　　　　　　　(b)

图1-3-2　张力装置与储纱器示意图

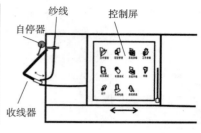

图1-3-3　侧边张力装置示意图

（二）编织机构

编织机构主要由导纱装置、三角及选针系统、针床及织针系统等组成，如图1-3-4所示。

1. 导纱装置

导纱装置由导轨、导纱器组成。四根导轨固装在机架上为平型导轨。每根导轨的前、后两侧分别装有导纱器，四根导轨上共有八条导纱器运动的轨道，左右各配装一把导纱器。导纱器编号：左侧由机前向机后编号为1～8号；右侧编号为11～18号。机头做左右往复运动时，可以带动选定的导纱器

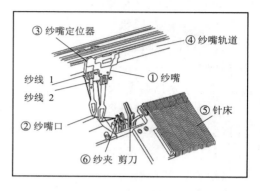

图1-3-4　编织机构构件示意图

（简称纱嘴）随机头在导轨上做导纱运动；机器左侧为机头运动的起始点。

2. 针床及织针系统

慈星电脑横机具有前后两个针床系统，由针床、针床横移系统、织针系统、沉降片系统等主要构件组成。

（1）针床：针床为平板形，其上装配固定间距高精度的针槽片。针槽中插有织针、挺针片、选针针脚、选针片、沉降片等，如图1-3-5所示，①为织针、②为挺针片、③为选针针脚、④为选针片、⑤为沉降片。

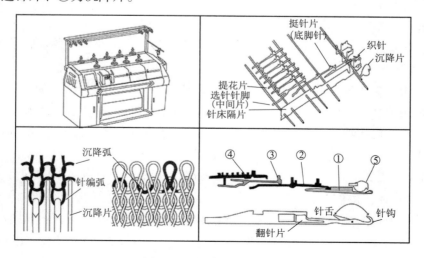

图1-3-5　针床与织针系统

（2）织针：慈星电脑横机所用织针为有翻针片（弹簧扩圈片）的无针锤舌针。

3. 三角及选针系统

如任务1图1-1-19所示为机头背面结构图。机头中具有编织、翻针、选针三角系统。

4. 辅助装置

辅助装置有毛刷、探针、纱夹与纱剪装置。

（1）毛刷：毛刷安装在机头中间，使织针上升时插入毛刷，帮助打开针舌、以防闭合。

（2）探针：安装在机头的边缘两侧，探测布片浮起，预防编织故障。处理故障后需复位。

（3）纱夹：纱夹装置由两个夹子组成，如图1-3-6所示，安装在针床的两侧。此装置用来夹住编织用纱。纱夹的号码由左至右编为1～4号纱夹。

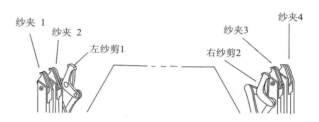

图1-3-6　纱夹与边剪装置

（4）纱剪：剪刀左边为1号，右边为2号。操作纱夹前，先确认纱剪附近没有多余的纱线，请先将纱线移除后再操作，多余的纱线可能会使纱夹及纱剪卡住而无法动作。

（三）牵拉卷取机构

为了将编织完成的线圈横列及时拉离织口位置，电脑横机一般采用罗拉式牵拉卷取机构。该机型安装了罗拉式外套胶皮卷取装置，如图1-3-7所示。

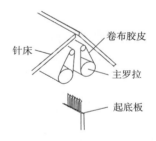

图1-3-7　卷布机构

1. 卷布机构构件的作用

在针床下安装一对胶皮罗拉，每套有上小下大两个罗拉，小罗拉安装位置较接近织口；利用罗拉的旋转胶皮夹持布片向下旋转卷布，胶皮罗拉摩擦系数大，作用均匀、效果好。

2. 起底板

起底板为一个板状上有梳状舌针针钩的构件，用于勾住起口横列的装置。国产电脑横机编织起口时一般有两种方式：有起底板方式和无起底板方式。

（1）有起底板方式：电脑横机一般采用起底板起口方式，类似于手摇横机在编织起底横列后挂起针板一样。这种做法拉力不太稳定，废纱编织少。

（2）无起底板方式：无起底板编织是指不采用起底板的编织方式。编织开始时布片处于无拉力的状态会造成成型不良，因此一般编织前需要编织一定长度的织物（起口为双罗纹组织），直到胶皮罗拉拉住整幅织物后方可进行正式编织，卷布拉力比较稳定。在编织毛衫织片时由于两片织片幅宽变化较大，连接较为困难，一般需要特殊处理。如果编织织片的幅宽变化不大时则此编织方式具有较高的编织效率。

（四）控制机构

控制机构由控制面板、控制系统及各种辅助机构组成。

（1）控制面板：在机器的左边安装有一个较大液晶触摸屏，显示各种信息，通过触摸进行人机交互，控制横机的各种动作。

（2）控制系统：在机器侧后下机箱内装有电子控制系统，通过接受编织文件和控制面板的信息进行处理后输出给机头上的导纱装置、选针系统、三角系统及针床的横移系统、行走机构发出电子控制信号，完成对编织过程的控制。

（五）传动机构

由主电动机、摇床电动机等组成，电动机采用高精度的数控步进电动机通过齿型皮带带动机头运动，通过螺杆旋转控制针床的移动。

三、慈星电脑横机基本操作

慈星电脑横机的基本操作包括：开关机、纱线准备、文件读入、工艺参数设定、夹纱、放布编织、试样编织和常见故障排除等基本内容。

（一）开、关机

1. 开机

（1）打开总电源开关：横机的总开关位于机器的背面，打开机器开关，向上为开，机内灯光亮起。

（2）打开电源开关：接着打开机器操纵杆左侧下方按钮开关，绿色按钮为开，红色按钮为关，如图1-3-8所示。

（3）进入主菜单画面：此时控制面板开始显示自检，结束后显示主菜单图标。

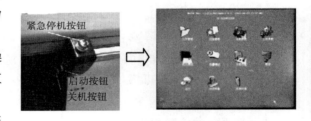

图1-3-8　慈星电脑横机开机过程

2. 关机

（1）将机头回复至针床左侧，导纱器回复初始的左侧位置，纱夹夹住全部纱线。

（2）控制屏中退出运行，显示原始菜单后按机器左侧下方关机按钮。

（3）屏幕关闭后，在机器背面关闭总电源开关。

（二）纱线准备

纱线准备包括络纱、穿纱。

1. 络纱

采用络纱机进行络纱，能接续纱线断头、去除上粗结及大结头、上蜡和改变卷装，使纱线具有较大的卷装容量、表面光滑、连续度好，使电脑横机编织速度快、效率高。纱线卷绕中需要控制合理的络纱张力，筒纱卷绕后不能过硬或过软，成型良好。

2. 穿纱

编织前纱线要按照机器编织要求所规定的路线依次穿过各个导纱器件。在慈星电脑横机中有使用多种类别不同的纱线，分别为起底纱（弹性纱线）、废纱、正式纱等。机器的上

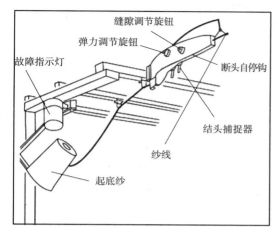

图1-3-9 穿纱示意图

方有一个平台，称为台板，其上可以放置筒装纱线。

（1）起底纱穿法：使用起底板编织时，采用氨纶包覆纱或涤弹丝，强力较大弹性好，能承受起底板的拉力。不使用起底板时采用高弹涤纶长丝，14针机采用16.67tex（150D）高弹涤纶长丝，7针机采用27.78tex（250D）高弹涤纶长丝作为起口纱线。起底纱一般放在纱架的后左方筒座上，纱线穿在最左边张力装置上，穿到8号纱嘴中，如图1-3-9所示。

（2）废纱穿法：废纱是起口、封口段所使用的纱线，为了使织片的下边缘织物均匀稳定，常先织一定的横列数的平针织物再通过抽纱与织片相连。此段织物拆解后不回收因此宜采用低成本的纱线，通称为废纱。一般采用强力、细度与编织织物相适应的次品纱线或低价的化学纤维纱线。废纱一般穿在左边起第二个张力装置上，穿到1号或7号导纱嘴中。

（3）正式纱穿法：正式纱是指编织产品所使用的纱线，按工艺要求进行选用或定制的纱线。正式纱线一般穿在左边的张力装置和左边纱嘴上，编织复杂提花组织时根据编织的需要可以左右同穿。合理安排筒子架上筒子的位置编排，方便换筒、防止纱线编织中发生缠绕，影响正常编织。编织频率高的纱线优先穿到3号、5号纱嘴中。

穿纱路线：纱架放置的筒子引出→向上穿过导纱钩→张力器夹片式张力装置→缝隙式清纱器→断头自停钩→储纱器→侧面导纱孔→侧张力挑线杆导纱孔→侧板导纱孔→分纱器导纱孔→导纱器耳纱孔→纱嘴。

①纱线的引出：纱线引出垂直向上穿过导纱钩，导纱钩位于筒芯的正上方，移动筒子对正导纱钩，使纱线退解顺利、张力稳定。

②张力装置穿纱：如图1-3-10所示，纱线从导纱钩穿入纱架张力器、清纱器，并适当调节张力及清纱器的缝隙。

③纱线张力调整：张力调节旋钮顺时针旋转弹簧压缩大，夹片的压力大，纱线的张力越大，反之越小。保持正常退解、不发生卷缩、缠绕，挑线钩能起良好作用为前提，尽可能小为好。

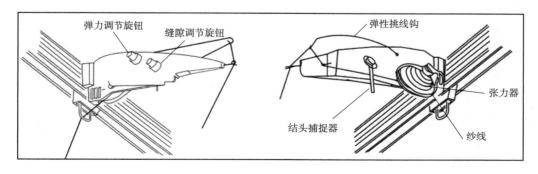

图1-3-10 张力装置左右侧面视图

④清纱器缝隙的调节：旋钮顺时针旋转缝隙增大，逆时针旋转则缝隙减少。缝隙大小一般调节为纱线直径的1.5～2倍。

（三）控制面板认知与使用

电脑横机主要通过控制面板上的功能菜单进行编织文件读入、编织工艺参数调整、机器动作参数的调整等。因此显示屏的操作是电脑横机操作的主要内容。

1．显示屏

显示屏位于机器左侧，可显示所有编织、控制功能，初始时显示屏上显示的主菜单有11个图标，分别为：文件管理、花型管理、系统参数、工作参数、机头测试、机器测试、系统升级、帮助、运行、关闭电脑和连续织造。每个图标内有多层子菜单可进行相应的操作，如图1-3-11所示。

2．文件管理菜单

如图1-3-12所示，"文件管理"菜单是用来读取、输入、输出、复制、删除编织文件、编织工艺参数资料等功能。新文件制板后，用U盘通过"文件管理"菜单进行读入。

图1-3-11　控制面板示意图

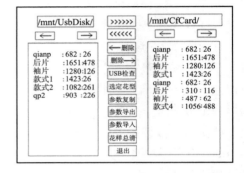

图1-3-12　文件管理菜单画面

3．系统参数

是指对控制系统进行各项初设的参数进行设置，只限于调试机器时使用，一般情况下不可更改，需要输入密码才能进入。

4．工作参数

此功能是用来调整编织的一些参数，比如起针点、起底板的关闭与启用等。

5．机头测试

通过此菜单用来测试机头上的各个三角、纱嘴磁铁等控制机件的动作，便于找出故障的部位。

6．运行

运行菜单是电脑横机编织的主控制菜单，其上集成了机头复位、编织锁定、速度控制、报警控制、纱嘴磁铁控制、纱夹纱剪动作控制及编织工艺的各项参数调整等功能。进入此菜单才能进行编织操作。

7．连续织造

此菜单设定机器的编织方式，可连续编织不同的文件和设定编织的片数。

（四）编织文件读入操作

编织文件是横机可识别的文件，用U盘通过"文件管理"菜单读入横机的机内存储器中。

1. 文件读入

插入U盘，点击"文件管理"菜单，弹出如图1-3-12所示画面。点击"USB检查"按钮，在左侧框里出现U盘中的所有编织文件或文件夹，点击需要编织的文件名→点击画面最上方的">>>>>>"按钮→文件从U盘输入横机内存并在右侧显示为红色字体。如果想把内存中的文件复制到U盘，则选定文件，点击"<<<<<<"按钮。

2. 设置当前编织文件

选定某文件进行编织时，在右侧显示框中点击该文件名，该文件名的字体变为红色，然后点击中间"选定花型"按钮，点击"确定"。

3. 删除文件

横机的内存容量有限，如果内存满后再读取文件时，则文件名的后面数值显示为"–1"，这种文件不能编织。因此应该经常删除电脑横机内存中不用的文件以便释出内存空间。操作为：点击文件名（使之变为红色）→点击"删除→"键，则可删除文件。当需要删除U盘中的文件时，则点击"←删除"按钮。

4. 花样总清

点击"花样总清"按钮则可以快速删除内存中的所有文件。

（五）编织工艺参数调整操作

编织文件读入后，需要进行工艺参数设置，如毛衫衣片上各部位的密度、卷布拉力、编织速度等，在"运行"菜单中设定。编织工艺参数是控制电脑横机正确运转的关键要素。在本菜单中包括：度目（密度）、卷布拉力、速度等主要内容。

编织文件读入横机内存后即可进行编织，点击"运行"图标，显示运行画面如图1-3-13所示，画面的结构分为四个部分。

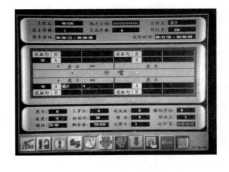

图1-3-13 "运行"菜单画面

1. 基本信息区

最上面部分为基本信息显示区，包括显示主程式、机头运动方向、文件名、设定件数、完成件数、针位置、停车时间、运行时间等信息。

（1）显示主程式：主程式显示当前所编织的横列序号和主控制行号。

（2）机头运动方向：显示当前编织行的机头运动方向，便于操作者识别。

（3）文件名：显示当前编织的文件名，文件名可以用中文、英文等字符命名。

（4）设定件数：可以根据要求设定本次需要编织的件数，电脑横机在编织完成设定的件数后自动停机。

（5）完成件数：显示当前编织的织片为设定总件数的序号。

（6）针位置：显示当前机头编织的位置，在针床上选针的针位。

（7）停车时间：当前班编织过程中的停车累计时间，便于统计编织效率。

（8）运行时间：当前班正常编织运行的时间，便于统计编织效率。

2. 花板信息显示区

显示花板序号、该控制花板的编织符号、系统情况信息。正中间的"纱嘴"字样，点击后可弹出对话框，显示当前使用的纱嘴号码，也可直接更改纱嘴。

3. 工艺参数显示区

显示编织工艺参数，主要有度目（编织密度）、速度、循环、主罗拉卷布拉力、起始针位、起底板、摇床、沉降片、辅助罗拉、纱嘴停放点、送纱器等信息。

（1）编织文件与织物编织的关系：调整工艺参数必须了解编织文件与织物编织的关系，如图1-3-14所示为织物的编织行与编织控制的关系。

图中左侧为织片的原图，右侧为编织控制的功能线，每条功能线代表不同的功能。对应的功能线上用数字编号表示图中所对应

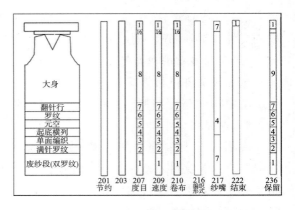

图1-3-14　编织控制各功能线段号示意图

的横列，其数字称为段号；一段可以为一行或是多行，同段内其编织要求相同。例如：207功能线为度目控制，根据原图中的各段组织结构和翻针的不同要求进行设置度目段，如大身为第8段，在横机度目菜单中设置相应的度目值。如209速度功能线控制该段的编织速度、210卷布功能线控制卷布拉力等。

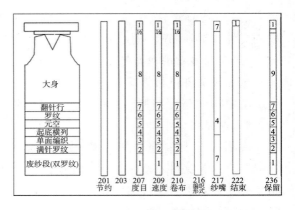

图1-3-15　度目调整画面

（2）度目（编织密度）：点击"度目"，弹出度目输入对话框。左边显示的数值为当前度目的段号，表示对应于原图中的分段，其具体的数值大小需在框内输入。如图1-3-15所示，点击数值框可以进入调节度目值，度目值的区间为0～730。度目值是指弯纱深度，即针钩与沉降片成圈的最大距离为730数值。不同的组织用不同的弯纱深度编织，常用各种组织的度目具体参考值为：满针罗纹160～200；1×1双罗纹200～240；2×1罗纹240～280；2×2罗纹280～320；纬平针、圆筒320～360；绞花340～400。

调节方法：点击相应段号行的"快捷设置"输入框，弹出输入对话框，按数字键进行输入，点"确定"后，同一行的数值会全部变成输入值。如果需要单独更改后床或前床的数值，在相应的输入框中输入具体数值，如机头向右时在1（后床1系统）、3（后2）、5（前1）、7（前2）调节数值，向左时在2（后1）、4（后2）、6（前1）、8（前2）调节数值。

（3）速度：点击"速度"，弹出"速度"对话框。速度值的范围为0～120，对应不同

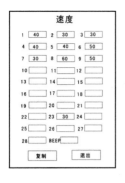

图1-3-16 速度输入框　　图1-3-17 循环输入示意图

的分段可以设相应的速度值。正常编织时可设定快速，如翻针、绞花时可设定慢速。一般慢速设在20～30，快速可设为40～60或更快，如图1-3-16所示为速度输入框。

（4）循环：在功能线上做循环的标志，则编织时可以按照该循环的段号进行循环两行或多行进行设置循环数，也可以在编织中进行更改。输入界面如图1-3-17所示。

（5）主罗拉的卷布拉力：设定该段的拉力大小。罗拉使用旋转的速度来表达卷布的拉力，输入值的范围为-100～100，负数表示倒卷，正数表示向下正卷。输入值的大小要与度目值相配合，度目值大，编织的线圈长，则卷布罗拉的转速应该加快即数值大。在度目值为320～350时，相应的主罗拉输入值为20～30，根据不同的品种具体而定，其原则是：线圈成型良好的前提下拉力越小越好。点击"主罗拉"即弹出如图1-3-18所示界面，输入数值设定。

（6）起始针位：显示编织文件起针点的位置针数，起始针位需要在"工作参数"菜单中设定，如图1-3-19所示。

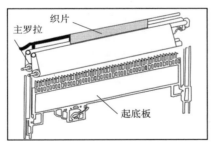

图1-3-18 主罗拉输入示意图　　　　　　图1-3-19 起始针位示意图

4. 运转控制按钮区

画面最下一行显示了多个按钮，为机器运转的控制按钮。从左到右分别为：机头复位键、行锁定键、报警锁定键、连续编织锁定键、速度转换键、导纱器休止键、主罗拉旋转键、跳行键、MENU菜单键、退出键，如图1-3-13所示。

（1）机头复位键：当编织过程中想中止编织，按此键后转动操纵杆，机头会退出编织回到左侧原点位置并检测机头上的各个机构。编织文件被刷新，重新开始编织。

（2）行锁定键：采用无起底板方式编织时，需要按下此键，锁定编织意匠图上的第一行和第二行，机头往复编织第一、二行。其作用是使横机重复编织双罗纹组织的两个横列，直到主罗拉卷到织物形成一定的拉力后，才可以解锁。

（3）报警锁定键：当在处理故障或调试机器时，横机的报警系统工作发出报警声音，机器不能由操纵杆控制，按下此键后取消报警，可以开车，方便维修调试机器。

（4）连续编织锁定键：正常时可以按照设定编织片数进行连续编织，按下此键则取消连续编织，每编织完成一片后会报警提示。编织试样时一般按下此键锁定连续编织。

（5）速度转换键：此图标有两种显示方式：龟和兔子，按下图标出现龟的图形，则机器为慢速编织状态，按一下图标出现兔子时则机头会转成快速编织。同时操纵杆也可以控制车速，向外转动为开车，向内转时为停车；向外连续转动两次则自动转换为快速运行。

（6）导纱器休止键：当编织过程中出现如断纱的故障时，机头停在编织区域中，导纱器也在机头内侧下方，不方便接纱，此时按下此键，控制导纱器的电磁铁会跳起，便于拿出导纱器，接好纱线后，将导纱器放回原处，再按下此键，电磁铁落下，可以继续编织。

（7）主罗拉旋转键：按下此键会使主罗拉正、反向旋转。反向旋转则使织物拉力变松，正向旋转则拉力变大，织物拉得更紧。旋转方向与拉力数值的正、负有关，负值向下旋转。

（8）跳行键：按下此键可以使横机从当前编织行跳转到其他任意编织行，按下键后会跳出输入框，输入奇数行行号，转动操纵杆后机头会进行复位，需要将导纱器放置在左侧边缘的位置，再开动机器，则自动从跳转行开始编织，如图1-3-20所示。

（9）MENU菜单键：按下此键，弹出对话框，如图1-3-21所示。此菜单中的各个按钮可以完成多项任务。按不同的夹纱按钮可以控制1号、2号、3号、4号纱夹进行夹纱，纱夹的编号顺序为：机器左侧两个为1号、2号纱夹，右侧两个为3号、4号纱夹。按卸片按钮可以使机头不带纱嘴的进行编织，使布片脱离针床，称为卸片。

 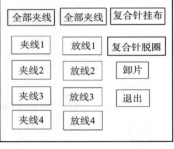

图1-3-20　跳行输入图　　　图1-3-21　MENU菜单图

（10）退出键：按此键可以退出运行画面，回到主菜单状态。

四、毛衫试样编织

（一）试样织物要求

在慈星GE2-52C 12G电脑横机上进行一个试样织物的编织，文件名为"试样1"，编织纱线为26N/2 ×1，设该试样下摆为1×1罗纹、纬平针大身、废纱封口为平针；试样编织用纱罗纹与大身相同，穿4号纱嘴。第1段起口废纱编织双罗纹组织，度目值为180；第2段满针罗纹，度目值为200；第3段废纱平针，度目值为300；第4段为起底横列，度目值为150；第5段空转，度目值为280；第6段罗纹编织，度目值为240；第7段翻针，度目值为300；第8段编织平针，度目值为330；卷布拉力值均设为20；速度设为40。

（二）试样操作步骤

操作流程：编织文件读入→穿纱→工艺参数设定→编织→成品。

1. 编织文件输入

编织文件输入是指将电脑制板软件制作完成的编织文件"试样1"输入电脑横机中。输入步骤为：U盘插入→控制屏主菜单→点击"文件管理"→点击"U盘检查"→在左侧框中点击"试样1"文件名→点击">>>>>>"键→右侧框中出现红色的"试样1"文件名→点击"选定花型"→弹出对话框，点击"确定"→回到主菜单界面。

2. 工艺参数调整

工艺参数是指编织密度、卷布拉力、速度、纱嘴设定等项目数据，根据不同的织物和编织效果要求需要及时更改。在文件读入、选定花型后，本机当前编织文件已变更为"试样1"文件，必须进行工艺参数的设定。点击"运行"菜单按钮，进入运行界面。

（1）编织密度的设定：点击"度目"数值输入框，弹出度目输入对话框。

①在第1段的"快捷设置"框中输入180，点击"确定"。

②在第2段的"快捷设置"框中输入300，点击"确定"。依次输入各项度目。

③在第23段翻针度目的"快捷设置"框中输入300，点击"确定"。

（2）卷布拉力设定：在"运行"界面中主罗拉输入框中点击弹出输入框，按照制板中设定的卷布拉力段号相应地输入合适的数值，例举如表1-3-1所示。

表1-3-1 度目与主罗拉输入数值对照举例

段号	1	2	3	4	5	6	7	8	16	23
组织结构	双罗纹	满针罗纹	废纱平针	起底横列	空转	1×1罗纹	翻针行	纬平针	废纱编织	大身翻针
度目值	180	160	320	前100后50	280	240	280	340	350	300
拉力值	18	15	20	15	18	20	10	20	20	10

在主罗拉的拉力设定中，不同的纱线原料、纱支细度、度目大小会有所不同，在线圈成型良好的前提下，拉力小一些为好，拉力小机器的负荷小，编织轻快，在编织中可以随时检查拉力的情况。检查的方法是：将机头停在侧边，将织针向上推，根据线圈拉织针的情况来判断卷布的拉力大小来调整输入值。拉力过大，则造成密度偏小且使卷布罗拉的磨损加快；拉力偏小则会产生线圈成型不良或布片浮起。

3. 穿纱

按照编织文件上纱嘴设定功能线上所对应的纱嘴安排穿纱。一般起底纱穿在8号纱嘴，废纱穿在7号纱嘴，大身纱穿在1～6号纱嘴，最常用的是4号、5号、3号纱嘴。

（1）穿纱：弹性起底纱放在纱架的左侧，穿最左边的导纱张力装置上，穿8号纱嘴。正式纱放在纱架左侧或右侧部位，依次向右排列且前后相错。编织几率最多的一般优先靠左（右）两侧，方便穿纱，减少穿纱长度。各种纱线按穿纱路线依次穿过各个相应的导纱钩、张力装置、纱线清纱器、断头自停装置、储纬器、弹性挑线钩等。本例正式纱线穿入4号纱嘴。穿纱后调整侧边挑线簧，使之处于张紧状态。

（2）夹纱：将穿过纱嘴的纱线用纱夹夹住，便于编织。

夹纱操作：从纱嘴拉出全部纱线，右手放到针床左侧边上→左手点击"MENU"按钮→选择"纱夹1"→纱夹伸出夹纱并剪刀作用剪线，如图1-3-22所示。

注意：左侧夹纱选择执行此动作前，请将手指、脸及衣物远离夹子和剪刀装置。

（3）速度设定：点击速度输入框，弹出输入对话框。在相应的速度段输入数值，设本例的速度值为40，在1号框内输入40，点击"复制"按钮，所有框内均为40。

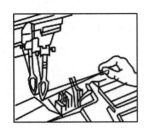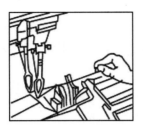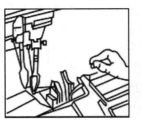

图1-3-22　编织前夹纱与操作画面

4. 编织操作

上述工作准备之后，确定穿纱正确，进行"无起底板"的方式编织。

点击"复位"键→点击"行锁定"键→点击"编织锁定"，锁定一片编织→将所有纱嘴用手移到"针床左侧旁边，距离针床2~5cm"→转动操纵杆开车，废纱编织→观察编织情况→主罗拉全部拉住废纱织物→勾纱→点击"行锁定"键，行解锁→开车正常编织。

（1）点击"复位"键：点击"复位"键▦，转动操纵杆，机头会发生移动，到左侧原点后会发出"咔咔"声，自动检测各机件的运动状态。终止编织时也采用此操作方法。

（2）点击"行锁定"：由于"无起底板编织"形式，织物起始编织时没有起底板的拉力作用，因此需要将织物编织到主罗拉拉住后才能进行正式编织。点击"行锁定"键▣后，系统自动锁住第一、二编织行进行重复编织。

（3）废纱编织：转动操纵杆，机头开始运动，空转1转后开始带7号纱嘴编织，直到主罗拉拉住织物为止。通过下方观察织物露出主罗拉，或观察织针处线圈被拉紧的现象。

（4）移动纱嘴、勾纱：将所有纱嘴用手移到距离织物左侧2~5cm位置。纱嘴相错，不可重叠；将所有纱嘴的纱线均分勾进左边边针上，纱线较多时可错位勾进。

（5）连续编织锁定：点击连续编织锁定键，使之编织一片后停车。

（6）解锁：点击▣键解锁，转动操纵杆进行开车，进入正常编织。

（7）放纱：所有纱嘴进行编织后，停车，夹子放线，再开车编织，直到一片完成。

（8）卸片：试样编织结束后机头停止，发出报警及提示。将所有纱嘴推到左侧夹子的左边原点，点击"MENU"键，选择"夹线"，夹住所有纱线；点击"卸片"按钮，转动操纵杆，机头不带纱嘴编织，织片落下。

（9）机头复位：点击"复位"键，转动操纵杆，机头回到左侧原点位置。

（10）夹纱：将纱嘴推回到左侧原点，夹纱，取出织片。

五、操作中常见故障及处理操作

在编织操作中会碰到很多问题，出现故障时机器会自动停车，指示灯由绿色变成黄色，控制屏幕上会显示故障信号，碰到问题时要先看控制屏幕的信息，再进行操作处理。

（一）断纱的处理方法

1. 断头自停钩（挑线钩）

原因：纱架上纱线如遇到有断头、纱线用完，则自停钩下落，机器自动停车，故障灯亮，并发出"嘀嘀"声，控制屏幕上显示"天线台"断纱。

处理：用织布结方法接续纱线，挑线钩复位，开车即可。

2. 侧边张力装置断纱信号

原因：纱线在送纱罗拉到纱嘴孔之间发生断头，则侧边纱线跳线钩弹起，机器自动停车，故障灯亮，并发出"嘀嘀"声，控制屏幕上显示"左侧断纱"。

处理：用织布结方法接续纱线，纱线穿法正确，开车即可。

3. 易断纱

原因：如遇羊绒等粗纺纱线由于捻度较低纱线强力较低，易发生断头。这是由于依靠织针的拉力将纱线从筒子上拉出，纱线线路较长，摩擦阻力大易发生断头。

处理：将纱线穿在侧边上方的主动送纱储纱器上，打开储纱器开关，纱线在储纱圆筒上缠绕10～20圈，增加储纱量。之后纱线以轴向进行退解，退解张力很小，因此减轻了织针对纱线的拉力，使纱线的总拉力减小，可有效降低纱线的断头率。

4. 清纱器报警

原因：纱架上纱线如有粗节、大结头等，则缝隙式清纱器会跳起，或会将纱线拉断，机器自动停车，故障灯亮，并发出"嘀嘀"声，控制屏幕上显示"天线台"断纱信息。

处理：恢复清纱器铁片的位置，去掉大结头用织布结方法接续纱线，开车即可。缝隙的大小一般调节为纱线直径的1.5～2倍。

（二）放布编织

如果遇到不可挽救的编织故障，则可以中止编织。操作方法为：停车→点击"MENU"按钮→选择"卸布"→旋转操纵杆开车→卸下布片→点击"复位"键→进行重新编织。如遇到织口线圈紊乱、线圈浮起等情况，不可使用"卸片"编织，必须手动卸片，以防坏针。

（三）布片浮起

原因：由于卷布拉力偏小、坏针、断纱或度目小造成布片浮起，此时机头上的探针会被碰歪，机器自动停车，故障灯亮，并发出"嘀嘀"声，控制屏幕上显示"布片浮起"。

处理：用压纱板进行向下压布，重新调整卷布拉力、度目数值，处理断纱，将探针复位，开车即可。

其他原因：

①卷布拉力小：编织时未及时调整或调整不当引起卷布拉力偏小造成织口未及时下拉造成探针被碰歪。

处理：根据拉力值调整为合适的卷布拉力，复位探针。

②织物破损：在编织过程中由于组织及纱线的原因会造成织物局部破损，造成纱圈

浮起。

处理：根据情况及时进行修补或卸布编织处理，中止编织。调整工艺参数。

（四）机头撞针

原因：由于度目紧、卷布拉力不正常、布片浮起等因素影响都会发生机头撞针，机器自动停车，故障灯亮，并发出"嘀嘀"声，控制屏幕上显示"机头撞针"。

处理：设定低速将机头转出，检查织针情况，重新调整工艺参数，将探针探头复位，开车即可。如有织针损坏，及时换针。

（五）更换织针

当使用的纱线过粗、拉力过大、织针上的线圈过多等都会造成织针损坏。可按照以下步骤更换织针。

（1）退下压针条挡板：将针床左或右边缘黑色的挡板向下推，使压针条可以抽出。

（2）抽出压针条：用专用推拉钩将压针条推出（只要空出坏针位置即可）。

（3）更换织针：用手将坏针的挺针片（底脚片）的针踵向上推至最高点，左手扶住织针并抽出，将新针套上，轻巧插入回位；上下推动针踵检查织针与挺针片是否连接正确、运动是否灵活，如图1-3-23所示。

（4）更换挺针片（底脚片）：如果挺针片的针踵撞坏，则用换针的同样方法将挺针片拔出，换新片换上，再将压针条推回原位，推上挡板，如图1-3-24所示。

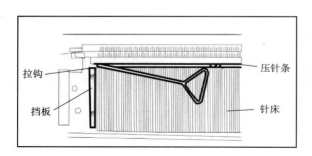

图1-3-23　抽压针铁条　　　　　　　图1-3-24　换针示意图

【任务实施】

一、教学设备

（1）教学机器：慈星CG2-52C电脑横机，恒强电脑横机制板系统。

（2）教学材料：26N/2毛纱、腈纶纱、

二、实施步骤

（1）电脑横机开、关机操作：按要求进行开关机、安全操作练习。

（2）编织工艺调整操作：进行各段的编织度目、主罗拉拉力数值、编织速度参数进行

输入、调整操作。

（3）试样编织。

①电脑横机穿纱操作：依据给定的编织工艺要求，对慈星电脑横机进行起底纱、废纱、大身纱的穿纱操作。

②编织文件读入、编织工艺调整操作：依据试样编织文件参数的要求，通过控制屏将编织文件读入，进行各段的编织度目、主罗拉拉力数值、编织速度参数进行调整。

③试样编织及工艺参数测定和工艺修正操作：依据要求进行试样编织，对编织后试样的罗纹、单面织物进行拉密、横密、纵密的测定操作，对应要求进行工艺修正。

（4）编织故障处理操作：针对编织中出现的故障，需要进行卸布编织、断纱处理、更换织针等，总结处理方法。

【思考题】

（1）如何识别慈星电脑横机的机型？请举例说明。

（2）请说明纱架张力装置的主要作用及如何合理使用纱架张力器。

（3）请说明如何正确放置筒纱？筒子在台板如何排列为合理？

（4）请以主纱为例说明该纱线合理的穿纱路线及该路线上所穿纱的构件名称。

（5）请简述正式纱起底横列度目值设置的主要步骤和过程。

（6）举例说明文件读入的步骤与过程。

（7）请简述更换坏针的操作过程，重点注意什么问题？

（8）请举例说明无起底板编织的试样编织操作过程。

（9）请简述卷布拉力设置的步骤和过程，并举例说明。

（10）请举例说明速度的调整过程。

（11）简述纱嘴号码的编排规则，图示说明纱嘴号码的位置。

（12）简述如何在机器上改变纱嘴号码的步骤和过程。

（13）简述开机、关机机器的步骤。

（14）在编织过程中出现了"机头撞针"的提示，请简述可能发生的原因和处理方法。

（15）请简述"落布"的方法，说明在什么情况下使用，应注意的问题。

（16）请简述侧边收线器（侧边挑线簧）的作用与调节方法。

任务4　龙星电脑横机基本操作

【学习目标】

（1）了解和熟悉龙星电脑横机的结构与原理，学会龙星电脑横机的穿纱方法。

（2）了解和熟悉龙星电脑横机显示屏菜单功能，学会编织文件读入、工艺参数设定方法。

（3）了解和熟悉龙星电脑横机的操作方法，学会试样的编织操作及常见故障处理方法。

【任务描述】

通过对龙星电脑横机结构与编织原理的学习，学会龙星电脑横机穿纱操作、控制屏菜单操作、编织工艺参数设置、试样编织的操作方法，能进行试样的编织操作。

【知识准备】

一、龙星电脑横机的基本特征

1. 基本性能

（1）编织宽度：常用的编织宽度为122～132cm（48～52英寸）。

（2）编织速度：采用AC伺服马达控制，36段速度选择，最高速度1.2m/s。

（3）线圈密度：密度三角由步进电动机控制，36段密度选择控制，采用细分技术，度目可调范围为0～180，更能准确地控制衣片的编织密度。

（4）针床位移：移针范围±1英寸之间，同时具有各种调节功能。

（5）编织系统：单机头、双系统、多机头多系统，具有无虚线嵌花功能。

（6）成型能力：采用沉降片装置，具有高效的、稳定的成型能力。

（7）机号：具有3、5、7、12、14、16针等常用针型。

（8）选针：利用电磁铁控制选针片，二次选针，每枚织针均可受到单独控制。

（9）卷布系统：电脑程式指令，力距马达控制，24段拉力选择，0～100可调。

（10）导纱嘴装置：标配2×8把导纱器，嵌花可配置专用纱嘴。

（11）起底装置：具有起底板装置自动起口，稳定性良好。

（12）编织控制：龙星以及大多国产电脑横机采用睿能琪利公司的电脑制板系统。

2. 常用机型介绍与识别

龙星电脑横机的常用机型有：LXC-122S/SC、LXC-132S/SC、LXC-252S/SC等。例如机器型号LXC-252SC，机型常用标识识别为：LX为龙星公司电脑横机产品代号；2表示双系统（1和3则分别表示单系统和三系统）；52表示编织宽度为52英寸；字母S表示沉降片，C表示有起底板卷布系统。LXC-121S中12表示编织幅宽120cm，1表示单系统。

3. 龙星电脑横机的主要特点

龙星电脑横机融合了日系电脑横机的主要特征，结合中国的制造特点，具有机头轻巧、编织速度快，多针种、固定或隔针距编织功能，平型导轨，可配置多把纱嘴编织色泽多样的提花、嵌花图案织物。

二、龙星电脑横机的结构

龙星电脑横机外观如任务1图1-1-5所示，主要由送纱机构、编织机构、牵拉卷取机构、控制机构、传动机构、机架和辅助装置等组成。

（一）送纱装置

送纱装置位于机器上部与侧面，由台板、筒座、筒纱、纱架张力装置、储纱或送纱装置、侧面张力装置、导纱钩等主要装置和构件组成。其功能为保障纱线高速、稳定、轻快、顺利地退解并能探测纱结、粗纱节、断头等纱疵，使编织能顺利进行。

1. 纱架张力装置

纱架张力装置如图1-4-1（a）所示。张力装置具有退解张力控制、结头捕捉、断头自停三个主要功能。张力装置位于机器上部，其各构件作用为：

（1）张力调节器：调整纱线张力，保持纱线平直，防止卷缩、缠绕，如图中①所示。

（2）断头自停钩：自停钩进行断纱探测，具有断纱自停功能。断头自停钩为上跳式，左面有一个弹性调节旋钮，可以根据不同的状态进行调节弹性力，如图中④所示。

（3）结头捕捉器：采用探针式。探针与架子之间的缝隙可以由左侧面的两个调节旋钮进行调节控制捕捉大、小结头。当纱线有结头时，结头带动探针转动，触发报警。处理结头后需将探针复位。图中②为大结头探针、③为小结头探针，缝隙调节为纱线直径的1.5～2倍。

整个张力装置可以在纱架上左右调节间距、位置，以适应大小筒子的存放间距。

2. 储纱器

储纱器沿用储纬器的原理。如图1-4-1（b）所示，储纬器有光电探头进行感知，采用独立电动机带着储纱圆筒回转，将筒子上的纱线拉出卷绕到储纱圆筒上。退解时，纱线沿着圆筒的轴心向下，退解的张力较小。储纱器安装在左右两侧，储纱圆筒的表面有压纱套防止纱线滑脱，供细针机使用；粗针采用罗拉式送纱，如7针、5针机采用双罗拉式送纱器。

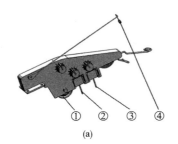

(a)

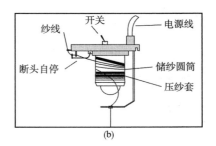

(b)

图1-4-1　张力装置与储纱器示意图

3. 侧边张力装置

如图1-4-2所示，纱线从储纱器引下，穿过侧边张力装置。该装置有侧边导纱孔、夹纱片、张力调节簧及挑线杆、断纱感应器组成。挑线杆的作用是吸收机头回转时纱线松弛量和当纱线断头时机器立即自动停车。为了穿纱方便，控制屏可以左右移动，露出穿纱空间。

图1-4-2　侧边张力装置示意图

（二）编织机构

编织机构主要由导纱装置、三角及选针系统、针床及织针系统等组成，如图1-4-3所示。

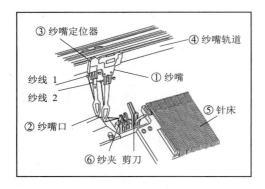

图1-4-3　编织机构导纱构件示意图

1. 导纱装置

导纱装置由导轨、导纱器组成。四根导轨固装在机架上为平型导轨。每根导轨的前、后两侧分别装有导纱器，四根导轨上共有八条导纱器运动的轨道，左右各配装一把导纱器。导纱器编号：左侧由机前向机后编号为1~8号；右侧编号为9~16号。机头做左右往复运动时，可以带动选定的导纱器随机头在导轨上做导纱运动；机器左侧为机头运动的默认起始点。

2. 针床及织针系统

龙星电脑横机具有前后两个针床系统，由针床、针床横移系统、织针系统、沉降片系统等主要构件组成。

（1）针床：针床为平板形，其上装配固定间距高精度的针槽片。针槽中插有织针、挺针片、选针针脚、选针片、沉降片等，如图1-4-4所示，①为织针、②为挺针片、③为选针针脚、④为选针片、⑤为沉降片。

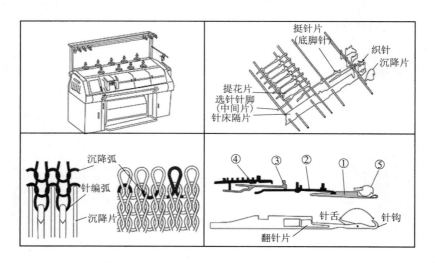

图1-4-4　针床与织针系统

（2）织针：龙星电脑横机所用织针为 □□□ 翻针片（弹簧扩圈片）的无针锤舌针。

3. 三角及选针系统

如任务1图1-1-19所示，机 □□□ 织、翻针、选针三角系统，采用8段选针方式。

4. 辅助装置

辅助装置有毛刷、探针、纱夹与纱剪装置。

（1）毛刷：毛刷安装在机头中间，使织针上升时插入毛刷，帮助打开针舌、以防闭合。

（2）探针：安装在机头的边缘两侧，探测布片浮起，预防编织故障，处理故障后需复位。

（3）纱夹：纱夹装置由两个夹子组成，如图1-4-5所示，针床的两侧均有安装。此装置用来夹住编织用纱。纱夹的编号由左至右编为1～4号纱夹。

（4）纱剪：左边为1号、右边为2号剪刀。操作纱夹前，先确认纱剪附近没有多余的纱线，请先将纱线移除后再操作，多余的纱线可能会使纱夹及纱剪卡住而无法动作。

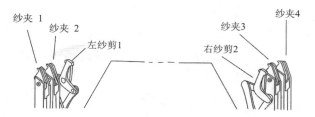

图1-4-5　纱夹与边剪装置

（三）牵拉卷取机构

为了将编织完成的线圈横列及时拉离织口位置，电脑横机一般采用罗拉式牵拉卷取机构。该机型安装了罗拉式外套胶皮卷取装置，如图1-4-6所示。

1. 卷布机构构件的作用

在针床下安装一对胶皮罗拉，每套有上小下大两个罗拉，小罗拉安装位置较接近织口；利用罗拉的旋转胶皮夹持布片向下旋转卷布，胶皮罗拉摩擦系数大，作用均匀、效果好。

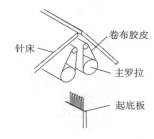

图1-4-6　卷布机构

2. 起底板

起底板为一个板状上有梳状舌针针钩的构件，用于勾住起口横列的装置。国产电脑横机编织起口时一般有两种方式：有起底板方式和无起底板方式。

（1）有起底板方式：电脑横机一般采用起底板起口方式，类似于手摇横机在编织起口横列后挂起针板一样。这种做法拉力不太稳定，但废纱编织少。

（2）无起底板方式：无起底板编织是指不采用起底板的编织方式。编织开始时布片处于无拉力的状态会造成成型不良，因此一般编织前需要编织一定长度的织物（起口为双罗纹组织），直到胶皮罗拉拉住整幅织物后方可进行正式编织，卷布拉力比较稳定。在编织毛衫织片时由于两片织片幅宽变化较大，连接较为困难，一般需要特殊处理。如果编织织片的幅宽变化不大时则此编织方式具有较高的编织效率。

（四）控制机构

控制机构由控制面板、控制系统及各种辅助机构组成。

（1）控制面板：在机器的左边安装有一个较大液晶触摸屏，显示各种信息，通过触摸进行人机交互，控制横机的各种动作。

（2）控制系统：在机器侧后下机箱内装有电子控制系统，通过接受编织文件和控制面板的信息进行处理后输出给机头上的导纱装置、选针系统、三角系统及针床的横移系统、行走机构发出电子控制信号，完成对编织过程的控制。

（五）传动机构

由主电动机、摇床电动机等组成，电动机采用高精度的数控步进电动机通过齿型皮带带动机头运动，通过螺杆旋转控制针床的移动。

三、龙星电脑横机基本操作

龙星电脑横机的基本操作包括：开关机、纱线准备、文件读入、工艺参数设定、夹纱、放布编织、试样编织和常见故障排除等基本内容。

（一）开、关机

1. 开机

（1）打开主电源开关：将机器左侧的主电源开关的开关柄顺时针方向（向右）旋转90°，打开主电源，机器加电。

（2）启动开关：按下绿色按钮启动控制系统，如图1-4-7所示。

（3）进入主菜单画面：此时控制面板开始显示自检，结束后显示主菜单图标。

（4）机头运转：操纵杆向外转动为开车，向内转为停车；向外连续转两次则转换为快速。

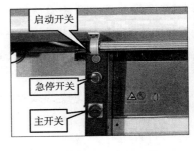

图1-4-7　电脑开关示意图

2. 关机

（1）将机头回复至针床左侧，导纱器回复初始的左侧位置，纱夹夹住全部纱线。

（2）控制屏中退出编织花样，显示原始主菜单，在右下角点击"关机"按键，系统自动关机后逆时针旋转机器左侧下方旋钮断电。

（二）纱线准备

纱线准备包括络纱、穿纱。

1. 络纱

采用络纱机进行络纱，能接续纱线断头、去除上粗结及大结头、上蜡和改变卷装，使纱线具有较大的卷装容量、表面光滑、连续度好，使电脑横机编织速度快、效率高。纱线卷绕中需要控制合理的络纱张力，筒纱卷绕后不能过硬或过软，成型良好。

2. 穿纱

编织前纱线要按照机器编织要求所规定的路线依次穿过各个导纱器件。在龙星电脑横机中有使用多种类别不同的纱线，分别为起底纱（弹性纱线）、废纱、正式纱等。机器的上方有一个平台，称为置纱台板，其上可以放置筒装纱线。

（1）起底纱穿法：使用起底板编织时，采用氨纶包覆纱或涤弹丝，强力较大弹性好，

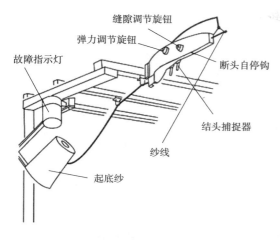

故障指示灯

缝隙调节旋钮

弹力调节旋钮

断头自停钩

结头捕捉器

纱线

起底纱

图1-4-8 穿纱线架图

能承受起底板的拉力。不使用起底板时采用高弹涤纶长丝，14针机采用16.67tex（150D）高弹涤纶长丝，7针机采用27.78tex（或两根150D）高弹涤纶长丝作为起口纱线。起底纱一般放在纱架的后左方筒座上，纱线穿在最左边张力装置上，穿到8号纱嘴中，如图1-4-8所示。

（2）废纱穿法：废纱是起口、封口段所使用的纱线，为了使织片的下边缘织物均匀稳定，常先织一定的横列数的平针织物再通过抽纱与织片相连。此段织物拆解后不回收因此宜采用低成本的纱线，通称为废纱。一般采用强力、细度与编织织物相适应的次品纱线或低价的化学纤维纱线。废纱一般穿在左边起第二个张力装置上，穿到1号或7号导纱嘴中。

（3）正式纱穿法：正式纱是指编织产品所使用的纱线，按工艺要求进行选用或定制的纱线。正式纱线一般穿在左边的张力装置和左边纱嘴上，编织复杂提花组织时根据编织的需要可以左右同穿。合理安排筒子架上筒子的位置编排，方便换筒、防止纱线编织中发生缠绕，影响正常编织。编织频率高的纱线优先穿到3号、5号纱嘴中。

穿纱路线：纱架放置的筒子引出→向上穿过导纱钩→张力器夹片式张力装置→缝隙式清纱器→断头自停钩→储纱器→侧面导纱孔→侧张力挑线杆导纱孔→侧板导纱孔→分纱器导纱孔→导纱器耳纱孔→纱嘴。

①纱线的引出：纱线引出垂直向上穿过导纱钩，导纱钩位于筒芯的正上方，移动筒子对正导纱钩，使纱线退解顺利、张力稳定。

②张力装置穿纱：如图1-4-9所示，纱线从导纱钩穿入纱架张力器、清纱器，并适当调节张力及清纱器的缝隙。

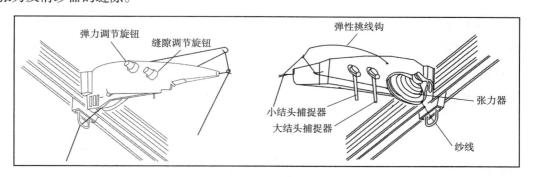

弹力调节旋钮

缝隙调节旋钮

弹性挑线钩

小结头捕捉器

大结头捕捉器

张力器

纱线

图1-4-9 张力装置左右侧面视图

③纱线张力调整：张力调节旋钮顺时针旋转弹簧压缩大，夹片的压力大，纱线的张力越大，反之越小。保持正常退解、不发生卷缩、缠绕，挑线钩能起良好作用为前提，尽可能小为好。

④结头捕捉器缝隙的调节：旋钮顺时针旋转缝隙增大，逆时针旋转则缝隙减少。缝隙大小一般调节为纱线直径的1.5～2倍，或使用纱线分别做大、小结头进行测试调节。

（三）控制面板认知与菜单功能

电脑横机主要通过控制面板上的功能菜单进行编织文件读入、编织工艺参数调整、机器动作参数的调整与传感器的测试等，显示屏的操作是电脑横机操作的主要内容。

1. **显示屏**

显示屏位于机器左侧，可显示所有编织、控制功能，初始时显示屏上显示的主菜单有8个菜单，分别为：编织花样、程序编辑、花样编辑、文件管理、系统参数、工作参数、机头测试、主机测试。每个菜单内有多层子菜单可进行相应的操作，如图1-4-10所示。

2. **机头测试**

机头测试菜单是指测试机头上的所有执行机构，包括度目步进电动机、信克步进电动机、机头三角电磁铁、纱嘴电磁铁、选针电磁铁等，便于进行机头检查，如图1-4-11所示。

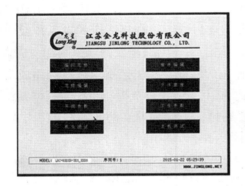

图1-4-10　控制面板示意图

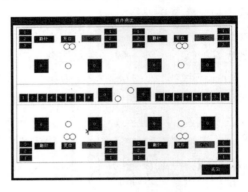

图1-4-11　机头测试画面

3. **主机测试**

是指对控制系统进行各项初设的参数进行设置与测试，包括主电动机、摇床电动机、操纵杆启动信号、机头限位、收线信号、纱架张力装置信号、卷布、护罩门、探针、起底板等装置的测试，如图1-4-12所示。

4. **程序编辑**

程序编辑是指对读入内存中的编织文件程序进行修改，如纱嘴号码更改、纱嘴交换、纱嘴替换、花板的动作指令、节约循环、起底板作用、夹子剪刀作用等，如图1-4-13所示。

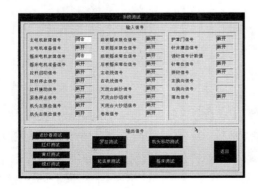

图1-4-12　机头测试画面

图1-4-13　程序编辑画面

（1）控制夹子、剪刀作用：在相应的框中输入数值"1"，表示开启。"0"表示关闭。

（2）纱嘴交换、纱嘴替换：点击"纱嘴替换"按钮，在弹出的对话框中输入相应的纱嘴号码，点击"OK"。

（3）节约设定：点击"节约"，在弹出的对话框中可修改原文件设定的循环数值。

（4）起底板：点击"起底板"，弹出起底板拉力设定对话框，可重新设定拉力值。

5. 系统参数

系统参数关系整机的性能，根据整机的机械参数进行设置。此参数由金龙公司进行调试，在出厂前已经调试好，一般情况下用户无需进行修改。

6. 工作参数

工作参数是关系到电脑横机工作的参数，如起针点位置，传感器灵敏度等。此功能是用来调整编织的一些参数，比如起针点、起底板的关闭与启用、回转距等，如图1-4-14所示。

7. 文件管理菜单

"文件管理"菜单是用来读取、删除、导入、导出、复制编织文件、工艺参数资料等功能。文件用U盘通过"文件管理"菜单进行读入，界面如图1-4-15所示。

图1-4-14　工作参数画面　　　　　　　图1-4-15　文件管理画面

8. 编织花样

编织花样是电脑横机编织的主控制菜单，其上集成了机头复位、编织锁定、速度控制、报警控制、纱嘴磁铁控制、纱夹纱剪动作控制及编织工艺各项参数调整等功能。进入此菜单才能进行编织操作。

（四）编织文件读入操作

编织文件是横机可识别的文件，用U盘通过"文件管理"菜单读入横机的机内存储器中。

1. 文件读入

插入U盘，点击"文件管理"菜单，弹出如图1-4-15所示画面。点击"优盘花样复制到内存"按钮，在右侧框里出现U盘中的所有编织文件或文件夹，点击需要编织的文件名，自动复制到内存中，即文件读入了内存。

2. 设置当前编织文件

选定某文件进行编织时，点击"选择内存花样"，在右侧显示框中点击该文件名，点击"确定"，即可选择准备编织的花样。

3. 删除文件

横机的内存容量有限，如果内存满后再读取文件时，则文件不能编织，因此应该经常删除电脑横机内存中不用的文件以便释出内存空间。操作为：点击"删除内存花样"，点击需要删除的文件名，即可删除。

4. 花样总清

点击"花样总清"按钮则可以快速删除内存中的所有文件。

（五）编织工艺参数调整操作

编织文件读入后，需要进行工艺参数设置，如起针点、衣片上各部位的密度、卷布拉力、编织速度等，起针点在"工作参数"菜单中设定，其他工艺参数在"编织花样"菜单中设定。

点击"编织花样"图标，显示编织控制画面如图1-4-16所示，画面的结构分为四个部分：基本信息区、花板信息显示区、工艺参数显示区、运转控制按钮区。

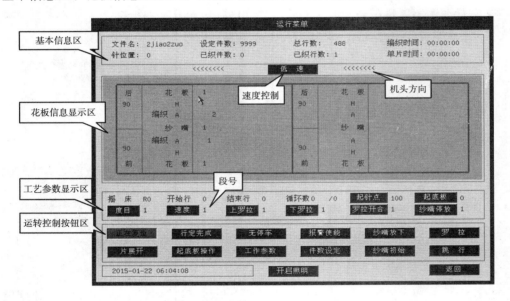

图1-4-16 "编织花样"菜单画面

1. 基本信息区

最上面部分为基本信息显示区。显示文件名、设定件数、已织件数、已织行数、针位置、编织时间、单片时间等信息，下方显示速度、机头运动方向。

（1）文件名：显示当前编织的文件名，文件名可以用中文、英文等字符命名。显示主程式：主程式显示当前所编织的横列序号和主控制行号。

（2）设定件数：可以根据要求设定本次需要编织的件数，电脑横机在编织完成设定的件数后自动停机。

（3）完成件数：显示当前已编织完成的织片件数。

（4）针位置：显示当前机头编织的位置，即在针床上选针的针位。

（5）编织时间：当前班编织过程中的累计编织时间，便于统计编织效率。

（6）单片时间：显示当前织片编织时间。

（7）已织行数：显示当前已编织的行数，便于识别当前编织的位置行。

（8）已织件数：显示当前已编织完成的件数。

2. 花板信息显示区

显示花板序号、该控制花板的编织符号、系统情况信息。正中间的"纱嘴"字样，点击后可弹出对话框，显示当前使用的纱嘴号码，可更改纱嘴。

3. 工艺参数显示区

显示度目、速度、上下罗拉（卷布拉力）、起针点、循环数、起底板、罗拉开合、纱嘴停放等信息。

（1）编织文件与织物编织的关系：调整工艺参数必须了解编织文件与织物编织的关系，如图1-4-17所示为织物的编织行与编织控制的关系。

图中左侧为织片的原图，右侧为编织控制的功能线，每条功能线代表不同的功能。对应的功能线上用数字编号表示图中所对应的横列，其数字称为段号；一段可以为一行或是多行，同段内其编织要求相同。例如：207功能线为度目控制，根据原图中的各段组织结构和翻针的不同要求进行设置度目段，如大身为第8段，在横机度目菜单中设置相应的度目值。如209速度功能线控制该段的编织速度、210卷布功能线控制卷布拉力等。

（2）度目（编织密度）：点击"度目"，弹出度目输入对话框如图1-4-18所示。左侧显示的数值为当前度目段号，表示对应于原图中的分段，其具体的数值大小需在框内输入。点击数值框可以进入相应的度目值，度目值的区间为0~180。

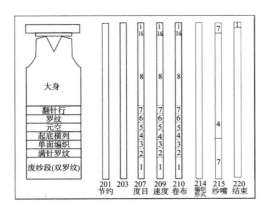

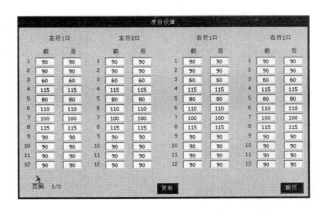

图1-4-17 衣片与功能线段号示意图　　　　　　图1-4-18 度目设定示意图

输入方法：图中同一段分为左行、右行、第一口（系统）、第二口的前、后针床度目值。可单格输入，或输入单格数值后点击"复制"则整段的数值均相同。如点击相应段号行的输入框，在框中输入数字"90"，即完成某一格的输入。输完一格后点击"复制"，同一行的数值会全部变成相同值"90"。

（3）速度：点击"速度"，弹出"速度"对话框。速度值的范围为0~120，对应不同的分段可以设相应的速度值。正常编织时可设定快速，如翻针、绞花时可设定慢速。一般慢速设在20~30，快速可设为40~60或更快，如图1-4-19所示为速度输入框。

（4）主卷布拉力：根据不同的品种具体而定，其原则是线圈成型良好的前提下拉力越小越好。点击"上罗拉"或"下罗拉"即弹出如图1-4-20所示界面，输入数值设定。数值范围为-100～100，负值表示倒转。一般编织时数值为15～20。

	主马达速度设定				
1	50	13		25	
2		14		26	
3	40	15		27	
4		16		28	
5		17		29	
6		18		30	
7		19		31	
8		20		32	
9		21		33	
10		22		34	
11		23		35	
12		24		36	

拉布　　复制

图1-4-19　速度输入示意图

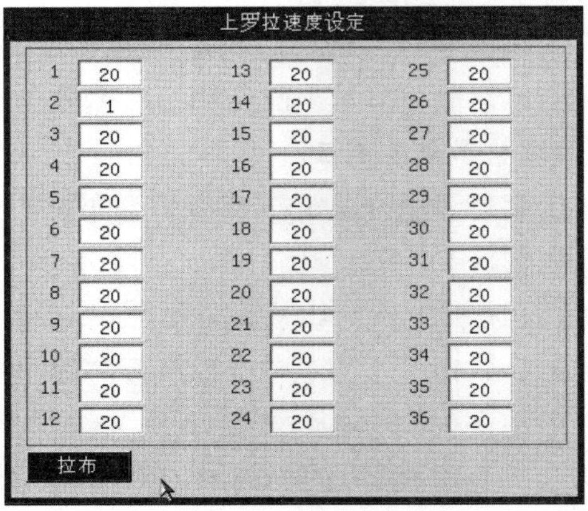

	上罗拉速度设定				
1	20	13	20	25	20
2	1	14	20	26	20
3	20	15	20	27	20
4	20	16	20	28	20
5	20	17	20	29	20
6	20	18	20	30	20
7	20	19	20	31	20
8	20	20	20	32	20
9	20	21	20	33	20
10	20	22	20	34	20
11	20	23	20	35	20
12	20	24	20	36	20

拉布

图1-4-20　卷布拉力输入示意图

（5）循环：在功能线上做循环的标志，则编织时可以按照该循环的段号进行循环两行或多行进行设置循环数，也可以在编织中进行更改。

（6）起始针位：显示编织的起针点的位置针数数值，可以在"工作参数"菜单中设定。

（7）纱嘴停放：按"纱嘴停放"弹出纱嘴停放设定对话框，如图1-4-21所示。共分为8段，第一页即第一段，每段显示十六把纱嘴停放的位置，数值范围为1～100（针数）。按"翻页"键进行翻页用于设定每一段。

图1-4-21　纱嘴停放设定图

4. 运转控制按钮区

画面最下部分显示了多个按钮，从左到右分别为：复位完成、行定完成、无停车、报警使能、纱嘴放下、罗拉、片展开、起底板操作、件数设定、纱嘴初始、跳行等键。

（1）机头复位：当编织过程中欲中止编织或重新编织，按"复位完成"转动操纵杆，机头会退出编织回到左侧原点位置并检测机头上的各个机构。编织文件被复位，重新开始编织。

（2）行定：采用无起底板方式编织时，需要按下此键，锁定编织意匠图上的第一行和第二行，锁定后机头往复编织第一、二行。其作用是使横机重复编织双罗纹组织的两个横列，直到罗拉卷到织物形成一定的拉力后，才可以解锁。

（3）报警使能：当在处理故障或调试机器时，横机的报警系统工作发出报警声音，机器不能由操纵杆控制，按下此键后取消报警，可以开车，方便维修调试机器。

（4）无停车：正常时可以按照设定编织片数进行连续编织，按下此键则取消连续编织，每编织完成一片后会报警提示。编织试样时一般按下此键锁定连续编织。

（5）罗拉：点击此键，控制罗拉打开、关闭的操作，如图1-4-22所示。

（6）纱嘴放下：当编织过程中出现如断纱的故障时，机头停在编织区域中，导纱器也在机头内侧下方，不方便接纱，此时按下此键，控制导纱器的电磁铁会跳起，便于拿出导纱器，接好纱线后，将导纱器放回原处，再按下此键，电磁铁落下，可以继续编织。

（7）片展开：在片展开画面设定原图所用花板纱嘴，最多可展开8片，如图1-4-23所示。

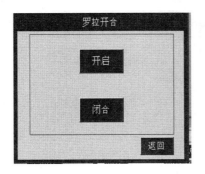

图1-4-22　罗拉控制示意图

图1-4-23　片展开示意图

（8）跳行键：按下此键可以使横机从当前编织行跳转到其他任意编织行，按下键后会跳出输入框，输入奇数行行号，转动操纵杆后机头会进行复位，需要将导纱器放置在左侧边缘的位置，再开动机器，则自动从跳转行开始编织，如图1-4-24所示。

（9）纱嘴初始：按下此键弹出纱嘴初始位置图，便于查看。

（10）起底板：进行起底板动作、起底针、夹纱、剪纱、放纱、上下罗拉开合等操作，如图1-4-25所示。

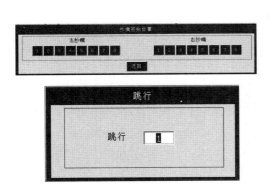

图1-4-24　跳行操作示意图

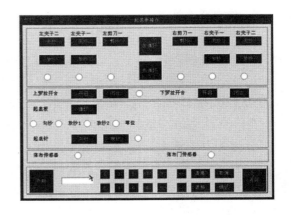

图1-4-25　起底板操作示意图

菜单中的各个按钮可以完成各项任务，按不同的夹纱按钮可以控制1～4号纱夹进行夹纱，纱夹的编号机器左侧两个为1号、2号纱夹，右侧两个为3号、4号纱夹。

四、毛衫试样编织

（一）试样织物要求

使用龙星LXC-252SC 12G电脑横机进行一个试样织物的编织，文件名为"试样1"，编织纱线为26N/2 ×1，设该试样下摆为1×1罗纹、纬平针大身、废纱封口为平针；试样编织用纱罗纹与大身相同，穿3号纱嘴。工艺参数按表1-4-1中所列数值输入。

表1-4-1 平针试样工艺参数设计表

段号	1	2	3	4	5	6	7	8	15	23
组织结构	双罗纹	翻针行	废纱平针	起底横列	空转	1×1罗纹	翻针行	纬平针	废纱编织	大身翻针
度目值	50	60	85	前20后40	70	50	76	90	95	80
主罗拉值	20	18	20	15	15	15	10	20	21	10

（二）基本操作流程

编织文件读入→穿纱→工艺参数设定→编织→成品检验。

（三）编织文件输入

（1）进入"文件管理"菜单：点击"文件管理"，弹出文件管理界面。

（2）插入U盘：拉开左侧防护罩，在显示屏侧面的USB接口插入U盘。

（3）浏览U盘中文件：点击"优盘花样复制到内存"，右侧显示区中显示U盘的内容。

（4）选定编织文件：显示区中找到编织文件名，点击文件名，点击"确定"，点返回。

（四）工艺参数调整

在主菜单界面点击"编织试样"菜单按钮，进入编织试样界面。

1. 编织密度设定

点击"度目"，弹出度目输入对话框。

（1）在第1段的左侧第一格中输入50，点击"复制"，整行的数值均变为50。

（2）在第2段的左侧第一格中输入40，点击"复制"，依次输入各项度目。

（3）在第4段右行第1、2口下"前"输入20、"后"输入40。

（4）按上述方法依次输入至第23段，为翻针度目，在格中输入80，点击"复制"。

2. 卷布拉力设定

观察机器结构，有无上下罗拉装置；如为一体式罗拉则上下罗拉可输入相同数值。如为上下罗拉结构，则点击"上罗拉"数值小于"下罗拉"数值。

在主罗拉的拉力设定中，不同的纱线原料、纱支细度、度目大小会有所不同，在线圈成型良好的前提下，拉力小一些为好，拉力小机器的负荷小，编织轻快，在编织中可以随时检查拉力的情况。检查的方法是：将机头停在侧边，将织针向上推，根据线圈拉织针的情况来判断卷布的拉力大小来调整输入值。拉力过大，则造成密度偏小且使卷布罗拉的磨损加快；拉力偏小则会产生线圈成型不良或布片浮起。本例卷布拉力值全部输入为25。

3. 速度设定

点击速度输入框，弹出输入对话框。在相应的速度段输入数值，设本例的速度值为40，在1号框内输入40，点击"复制"按钮，所有框内均为40。

4. 穿纱

点击"纱嘴初始"，查看当前使用的纱嘴号码，按照显示的纱嘴进行对应穿纱。一般起底纱穿在8号纱嘴，废纱穿在1号或7号纱嘴，大身纱穿在1~6号纱嘴，最常用的是3号、5号纱嘴。

（1）穿纱：弹性起底纱放在纱架的左侧，穿最左边的导纱张力装置上，穿8号或1号纱嘴。正式纱放在纱架左侧或右侧部位，依次向右排列且前后相错。编织几率最多的一般优先靠左（右）两侧，方便穿纱，缩短纱线自由长度。各种纱线按穿纱路线依次穿过各个相应的导纱钩、张力装置、纱线清纱器、断头自停装置、送纱器、侧边挑线钩等。本例正式纱线穿入3号纱嘴，穿纱后调整侧边挑线簧，使之处于张紧状态。

（2）夹纱：将穿过纱嘴的纱线用纱夹夹住，便于编织。

夹纱操作：从纱嘴拉出全部纱线，手指放到针床左侧边上→左手点击"起底板"按钮→选择"左纱夹1"→纱夹伸出夹纱→点击"左剪刀1"→剪刀剪线，如图1-4-26所示。

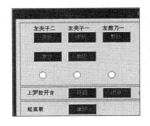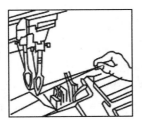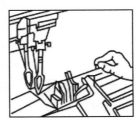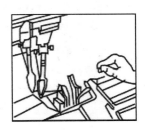

图1-4-26 编织前夹纱与操作画面

注意：左侧夹纱选择执行此动作前，请将手指、头及衣物远离夹子和剪刀装置。

不使用起底板时，此机的夹子剪刀被关闭，不作用。可将纱线在左侧夹片上夹住。

5. 编织操作

上述工作准备之后，确定穿纱正确，进行"无起底板"的方式编织。

点击"复位"键→转动操纵杆，机头回左侧，将废纱纱嘴放到针床左侧外→点击"行定完成"键→点击"无停车"，锁定一片编织→确定针床上无纱线、异物→转动操纵杆开车，废纱编织→观察编织情况→主罗拉全部拉住废纱织物→点击"行定"键，行解锁→将3号纱嘴用手移到"针床左侧旁边，距离废纱织物左侧2~5cm"→勾纱在左边针上→开车编织。

（1）机头复位：点击"复位完成"按钮，转动操纵杆，机头会发生移动，到左侧原点后会发出"咔咔"声，自动检测各机件的运动状态。

（2）点击"行定"：本例采用"无起底板编织"形式，织物起始编织时没有起底板的拉力作用，因此需要将织物编织到主罗拉拉住后才能进行正式编织。点击"行定"键后，系统自动锁住第一、二编织行进行重复编织，称为起口。

（3）废纱编织：转动操纵杆，机头开始运动，空转1转（先选针）后将废纱纱嘴移近起针点位置，开车编织，直到主罗拉拉住织物为止。

（4）移动纱嘴、勾纱：将3号纱嘴用手移到针床左侧旁边，距离织物左边2～5cm位置上。纱嘴相错，不可重叠；用手上推左边针，将纱嘴的纱线勾住，下压织针，将纱线织住。

（5）一片编织锁定：点击"无停车"键，使之编织一片后停车。

（6）解锁：点击"行定"键解锁，转动操纵杆开车，进入正常编织，仔细观察编织状态。

（7）放纱：主纱纱嘴进入编织后，停车，夹子放线，再开车编织，直到一片完成。

（8）卸片：试样编织结束后机头停止，发出报警及提示。将所有纱嘴推到最左侧原点，点击"起底板"键，选择"夹线"，夹住所有纱线并剪断。转动操纵杆，机头不带纱嘴编织，织片落下。如不能用夹子，则手动勾线、剪线。

（9）机头复位：点击"复位"键，转动操纵杆，机头回到左侧原点位置，编织完成。

检查试样织片的情况，如有破洞、破边、横道等疵点，通过调整工艺参数后重新编织。

五、操作中常见故障及处理操作

在编织操作中会碰到很多问题，出现故障时机器会自动停车，指示灯由绿色变成黄色，控制屏幕上会显示故障信号，碰到问题时要先查看控制屏幕的提示信息，再作处理。

（一）断纱处理操作

1. 断头自停钩（挑线钩）

原因：纱架上纱线如遇到有断头、纱线用完，则自停钩下落，机器自动停车，故障灯亮，并发出"嘀嘀"声，控制屏幕上显示"天线台"断纱。

处理：用织布结方法接续纱线，挑线钩复位，向内转动操纵杆，解除报警，开车即可。

2. 侧边张力装置断纱信号

原因：纱线在送纱罗拉到纱嘴孔之间发生断头，则侧边纱线跳线钩弹起，机器自动停车，故障灯亮，并发出"嘀嘀"声，控制屏幕上显示"左侧断纱"。

处理：用织布结方法接续纱线，检查纱线穿纱路线是否正确，确定无误后开车即可。

3. 易断纱

原因：如遇羊绒等粗纺纱线由于捻度较低纱线强力较低，易发生断头。这是由于纱线穿纱线路较长，依靠织针的拉力将纱线从筒子上拉出，摩擦阻力大易发生断头。

处理：将纱线穿过送纱器减少纱线阻力。侧边上方的储纱器，打开储纱器开关，纱线在储纱圆筒上缠绕10～20圈，增加储纱量。之后纱线以轴向进行退解，退解张力很小，使纱线的总拉力减小，可有效降低纱线的断头率。或采用罗拉式送纱器送纱。

4. 结头捕捉器报警

原因：纱架上纱线如有粗节、大结头等，则缝隙式结头捕捉器会跳起，或会将纱线拉断，机器自动停车，故障灯亮，并发出"嘀嘀"声，控制屏幕上显示"天线台"断纱信息。

处理：恢复捕捉铁片的位置，去掉大结头用织布结方法接续纱线，开车即可。缝隙的大小一般调节为纱线直径的1.5～2倍。

（二）放布编织

如果遇到不可挽救的编织故障，则可以中止编织。操作方法为：停车→移出导纱器→确认无织口无异常，旋转操纵杆开车→卸下布片→点击"复位"键→进行重新编织。如遇到织口线圈紊乱、线圈浮起等情况，不可使用编织，必须手动脱圈卸片，以防坏针。

（三）布片浮起

原因：由于卷布拉力偏小、坏针、断纱或度目小造成布片浮起，此时机头上的探针会被碰歪，机器自动停车，故障灯亮，并发出"嘀嘀"声，控制屏幕上显示"布片浮起"。

处理：用压纱板进行向下压布，重新调整卷布拉力、度目数值，处理断纱，将探针复位，开车即可。

其他原因：

①卷布拉力小：编织时未及时调整或调整不当引起卷布拉力偏小造成织口未及时下拉造成探针被碰歪。

处理：根据拉力值调整为合适的卷布拉力，复位探针。

②织物破损：在编织过程中由于组织及纱线的原因会造成织物局部破损，造成纱圈浮起。

处理：根据情况及时进行修补或卸布编织处理，中止编织。调整工艺参数。

（四）机头撞针

原因：由于度目紧、卷布拉力不正常、布片浮起等因素影响都会发生机头撞针，机器自动停车，故障灯亮，并发出"嘀嘀"声，控制屏幕上显示"机头撞针"或"布片浮起"。

处理：设定低速将机头转出，检查织针情况，重新调整工艺参数，将探针探头复位，开车即可。如有织针损坏，及时换针。

（五）更换织针

当使用的纱线过粗、拉力过大、织针上的线圈过多等都会造成织针损坏。可按照以下步骤更换织针。

（1）退下压针条挡板：将针床左或右边缘黑色的挡板向下推，使压针条可以抽出。

（2）抽出压针条：用专用推拉钩将压针条推出（只要空出坏针位置即可）。

（3）更换织针：用手将坏针的挺针片（底脚片）的针踵向上推至最高点，左手扶住织针并抽出，将新针套上，轻巧插入回位；上下推动针踵检查织针与挺针片是否连接正确、运动是否灵活，如图1-4-27所示。

（4）更换挺针片（底脚片）：如果挺针片的针踵撞坏，则用换针的同样方法将挺针片拔出，换新片换上，再将压针条推回原位，推上挡板，如图1-4-28所示。

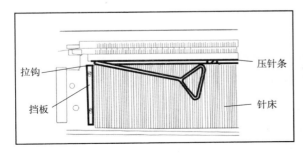

图1-4-27　抽压针铁条

图1-4-28　换针示意图

【任务实施】

一、教学设备
（1）教学机器：龙星LXC-252SC电脑横机，琪利电脑横机制板系统。
（2）教学材料：26N/2毛纱或腈纶纱。

二、实施步骤
（1）电脑横机开、关机操作：按要求进行开关机、安全操作练习。
（2）编织工艺调整操作：进行各段的编织度目、主罗拉拉力数值、编织速度参数进行输入、调整操作。
（3）试样编织：按毛衫试样编织的要求进行试样编织。

①电脑横机穿纱操作：依据给定的编织工艺要求，对龙星电脑横机进行起底纱、废纱、大身纱的穿纱操作。

②编织文件读入、编织工艺调整操作：依据试样编织文件参数的要求，通过控制屏将编织文件读入，进行各段的编织度目、主罗拉拉力数值、编织速度参数进行调整。

③试样编织及工艺参数测定和工艺修正操作：依据要求进行试样编织，对编织后试样的罗纹、单面织物进行拉密、横密、纵密的测定操作，对应要求进行工艺修正。

（4）编织故障处理操作：针对编织中出现的故障，需要进行卸布编织、断纱处理、更换织针等，总结处理方法。

【思考题】
（1）如何识别龙星电脑横机的机型？请举例说明。
（2）请说明纱架张力装置的主要作用及如何合理使用纱架张力器。
（3）请说明如何正确放置筒纱？筒子在台板如何排列为合理？
（4）请以主纱为例说明该纱线合理的穿纱路线及该路线上所穿纱的构件名称。
（5）请简述正式纱起底横列度目值设置的主要步骤和过程。
（6）举例说明文件读入的步骤与过程。
（7）请简述更换坏针的操作过程，重点注意什么问题？
（8）请举例说明无起底板编织的试样编织操作过程。
（9）请简述卷布拉力设置的步骤和过程，并举例说明。
（10）请举例说明速度的调整过程。
（11）简述纱嘴号码的编排规则，图示说明纱嘴号码的位置。
（12）简述如何在机器上改变纱嘴号码的步骤和过程。
（13）简述开机、关机机器的步骤。
（14）在编织过程中出现了"机头撞针"的提示，请简述可能发生的原因和处理方法。
（15）请简述"卸布"的方法，说明在什么情况下使用，应注意的问题。
（16）请简述侧边收线器（侧边挑线簧）的作用与调节方法。

项目二　毛衫花样设计、制板与编织

毛衫服装有三个主要构成因素，即款式、色彩与面料，毛衫面料的花样设计是制作毛衫产品的基础。毛衫类面料外观风格有平整、凹凸、起皱、镂空、立体、横条、提花、起绒等类型，毛衫服装的千变万化主要依靠面料的组织结构、纹理变化与图案、配色来实现，毛衫花样设计为一个重要部分。以下按组织类别分别讲述毛衫织物组织特征、花样设计与制板方法。

任务1　毛衫试样设计、制板与编织

【学习目标】

（1）了解和熟悉毛衫试样的设计方法，掌握毛衫试样的设计要领。
（2）了解和熟悉电脑横机制板软件试样制板的基本流程，学会试样制板的操作方法。
（3）了解和熟悉电脑横机的编织与控制原理，掌握编织的工艺参数设定方法。
（4）了解电脑横机工艺参数与功能线设置的对应关系，学会试样的编织操作。

【任务描述】

熟悉试样制板的操作流程，学会试样原图描绘、功能线设定、控制参数设定的方法。按给定的要求进行毛衫试样编织文件的制作，并进行试样的编织。

【知识准备】

一、毛衫试样的设计方法

毛衫试样是制作毛衫成衣的依据，试样的准确性是毛衫成衣质量的保障。

（一）试样大小的设计

试样相当于毛衫整体的一个部分，试样的大小关系到工艺参数的准确性，太小则不能反映参数的准确性，太大则造成浪费。试样大小通常设计为25cm×35cm（宽×高），或根据组织、纱线原料、花型的不同有所差异，复杂花型可放大至衣片大小。

（二）试样针数、转数计算（表2-1-1）

1. 针数计算

试样开针数＝试样宽度×横密

2. 转数计算

试样转数＝试样高度×纵密

（三）试样组织设计

试样通常分为下摆罗纹、大身与封口废纱三个部分，如图2-1-1所示。按工

艺要求选择罗纹、大身和废纱的组织；下摆罗纹常用1×1、2×1、2×2、圆筒等组织，高度为5～10cm；大身组织根据设计要求而定，最简单为纬平针组织，高度为25～30cm；封口废纱一般使用纬平针组织，或根据大身选择满针罗纹、1×1罗纹或双罗纹等组织，高度为5转左右，试样宽度一般为20～25cm。

表2-1-1　常用针型织物密度参照表

针型	14G	12G	7G	5G	3G
横密（针/cm）	7.2	6.1	3.6	3	1.9
纵密（转/cm）	4	3.5	2.2	1.9	1.05

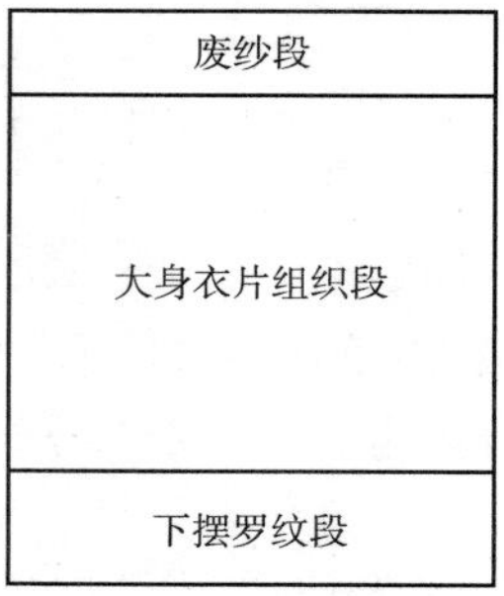

图2-1-1　试样结构示意图

二、试样制板

（一）试样制板流程

大身原图描绘→下摆罗纹描绘→起口段描绘→附加功能线→功能线参数设置→控制参数设定→编译→模拟或仿真→生成上机文件。

（二）各步骤详解

1. 大身原图描绘

打开制板软件后，将工作区放到最大状态，显示有方格子。每个格子表达为一个编织单元，开针数即为横向的格子数；编织的横列数即为纵向格子数（单面组织时），双面组织根据不同组织结构和编织方法来确定纵向格子数。

如纬平针组织的描绘区域的格子数＝试样针数×转数×2，其中1转＝2横列。使用编织色码在相应的格子进行描绘，表示该织针在不同单元的编织状态，也称为编织意匠图。

2. 下摆罗纹描绘

在大身原图下方描绘下摆罗纹组织，以手动或自动方式描绘，自动描绘时在规定的步骤中选择罗纹组织的类型、空转方式、排针类型，软件可直接生成。下摆罗纹的编织过程为：起底横列编织→空转（1转半，可选）→罗纹编织→翻针（当大身为单面组织时）。

3. 起口段描绘

电脑横机采用起底板或罗拉形成编织拉力。在形成拉力前，为了不影响正式纱编织的质量，应有一个连接段织物，称为起口段。不同的起口方式起口段编织解析如下。

（1）岛精电脑横机使用起底板起口：起口段有效隔离起底针与正式纱起底横列，编织过程如图2-1-2所示。起底纱起底2行→起底板上升勾住起底纱→圆筒2转→带主纱、废纱纱嘴进→起底纱固边编织→带主、废纱纱嘴出→起底纱织出并带回原点→废纱纱嘴圆筒1转→前翻后成单面→废纱后编织1转→抽纱编织1行并带回原点，起口段编织结束。起口段系统默认生成，不在图形中显示，又称为固定程式。

（2）国产电脑横机非起底板起口编织：采用双罗纹组织进行起口段主体编织，如图2-1-3所示。编织过程为：起底纱编织双罗纹→直至卷布罗拉拉住织布形成拉力→编织1行

满针罗纹锁行→隔针翻针至后床→后编织1转→前床1行（隔针）→后落布，起口结束。起口编织段的描绘在软件中可自动生成。

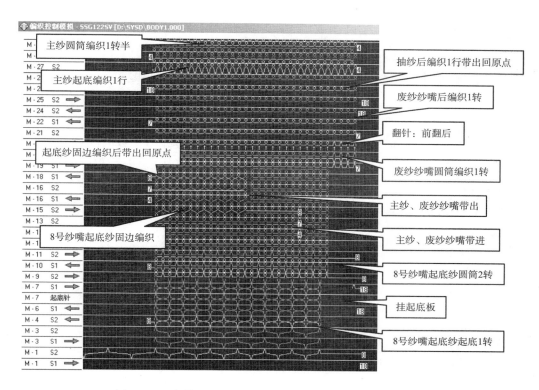

图2-1-2 岛精系统起底板起口段（固定程式）编织示意图

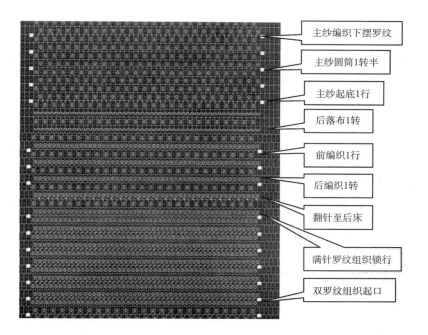

图2-1-3 国产电脑横机非起底板起口编织示意图

（3）无间纱起口：金禄公司发明了无废纱直接起底装置，节约了废纱用量，可适情使用。

4. 附加功能线

岛精系统原图描绘后需要进行附加功能线操作：选定原图范围→附加功能线→选择罗纹类型→设定罗纹纱嘴、主纱纱嘴号码→选择废纱组织→设定起始编织位置针数。

国产制板系统功能线自动生成，位于图形描绘工作区右侧的功能线区内，段号自动生成。

5. 功能线参数设置

对应不同的编织行设定相应的纱嘴、度目、卷布拉力、速度等参数的段号，以及取消编织、翻针形式、摇床、结束编织形式等必要的参数，使各种编织工艺参数得以控制。

6. 控制参数设定

设定机型、针型、编织幅宽、系统数、节约数、纱嘴起始位置和配置、属性等参数。

7. 编译

将花样图形转换成电脑横机可识别的数码信息，即生成含有各种编织信息的上机文件。

8. 模拟、仿真

检查编织文件的正确性，模拟是将文件以编织动作符号进行显示，便于逐行逐针进行检查其编织的合理性。仿真是将所描绘的图形，利用数据库所存储的各种线圈形态对应组合显示出下机成品的仿真效果，便于用户对产品外观进行效果检查，仿真后的正反面效果无纹理紊乱的现象则图形描绘基本正确。

9. 编织工艺参数设计

主要工艺参数为度目、卷布拉力、速度等。

（1）度目参数设计：成圈时织针受到弯纱三角的作用而下降，使针钩与沉降片顶部产生了一定的距离，称为弯纱深度，毛衫行业称为度目。机器设计了弯纱深度的最小与最大值范围，用刻度值来表示，最小刻度为0，最大值根据机型不同而不同。例如岛精SSG、SIG等最大值为90，SCG 3G机型最大值为130；慈星GE2-52C度目值范围为0~730；龙星LXC度目值范围为0~180。

度目值设定原理：纬平针为单针床编织，最易编织的位置应处于针距值的深度，即为机器设计弯纱深度范围的一半左右；罗纹为双面编织，线圈长度为前后线圈之和加上针床缝隙宽，应为平针的一半即处于弯纱总深度四分之一左右的位置，其他组织以这两个位置作参考。例如SSG、SIG、SSR机型，其度目值范围为0~90，每0.5为单位指定，编织纬平针最适合范围度目值40~45；满针罗纹（四平针）约为20~25，1×1罗纹为25~30，2×1罗纹为30~35，2×2罗纹为35~40；其他机型以此类推。

（2）卷布拉力设计：卷布拉力数值设计为0~100刻度，根据编织织物的幅宽变化，组织结构不同进行相应的取值。取值大小以保证线圈成型良好的前提下越小越好，实际操作中，用手向上推动织针，感知线圈对针的作用力，小为宜。

三、制板软件认知

（一）岛精制板软件简介

1. 界面认知

运行岛精制板软件，形成的主界面如图2-1-4所示，分为标签栏、菜单栏、工具栏、描绘区、编织工具区、绘图工具区、文件导航栏、底部选项栏等。

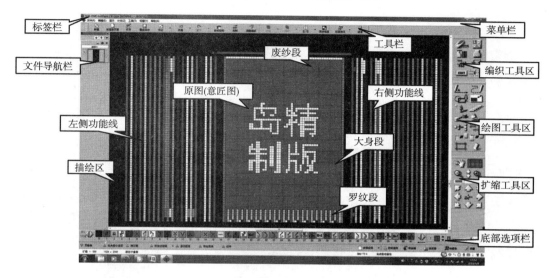

图2-1-4 岛精制板系统界面示意图

2. 各区功能简介

（1）标签栏：显示操作系统名及版本号、显示当前编辑的文件路径、文件名。右侧为本窗口的最小化、最大化、关闭按钮。

（2）菜单栏：显示文件、编辑、显示、计划、视窗、工具、帮助等主菜单，对系统所有功能子菜单的分类集合。

（3）工具栏：显示新建、打开、保存、传送、回复、重做、控制、自动控制、编织调整、合成、同时、左右对称、同步描画、视窗拷贝、结束等快捷工具。

（4）文件导航区：位于屏幕的左侧，显示已打开的所有文件的缩略图及文件名，点击各文件可快速切换文件显示。

（5）编织工具区：位于界面右侧，显示自动控制、功能线、Package、编辑、花样资料、简易成型、自动纱嘴停放点设置、遮蔽功能等工具，左键可拖动，移动到合适位置显示。

（6）绘图工具区：描绘直线曲线、图形、变形工具、改变颜色、阴影、复制粘贴、插入删除、填充、滑动、阴影、基本小图填入、范围、擦除等工具按钮。

（7）扩缩/移动工具区：其中有画面移动、格子、放大、缩小、移动方向（四向箭头）等功能按钮用来控制显示区域，点击放大或缩小图标，或左右拖动手柄，则界面图形放大或缩小。

（8）底部选项栏：底部选项栏分为上下两个区域，上部为色码表，下部为其他功能选项。色码为颜色、编织动作、编号三合一功能，系统编号0～255数字，对应256个颜色，其中共有120多个编织动作色码，其他色号可以自定义编织功能或待开发功能，左右翻页键可以进行色码翻页，便于快速选择；光标点击色码或吸色、或点击右端色块弹出输入键盘可直接输入色号来改变光标颜色，用来描绘点、线及其他图形颜色。

下部有页数表、放大缩小选项、拷贝键、附加功能线视窗、显示图层、作业菜单、助手菜单、花样选择、测量、浏览器、WG颜色等功能菜单。

（二）恒强制板系统简介

1. 界面认知

运行恒强制板软件，点击新建文件，生成的主界面如图2-1-5所示。界面分为标签栏、菜单栏、工具栏、描绘区、功能线区、描绘工具、横机工具、色码表、工作区等。

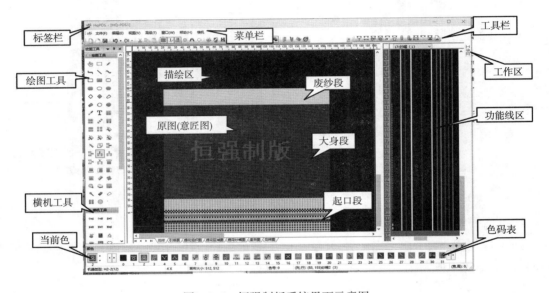

图2-1-5　恒强制板系统界面示意图

2. 各区功能简介

（1）标签栏：显示操作系统名及文件名。右侧为本窗口的最小化、最大化、关闭按钮。

（2）菜单栏：显示文件、编辑、视图、高级、窗口、帮助、横机等主菜单，是系统所有功能子菜单的分类集合。

（3）工具栏：显示新建、打开、保存、回复、重做、网格、模拟组织、提示、对称描绘、颜色选择、颜色屏蔽、图片处理、自动生成动作文件、纱嘴方向显示、纱嘴系统设置、工艺单、发送上机文件、模块管理等快捷工具。

（4）绘图工具：是用来绘制意匠图的工具，有移动、选择（框选）、画笔、折线、直线、曲线、矩形、填充矩形、圆角矩形、填充圆角矩形、椭圆、填充椭圆、菱形、填充菱形、多义线、填充多义线、闭合曲线、填充闭合曲线、取色、文字、线形复制、阵列复制、多重复制、水平镜像、垂直镜像、填充、填充复制区、换色、填充行、调整大小、插入行、插入空行、插入列、插入空列、删除行、删除列、上边框、下边框、左边框、右边框、边框、擦除、旋转、拉伸、阴影、清除色块等。

（5）横机工具：位于左下侧，有复制（花样到引塔夏等）、花样展开、纱嘴设置、工艺单、滑动、导入CNT文件、线圈模拟、仿真等多种功能菜单。

（6）功能线区：16把纱嘴版本共有36条功能线，如节约、取消编织、摇床、度目、卷布、速度、编织形式、纱嘴、结束等；功能线区上部有选择框，快速显示所选的功能线。

（7）色码表：色码为颜色、编织动作、编号三合一功能，系统编号0～255数字，对应256个颜色，120多个编织动作，其他色号可以自定义编织功能或待开发功能，左右有翻页键可以进行翻页便于快速选择。

3. 基本描绘

光标点击色码改变描绘颜色，推拉鼠标滚轮则以光标为中心放大缩小图形，点击描绘工具则可描绘点、线及其他形状图形，常用的描绘工具与键盘按键相关联，在英文输入状态下可按键切换。

（三）琪利制板系统简介

1. 界面认知

运行琪利制板软件形成的主界面如图2-1-6所示，界面分为标签栏、菜单栏、工具栏、文件导航栏、描绘区、功能线区、绘图工具、横机工具、色码表等。

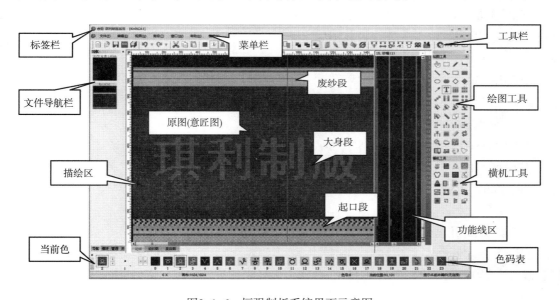

图2-1-6　恒强制板系统界面示意图

2. 各区功能简介

（1）标签栏：显示操作系统名及文件名。右侧为本窗口的最小化、最大化、关闭按钮。

（2）菜单栏：显示文件、编辑、视图、高级、窗口、帮助、横机等主菜单，是系统所有功能子菜单的分类集合。

（3）工具栏：显示新建、打开、保存、文件管理、回复、重做、剪切、复制、粘贴、网格、模拟组织、提示、对称描绘、颜色选择、颜色屏蔽、图片处理、自动生成动作文件、纱嘴方向显示、纱嘴系统设置、工艺单、背面描绘、模拟仿真等快捷工具。

（4）绘图工具：是用来绘制意匠图的工具，有移动、选择（框选）、画笔、折线、直线、曲线、矩形、填充矩形、圆角矩形、填充圆角矩形、椭圆、填充椭圆、菱形、填充菱形、取色、文字、线形复制、阵列复制、多重复制、水平镜像、垂直镜像、填充、填充复制区、换色、填充行、调整大小、插入行、插入空行、插入列、插入空列、删除行、删除列、上边框、下边框、左边框、右边框、边框、擦除、旋转、拉伸、阴影、清除色块、清边、导入图片、不规则圈选等。常用工具与键盘按键相关联，在英文输入状态下切换。

（5）横机工具：位于右下侧，有使用者巨集、花样展开、纱嘴分离、纱嘴间色填充、隔针转换、工艺单、滑动、导入CNT文件、收针分离、小图局部展开等多种功能菜单。

（6）功能线区：共有30条功能线，如节约、取消编织、摇床、度目、卷布、速度、编织形式、纱嘴、结束等；功能线区上部有选择框，快速显示所选的功能线。

（7）色码表：色码为颜色、编织动作、编号三合一功能，系统编号0～255数字，对应256个颜色，120多个编织动作，其他色号可以自定义编织功能或待开发功能，左右有翻页键可以进行翻页便于快速选择。

3. 基本描绘

光标点击色码改变描绘颜色，推拉鼠标滚轮则以光标为中心放大缩小图形，点击描绘工具则可描绘点、线及其他形状图形，常用的描绘工具与键盘按键相关联，在英文输入状态下按键切换。

【任务实施】

一、教学设备

（1）SDS-ONG岛精花型准备系统、恒强制板系统、睿能琪利制板系统。

（2）SSG122-SV 14G、MACH2SIG 14G、NSIG122-SV 7G、SSR-122SV 7G、SCG-122SN 3G、CE2-52C、LXC-252S/SC系列电脑横机。

二、任务说明

按以下要求制作毛衫试样上机文件并编织试样：使用14针或12针型电脑横机，开针121针；起针点第91针，下摆为1×1罗纹，12转；大身为纬平针50转，废纱平针8转封口。

三、试样文件制作

（一）岛精SDS-ONG花型准备系统试样制板操作

选用岛精SSG122-SV 14G电脑横机编织毛衫试样。

制作流程：打开软件→试样大身原图描绘→附加功能线→功能线参数设置→控制参数设定→编译→模拟或仿真→生成上机文件，编织工艺参数设计。

岛精SDS-ONE设计系统界面如图2-1-7所示，双击"KnitPaint"图标，运行制板软件，打开后自动生成一个空白文件，如图2-1-8所示。

图2-1-7 岛精SDS-ONE软件首页

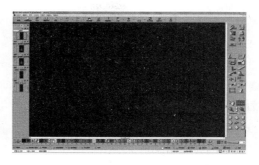
图2-1-8 岛精针织制板软件主界面

1. 试样大身原图描绘

点击下部色码表中1号色码（前针床编织）→点击绘图工具区中"图形"图标→点击"四方形"标签→勾选"指定中心"→点击输入框，输入宽度"121"针、高度"50×2＝100"横列，如图2-1-9所示→将光标移动到描绘区合适位置（黑色区域，光标随动一个红色矩形）→左键点击定位，出现红色矩形即试样纬平针组织大身原图，关闭对话框。

2. 附加功能线

点击"范围"图标→勾选"花样范围"→点击原图，原图四周出现白色虚线框→点击"确定"→点击"功能线"图标→勾选"自动描绘"模式→勾选"罗纹描绘"→勾选"1×1"罗纹→其他默认→勾选"描绘废纱"→选择"单面组织"→花样展开开始针数输入"91"→点击"执行"按钮，红色矩形原图的四周出现了功能线，如图2-1-10所示。

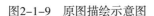
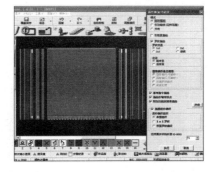

图2-1-9 原图描绘示意图　　　　　图2-1-10 附加功能线过程示意图

（1）功能线构成：在原图左右两侧自动附加各20条功能线；在原图下方自动附加了选定类型的罗纹，在原图上方附加了6行废纱编织行；废纱上方附加了1行3号色码的落布花样；最上方1行红色为花样展开行。

（2）罗纹描绘：原图的下方出现了2行起底行、4行罗纹组织行。第1行表示为起底横列；第2行表示空转（元空）1转半；第3～6行表示1×1罗纹。在右侧第1条功能线R1上相应有2个1号色表示循环控制，需要编织的转数用循环数表示。

（3）废纱描绘：原图上方增加了6行，用7号纱嘴控制编织，称为废纱封口。相应的R1上有2个1号色表示控制废纱转数的循环数。

（4）落布花样行：原图最上方为1行3号色，表示机头不带纱嘴编织，将布片从机器上落下，称为落布花样。

（5）花样展开行：在原图最上方出现1行红色行，表示在针床上花样的编织区域。

（6）起始针位：花样展开行左端空1格的色码数字，表示花样在针床上的编织起始位置距离针床左端的针数。该色码表示个位数、十位数，在其上方格子填写1或2、3色码表示百位数；在花样展开行的正中画一个"10"号色，则表示在针床上居中编织。

3. **功能线作用说明**

原图两侧出现了各20条功能线，左边用L1～L20、右边用R1～R20表示。用来控制纱嘴、织物编织密度、卷布拉力、机头运行速度等各项编织工艺参数，如图2-1-11所示。

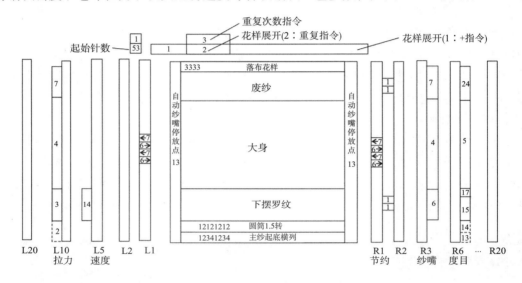

图2-1-11 试样图形示意图

（1）R1：控制编织行的循环范围与循环次数，称为（内）节约。在R1功能线右侧填写1、2，11～41，51～81等色码控制循环起止范围，在自动控制参数节约页中相应填写循环次数（最大值为100）。描绘方法如图2-1-11所示，起、止行指定时，纱嘴需回原位；循环后组织应与末行相同，否则出现不能衔接的问题。检查方向时，在R1功能线上出现6、7色码，6号色表示该编织行机头向右编织，7号色表示机头向左编织。

（2）R2：表示（外）节约功能，填写方法同R1功能线，与R1配合增大循环次数。

（3）R3：表示指定纱嘴段号，在右侧填写1～255色码表示纱嘴组合，在"自动控制"设定中再指定具体纱嘴号码。在第1行填写8号色时表示禁止抽纱纱嘴带出。

（4）R4：表示编织系统与嵌花类型指定。右侧填写0号色为1行1系统、填写1号色为1行2系统、填写3号色为1行3系统；填写6号、7号色为N行N系统；填写61～63、71～73号色表示指定1或2或3系统编织。填写5号色表示指定嵌花类型1，10号色为嵌花类型2。

（5）R5：控制取消编织、机头移动。填写1号色时为取消该编织行的编织动作；填写2号色时则表示机头不带纱嘴，只作移动，称为机头"空跑"。

（6）R6：编织密度控制，称为"度目"控制，填写的色号称为度目段号。右侧填写0号色时默认为第5段，空车行（空跑）时默认为第1段。填写1～120色号为相应的段号。

（7）R7：控制起底针开关、嵌花编织纱嘴带进带出形式。填写1号色表示"引塔夏"，3号色表示引塔夏带纱进/带纱出（前床吊目、后床编织+落布类型）。

（8）R8：控制纱嘴带进带出。填写31号色指定纱嘴带出、32号色指定带进纱嘴。

（9）R9：填1号色为禁止衔接处理，2号色禁止双翻针处理。

（10）R10：控制夹子、剪刀动作。填1～4控制1～4号夹子关+剪纱；填10控制1～4号夹子开。填41～44自动控制1～4号夹子动作。

（11）R11：控制压脚动作。填1号色压脚开（作用）、4号色压脚关（不作用）。

（12）R12：先行度山微调、先行度山设定。先行度山是指运动方向前边的弯纱三角，先行度山值大表示压纱深，脱圈好，但机头作用力大，易断纱。填写1～7色号设定1～7段。

（13）R13：指定可变度目/纱环长号码。当一行编织使用两段不同密度时，填写211～217色号时指定1～7可变度山段，在"可变度山"菜单中指定相差的数值，常用于夹支收针时。

（14）特殊处理设定。在功能线左侧填写8号色为叠针，9号色为打褶，61号色为1×1交错翻针，62号色为2×2交错翻针；200号为连续编织分割指定。

（15）L2：指定摇床针距。左侧填写0～18可指定摇床0～18针距。

（16）L3：指定摇床针床相对位置，普通摇床时填写2号色，为0针位。

（17）L4：指定后针床的摇床方向。在左侧填写0号色指定向左、1号色向右摇床。

（18）L5：编织行速度指定。0号色为高速、1号色为低速、2号色为中速，11～17号色为1～7速度段号。

（19）L6：翻针行速度指定。0号色为高速、1号色为低速、2号色为中速，11～17号色为1～7速度段号。

（20）L8：指定提花类型和组织结构。左侧填写10时指定提花类型，相应的编织行用201号及以上颜色描绘。两位数时表示提花色数与组织结构。

（21）L9：指定DSCS侧纱系统开关。左侧填1号色为开，填2号色为关。

（22）L10：编织行卷布拉力设定。左侧填写1～99号色，设定卷布1～99段拉力段。填写段号+100位指定卷布罗拉打开、关闭一次的开关设定。

（23）L11：翻针时行卷布拉力设定。左侧填写1～99号色，设定卷布1～99段拉力段。填写段号+100位指定卷布罗拉打开、关闭一次的开关设定。

4. **修图**

（1）在图形右下角位置修改功能线：将R3功能线下部的6号色改为4号色，即本例试样的罗纹与大身可使用同一把纱嘴进行编织，根据纱嘴的排列特点，优先选用4号纱嘴。

（2）R6度目功能线下部14号色改为15号，改后14段默认为元空段，废纱为第24段。

（3）R8功能线的31号色改为0号，因6号纱嘴已经变为4号，不能执行纱嘴带出处理。

（4）R11功能线上将1号色改为4号色，初学时不使用压脚，以防打坏压脚。

（5）其他功能线为默认值：主纱纱嘴为4号、废纱纱嘴为7号。度目段号：大身罗纹起底横列为第13段、元空为第14段、罗纹为第15段、翻针行为第17段、大身为第5段、废纱为第

24段。卷布拉力起口段为第2段、罗纹为第3段、大身为第4段、废纱为第7段。

5. **保存文件**

在相应的存储盘中新建一个"毛衫试样"文件夹，在制板软件中点击"文件"菜单，选择"存储旧的规格文件"，选择"毛衫试样"文件夹，以"123.DAT"文件名存储。

6. **出带（编译）**

将含有附加功能线的原图转换成电脑横机可识别的"***.000"文件的过程称为"出带"。

（1）机种设定：点击"自动控制设定"图标→点击"机种设定"，在对话框中选SSG2cam、120、SV 14针→"OK"，如图2-1-12所示。

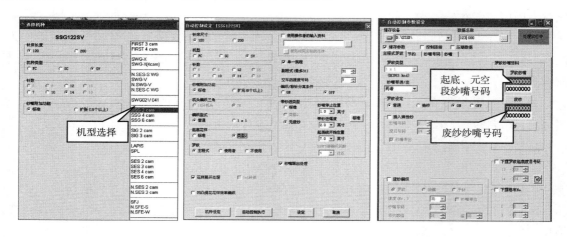

图2-1-12 机种设定、自动控制设定、主程式罗纹设定示意图

（2）自动控制设定：纱嘴附加功能勾选"标准"→编织型式勾选"普通"→起底花样勾选"类型2"（7针机以下选用标准）→罗纹勾选"主程式"→勾选"单一规程"→勾选"无废纱"，其他按默认状态，点击"自动控制执行"。

（3）图形指定：点击"自动控制执行"→弹出范围选择图标→选择"组织花样"→点击原图（指定需要编织的原图）→点击"确定"→弹出"自动控制参数设定"对话框。

（4）指定存储路径：点击盘符→选定存储盘→新建文件夹→命名文件夹为"毛衫试样"→打开"毛衫试样"文件夹→命名文件名，文件名用数字、英文字母或混合组成，文件名长度小于8个字符，本例命名为"123.000"。

（5）主程式罗纹设定：在"主程式罗纹"标签页设定罗纹纱嘴为"4"，废纱纱嘴为"7"，其他默认。

（6）节约设定：在节约页中显示2个小循环，第1个小循环表示下摆罗纹的循环，题目要求12转，因为图中罗纹描绘为4行，其中2行为循环行，算法为：$2x+2=12\times2$，则$x=11$，此处填写"11"；第2个为废纱编织循环，图中废纱描绘了6行，算法为：$2x+4=8\times2$，则$x=6$，填写"6"，如图2-1-13所示。

（7）纱嘴号码设定：在"纱嘴号码"页面中，"纱嘴号码4"意为R3功能线右侧填写的"4"，下方的输入框中为实际使用的纱嘴号码。此处填写"4"，即使用4号纱嘴；同理在

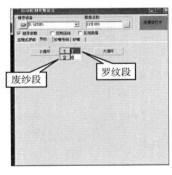

图2-1-13　节约设定、纱嘴号码设定、纱嘴属性设定示意图

"纱嘴号码7"输入框中填"7"，表示废纱使用7号纱嘴。输入框中有上下两格输入位置，上方格子表示"主纱"纱嘴，下面一格表示为"添纱"纱嘴，做添纱组织时使用，添纱纱嘴默认为"6"号纱嘴，使用前需要进行核对纱嘴类型。

（8）纱嘴设定：在纱嘴页面中需要设定纱嘴位置、纱嘴设定初期化。

①"纱嘴位置"设定：表示设定起始编织时纱嘴位于布片编织区域的左边或者右边。同一纱嘴号码只能设置"左边"或者"右边"，指定纱嘴在编织区域的左边时，点开左边的方块（默认为打开状态，显示为白色）；指定纱嘴在布片编织区域"右边"时，则先点击左边方块使之变为"灰色"，再点开"右边"的方块使之变为"红色"。

②"纱嘴初期化"设定：设定纱嘴位置、纱嘴类型、编织方式三个要素。

③纱嘴位置：一轨道中纱嘴有四个位置（最多可放置4把纱嘴），根据机器上现有的配置来设定使用，标准配置时，只有在最左侧的位置放置了一把纱嘴。

④纱嘴类型：主纱纱嘴类型分为普通纱嘴（直纱嘴，为"N"或"KSW0"型）、宽纱嘴（直型，为"NPL"或"NSP"型）、嵌花纱嘴（可摆动型，为"KSW1""KSW2""KSW3"型）、"8"号纱嘴为起底纱嘴（"S"型）、"18"号纱嘴为抽纱纱嘴（"DY"型），对应设定。

⑤编织方式：根据机器的功能分为正常编织（满针参与，ALL）与变针距编织（隔针参与，1×1）两种，普通编织选择"ALL"或"总针"方式。

本例点击右下角"回车"按钮，可自动全部设定，有些机型（如SSR）需要手动设定。

（9）编译：点击右上角红色"处理实行中"→弹出输出资料对话框，确认"总编织目数、花样资料值、动作资料值等"，点击"确定"→点击"模拟编织"按钮→出现没有发现错误；点击"虚拟显示"按钮，通过Design进行线圈模拟成仿真试样，如图2-1-14所示。

如有错误时会出现错误提示，点击"确认"按钮，弹出"纱嘴位置"图、"编织控制模拟"图，如图2-1-15、图2-1-16所示。"纱嘴位置"图显示机头运行方向、纱嘴号码及位置，供判断纱嘴与机头的位置关系。"编织控制模拟"图使用线圈编织的模式显示编织状态和翻针、摇床动作位置。供使用者检查每一个编织行纱嘴的状态、线圈编织的状态，便于查找描绘的错误。

打开"毛衫试样"文件夹，发现有123.DAT、123.QFD、123.000文件。其中123.DAT为本

图2-1-14　输出资料、编织模拟、样片虚拟示意图

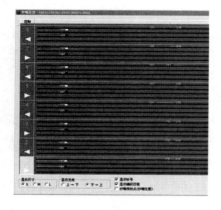

图2-1-15　纱嘴位置对话框示意图

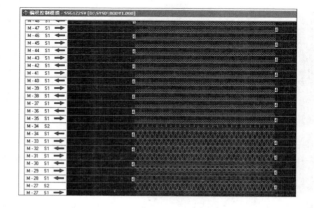

图2-1-16　编织模拟示意图

次描绘的图形文件，可随时使用软件打开，可同时描绘多个图形。123.QFD是保存了"自动控制设定及自动控制参数设定"的内容数据，可提供下次出带时使用；123.000为上机文件，将此文件拷贝到U盘中，读入对应型号的电脑横机中即可编织。

7. 编织工艺参数设计

（1）度目值设定：第13段设为前10、后20，第14段设为35，第15段设为30，第17段设为40，第5段设为45，第24段设为48。

（2）卷布拉力值设定：第2段为起口段编织的拉力，设定为40～45；第3段为罗纹段卷布拉力，设定为30～35；第4段为大身卷布拉力，设定为33～38，第7段为废纱卷布拉力，设定为35～40。

（3）速度设定：高速设为0.45；中速设为0.4，低速设为0.35；第4段为罗纹段编织速度，设为0.4；第7段为机头空跑速度，设为0.6。

8. 编织

（1）读入编织文件：将以上制作而成的上机文件"123.000"读入电脑横机中。

（2）设定工艺参数：先执行"手动原点"，再按上述参数数据输入"度目""卷布拉力""速度"等工艺参数。

（3）织前检查：检查穿纱路线、调整各张力器、侧边张力跳线杆的弹性状态，检查纱嘴配置与穿纱。

（4）编织：执行"初期运转"，转动操纵杆开车，仔细观察织口编织情况→及时发现问题。

（5）编织完成：织完后自动落布，检查布片质量，测定拉密，观察织物平整度、有无横路、竖道（针路）、断纱、油污、飞花等疵点，对试样进行封口套口，拆废纱，整烫熨平。

（6）按给定拉密编织试样：给定拉密为罗纹3.6cm/5坑、大身平针3.8cm/10针。

①测试拉密：第一次编织后测试其拉密，如果数值偏小，则增加度目值，或反之。

②调整拉密：根据第1、2次试织后的拉密差值计算度目值与长度的关系进行调整。

9. 分析织物的外观风格与测试密度

分析织物外观风格，测试试样的横密、纵密及平针10支、罗纹5坑拉密。测定纱线细度、鉴别纤维原料及成分比例。

（二）恒强制板系统试样制板操作

使用CE2-52C 12针机非起底板形式编织一块毛衫试样。

制作流程：新建文件→设定转数针数参数→功能线参数设置→编译→模拟或仿真→生成上机文件，编织工艺参数设计。

1. 打开软件

双点恒强软件图标→点击红色LOGO→出现空白界面。

2. 新建文件

点击"新建"图标→弹出对话框→勾选左下角"下次不再显示此对话框"→出现空白文件，如图2-1-17所示。

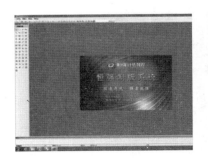

图2-1-17　软件运行、机器选定、画布级参数设定示意图

按"F4"功能键或点击"工艺单"图标。或点击"横机工具"→"工艺单"子菜单，弹出工艺单对话框，如图2-1-18所示。

在对话框起始针数输入"121"针，起始针偏移输入"0"，废纱转数改为"0"，罗纹转数输入"12"转，选择罗纹类型为"1×1"、面1支包、罗纹与大身衔接选用"普通编织"、空转选择"1.5转"、袖子（板型）选择"袖子"，在左身"转"下的第一项输入大身的转数"50转"，其他默认。

点击右下"高级选项"，弹出对话框，点击"其他"，弹出"其他"标签页的设定界面，在"棉纱"输入框中输入"16"，表示废纱8转封口。

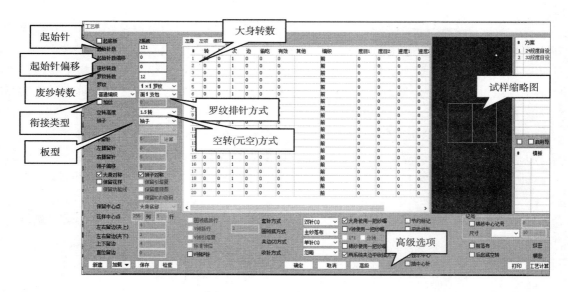

图2-1-18　工艺单界面示意图

3. 功能线参数设置

点击"确定"，主作图区生成试样图形，右侧功能线自动生成段号，如图2-1-19所示。

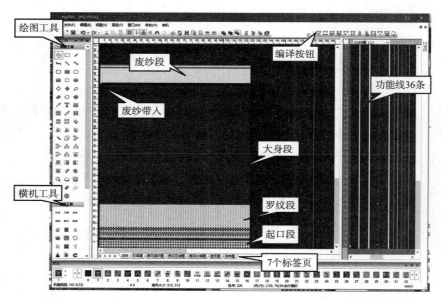

图2-1-19　软件主界面、试样图形示意图

（1）查看图形：按"F2"键（回原点，即为画布的左下角），看到生成的矩形红色图形。系统的图形必须紧靠下侧、左侧空1纵行。"F2"键为快速回原点。推动鼠标滚轮可以放大、缩小光标所在处为中心的图形。

图形的下部为双罗纹组织，红色一行为满针罗纹，上方为由8号、9号色码纵行1隔1组成的下摆1×1罗纹，与大身连接的由1号、2号色码组成的横列为翻针行，暗红色为1号色码组成的大身纬平针部分，最上方为10行的废纱纬平针组织，废纱组织之上1行10号色为锁行，上面

1行为纬平针，最后1行为落布行。试样与功能线对照如项目一图1-3-14所示。

（2）设置纱嘴号码：点击功能线下拉箭头，选择"217纱嘴（1）"，推动鼠标滚轮放大画面，移到最下方，点击色码7，左手按键盘"I"或"L"键（英文输入法状态），转换成画笔或画直线工具，将217功能线起口编织段上的纱嘴号码1、8号色改为7号色，罗纹、大身段的纱嘴号码全部改为5号色；最上方10行改为7号色。如图2-1-20所示，改动纱嘴后表示起口段、废纱段使用废纱纱嘴编织，罗纹与大身使用5号纱嘴编织。

（3）查看功能线：点击右侧功能线区上方的下拉箭头，选择"度目"出现207功能线，自下而上自动生成了度目段号：1、2、3、4、5、6、7、8、16等。对应关系为：第1段为起口段双罗纹组织、第2段为废纱满针罗纹组织、第3段为废纱纬平针组织、第4段为主纱罗纹起底横列、第5段为元空（圆筒、空转）1转半、第6段为下摆罗纹组织、第7段为翻针行、第8段为大身纬平针段、第16段为废纱、第23段为翻针时的度目段。系统自动将度目、卷布、速度等功能线生成相同的段号，便于设置与记忆，如图2-1-21所示。

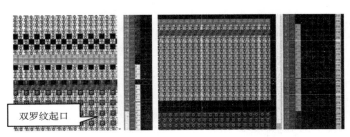 

双罗纹起口

图2-1-20　起口段、废纱段纱嘴设置示意图　　　　图2-1-21　各功能线段号示意图

（4）检查结束行：点击功能线下拉箭头，选择222结束功能线，系统在末行自动生成1号色，表示结束行；此处需设定结束点，之后的画布中描绘的任何符号与试样无关，如无设置或设置错误，编译时系统会有提示，如图2-1-22所示。

4. 保存文件

点击保存按钮，弹出对话框，打开存储盘，右击弹出右键菜单，选择"新建"文件夹，输入"毛衫试样"命名，双击打开"毛衫试样"文件夹。

在下方文件名输入"123"，文件名使用数字、英文、中文命名，长度不超过8个英文字符（4个中文字符），点击保存文件，文件名为"123.pds"，如图2-1-23所示。

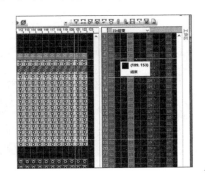 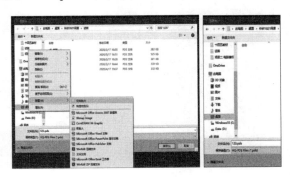

图2-1-22　222功能线结束行检查示意图　　　　图2-1-23　新建文件夹、保存文件示意图

5. 编译文件

点击"横机"菜单，点击"自动生成文件"；或点击工具栏"自动生成文件"快捷按钮，弹出对话框如图2-1-24所示。在"高级"标签页中勾选"编译前先检查""编译为CNT"，其他设置为默认。

点击"确定"，系统自动进行编译，弹出编译信息如图2-1-25所示。在保存文件的文件夹中生成5个文件：123.CNT、123.HCD、123.PAT、123.PRM、123.PDS。

图2-1-24 编译选项示意图   图2-1-25 编译结果示意图

其中CNT是花板的动作文件，记录花板的动作、摇床、段位、纱嘴及PAT行数，每个花板控制相同动作的编织行信息；HCD描述花样经编译后的花样拆分图（花样文件）、出针动作图以及循环信息等；PAT文件是花板的花样文件，记录每一个色码的编织过程；PRM文件记录循环行的设置信息及花样中的节约设置；PDS为图形文件，记录试样文件的图形信息，使用软件打开可做修改。

如有错误，信息编译信息对话框中字体为红色，需要改正。点击"横机"菜单→"常用工具"→"模拟"，或在"横机工具"→"模拟"工具，系统自动进行线圈模拟，显示线圈模拟图如图2-1-26所示。在"横机工具"→点击"仿真"，系统自动模拟试样的成品效果图，根据线圈形态效果检查、修改原图，如图2-1-27所示。

图2-1-26 线圈模拟示意图   图2-1-27 仿真模拟示意图

将上述5个文件的文件夹拷贝至U盘，读入电脑横机中进行编织。

6. 编织工艺参数设计

密度、卷布拉力、速度等编织工艺参数设计参照表2-1-2所示。

表2-1-2　编织工艺参数参考表

段号	1	2	3	4	5	6	7	8	16	23
度目	180	220	320	前80后150	260	240	300	340	360	310
卷布拉力	20	18	20	15	18	20	15	18	20	15
速度	40	30	40	30	40	50	30	50	50	30

7. 编织

（1）读入编织文件：将以上制作而成的上机文件夹"毛衫试样"中"123"文件读入电脑横机内存中，选定"123"文件为花型文件，点击"确定"。

（2）设定工艺参数：进入"工作参数"菜单，在左上角第一项"起始针"输入"91"针，退出并保存。进入"运行"界面逐个输入"度目""卷布拉力""速度"等工艺参数。

（3）织前检查：按下"紧急制停"安全按钮，检查穿纱路线、调整各张力器、侧边张力跳线杆的弹性状态，检查纱嘴配置与穿纱。将5号、7号纱嘴移动到针床左端边缘位置，关闭防护门，解锁"紧急制停"按钮。

（4）编织：执行"锁行"→转动操纵杆开车→带7号纱嘴进行编织双罗纹组织→仔细观察编织情况→观察织口线圈是否向下凹陷→主罗拉开始卷布→停车，按下"紧急制停"安全按钮，将5号纱嘴纱线勾住试样左侧边针，并放置在左边5针外，关闭防护门→解锁编织。

（5）编织完成：织完后手动落布，检查布片质量，测定拉密，观察织物平整度、有无横路、竖道（针路）、断纱、油污、飞花等疵点，对试样进行封口套口，拆废纱，整烫熨平。

（6）按给定拉密编织试样：给定拉密为罗纹3.6cm/5坑、大身平针3.8cm/10针。

①测试拉密：第一次编织后测试其拉密，如果数值偏小，则增加度目值，或反之。

②调整拉密：根据第1、2次试织后的拉密差值计算度目值与长度的关系进行调整。

8. 分析织物的外观风格与测试密度

分析织物外观风格，测试试样的横密、纵密及平针10支、罗纹5坑拉密。测定纱线细度、鉴别纤维原料及成分比例。

（三）琪利制板系统试样制板操作

使用12针机编织一块毛衫试样：开针121针，起针点第91针、下摆1×1罗纹10转，排针为面包底1针；大身纬平针组织50转，废纱纬平针5转封口。

制作流程：新建文件→设定转数针数参数→功能线参数设置→编译→模拟或仿真→生成上机文件，编织工艺参数设计。

1. 打开软件

双点琪利软件图标→点击"制板设计"图标→出现空白界面。

2. 新建文件

点击"新建"图标→自动生成一个未命名空白文件，如图2-1-28所示。

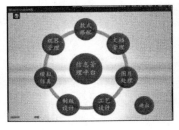

图2-1-28　琪利软件运行界面示意图

3. 试样图形描绘

（1）使用工艺单功能描绘：点击 "横机"菜单→选择"工艺单"，或Ctrl+F4，或点击工具栏最右侧"工艺单"按钮 ，弹出工艺单输入对话框。

（2）输入工艺数据：选择"单系统"→起始针数输入"121"→起始针偏移为"0"→废纱转数"0"→罗纹转数"12"→空转高度输入"1.5"→罗纹选择"1×1""普通编织""面1支包"→领子选择"袖子"，其他默认，在中间输入框中点击"左大身"标签→在第1行"转"下方格子中输入"50"，工艺单输入如图2-1-29所示。

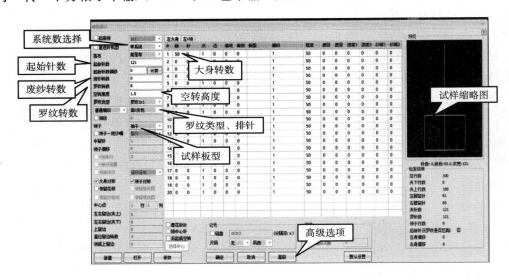

图2-1-29　使用工艺单生成试样图形示意图

点击下方"高级"按钮，弹出高级选项对话框，点击"其他"标签，将"棉纱转数"修改为8转（此处棉纱即为试样废纱），如图2-1-30所示。点击"确定"，回到工艺单画面，点击"确定"生成试样图形，如图2-1-31所示。

4. 功能线参数设置

（1）查看图形：按"F2"键（回原点，即为画布的左下角），看到生成的矩形红色图形。系统的图形必须靠紧下侧、左侧空1纵行。"F2"键为快速回原点。推动鼠标滚轮可以

图2-1-30 高级选项示意图

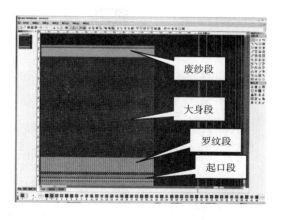

图2-1-31 试样图形示意图

放大、缩小光标所在处为中心的图形。功能线与试样图形对应关系如项目一图1-4-17所示。

图形的下部为4行双罗纹组织，编织时采用"锁行"，即重复编织第1、2行，等待主罗拉卷住形成拉力后，解锁，自动从第1行开始编织。第5行进行隔针后翻前；第6、7行前编织1转；第8行后编织1行；第9、10行为前落步，将前针床上的线圈脱落，形成后针床1隔1的线圈（分离横列），下机后方便拆分，使起口段与试样分离，如图2-1-32所示。

最上方8号色为废纱纬平针组织，其后有1行红色10号色满针罗纹锁行，其上为1行前编织，最后为后落布结束，如图2-1-33所示。

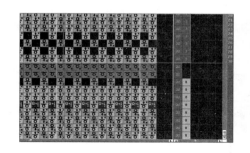

图2-1-32 起口段编织、纱嘴设置示意图

图2-1-33 废纱段编织、纱嘴设置示意图

（2）设置纱嘴号码：点击功能线下拉箭头，选择"215纱嘴（1）"，推动鼠标滚轮放大画面，移到最下部分，点击色码7，左手按键盘"I"或"L"键，转换成画笔或画直线状态，将217功能线上起口编织段上的纱嘴号码1号色改为8号色；罗纹、大身段的纱嘴号码全部改为3号色；最上方10行改为8号色。即主纱穿3号纱嘴、废纱穿8号纱嘴。

（3）查看功能线：点击右侧功能线区上方的下拉箭头，选择"度目"出现207功能线，自下而上自动生成了度目段号：1、2、3、4、5、6、7、8等，其中第1段为双罗纹组织段、第2段为起口段中满针罗纹组织、第3段为纬平针组织、第4段为主纱起底横列、第5段为元空（圆筒）1转半、第6段为罗纹组织、第7段为翻针行、第8段为大身纬平针段、第15段为废纱、第14段为落布、第23段为翻针行，如图2-1-34所示。系统自动将度目、卷布、速度等功能线生成相同的段号，便于设置与记忆。

（4）检查结束行：点击功能线下拉箭头，选择220功能线"20结束"，查看有没有"1"号色结束行标记，如图2-1-35所示。

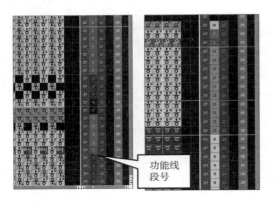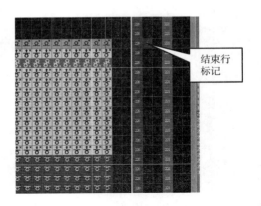

图2-1-34　度目等参数段号设置示意图　　　　图2-1-35　结束行检查示意图

5. 编译文件

（1）保存文件：点击保存按钮，弹出对话框，打开存储盘，右击弹出右键菜单，选择"新建"文件夹，输入"毛衫试样"命名，双击打开"毛衫试样"文件夹。

在下方文件名输入"123"，文件名使用数字、英文、中文命名，长度不超过8个英文字符（4个中文字符），点击保存文件，文件名为"123.pds"，如图2-1-36所示。

（2）编译文件：点击"横机"菜单中"自动生成文件"（或工具栏快捷按钮、或Ctrl+F9），弹出对话框如图2-1-37所示。选择"睿能普通型""12"针"单系统"，其他设置为默认。

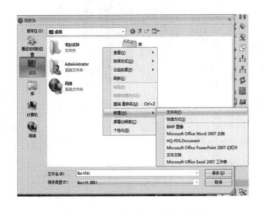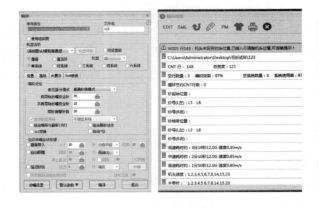

图2-1-36　新建文件示意图　　　　　　图2-1-37　编译选项示意图

点击"编译"，系统自动进行编译，弹出"编译信息"对话框，显示编译结果。如果出现红色字体，则有错误提示，需要进行改正。复杂花型可通过线圈模拟图继续检查，点击编译信息画面中"SML"按钮，显示线圈模拟图，如图2-1-38所示。

在保存文件的文件夹中生成7个文件：123压缩文件、123.CNT、123.KNI、123.PAT、123.PRM、123.SET、123.YAR。其中CNT文件是经过编译后花样的动作文件，横机将根据CNT文件完成编织等动作，上机时需导入；PAT文件是经过编译后可被程序调用的花样拆分图，上机时需导入；PRM文件花样循环信息（即节约设置），上机时需导入；PDS为图形文件，记录试样文件的图形信息，使用软件打开可做修改；SET为花样展开文件；YAR为记录纱嘴信息，如纱嘴对应颜色、纱嘴停放点等；KNI文件为睿能制板系统花型文件，保存后自动生成，下次可直接双击打开花样。点击仿真图标，系统进行仿真模拟织物，如图2-1-39所示。

将上机文件"123"的压缩文件夹拷贝至U盘，读入电脑横机中进行编织。

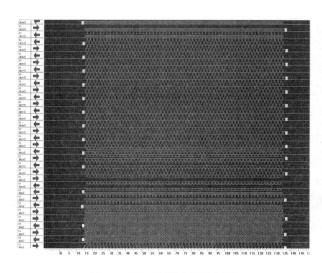

图2-1-38　线圈模拟示意图

图2-1-39　试样仿真示意图

6. 试样编织

（1）读入文件：将整个文件夹拷贝到U盘，读入电脑横机内存中，按步骤进行编织。

（2）设定编织工艺参数设计。

①度目：共36段，数值范围为0～180。通常1×1罗纹设为45～50，纬平针80～90。

②卷布拉力：共36段，数值范围为-100～100。

③速度：共36段，数值范围为0～120（最高速120表示每秒机头运行1.2m）。

工艺参数设计如表2-1-3所示。

表2-1-3　编织工艺参数参考表

段号	1	2	3	4	5	6	7	8	16	23
度目	50	55	85	前30后60	70	55	80	90	95	85
卷布拉力	20	18	20	15	18	20	15	18	20	15
速度	50	30	40	30	40	50	30	50	50	30

7. 编织

（1）读入编织文件：将以上制作而成的上机文件夹"毛衫试样"中"123"文件读入电脑横机内存中，选定"123"文件为花型文件，点击"确定"。

（2）设定工艺参数：进入"工作参数"菜单，在左上角第一项"起始针"输入"91"针，退出并保存。进入"运行"界面逐个输入"度目""卷布拉力""速度"等工艺参数。

（3）织前检查：按下"紧急制停"安全按钮，检查穿纱路线、调整各张力器、侧边张力跳线杆的弹性状态，检查纱嘴配置与穿纱。将3号、8号纱嘴移动到针床左端边缘位置，关闭防护门，解锁"紧急制停"按钮。

（4）编织：执行"锁行"→转动操纵杆开车→带8号纱嘴进行编织双罗纹组织→仔细观察编织情况→观察织口线圈是否向下凹陷→主罗拉开始卷布→停车，按下"紧急制停"安全按钮，将3号纱嘴纱线勾住试样左侧边针，并放置在左边5针外，关闭防护门→解锁编织。

（5）编织完成：织完后自动落布，检查布片质量，测定拉密，观察织物平整度、有无横路、竖道（针路）、断纱、油污、飞花等疵点，对试样进行封口套口，拆废纱，整烫熨平。

（6）按给定拉密编织试样：给定拉密为罗纹3.6cm/5坑、大身平针3.8cm/10针。

①测试拉密：第一次编织后测试其拉密，如果数值偏小，则增加度目值，或反之。

②调整拉密：根据第1、2次试织后的拉密差值计算度目值与长度的关系进行调整。

8. 分析织物的外观风格与测试密度

分析织物外观风格，测试试样的横密、纵密及平针10支、罗纹5坑拉密。测定纱线细度、鉴别纤维原料及成分比例。

【思考题】

知识点：试样图形结构、起口方式、起口段组织结构、功能线结构与功能、段号、试样制板流程、原图描绘方法、罗纹描绘方法、罗纹转数设定方法、纱嘴号码设定方法、废纱转数设定方法、结束点查看、编译设定、线圈模拟、试样仿真、工艺参数设计。

（1）简述毛衫试样的设计方法，简述试样的结构。

（2）简述制板系统界面的构成。

（3）简述制板系统试样图形的结构组成。

（4）简述试样制板描绘的流程。

（5）简述岛精制板系统毛衫手感试样出带的过程。

（6）简述恒强制板系统毛衫手感试样制板的过程。

（7）简述琪利制板系统毛衫手感试样制板的过程。

任务2 平针类花样设计与制板

【学习目标】

（1）了解和熟悉纬平针组织的结构，掌握纬平针组织的结构与织物特征。

（2）了解和熟悉松紧密度织物的特性，学会松紧密度织物的描绘方法。

（3）了解和熟悉配色横条、两色添纱织物的特征，学会配色横条、两色添纱织物的描绘。

（4）了解和熟悉凹凸织物的风格特征，学会凹凸织物设计与描绘。

（5）了解和熟悉平针类花样的编程方法，学会平针类试样的制板编程与编织工艺设计。

【任务描述】

使用电脑横机制板软件，设计平针类组合花样，进行原图描绘、功能线参数设置、编织工艺参数设计，制作上机编织文件，并进行平针类花样试样的编织。

【知识准备】

电脑横机属于纬编针织设备，其产品称为纬编针织物。纬编针织物的组织结构按类别分为原组织、变化组织与花色组织。原组织包括纬平针、罗纹、双反面三种组织。变化组织是由两个或两个以上的原组织复合而成，如双罗纹组织。

一、纬平针及变化组织的结构与织物特性

（一）纬平针组织的结构与织物特性

1. 纬平针组织的结构与特性

由连续的单个线圈单元相互串套而成的组织称为纬平针组织，使用单针床成圈编织得到的织物，简称为单面、单边或平针织物，线圈结构与实物如图2-2-1所示。针织工艺中将线圈圈柱压着圈弧的一面称为工艺正面，圈弧压着圈柱的一面称为工艺反面；毛衫电脑制板中则称为正针与反针，工艺反面的线圈与实物如图2-2-2所示。

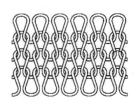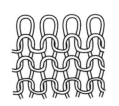

图2-2-1 纬平针正面组织与实物图　　　　图2-2-2 纬平针反面组织与实物图

2. 纬平针织物的特性

纬平针织物结构简单，织物轻、薄、柔软、透气，具有以下特性。

（1）外观两面性：纬平针织物的正反两面具有不同的外观，正面由线圈圈柱形成纵向

辫状外观，光洁、平整；反面由圈弧形成圈弧状外观，光泽暗淡、表面粗糙。

（2）延伸性：具有线圈易变形及线圈长度转移的特性，织物纵、横向延伸性都很好，横向延伸性好于纵向延伸性。

（3）线圈歪斜性：纱线的捻度会使圈柱发生反向扭转而使纬平针织物易产生线圈歪斜现象。织物下机后衣片会呈现平行四边形的形变，影响成衣的效果。为减少变形与增加柔软度，针织生产中一般采用低捻度纱线。

（4）卷边性：纬平针织物的四边具有明显的卷边现象，这是由于弯曲的纱线弹性变形的消失而引起的。纵向断面向反面卷边，横向断面向正面卷边。

（5）脱散性：纱线断裂或失去纵向串套时，在外力作用下线圈会逆编织方向脱散。织物可以顺、逆编织方向拆散。

由于单面纬平针织物结构简单、用纱量少、编织速度快，是毛衫产品中使用最多的一种组织，配以横向色条、松紧线圈、正反针结构组合等变化，常用作毛衫大身。

（二）纬平针稀密组织的结构与织物特性

1. 稀密组织的结构

采用不同线圈高度配置编织而成的纬平针组织称为稀密组织。线圈结构如图2-2-3所示，线圈横列的配置有一行松一行紧或一段松一段紧，或在同一横列上编织出多段线圈大小不同、或局部多横列的形成圆形、椭圆形、不规则的松密度（四平脱圈）的效果。

2. 稀密组织织物特性

稀密组织织物特性与纬平针相同，织物效应强烈。不同横列的圈柱长短相隔配置使反面的圈弧形成横条状凸起，间距不同形成横条效应，如图2-2-3所示；或形成正面气泡形凸起、局部线圈大小差异的效果，如图2-2-4所示。

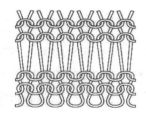

图2-2-3　稀密组织结构与横条效果图　　　　图2-2-4　松紧段与不规则松紧效果图

（三）正反针变化组织的结构与织物特性

利用纬平针正、反针线圈单元有规律交替形成组织称为正反针变化组织。正针、反针线圈单元组成点状、块状、变化形状的图形，设计出具有凹凸、起皱效果的织物。

1. 单桂花针组织

采用一正一反、纵横向1隔1交替配置，编织的织物表面出现细腻单点结构的凹凸状效果，与桂花颗粒相似，俗称单桂花针。为描绘方便，自定义图中用"｜"表示正针，"—"表示反针，效果如图2-2-5所示。织物比纬平针厚、不卷边，多应用于毛衫大身、围巾等。

2. 双桂花针组织

细针机编织的单点凹凸结构时凹凸点较小，将单点扩大至2针2列结构即4×4点的循环构型，使细针产品实现较粗的组织点效果，称之为双桂花针，如图2-2-6所示。

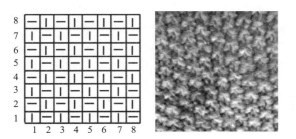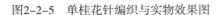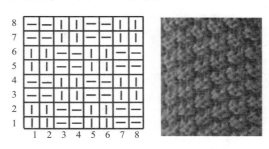

图2-2-5 单桂花针编织与实物效果图　　　　图2-2-6 双桂花针编织与实物效果图

3. 条状、块状、线面、图案凹凸变化组织

将正针、反针进行条状、方块状、三角形、线面结合、图案等方式进行描绘，实现不同效果的凹凸、起皱效果，如图2-2-7所示。正反针变化多、效果好，常用于毛衫的大身组织。

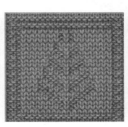

图2-2-7 正反针变化花样效果示意图

（四）双层平针组织结构与织物特性

1. 双层平针组织结构

双层平针是指在前后针床轮流编织而形成两面纬平针的组织。织物呈圆筒状，下端起口为封闭结构，形似口袋，又称为袋编、圆筒、空转织物。编织图如图2-2-8所示，第1横列为起底（满针罗纹）编织，即为袋底；第2、3横列为前、后针床分别编织，循环编织后即为双层平针织物。

2. 双层平针织物的特性

双层平针织物在前后针床轮流编织形成，织物正反两面均为纬平针正面效果，两层之间无连接，织物两侧封闭连接而不卷边，厚度大于纬平针2倍。线圈断裂时易脱散，横向延伸性大于纵向。该组织用于毛衫的下摆、袖口，或口袋、袋里等附件编织等，如图2-2-9所示。采用小宽度圆筒编织时形成管状织物，用作腰带、织带等附件。

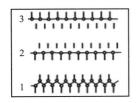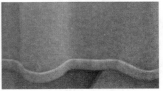

图2-2-8 双层平针织物编织图　　　　图2-2-9 袋编下摆效果图

（五）间色织物特性

在单面平针织物的编织过程中，在间隔一定横列数进行变换纱线的颜色，便可以编织出颜色间隔的横条平针织物。采用色彩变化得到配色横条的方法，毛衫行业称之为间色。除了平针，其他组织结构均可实现，有的组织还可编织出格子的效果，如图2-2-10所示。

图2-2-10　间色效果图

（六）双反面组织的结构与织物特性

1. 双反面的组织结构

双反面组织由一个正面线圈横列与一个反面线圈横列配置所形成。由于线圈的倾斜致使织物两面均出现圈弧，圈柱凹陷其中，正反两面外观均像纬平针的反面，称为双反面组织。改变正面线圈横列与反面线圈横列的配置数，可得出其他变化的双反面组织，如2+1、2+2、2+3、3+2等，其外观效果丰富。

双反面组织编织时先在一个针床编织纬平针组织，然后翻针到另一个针床再编织，根据不同的配置循环往复，线圈效果与编织图如图2-2-11所示。

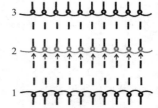

图2-2-11　双反面组织线圈图与编织图

2. 双反面织物的特性

（1）弹性与延伸性：在纵向拉伸时具有很大的弹性和延伸性，纵横向的延伸性较为接近。弹性、延伸性与横列的正反配置数有关，间隔数值越大弹性越小。

（2）脱散性：纱线断裂、未串套时易脱散，顺逆编织方向双向可拆散。

（3）卷边性：线圈受力均衡，不卷边。

双反面组织由于线圈的倾斜而凸起，织物结构厚实；纵向弹性好、长度不易控制。织物常用于毛衫大身、围巾、儿童服装等。

（七）添纱组织结构与织物特性

1. 添纱组织结构

针织物的全部线圈或一部分线圈是由一根基本纱线和一根或几根附加纱线一起形成的组织称为添纱组织，又称为双梭、盖面。添纱组织由单面或双面纬编组织为基础形成。

2. 添纱组织织物的主要特性

（1）面纱的覆盖性：添纱被面纱所覆盖，即在正面看不到添纱，在反面可看到大部分的添纱。利用此特性可编织里外两种不同的原料或颜色的单面织物，如涤盖棉、涤盖丙、正反双色等单面织物，如图2-2-12所示。

（2）消除线圈的歪斜性：当使用两种不同捻向的纱线时可有效消除线圈的歪斜性。

（3）拉架：为了使针织物尺寸稳定，使用添加弹性丝（纱）编织的单、双面等织物方法称为拉架，编织后织物弹性好，经久耐用，如领条、下摆、袖口拉架，保型性好，不易变形。

3. 添纱组织的编织

编织时采用双孔导纱嘴或双纱嘴，面纱穿于中心孔或主纱嘴，添纱穿于边孔或添纱纱嘴，垫纱时面纱在前、添纱在后（垫纱角度不同），编织后面纱处于织物表面，添纱处于织物反面。

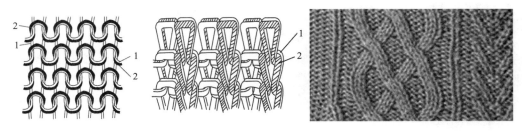

图2-2-12　平针与罗纹添纱组织编织示意图

1—面纱；2—添纱

编织中常见的疵点：反纱，即添纱出到织物的正面，形成零星的纱点或色点。解决的方法是调整面纱、添纱的张力或导纱嘴的高低位置。

二、平针类花样制板描绘

1. 正针描绘

正针编织的代码有“前编织有自动衔接”1号色或“前编织无自动衔接”可以使用，不同软件色码编号不同，描绘图如图2-2-13所示。

2. 反针描绘

反针编织的代码有“后编织有自动衔接”2号色或“后编织无自动衔接”可以使用，不同软件色码编号不同，描绘图如图2-2-14所示。

3. 双反面描绘

使用“前编织有自动衔接”1号色与“后编织有自动衔接”2号色的色码纵向交替描绘最为方便，也可以使用“前编织+翻针至后”与“后编织+翻针至前”的色码纵向交替描绘，描绘图如图2-2-15所示。

1	1	1	1	1	1	1	1
1	1	1	1	1	1	1	1
1	1	1	1	1	1	1	1
1	1	1	1	1	1	1	1
1	1	1	1	1	1	1	1

图2-2-13　正针描绘示意图

2	2	2	2	2	2	2	2
2	2	2	2	2	2	2	2
2	2	2	2	2	2	2	2
2	2	2	2	2	2	2	2
2	2	2	2	2	2	2	2

图2-2-14　反针描绘示意图

1	1	1	1	1	1	1	1
2	2	2	2	2	2	2	2
1	1	1	1	1	1	1	1
2	2	2	2	2	2	2	2
1	1	1	1	1	1	1	1

图2-2-15　正反针描绘示意图

4. 松紧密度描绘

使用“后编织”色码描绘，在度目功能线上进行分段描绘相应的段号，不同的段号设定不同的度目数值。如图2-2-16所示，8、9度目段控制形成一行松一行紧的松紧横列效果。

5. 配色横条描绘

使用“前编织”色码描绘花样原图，在纱嘴功能线上进行分段描绘相应的纱嘴号码。如图2-2-17所示，3～5号纱嘴分段编织形成三色配色横条。

6. 单柱花针描绘

使用“前编织有自动衔接”1号色与“后编织有自动衔接”2号色单点交错描绘，描绘图如图2-2-18所示。

7. 双桂花针描绘

使用"前编织有自动衔接"1号色与"后编织有自动衔接"2号色两点交错描绘，描绘图如图2-2-19所示。

8. 凹凸花样描绘

使用"前编织有自动衔接"1号色与"后编织有自动衔接"2号色四点交错描绘，描绘图如图2-2-20所示。

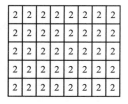 

图2-2-16　松紧密度控制示意图

图2-2-17　配色横条纱嘴控制示意图

图2-2-18　单桂花针描绘图　　　图2-2-19　双桂花针描绘图

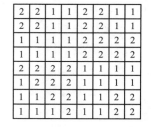

图2-2-20　凹凸花样描绘图

9. 单面添纱组织描绘

使用"前编织有自动衔接"1号色描绘底色，使用"后编织有自动衔接"2号色描绘花色，纱嘴功能线上设置添纱纱嘴号码。添纱纱嘴有两种类型：双孔纱嘴与单孔纱嘴，如图2-2-21、图2-2-22所示。国产电脑横机普遍使用双孔纱嘴，功能线上另设一个号码即可。岛精电脑横机使用单孔纱嘴，做添纱时需要两把单孔纱嘴导纱器配合编织，一个为普通卡口导纱器、一个为宽卡口导纱器，需在R3功能线上设定两位数的号码。国产系统也可在添纱纱嘴功能线上设置双导纱器的方法。

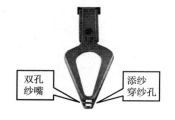

图2-2-21　双孔纱嘴示意图

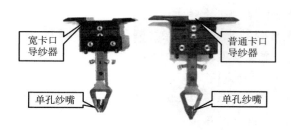

图2-2-22　单孔纱嘴示意图

【任务实施】

一、教学设备

（1）SDS-ONG岛精花型准备系统、恒强制板系统、睿能琪利制板系统。

（2）SSG122-SV 14G、MACH2SIG 14G、NSIG122-SV 7G、SSR-122SV 7G、SCG-122SN 3G、CE2-52C、LXC-252SC 电脑横机。

（3）教学材料：26N/2毛腈混纺纱线。

二、任务说明

使用各型电脑横机编织毛衫试样：开针121针；起针点第105针；下摆罗纹采用圆筒（袋编）组织，8转。大身：第1段纬平针正针10转；第2段纬平针反针10转；第3段双反面组织10转；第4段松紧密度织物1松1紧8次、3松3紧4次；第5段纬平针正针配色横条织物（A色3行、B色3行、C色2行，共5个循环）；第6段单桂花针10转；第7段双桂花针10转；第8段自行设计正反针变化凹凸花样20转；第9段正针2色添纱15转，其上做反针"第一组"文字。废纱纬平针5转封口。

三、实施步骤

（一）岛精系统制板描绘

描绘流程：原图描绘→附加功能线→设置功能线→自动控制设定→自动控制参数设定→出带→设计工艺参数。

1. 原图描绘

原图中有多段花样，采用分段描绘方法，检查各段花样间的编织状态，做好衔接处理。

（1）纬平针正针描绘：光标点击1号色→点击"描绘工具"→点击"四方形"→选择"填色"→选"指定中心"→输入"宽121、高20"→光标移动到描绘区任意位置点击出现红色矩形，即为正针10转，如图2-2-23所示。

（2）纬平针反针描绘：光标点击2号色，描绘步骤同正针，出现绿色矩形，即为反针10转，叠放在正针上方，如图2-2-23所示。

（3）双反面组织描绘：光标点击1号色→拖放叠到反针上方→点2号色，点本色块的第2行第1针→点直线工具，选择"实线"→向右画一条横向绿色线，如图2-2-24所示；点击"范围图标"→勾选"直接"→在图中选定红、绿两条直线→点击"拷贝"图标→选择

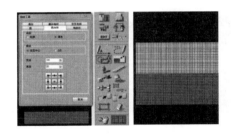

图2-2-23 反针描绘示意图　　　　图2-2-24 线条描绘

"拷贝""方向键指定"→执行→点击向上箭头9次→将第3段红色全部覆盖，出现一行红一行绿线条的区域，即为双反面组织，如图2-2-25所示。

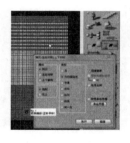

（4）松紧密度花样描绘：松紧密度花样外观效果出现在反面，使用2号色描绘10转，叠放在双反面上方，然后在功能线R6上进行度目分段指定，指定第8段一行松、第9段一行紧，循环8次，如图2-2-16所示；同理指定3行8表示三行松，指定3行9表示三行紧，循环4次。

图2-2-25　拷贝描绘

（5）配色横条花样描绘：用1号色描绘10转，叠放在上一段花样上方，配色横条组织采用平针、色条采用纱嘴变换实现，在R3功能线上指定相应的纱嘴号码，A色指定3行3号纱嘴、B色指定3行4号纱嘴、C色指定2行5号纱嘴，循环5次，如图2-2-17所示。

（6）单桂花针花样描绘：用1号色描绘10转，叠放在配色横条花样之上，单桂花针用1、2色码纵、横向1隔1交替描绘，采用基本小图填入的方法。描绘步骤如下：在花样区域外侧描绘单桂花针组织循环单元4个格子（对角描绘1号、2号色）→点击"基本小图"图标→点击"选择重复范围"→在原图中选定本段花样的范围（两侧空2针、上下各空1行）→点击"基本花样范围指定"→选择单桂花花样（4个格子）→选择"强制"模式→指定色号（重复范围）填写"1"号色（表示填在1号色）→执行，如图2-2-26所示。擦除小图。

（7）双桂花针花样描绘：用1号色描绘10转，叠放在配色横条花样之上，双桂花针花样的最小单元为4×4格子，描绘对角4格的1号、2号色，填入方法与单桂花花样相同。

（8）正反针变化凹凸花样设计：用2号色描绘20转，叠放在双桂花花样之上，参照图2-2-7的各种凹凸效果，自行设计一款正反针变化的凹凸花样，如图2-2-27所示。

（9）正针2色添纱：用1号色描绘30个横列，叠放凹凸花样之上。点击"EDIT"→编辑→打字→字体选"黑体"→字号选择"10"→输入文字"第一组"→点击"2"号色→拖动光标到添纱花样段正中点击定位，如图2-2-28所示。至此完成原图的描绘。

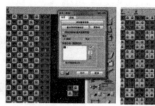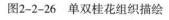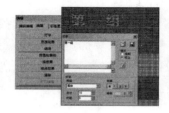

图2-2-26　单双桂花组织描绘　　　　图2-2-27　正反针花样　　　　图2-2-28　打字描绘

2. 附加功能线

点击"范围"图标→选择"花样范围"→点击原图→确定，点击"附加功能线"图标→勾选"自动描绘"→勾选"描绘下摆"→勾选"圆筒（袋编）"→勾选"圆筒编织（有翻针）"→勾选"描画废纱编织"→选择"单面组织"→执行，原图两侧附加了各20条功能线，如图2-2-29（a）所示。

3. **设置功能线**

（1）设置罗纹段功能线：将罗纹段R3纱嘴功能线右侧6号色改为4号色，罗纹段度目R6右侧的14号色改为15号色，R8上的31号色改为0，R11功能线右侧的1号色全部色号改为4号色（初学时压脚关闭），如图2-2-29（b）所示。

（2）松紧密度段设定：R6线右侧的5号色在相应行用8号、9号色改为松、紧密度段，8号、9号色1隔1画8个循环、3隔3画4个循环。废纱度目段默认为第24段。如图2-2-29（c）所示大身为第5段，其他默认。

（3）配色横条设定：在配色花样段R3功能线右侧更改纱嘴号码，A、B、C色对应使用3～5号纱嘴，描画A色3行、B色3行、C色2行共5个循环，如图2-2-29（d）所示。

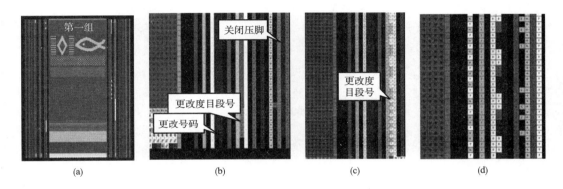

图2-2-29　功能线设定示意图

（4）添纱设定：在添纱段相应R3功能线右侧的4号色改为26号色，即主纱使用2号纱嘴、添纱使用6号宽纱嘴，两把导纱器同时编织。

（5）特殊处理：在满针翻针行（如罗纹结束、双反面、正反针交替等处）相应行的L1功能线左侧填写61号色，表示隔针翻针，此处理可增加翻针的稳定性。

（6）卷布拉力设定：卷布拉力按默认值，罗纹为第3段，大身为第4段，废纱为第7段。

4. **自动控制设定**

设定步骤：自动控制设定→机种设定→自动控制参数设定→自动处理，例如使用SSG122机型。

（1）机种设定：点击"自动控制设定"图标→弹出对话框→点击左下方"机种设定"→选择"SSG 2Cam、针床长度120、机种类型SV、针数14"→OK。

（2）自动控制设定："起底花样"勾选"类型2"→"固定程式"勾选"主程式"→"带纱类型"勾选"无废纱"，其他默认设定。点击"自动控制执行"→弹出范围选项→勾选"组织花样"→点击原图→确定→进入自动控制参数设定页。

（3）"固定程式"页参数设定："纱嘴资料"起底输入"4"、废纱输入"7"，如图2-2-30所示。

（4）"节约"页设定：第1个节约为下摆圆筒袋编8转，输入7；第2个节约为废纱5转，输入3。

 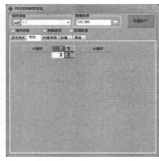 

图2-2-30　固定程式、节约、纱嘴号码设定示意图

（5）"纱嘴号码"页设定：在"纱嘴号码3、4、5、7"中对应输入3、4、5、7数值。在"26"纱嘴号码框中，上方（主纱）填2、下方（添纱）填6。

（6）交错翻针设定：默认（初学者压脚不作用）。压脚作用可以增加翻针的准确性。

（7）"纱嘴"设定：在"纱嘴"标签页中，"纱嘴位置"左边为白色，表示启用纱嘴停在试样左侧；"纱嘴设定初期化"将左边白格点击，出现纱嘴符号，表示启用左侧纱嘴；纱嘴"种类"中2号、3号、4号、5号、7号选择"N"（普通纱嘴），6号选择"NPL"（宽纱嘴）；纱嘴"资料"全部选择"总针"（ALL）。8号两个格左为"S"、右为"DY"。或点击右下角的回车按钮设定，如图2-2-31所示。

（8）保存文件：在对话框上方设定存储路径"平针类试样"文件夹→输入文件名（设定8个英文字符以下、数字或字母命名），保存为"PZLSY.DAT"。

5. 出带（编译）

点击左上角"处理实行"，系统编译文件，弹出"输出资料"对话框，点击"OK"，弹出"编织模拟"对话框，点击"编织模拟"，出现"没有发现错误"提示，如图2-2-32所示。

图2-2-31　纱嘴设定示意图　　　　图2-2-32　出带示意图

6. 错误处理

出现错误提示时，可点击"确认"，弹出"纱嘴位置""编织模拟图"画面，并在原图的错误行光标闪烁，参照以下方法进行处理。

（1）错误1："4号纱嘴编织在左侧"，错误行在闪烁。

①原因：机头此时在编织区的右侧，而4号纱嘴在左侧，机头带不到纱嘴。

②处理：在该行的R5功能线右侧填2号色，表示指示机头运行到左边去带4号纱嘴，这个动作称为机头空跑。

③判断方法：检查方向，查看前后纱嘴所在的位置与机头的关系。

④检查方向：点击"范围"图标→选择"组织花样"→点击原图→确定→点击"附加功能线"图标→选择"方向"→执行，光标移到图上出现箭头，箭头所指即为机头运动方向。

⑤判断纱嘴位置：本例中将光标放到3号纱嘴最后1行，显示方向向右，表示本行向右编织，机头与3号纱嘴停在右侧。下一行将带4号纱嘴向左编织，4号纱嘴的位置查看3号纱嘴下方的4号纱嘴末行方向：光标移动到4号纱嘴行，箭头指向左，判断4号纱嘴在左边（如果纱嘴第一次使用，系统初期设定默认在左边）；因此本行R5上需要填写2号色。这就要求凡是遇到纱嘴变换时就要考虑是否会出现这种情况。判断的方法是如果纱嘴是奇数行，则下一行变换纱嘴时则需要给空跑指令。本例3号纱嘴为3行，所以上面4号第1行相应需要填空跑；同理4号纱嘴也是3行，下面5号的第1行也要填空跑，以此类推，如图2-2-33所示。

出带时遇到错误代码1030、1031时，也是类似问题，在R5线上填2号色可解决。

（2）错误2："右边结束错误"。

①原因：系统要求废纱最后1行方向向左（前提是废纱编织为偶数行），而本例是指向右。

②判断：查看R1或L1功能线，功能线上有6号与7号色，6号表示机头向左、7号机头向右编织。最后1行的R1或L1功能线上应为6号色，方向错。

③处理方法：在废纱7号纱嘴第1行对应的R5功能线上填2号色码，如图2-2-34所示。

 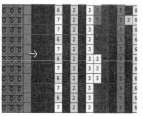

图2-2-33　机头空跑设定示意图　　　　　　图2-2-34　右边结束错误

（3）错误3："6号纱嘴编织在左侧"，错误行在闪烁，如图2-2-35所示。

①原因：光标指示方向向左，6号纱嘴处于左侧（原始点），机头与6号不在同一位置。

②判断：把光标放到前1行，发现4号纱嘴织到右侧，错误行的纱嘴为46号，表示4号与6号纱嘴同时编织，而现在4号、6号纱嘴不在同侧，因此不能编织。

③处理方法：把R3功能线上46号色多填1行或少填1行，使机头从左侧出发时4与6号在同一侧即可。

（4）编织助手：编织助手为系统所设定，帮助查找错误、不合理的描绘，出带成功后不能意味着没有问题，可点击查看，若有红色提示则需要仔细查看和修改，如图2-2-36所示。

7. 编织

（1）将出带后"PZLSY.000"文件拷贝到U盘中，读入横机中，穿纱时3号、4号、5号

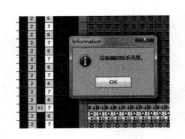

图2-2-35　错误3示意图　　　图2-2-36　编织助手讯息图

纱嘴穿26N/2的单根纱线，2号、6号纱嘴穿52N/2的单根纱线（不同色），按编织步骤进行编织。

（2）编织工艺参数设计：各段编织工艺参数设计如表2-2-1所示，仅供参考。

表2-2-1　编织工艺参数设计表

度目段号	度目值	备注	卷布拉力段号	卷布拉力值	备注
1	38	大身编织翻针时	1	25~30	翻针时拉力
5	45	大身编织	3	30~35	罗纹段拉力
8	65	松密度	4	33~38	大身拉力
9	40	紧密度	7	35~40	废纱段拉力
13	前10后20	大身起底横列	速度段号	速度值	备注
14	40	空转	高速	0.5	大身段
15	前40后38	罗纹编织	中速	0.4	起口段
24	48	废纱编织	低速	0.3	起底纱起口
			4	0.4	罗纹段速度
			7	0.8	机头空跑

（3）检验与整理：下机后观察试样的平整度、有无横路、竖道（针路）、断纱、油污、飞花等疵点；拆除起口纱，末行套口封口，拆除废纱，将试样整烫熨平。

8. 机台保养与卫生

①机器每天使用前对所有针踵进行加油：将油挤到毛刷头对针踵刷油，不宜过多。

②保持台架整洁卫生，使用前进行擦净、筒纱摆放整齐，无线头。

③编织中的线头、废纱等不许落地，及时扔进垃圾桶内，时刻保持场地整洁卫生。

9. 试样织物特征与编织分析

各组分析平针类试样各段织物的组织结构、织物特性、服用性能、外观风格，分析编织中遇到的问题与处理方法，以书面报告形式上交，做好PPT，在下一次课前进行汇报讲评。

（二）恒强系统制板描绘

制板流程：工艺单生成试样→分段描绘花样→设置功能线→编译→编织工艺参数设计。

1. 试样描绘

光标点击"工艺单"图标→弹出"工艺单输入"对话框→不勾选"起底板"→输入起始针数（开针数）"121"→起始针偏移、废纱转数为"0"→罗纹输入"8"→选择罗纹为"1×1罗纹""普通编织"→勾选"大身对称"→其他默认→在"左身"第一行、转的下方格子里输入"125"转、0针、1次→点击下方的"高级"按钮→选择"其他"→在"棉纱行数"输入10行（废纱封口行数）→点击"确定"→自动生成平针试样，如图2-2-37所示。

平针试样自下而上有废纱起口、罗纹编织、大身平针、废纱封口。推动滚轮，绘图区图形放大，按"F2"键，图形显示出左下角的起始位置，如图2-2-38所示。

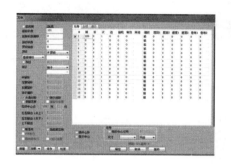 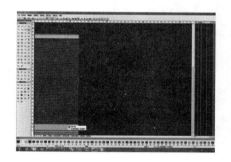

图2-2-37 工艺单输入示意图　　　　　图2-2-38 试样生成示意图

（1）废纱起口：系统自动生成起始6行，用8号（或1号）与9号色描绘的双罗纹组织，其织物特性较为紧密、不卷边，用于无起底板装置的起口段编织。

（2）抽纱编织：双罗纹后编织1行满针罗纹，起到锁行作用，阻滞线圈脱散。然后在后针床编织1转、前针床编织1行、后针床卸布，留下前针床上有线圈，此为抽纱行。

（3）罗纹：系统自动生成罗纹圆筒部分8转。罗纹选项中选择"普通编织"，圆筒最后一行自动描绘为30号色前编织+翻针至前；大身默认为纬平针，用1号色自动描绘。

2. 纬平针正针、反针描绘

第一段为正针10转，不改变原图。第二段为反针10转，光标点击2号色，右键点击"填充矩形"图标，弹出对话框如图2-2-39所示。输入宽度为"121"、高度"20"，点击"输出"光标随动一个绿色矩形，在正针（红色）20行上方叠上一个2号色121×20的矩形，如图2-2-40所示。

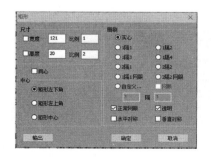 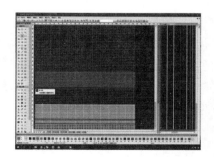

图2-2-39 填充矩形设定示意图　　　　图2-2-40 正针、反针描绘花样示意图

3. 双反面组织描绘

光标点击2号色→点击"画直线"图标→在第2花样上方第二行头尾各点击一下，画一条绿色线→点击"选择框"图标→选定1号、2号色两行→点击"线形复制"图标→点住选择框向上拖动→出现1红1绿线条，使之成为121×20区域，即为双反面组织，如图2-2-41~图2-2-43所示。

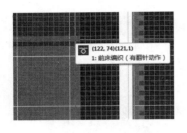
图2-2-41　线条描绘

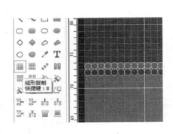
图2-2-42　选定与线形复制

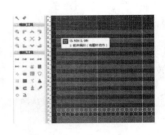
图2-2-43　双反面描绘

4. 松紧密度描绘

松紧密度采用纬平针反针进行描绘，在第207度目功能线上使用第9、10段分别设定为松密度段与紧密度段，按1隔1八次、3隔3四次进行度目分段指定，如图2-2-44所示。

5. 配色横条描绘

配色横条在平针正针基础上编织变换纱嘴实现，在217（1）纱嘴功能线上填写纱嘴号码，使用3、4、5三把纱嘴按3：3：2配色比例描绘5个循环，如图2-2-45所示。

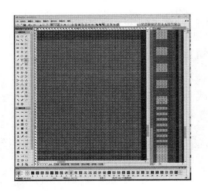
图2-2-44　松紧密度功能线描绘图

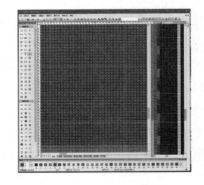
图2-2-45　纱嘴功能线指定示意图

6. 单桂花针组织描绘

单桂花针用1、2色码纵横向1隔1交替描绘，采用"阵列复制"的方法描绘步骤如下：在大身配色横条花样上方第1行左起描绘单桂花针组织循环单元四个格子→点击范围"选择框"选定四格单元→点击"阵列复制"工具→点击选择框，向右上方拖动复制成121×20区域，如图2-2-46所示。

7. 双桂花针组织描绘

双桂花针组织的最小单元为4×4格子，描绘对角4格的1号、2号色，如图2-2-19所示。使用阵列复制方法复制成121×20区域，如图2-2-47所示。

8. 正反针变化凹凸花样设计

根据图2-2-7所示各种凹凸效果，参照设计正反针变化的凹凸花样自行设计花样20转。

9. 正针2色添纱描绘

用正针描绘30个横列，用文字设计2色添纱花样。右击"T"→弹出对话框，右键选择"粘贴"→确定，点击2号色→点击绘图区，弹出对话框如图2-2-48所示，点击"设置"字体选"黑体"→字号选择"小四"→"常规"→拖动光标、文字跟随到添纱段正中点击。添纱单独使用一把纱嘴6号编织，穿纱时主纱穿正中垂直的主孔、添纱穿侧孔。

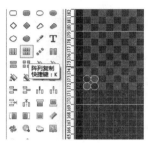

图2-2-46　单桂花针描绘示意图

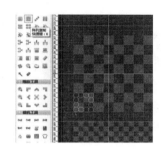

图2-2-47　双桂花描绘示意图

图2-2-48　打字描绘示意图

10. 功能线附加与设置

（1）松紧密度设定：在右侧功能线窗口中点击下拉箭头，选择度目，出现207功能线，功能线的右侧自动生成相应的段号：第1段废纱双罗纹起口，第2段满针罗纹行，第3段废纱纬平针，第4段罗纹起底行，第6段1×1罗纹编织，第7段翻针行，第8段大身纬平针，第16段废纱纬平针，第23段为翻针时度目。本例第4段花样做松紧密度花样：用9表示松密度段、10表示紧密度段，1隔1画8个循环、3隔3画4个循环。其他均为第8段。

（2）纱嘴号码设定：将起口段、废纱段纱嘴号码1号、8号改为7号，表示使用7号穿废纱。配色横条花样段在217纱嘴功能线上填写纱嘴号码，A、B、C色对应使用3~5号纱嘴。描画A色3行、B色3行、C色2行共5个循环。添纱纱嘴设定为6号。

（3）特殊处理：在满针翻针行如罗纹结束、双反面等相应的224功能线填写1号色，表示隔针翻针。此处理可增加翻针的稳定性。在222功能线最后一行填1号色，表示结束。

（4）卷布拉力、速度功能线设定：卷布拉力、速度按默认段号设定。或将度目段号纵向选定复制到卷布拉力、速度功能线上，使三者段号相同。

11. 编译文件

（1）保存文件：点击"文件"→选择"保存"或"另存为"→新建文件夹（命名）→命名文件名→保存，文件名长度不超过四个中文字符，如"平针试样"。

（2）编译文件：点击"自动生成动作文件"图标→弹出对话框如图2-2-49所示。勾选"编译前先检查""编译为CNT""前后床分别翻针"，点击"确定"，自动编译文件。

（3）错误处理：弹出对话框，出现"4号、5号纱嘴（或有其他纱嘴号码）没回到初始位置"，如图2-2-50所示。

图2-2-49　编译选项示意图　　　　图2-2-50　错误提示示意图

处理方法：在废纱编织段中的7号纱嘴任意两行改为4、5各一行，继续出带即可。

（4）查看编织方向：编译后在217功能线出现纱嘴编织方向，方便检查浮线过长错误。

12. 编织

（1）将出带后文件夹拷贝到U盘中，读入慈星GE2-52C电脑横机中，使用12G机器时，穿纱时3～5号纱嘴穿26N/2的单根纱线，6号纱嘴平行穿两根52N/2不同色的纱线（主纱孔/添纱孔），按编织步骤进行编织。

（2）编织工艺参数设计：各项工艺参数设计如表2-2-2所示。

表2-2-2　编织工艺参数设计表

段号	度目	卷布拉力	速度	备注	段号	度目	卷布拉力	速度	备注
1	200	15	30	双罗纹	8	340	20	40	平针
2	180	15	30	锁行	9	400	15	40	松密度
3	320	20	40	大身	10	260	20	40	紧密度
4	前180后100	15	30	下摆起底	16	360	20	40	废纱
6	220	20	30	下摆罗纹	23	320	15	30	翻针
7	320	15	20	翻针行					

（3）检验与整理：下机后观察平整度、有无横路、竖道（针路）、断纱、油污、飞花等疵点；拆除起口纱，末行套口封口，拆除废纱，将试样整烫熨平。

13. 机台保养与卫生

（1）机器每天使用前对所有针踵进行加油：将油挤到毛刷头对针踵刷油，不宜过多。

（2）保持台架整洁卫生，使用前进行擦净、筒纱摆放整齐，无线头。

（3）编织中的线头、废纱等不许落地，及时扔进垃圾桶内，时刻保持场地整洁卫生。

14. 试样织物特征与编织分析

各组分析平针类试样各段织物的组织结构、织物特性、服用性能、外观风格，分析编织中遇到的问题与处理方法，以书面报告形式上交，做好PPT，在下一次课前进行汇报讲评。

（三）琪利系统制板描绘

制板流程：工艺单生成试样→分段描绘花样→设置功能线→编译→编织工艺参数设计。

1. 试样描绘

光标点击"工艺单"图标→弹出"工艺单输入"对话框→不勾选"起底板"→输入起始针数（开针数）"121"→起始针偏移、废纱转数为"0"→罗纹输入"8"→选择罗纹为"1×1罗纹""普通编织"→勾选"大身对称"→其他默认→在"左身"第一行、转的下方格子里输入"125"转、0针、1次→点击下方的"高级"按钮→选择"其他"→在"棉纱行数"输入12行（废纱封口行数）→点击"确定"→自动生成平针试样，如图2-2-51所示。

平针试样自下而上有废纱起口、罗纹编织、大身平针、废纱封口。推动滚轮，绘图区图形放大，按"F2"键，图形显示出左下角的起始位置，如图2-2-52所示。

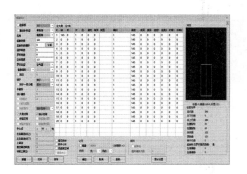
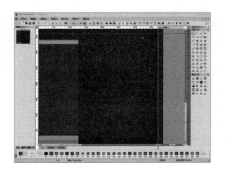

图2-2-51 工艺单输入示意图   图2-2-52 试样生成示意图

（1）废纱起口：系统自动生成起始6行，用8号（或1号）与9号色描绘的双罗纹组织，其织物特性较为紧密、不卷边，用于无起底板装置的起口段编织。

（2）抽纱编织：双罗纹后，编织1行满针罗纹，起到锁行作用，阻滞线圈脱散。然后在后针床编织1转、前针床编织1行、后针床卸布，留下前针床上有线圈，此为抽纱行。

（3）罗纹：系统自动生成罗纹圆筒部分8转。罗纹选项中选择"普通编织"，圆筒最后一行自动描绘为30号色前编织+翻针至前；大身默认为纬平针，用1号色自动描绘。

2. 纬平针正针、反针描绘

第一段为正针10转，不改变原图。第二段为反针10转，光标点击2号色，右键点击"填充矩形"图标，弹出对话框如图2-2-53所示，输入宽度为"121"、高度"20"。

移动光标随动一个绿色矩形，在正针（红色）20行上方叠上，生成一个2号色121×20的矩形，如图2-2-54所示。关闭对话框。

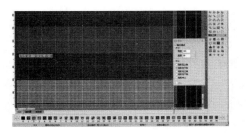

图2-2-53 填充矩形设定示意图   图2-2-54 正针、反针描绘花样示意图

3. 双反面组织描绘

光标点击2号色→点击"画直线"图标→在第2花样上方第二行头尾各点击一下，画一条绿色线→点击"选择框"图标→选定1号、2号色两行→点击"线形复制"图标→点住选择框向上拖动→出现1红1绿线条，使之成为121×20区域，即为双反面组织，如图2-2-55~图2-2-57所示。

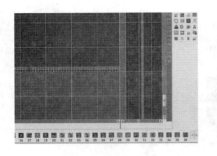  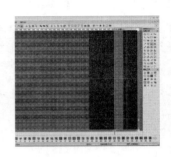

图2-2-55　线条描绘　　　　图2-2-56　选定与线形复制　　　　图2-2-57　双反面描绘

4. 松紧密度描绘

松紧密度采用纬平针反针进行描绘，在第207度目功能线上使用第9、10段分别设定为松密度段与紧密度段，按1隔1八次、3隔3四次进行度目分段指定，如图2-2-58所示。

5. 配色横条描绘

配色横条在平针正针基础上编织变换纱嘴实现，在215（1）纱嘴功能线上填写纱嘴号码，使用3、4、5三把纱嘴按3：3：2配色比例描绘5个循环，如图2-2-59所示。

 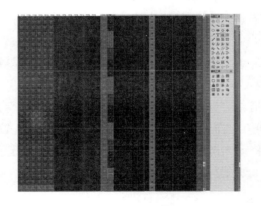

图2-2-58　松紧密度功能线描绘图　　　　图2-2-59　纱嘴功能线指定示意图

6. 单桂花针组织描绘

单桂花针用1、2色码纵横向1隔1交替描绘，采用"阵列复制"的方法描绘步骤如下：在大身配色横条花样上方第1行左起描绘单桂花针组织循环单元四个格子→点击范围"选择框"选定四格单元→点击"阵列复制"工具→点击选择框，向右上方拖动复制成121×20区域，如图2-2-60所示。

7. **双桂花针组织描绘**

双桂花针组织的最小单元为4×4格子，描绘对角4格的1号、2号色，如图2-2-19所示。使用阵列复制方法复制成121×20区域，如图2-2-61所示。

8. **正反针变化凹凸花样设计**

根据图2-2-7所示各种凹凸效果，参照设计正反针变化的凹凸花样自行设计花样20转。

9. **正针2色添纱描绘**

用正针描绘30个横列，用文字设计2色添纱花样。点击2号色→点击"T"→点击绘图区，弹出对话框如图2-2-62所示，点击"设置"字体选"黑体"→字号选择"20"→"常规"→拖动光标、文字跟随到添纱段正中点击。添纱单独使用一把纱嘴6号编织，穿纱时主纱穿正中的孔、添纱穿侧孔。

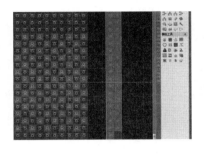 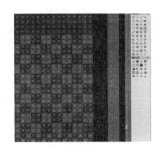 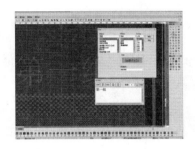

图2-2-60　单桂花针描绘示意图　　图2-2-61　双桂花针描绘示意图　　图2-2-62　打字描绘示意图

10. **功能线附加与设置**

（1）松紧密度设定：在右侧功能线窗口中点击下拉箭头，选择度目，出现207功能线，功能线的右侧自动生成相应的段号：第1段废纱双罗纹起口，第2段满针罗纹行，第3段废纱纬平针，第4段罗纹起底行，第6段1×1罗纹编织，第7段翻针行，第8段大身纬平针，第16段废纱纬平针，第23段为翻针时度目。本例第4段花样做松紧密度花样：用9表示松密度段、10表示紧密度段，1隔1画8个循环、3隔3画4个循环。其他均为第8段。

（2）纱嘴号码设定：将起口段、废纱段纱嘴号码1、8号改为7号，表示使用7号穿废纱。配色横条花样段在215纱嘴功能线上填写纱嘴号码，A、B、C色对应使用3~5号纱嘴。描画A色3行、B色3行、C色2行共5个循环。添纱纱嘴设定为6号。

（3）特殊处理：在满针翻针行如罗纹结束、双反面等相应的222功能线填写1号色设定分别翻针，表示隔针翻针。此处理可增加翻针的稳定性。在220功能线最后一行填1号色，表示结束。

（4）卷布拉力、速度功能线设定：卷布拉力、速度按默认段号设定。或将度目段号纵向选定复制到卷布拉力、速度功能线上，使三者段号相同。

11. **查看编织方向**

点击工具栏中"纱嘴方向"，则在215纱嘴功能线显示纱嘴的编织方向，便于检查。

12. **编译文件**

（1）保存文件：点击"文件"→选择"保存"或"另存为"→新建文件夹（命名）→命名文件名→保存，文件名长度不超过四个中文字符，如"平针试样"。

（2）编译文件：点击"自动生成动作文件"图标→弹出对话框如图2-2-63所示。

勾选"保存花样数据"、选择机型为"睿能普通机"、其他默认，点击"确定"，自动编译文件。

（3）错误处理1：编译结果对话框中出现"3号、5号纱嘴（或有其他纱嘴号码）没回到初始位置"黄色错误。错误提示如图2-2-64所示。

图2-2-63　编译选项示意图

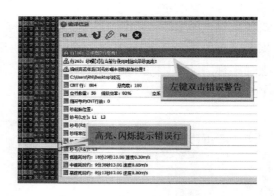

图2-2-64　错误提示示意图

处理方法：在废纱编织段中的7号纱嘴任意两行改为3、5各一行，继续出带即可。

（4）错误处理2：编译结果对话框中出现"纱嘴号码未设定"的错误。

处理方法：在215纱嘴功能线自下而上检查每个编织行的纱嘴号码设定情况，在闪烁行填写纱嘴号码。

13．编织

（1）将出带后文件夹拷贝到U盘中，读入龙星LXC-252SC12针电脑横机中，穿纱时3~5号纱嘴穿26N/2的单根纱线，6号纱嘴平行穿两根52N/2不同色的纱线（主纱孔/添纱孔），按编织步骤进行编织。

（2）编织工艺参数设计：各项工艺参数设计如表2-2-3所示。

表2-2-3　编织工艺参数设计表

段号	度目	卷布拉力	速度	备注	段号	度目	卷布拉力	速度	备注
1	50	15	30	双罗纹	8	80	20	40	平针
2	55	15	30	锁行	9	120	15	40	松密度
3	85	20	40	大身	10	70	20	40	紧密度
4	前30后60	15	30	下摆起底	16	95	20	40	废纱
6	80	20	30	下摆罗纹	23	85	15	30	翻针
7	85	15	20	翻针行					

（3）检验与整理：下机后观察平整度、有无横路、竖道（针路）、断纱、油污、飞花等疵点；拆除起口纱，末行套口封口，拆除废纱，将试样整烫熨平。

14. **机台保养与卫生**

（1）机器每天使用前对所有针踵进行加油：将油挤到毛刷头对针踵刷油，不宜过多。

（2）保持台架整洁卫生，使用前进行擦净、筒纱摆放整齐，无线头。

（3）编织中的线头、废纱等不许落地，及时扔进垃圾桶内，时刻保持场地整洁卫生。

15. **试样织物特征与编织分析**

各组分析平针类试样各段织物的组织结构、织物特性、服用性能、外观风格，分析编织中遇到的问题与处理方法，以书面报告形式上交，做好PPT，在下一次课前进行汇报讲评。

【思考题】

知识点：正针、反针、双反面、松紧密度、配色横条、单桂花、双桂花、添纱组织的概念与制板描绘方法，添纱纱嘴设定、配色纱嘴设定、度目段号设定、交错翻针设定、检查编织方向方法、机头空跑设定。

（1）简述平针类毛衫试样各段的组织结构概念与织物的特性。

（2）简述1号、2号色码的编织动作与功能。

（3）简述松紧密度的控制与度目段设置的关系。

（4）简述岛精制板系统编织方向的检查、机头空跑设置的方法。

（5）编织行的翻针有哪些要求？交错翻针如何指定？

（6）简述岛精制板系统平针类试样的出带过程。

（7）简述岛精制板系统出带出现"右边结束"错误，有哪些方法可以解决？

（8）简述国产制板系统编译后出现纱嘴未回到原位的处理方法。

任务3 罗纹类花样设计与制板

【学习目标】

（1）了解和熟悉罗纹基本组织的特征与编织图，学会满针罗纹（四平）、1×1、2×1、2×2等基本罗纹的组织结构设计与描绘。

（2）了解和熟悉罗纹变化组织的特征与编织原理，学会半空气层（三平）、空气层组、双罗纹与配色双罗纹、法式罗纹及各种抽条罗纹等组织结构设计与描绘。

（3）了解和熟悉复合动作色码的编织原理，学会复合动作色码的使用。

（4）了解和熟悉功能线的作用，学会纱嘴控制、密度控制、速度控制等工艺的设计。

【任务描述】

按指定要求进行罗纹类花样设计，描绘满针罗纹（四平）、半空气层（三平）、空气层（四平空转）、1×1、2×1、2×2、3×2、3×3、正面抽条罗纹（法式罗纹）、双罗纹的花样原图，进行功能线设置、编织工艺参数设计，制作上机文件并进行试样编织。

【知识准备】

一、罗纹组织的结构与织物的特性

罗纹组织由正面线圈纵行与反面线圈纵行以一定规律配置而成，分为满针罗纹与抽针罗纹两大类。

满针罗纹为前后针床相错，所有织针都参与编织所形成的织物，又称为四平针。

抽针罗纹是指在满针基础上按一定规律抽去部分织针后编织而成的组织；前后针床按1隔1抽针且针槽相对、针相错所编织而成的组织称为1×1罗纹；2隔1抽针且针槽相错的称为2×1罗纹。抽针变化很多，为了表述方便用$n_1×n_2×n_3$……形式来表示，其中n_1、n_2……表示机器上的抽针规律，如用$n_1×n_2$形式表示1×1、2×1、2×2、3×2、3×3等罗纹组织；用$n_1×n_2×n_3$……表示3×2×3、3×2×4×2罗纹等，公式表示一个最小循环的抽针罗纹组织。针织专业中用$n_1+n_2+n_3$……表示织物线圈纵行的排列规律，如1个正面线圈纵行与1个反面线圈纵行交替配置而成的组织称为1+1罗纹组织，以此类推。抽针罗纹具有较大收缩空间，因而弹性较好，其外观有明显的凹凸条状效果，毛衫行业中又称为坑条，广泛应用于服装领口、袖口、大身的制作中。

（一）1+1罗纹组织结构与织物特性

由1个正面线圈纵行与1个反面线圈纵行交替配置而成的组织称为1+1罗纹组织，有两种形态：满针罗纹与一隔一抽针罗纹。

1. 满针罗纹组织结构与织物特性

（1）满针罗纹（四平）的组织结构。在横机上编织时，前、后针床的织针相错、满针排列，全部织针同时参与编织，编织图如图2-3-1所示。

织物横向拉开可见1个正面线圈纵行与1个反面线圈纵行相间配置排列，针织专业术语中称为1+1罗纹。其特征是在一个针位上前后针床上的织针同时编织形成双面线圈的结构。

（2）满针罗纹的织物特性。满针罗纹正反面外观相同，均为正针效果，横向延伸性、弹性好，尺寸稳定性及保型性好。织物致密，纵向纹理较平针明显、厚度较厚，不卷边，常用作毛衫领口、门襟等部位或厚衫大身，织物效果如图2-3-2所示。

图2-3-1　罗纹组织编织示意图　　　　　图2-3-2　满针罗纹成品效果图

由于前后针床全部织针参与编织形成双面线圈，纱线对织针针钩的包围角最大，摩擦阻力较大；而且前后针床的缝隙需要占用一定的线圈长度，这些纱线长度下机后会转移到圈柱中使线圈变大，因此编织时弯纱深度应调小，使织物紧密，容易编织。

2. 1×1罗纹的组织结构与织物特性

（1）1×1罗纹的组织结构。在满针罗纹排针的基础上，正反面同时进行1隔1抽针，使针槽相对、针相错，编织而成的织物称为1×1罗纹，属于抽针罗纹。如图2-3-3所示为1×1罗纹织物的编织图。编织后织物横向拉开可见1个正面线圈纵行与1个反面线圈纵行相间配置排列，与满针罗纹的线圈结构相同，同为1+1罗纹。

（2）1×1罗纹的织物特性。1隔1排针的编织方法织针之间距离增大，编织后线圈有较大的回缩空间，横向延伸性弹性好，纹路清晰，如图2-3-4所示。编织后下机幅宽回缩大，幅宽相当于满针罗纹的一半；延伸性、弹性比满针罗纹好；织物正反外观相同、不卷边。利用1+1罗纹特殊性即顺编织方向不脱散性，用于毛衫织物的起口横列及边口组织如袖口、下摆、领条，也用于大身组织但不易控制尺寸。

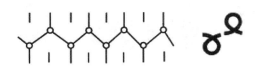

图2-3-3　1×1罗纹（1隔1抽针）图　　　　图2-3-4　1×1罗纹织物效果图

（二）2+2罗纹组织结构与织物特性

2+2罗纹是指有两个正面线圈纵行与两个反面线圈纵行配置而成的织物。有两种不同排针的编织方法，一种是2隔1抽针排列，称为2×1罗纹，所编织的织物结构紧密、弹性好，编织后回缩较小、幅宽相对较大，也称为瑞士罗纹。另一种是2隔2抽针编织，称为2×2罗纹，所编织的织物延伸性好，弹性相对较差，整理后纹路清晰，风格粗犷，编织后回缩较大、幅宽较窄，又称为英式罗纹。两者罗纹应用于各型毛衫的边口，尤其是中、粗针毛衫中广泛应用。

1. 2×1罗纹的组织结构与织物特性

采用双针床编织，前后针床编织区域隔2抽1针也称为2隔1排针、针床相错所编织的织物称为2×1罗纹。编织图如图2-3-5所示，起口时先把针床摇成1隔1排针状态，编织起底横列，此横列为1+1罗纹结构，防止脱散。而后摇回2隔1状态（右图所示），针床相错，编织成2隔1排针的2+2罗纹，即为2×1罗纹。

织物正反面外观相同，纵向条纹清晰、凹凸明显；横向拉开可见2个正面线圈纵行与2个反面线圈纵行相间配置排列。织物中三分之一线圈为双面线圈结构（满针罗纹线圈），且具有较好的收缩空间，横向有很好的延伸性与弹性，好于满针罗纹；厚度较厚，线圈双向可拆散。成品效果如图2-3-6所示。

起口横列编织　　　　　　2×1罗纹编织

图2-3-5　2×1罗纹组织编织示意图　　　　　　图2-3-6　2×1罗纹实物图

2. 2×2罗纹的组织结构与织物特性

2×2罗纹组织采用隔2抽2针也称为2隔2排针、针床相对、织针相错编织而成，排针与编织图如图2-3-7所示。横向拉开可见2个正面线圈纵行与2个反面线圈纵行相间配置排列，属于2+2罗纹。基本线圈单元组织中不包含双面线圈，均为纬平针线圈（单面线圈）单元。

2×2罗纹织物正反两面外观相同，横向延伸性好、弹性不如2×1罗纹，纵向纹理分明、凹凸条明显，外观效果粗犷，如图2-3-8所示。常用于下摆、袖口、领条、帽子，也用于大身。

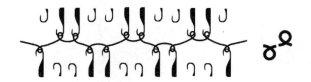

图2-3-7　2×2罗纹组织编织图　　　　　　图2-3-8　2×2罗纹编织效果图

从以上罗纹例子可见，抽针罗纹能形成表面凹凸感较强的纵条纹效应，用于毛衫服装可增添丰富的视觉效果，编织时通过改变正、反面的抽针针数，使条纹宽窄变化多样，结合纱线粗细的变化、密度的变化，使抽针罗纹更具有立体感和变化性。

常用的抽针罗纹还有3×2、3×3、4×3、4×4等，随着抽针数的增大，其卷边性、延伸性、弹性趋于接近纬平针组织。

3．3+3罗纹组织织物的特点与编织

3+3罗纹也有两种不同的抽针编织方法，一是两针床的针槽相错、3隔2排针称为3×2罗纹。二是前、后针床针槽相对、3隔3排针编织称为3×3罗纹。两种方式编织后横向拉开均可见3个正面线圈纵行与3个反面线圈纵行相间配置排列。

3+3罗纹织物由于正反面的纵行数较多，外观具有较强的凹凸条效果，纹理粗犷、弹性收缩性差，主要应用于大身，如图2-3-9所示。

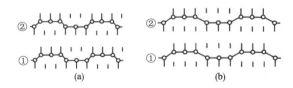

图2-3-9　3+3罗纹两种抽针编织图

抽针罗纹具有凹凸竖条的纹理，通过抽针规律不同、前后针床不同等抽针方法组合，可得正反面相同或不同的外观、均匀或不均匀纹理的罗纹效果织物。

（三）双罗纹组织结构与织物特征

双罗纹是罗纹的变化组织，其细针织物常用来制作棉毛衫，称为棉毛布或双正面。

1．双罗纹（假四平）组织的结构

双罗纹组织是由两个1×1罗纹组织叠加而成，即在一个罗纹组织的线圈纵行之间配置着另外一个罗纹组织的线圈纵行，毛衫中又称为假四平，如图2-3-10所示。

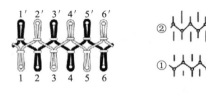

图2-3-10　双罗纹织物编织示意图

2．双罗纹织物的特性

（1）弹性和延伸性：两个罗纹的线圈相互钳制，使得线圈伸长和回缩的空间减少，织物弹性小，纵、横向延伸性较差，织物厚实保暖性好，尺寸稳定。

（2）脱散性：当个别线圈断纱、脱圈时因受到另一组线圈纱线钳制、摩擦的影响，线圈不易滑脱，脱散性小。

（3）卷边性：正反面的线圈受力相等，相互抵消，不卷边，织物平整、挺括。

（4）外观效果：在织物两面都显示线圈的正面，正反两面光泽好、平整。采用不同颜色纱线、不同排针方法上机时，能编织出小竖条、横条花纹，纵横条相配合形成的小方格、跳棋花纹等多种花型。主要用于各种男女的初冬、初春等内、外毛衫。

（四）复合组织结构与织物特性

由两种或两种以上单组织按一定规律组合所形成的新组织称为复合组织。

1．罗纹半空气层（三平）组织织物的结构特点

如图2-3-11所示为罗纹半空气层织物的编织图，以满针罗纹与平针复合，每种组织各编织一个横列，循环编织形成罗纹半空气层织物，俗称三平组织，属于复合组织。罗纹半空气层织物两面有明显的不同，一面是由罗纹组织和纬平针组织各一个横列相隔交替组成，另一面全部由罗纹线圈横列组成，两面的横列数差异形成突出横条状的外观效果。织物分正反两面，正面有凸楞、背面为平整。该织物的横向延伸性较好，手感蓬松柔软，织物厚实，多用于毛衫的大身组织、边组织。通过配色编织使得正面凸楞为一个色，形成细条横条，背面为大身底色。

2. 罗纹空气层组织织物的结构和特性

罗纹空气层组织又称为四平空转，是在满针罗纹基础上由一个横列的满针罗纹和正、反两面的纬平针组织各一个横列（圆筒1转）组成一个循环，由满针罗纹与平针复合而成，如图2-3-12所示。圆筒1转形成较大的内空，蓬松、含有更多的静止空气，保暖性更好。两种组织编织的横列数可以变化，衍生出各种不同外观的织物。

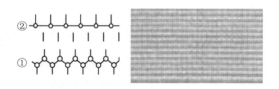

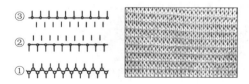

图2-3-11　罗纹半空气层编织图与实物图　　　　图2-3-12　罗纹空气层编织图与实物图

罗纹空气层织物结构厚实，横向延伸性好，尺寸稳定，保暖性较好，正反两面外观相同，有明显的凸楞效果，用作各类毛衫的大身组织。组织变化以及横列配色能编织间色横条织物、凸条织物等。

二、罗纹组织描绘

（一）前后针床位置关系

系统规定原点状态为：前后针床相错、后针床位于前针床右侧0.5针距，表示为0.0 P，如图2-3-13所示。如果针床相对则表示为后针床向左侧移动了0.5针距（0.5 P），记为L0.5 P，如图2-3-14所示。后针床向左摇床一个针距，记为L1.5 P；向右摇床一个针距，记为R0.5 P。前针床左起为第1针，依次向右编号。通常后针床可向左或向右移动最大距离为1英寸；有的机器前后均可摇床，称为双摇床。

（二）满针罗纹（四平）组织的描绘

色码描绘以前针床为基点，每1枚针具有一个针位，用编号进行表示。识别该针位上的前、后床织针编织关系。满针罗纹（四平）编织时前后针床相错、每个针位前后织针均成圈编织，形成双面线圈，使用有自动衔接的3号色 🔀 或无衔接的双面线圈色码（国产系统10号色）来描绘，表示同一个针位上前、后针床的织针同时编织，如图2-3-15所示。

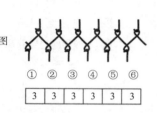

图2-3-13　针床相错（原点）　　　图2-3-14　针床相对（L0.5P）　　　图2-3-15　满针描绘示意图

（三）1×1罗纹组织的描绘

前、后针床采用1隔1排针方式、针床相对编织得到的织物称为1×1罗纹。同一个针位上正面线圈纵行为"前编织"单面线圈色码、反面线圈纵行采用"后编织"单面线圈色码，即采用1号与2号色隔行描绘纵行，或采用无衔接的前、后编织色码描绘，如图2-3-16所示。

（四）2×1罗纹组织的描绘

2×1罗纹前、后针床采用2隔1排针编织方式、针床相错编织，识别不同针位上的前、后床织针编织关系，如图2-3-17所示。根据针位用3、2、1色码来描绘：3号色编织前后床都编织，2号色表示前床不织、后床编织，1号色表示该针位上前床编织、后床不织。

图2-3-16　1×1罗纹描绘示意图　　　　图2-3-17　2×1罗纹描绘示意图

（五）2×2罗纹组织的描绘

2×2罗纹表示在满针罗纹基础上进行2隔2抽针而成，即2隔2排针、针床相对、织针相错排列编织，使用单面线圈色码（有衔接、无衔接色码均可）描绘，如图2-3-18所示。

（六）3×2、3×3罗纹组织的描绘

3×2为3隔2排针方法、3×3为3隔3排针方法，描绘方法如图2-3-19所示。

图2-3-18　2×2罗纹描绘示意图　　　　图2-3-19　3×2、3×3罗纹描绘示意图

（七）正面1隔1抽针罗纹描绘

正面抽针罗纹又称为底满针面隔针罗纹、法式罗纹，表示为前针床（正面）为1隔1抽针、后针床（背面）为满针排针编织而成的织物，如图2-3-20所示。抽针的规律与方式不同或不同排针组合可变化出品种多样的罗纹花样。

（八）半空气层（三平）组织的结构与描绘

半空气层（三平）重复进行一个满针罗纹横列、一个前编织横列循环编织，用双面线圈与单面线圈各一个横列交替描绘，如图2-3-21所示。织物分正反面，正面有横向凸楞的效果，背面平整。两个横列用不同颜色编织时，正面得到横纹效果，背面为单色效果。

图2-3-20　正面抽针罗纹描绘图　　　　图2-3-21　半空气层组织描绘示意图

（九）空气层（四平空转）组织的结构与描绘

1. 空气层组织描绘

空气层组织（四平空转）重复进行满针、圆筒1转循环编织，用双面线圈色码一个横列与单面线圈无衔接色码1转交替描绘，如图2-3-22所示。

2. 空气层变化组织

空气层组织可进行多种变化，形成直条凸条、配色凸条等。在圆筒编织中进行前后编织不等数量的横列，如前编织6行、后编织1行，则会形成前长后短的情形，长的一面会向外凸起，形成凸条的效果。也可以在凸条中衬入蓬松的纱线形成保暖层、夹层等。

（十）双罗纹组织的描绘

双罗纹也称棉毛组织、鸟眼罗纹，两个1×1罗纹叠加在一起循环编织。岛精系统用51和52色码进行描绘，国产系统用8号、9号色码描绘，如图2-3-23所示。两个双罗纹组织的针位为1隔1，采用1隔1行二色配色，其织物则形成1隔1的配色竖条花样，扩展后可形成更多的竖条变化。采用2隔2行二色配色，则形成二色横条花样。

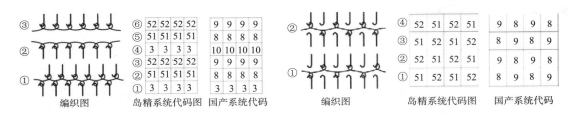

图2-3-22　空气层组织描绘示意图　　　　图2-3-23　双罗纹编织示意图

三、编织+翻针色码的使用与描绘

编织+翻针是指编织与翻针的组合动作，为了方便使用，将编织与翻针的动作组合在一个符号上，也称为复合动作。主要分为先编织后翻针与先翻针后编织两大类。在每一类中又分为前或后编织加翻针至前或至后的组合。主要色码的编织动作表述如下。

（一）先编织后翻针

先编织后翻针色码分为四类：前编织+翻针、后编织+翻针、双面编织+翻针、编织+2次翻针。

1. 前编织+翻针

岛精系统色号20号为先前编织再翻针至后，29号为先前编织再翻针至前。

国产系统色号20号为先前编织再翻针至后，30号为先前编织再翻针至前。

2. 后编织+翻针

岛精系统色号30号为先后编织再翻针至前，39号为先后编织再翻针至后。

国产系统色号40号为先后编织再翻针至前，50号为先后编织再翻针至后。

3. 双面编织+翻针

国产系统色号68号为先双面编织再翻针至后，69号为先双面编织再翻针至前。

4. 编织+2次翻针

岛精系统色号40、50为三个动作复合色码，40号为先前编织+翻针至后再翻针至前，50

号为先后编织+翻针至前再至后，与移圈符号配合使用。

国产系统色号60、80为三个动作复合色码，60号为先前编织+翻针至后再翻针至前，80号为先后编织+翻针至前再至后。

（二）先翻针后编织

先翻针后编织色码分为三类：翻针+前编织、翻针+后编织、翻针+双面编织。

1. 翻针+前编织

岛精系统色号60号为先翻针至前再前编织，用于单、双面组织与正针的衔接处理。

国产系统色号70号为先翻针至前再前编织，用于单、双面组织与正针的衔接处理。

2. 翻针+后编织

岛精系统色号70号为先翻针至后再后编织，用于单、双面组织与反针的衔接处理。

国产系统色号90号为先翻针至后再后编织，用于单、双面组织与反针的衔接处理。

3. 翻针+双面编织

国产系统色号78号为先翻针至后再双面编织，79号为先翻针至前再双面编织。

（三）衔接处理

1. 单面线圈的衔接处理

（1）正针接反针：使用前一段花样的最后一行填写先前编织再翻针至后、或下一段花样的第一行先翻针至后再后编织进行衔接处理，如图2-3-24所示。

（2）反针接正针：使用前一段花样的最后一行填写先后编织再翻针至前、或下一段花样的第一行先翻针至前再前编织进行衔接处理。

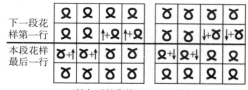

图2-3-24　单面线圈之间衔接示意图

2. 双面接单面的衔接处理

（1）双面线圈接正针：使用前一段花样的最后一行填写先编织再翻针至前、或下一段花样的第一行先翻针至前再前编织进行衔接处理。双面组织为圆筒组织时有三种方法，如图2-3-25所示；双面组织为双面线圈（四平线圈）时，采用第2、3种方法。

（2）双面线圈接反针：使用前一段花样的最后一行填写先编织再翻针至后、或下一段花样的第一行先翻针至后再后编织进行衔接处理，方法同上，代码的编织与翻针方向相反。

（3）插入翻针行的衔接处理：插入翻针行，填写翻针色码，根据下一段的线圈情形，如下一段为正针则翻针至前，下一段为反针则翻针至后，如图2-3-25所示。

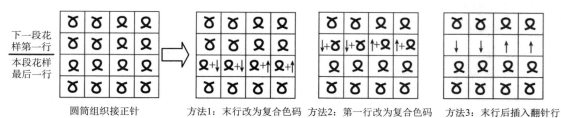

图2-3-25　双面线圈接正针衔接描绘示意图

3. 单面接双面的衔接处理

单面接双面主要有两种情形：单面接圆筒、单面接满针罗纹（四平），使用的方法是花样末行改为挑半目。正针接双面则使用前床挑半目色码，反针接双面则使用后床挑半目色码，如图2-3-26、图2-3-27所示。

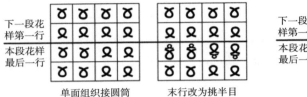

下一段花样第一行

本段花样最后一行

单面组织接圆筒　　末行改为挑半目

图2-3-26　单面线圈接圆筒衔接描绘示意图

下一段花样第一行

本段花样最后一行

单面组织接四平　　末行改为挑半目

图2-3-27　单面线圈接四平衔接描绘示意图

【任务实施】

一、教学设备

（1）SDS-ONG岛精花型准备系统、恒强制板系统、睿能琪利制板系统。

（2）SSG122-SV 14G、MACH2SIG 14G、NSIG122-SV 7G、SSR-122SV 7G、SCG-122SN 3G、CE2-52C、LXC-252SC 电脑横机。

二、任务说明

使用电脑横机编织毛衫罗纹类花样试样：开针120针；起针点第101针；下摆罗纹采用圆筒（袋编）组织，8转。大身第1段为满针罗纹（四平针）10转；第2段半空气层（三平针）共20转，其中单色10转，2色1隔1行配色10转；第3段空气层（四平空转）10转；第4段1×1罗纹10转（左侧一半采用无衔接色码描绘）；第5段2×1罗纹10转；第6段2×2罗纹10转；第7段3×2罗纹10转；第8段3×3罗纹10转；第9段正面抽针罗纹（法式罗纹）10转；第10段双罗纹单色10转，2色1隔1行配色10转、2色2隔2行配色10转；废纱纬平针6转封口。

三、实施步骤

（一）岛精系统制板描绘与编织

描绘流程：原图描绘→附加功能线→设置功能线→自动控制设定→自动控制参数设定→出带→工艺参数设计。

1. 原图描绘

原图中有多段花样，采用分段法进行描绘，检查各段花样间的编织状态，做好衔接处理。

（1）第1段满针罗纹描绘：点击描绘工具"图形"图标→选择"四方形"→选择"填色"→选择"指定中心"→输入"宽度120、高度20"→点击3号色→拖动光标到合适位置点击定位，即描绘10转满针罗纹（四平），如图2-3-28所示。

（2）第2段半空气层组织描绘：半空气层为1行满针罗纹、1行纬平针交替编织而成。点击描绘工具"图形"图标→点击51号色→拖动光标叠加到第1段上方→在第1横列用3号色画直线→选定第1、2横列→点击"拷贝"图标→选择模式"拷贝""方向键指定"→向上复制19次，即40横列，其中后20横列为2色1隔1配色，附加功能线后再在功能线R3上指定，用4、5号纱嘴号码隔行进行描绘。

（3）第3段空气层（四平空转）组织描绘：空气层（四平空转）组织为1行满针罗纹、1转圆筒交替编织而成，空气层3个横列相当于正常织物的1转，因此总行数为30行。

点击描绘工具"图形"图标→输入"高度30"→点击52号色→叠加到第2段上方→在本段的第1、2、3横列用画直线方法分别描绘3、51、52各1横列→选定"第1、2、3横列"→选择"方向键指定"拷贝→向上复制9次，即为30行（10转）。

（4）第4段1×1罗纹描绘：点击"图形"图标→输入"高度20"→点击51号色→叠加到第3段上方→在本段左起第2纵行描绘52号色→选定"第1、2纵行"→选择"方向键指定"拷贝→向右复制，左侧一半60个纵行使用"51、52"号色码描绘，右边一半使用"1、2"号色码描绘，即为1×1罗纹。本段组织与上段组织无衔接，需考虑衔接处理。

（5）衔接处理：上段为空气层组织，编织结束后，前、后针床均有线圈，末行色号为52与1、2或51、52没有自动衔接（翻针）功能，因此需要进行衔接处理，本例属于双面接单面类型，如图2-3-29所示。

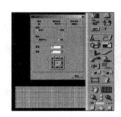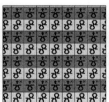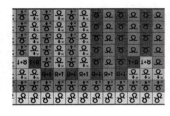

图2-3-28 四平、三平、空气层描绘示意图　　　图2-3-29 衔接处理示意图

①方法1：在空气层段最后横列的52号色上，将罗纹51号或1号色下方的52号色改为30号（后编织+翻针至前）、52号或2号色下方的52号色改为39号色（后编织+翻针至后）。

②方法2：在1×1罗纹段第一横列上将51号或1号色改为60号，52号或2号色改为70号色，形成先翻针再编织。

以上两种方法衔接处理后编织效果相同，参照图2-3-25进行修改。

（6）第5段2×1罗纹组织10转：描绘3号色20横列，左起第1、2、3纵行分别描绘3、2、1色号，向右复制到全部，即为2×1罗纹组织。

本段花样左端的色码与前一段色码不能自动衔接处理，按照上述方法参照文中图2-3-26、图2-3-27所述进行逐针修改，结果如图2-3-30所示。

（7）第6段2×2罗纹描绘：使用1号色描绘20横列，左起第1、2、3、4纵行分别描绘1、1、2、2色号，向右复制到全部，如图2-3-31所示。

（8）第7段3×2罗纹描绘：同理此段描绘20横列，左起第1、2、3、4、5纵行分别描绘3、2、2、1、1色号，向右复制到全部，如图2-3-32所示。

（9）第8段3×3罗纹描绘：同理此段使用1号色描绘20横列，左起第1、2、3、4、5、6纵行分别描绘1、1、1、2、2、2色号，向右复制到全部，如图2-3-33所示。

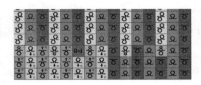

图2-3-30　1×1、2×1罗纹衔接示意图　　　图2-3-31　2×2罗纹描绘示意图

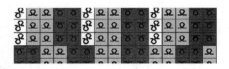

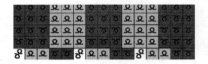

图2-3-32　3×2罗纹描绘示意图　　　　图2-3-33　3×3罗纹描绘示意图

（10）第9段法式罗纹描绘：使用3号色描绘20横列，左起第1、2纵行分别描绘3、2色号，向右复制到全部，如图2-3-34所示。

（11）第10段双罗纹描绘：用1号色描绘60行→用51、52色码画1隔1交错小图→使用小图填入方法填满该区域。附加功能线后配置纱嘴号码做配色，如图2-3-35所示。双罗纹结束后描绘1行后翻前，描绘29或30色码，该行为翻针行，在对应的R5功能线上填1号色。翻针后为纬平针正针。

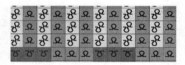

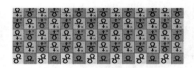

图2-3-34　法式罗纹描绘示意图　　　　图2-3-35　双罗纹描绘示意图

（12）第11段描绘添纱组织：用1号色描绘30行，其上用2号色输入文字"罗纹试样"，字号、字体自定，放置在正中，字体清晰。

2. 附加功能线

点击"范围"图标→选择"花样范围"→点击原图→确定→点击"附加功能线"图标→选择"自动描绘"→选择"描绘下摆"→选择"圆筒"→选择"圆筒编织（无翻针）"→选择"描画废纱编织"→选择"双面罗纹组织"→执行，原图两侧附加功能线。

3. 设置功能线

（1）修改罗纹部位功能线：R3纱嘴功能线右侧6号改为4号色（减少穿纱纱嘴数量），R6右侧罗纹度目段改为15段，R8右侧31号色改为0，R11右侧1号色全部改为4号色。

（2）配色编织设定：在R3功能线右侧设置配色三平、双罗纹的纱嘴号码。在三平花样中第11～20转设置配色，对应在R3功能线右侧第1横列填4号色，第2横列填5号色同时R5上填2号色（空跑），将4、5号色及空跑复制共10个循环，如图2-3-36所示。

第10段双罗纹花样中，第一个10转为单色，填写4号纱嘴；第二个10转2色1隔1配色填写方法同三平配色，如图2-3-37所示。第3个10转2隔2配色，采用2隔2描绘4、5号纱嘴号码，R5上不需要描绘纱嘴空跑，如图2-3-38所示。

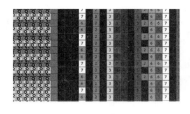
图2-3-36 三平配色描绘

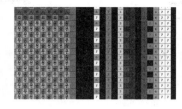
图2-3-37 双罗纹1隔1配色

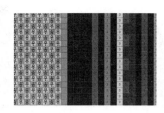
图2-3-38 双罗纹2隔2配色

（3）度目段设置：本例有多种罗纹组织，不同组织需用不同的段号来控制，分为满针罗纹段、平针段、1×1罗纹段、2×1罗纹段、2×2罗纹段、3×2罗纹段、3×3罗纹段、法式罗纹段、双罗纹段，空气层段号设置如图2-3-39所示。R6功能线右侧满针罗纹段为第5段，半空气层和空气层的满针行为第5段，平针行（3×3罗纹）为第6段，1×1罗纹为第8段，2×1罗纹为第9段，2×2罗纹为第10段，3×2罗纹为第11段，双罗纹采用与1×1罗纹相同的第8段。

（4）卷布拉力段设定：按默认设置。

（5）起针点设定：在花样展开行的左侧空一格填1号色表示1针，上方填1号色表示100针，两者相加为101针。如果需要在针床正中编织，则在花样展开行正中填10号色，如图2-3-40所示。

（6）速度设定：图中满针罗纹横列在L5功能线左侧指定为13号色即设置为第3段，控制较低速度，其他为0号色即高速，如图2-3-41所示。

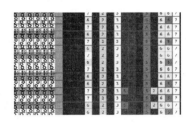
图2-3-39 空气层度目段设定

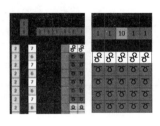
图2-3-40 起针点设定

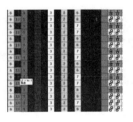
图2-3-41 速度设定

（7）特殊处理：在有整行满针翻针的部位对应的L1功能线左侧填61号色，进行交错翻针处理，同时在R5功能线右侧填写1号色"取消编织"，如图2-3-42所示。

4. 出带（编译）

（1）机种设定：点击"自动控制设定"图标→弹出对话框→点击"机种设定"→选择"SSG 2Cam、针床长度120、机种类型SV、针数14"→OK，如图2-3-43所示。

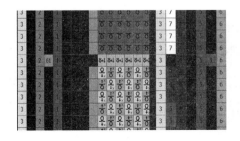
图2-3-42 交错翻针设定

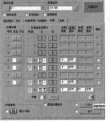
图2-3-43 出带设定示意图

（2）自动控制设定：编织型式选"类型2"（细针机类）→选定"无废纱"，其他默认。

（3）固定程式设定：纱嘴资料→起底输入4→废纱输入7，其他默认。

（4）节约设定：第1个节约为下摆圆筒袋编8转，输入7；第2个节约为废纱6转，输入4。

（5）纱嘴号码设定：如"纱嘴号码4"则对应输入4，其他纱嘴号码输入方法类同。

（6）交错翻针设定：默认压脚不作用（初学者）。压脚作用可以增加翻针的准确性。

（7）纱嘴设定：点击右下角"⬚"，纱嘴位置、纱嘴属性、编织形式等所有项目自动设定。本例需要设定4号、5号、7号为"普通纱嘴N"。

（8）命名文件名：将文件保存在"毛衫试样"文件夹中，命名文件为"LWLHY.000"。

（9）编译文件：点击"处理实行"→模拟编织→没有发现错误→点击编织助手。

5．工艺参数设计与调整

本例编织的织物组织种类较多，编织工艺参数设定要考虑详细。

（1）满针罗纹（四平）组织：该组织编织时前后针床满针参与编织，相对平针等组织来说负荷大，针钩处纱线的摩擦力大，易发生断纱，因此需要考虑降低速度、减少弯纱深度等措施。

（2）同一个组织不同横列的设定：例如三平、四平空转中有1行为满针、其他为单面平针组织，应将其分开各设不同的度目段进行区分，利于编织。详细设定参考表2-3-1所示。

表2-3-1　编织工艺参数设计表

度目段	度目值	备注	卷布拉力段	卷布拉力值	备注
1	38	翻针	1	25～30	翻针
5	25	满针罗纹	3	30～35	下摆罗纹
6	45	纬平针 3×3罗纹	4	35～40	双面编织段
			5	33～38	添纱段
8	30	1×1罗纹	7	35～40	废纱
9	35	2×1罗纹	速度段	速度值	备注
10	38	2×2罗纹	0	0.5（高速）	大身、废纱
11	42	3×2罗纹	1	0.3	翻针
13	前10后20	起底横列	3	0.35	满针罗纹速度
15	前40后38	袋编罗纹	4	0.4	下摆罗纹速度
24	25	废纱满针罗纹			

6．编织

（1）读入文件：将出带后"LWLHY.000"文件拷贝到U盘，读入横机中。

（2）穿纱：按照上述设计要求，将不同颜色的纱线分别穿到对应的纱嘴。注意：4号、5号纱嘴穿粗细相同、颜色不同的纱线。

（3）按工艺参数表数据输入对应的电脑横机中，调整编织工艺参数。

（4）上机编织：全部准备充分后，按电脑横机操作法进行编织操作。

7. 检验与整理

下机后观察组织花样的完整性，织物平整度、有无横路、竖道（针路）、断纱、油污、飞花等疵点；拆除起口纱，末行套口封口，拆除封口废纱，将试样整烫熨平。

8. 机台保养与卫生

（1）机器每天使用前对所有针踵进行加油：将油挤到毛刷头对针踵刷油，不宜过多。

（2）保持台架整洁卫生，使用前进行擦净、筒纱摆放整齐，无线头。

（3）编织中的线头、废纱等不许落地，及时扔进垃圾桶内，时刻保持场地整洁卫生。

9. 试样织物特征与编织分析

各组分析罗纹类试样各段织物的组织结构、织物特性、服用性能、外观风格，分析编织中遇到的问题与处理方法，以书面报告形式上交，做好演讲PPT，下一次课前进行汇报讲评。

（二）恒强系统制板描绘与编织

制作罗纹类毛衫试样的恒强系统上机文件，使用GE2-52C 12G电脑横机进行编织。

1. 试样整体描绘

新建文件，光标点击"工艺单"图标→弹出"工艺单输入"对话框→不勾选"起底板"→输入起始针数（开针数）"120"→起始针偏移、废纱转数为"0"→罗纹输入"8"→选择罗纹为"F罗纹（圆筒）""普通编织"→勾选"大身对称"→其他默认→在"左身"第一行、"转"的下方格子里输入"165"、0针、1次→点击下方的"高级"按钮→选择"其他"标签页→在"棉纱行数"输入12行（废纱行数）→点击"确定"→自动生成平针试样。

生成的平针试样自下而上有废纱起口段、抽纱段、罗纹段、大身段、废纱封口段。

（1）废纱起口：系统自动生成起始6行，用8与9号色描绘的组织为双罗纹；其织物特性较为紧密、不卷边，用作无起底板装置的起口段编织。

（2）抽纱段：起口后，编织1行满针罗纹，阻滞线圈脱散。接着后针床编织1转、前针床编织1行。后针床卸布后其线圈长度转移到前针床线圈上，使抽纱行较松，易于拆纱。前针床为满针线圈，用来连接圆筒起底编织。

（3）罗纹描绘：满针罗纹起底1行，圆筒编织8转。工艺单输入的罗纹选项中选择"普通编织"，最后一行为30号色。本例第1段花样为满针罗纹，圆筒为双面纬平针，因此不用翻针，将30改为8号色。

（4）纱嘴规划：起口段采用非起底板起底方式，使用"8"号纱嘴；大身使用"5"号纱嘴；封口废纱使用"8"号纱嘴。

2. 第1段满针罗纹组织描绘

先点击10号色，右键点击描绘工具"实心矩形"图标→在"尺寸"输入宽度"120"、高度"20"→点击"输出"→拖动光标到1号色第一行，点击定位，即描绘第1段花样10转满针罗纹。矩形输出设定如图2-3-44所示。

3. 第2段半空气层组织描绘

半空气层为1行满针罗纹（四平）、1行纬平针交替编织而成。点击描绘工具"直线"图标→点击3（或10）号色，在10号色上方画一个3（或10）号色横列→点击8号色，在3号色上方画一个横列→点"框选"图标（或按A，框选的快捷键），选定"3、8"号色两个横列→

点击"线形复制图标"（或按快捷键B）→点击选定区，向上拖动光标，复制成40横列。在光标随动或右下角均有显示行数40，如图2-3-45所示。第一段20行为单色，第2个20横列为两个色纱做1隔1配色，在功能线217上指定，用4号、5号纱嘴1隔1行进行描绘。

图2-3-44 矩形图形输出设定示意图

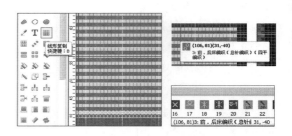

图2-3-45 阵列复制与复制行数的指示示意图

4. 第3段空气层（四平空转）组织描绘

空气层（四平空转）组织为1行满针罗纹、1转圆筒交替编织而成，空气层三个横列相当于正常织物的1转，因此总行数应为30行，如图2-3-46所示。

点击描绘工具"画笔"图标→点击10号色，第二段花样左上方画一个10号色点→分别点击8号、9号色，在10号色上方各画一个8号、9号色点→按"A"键，选定"10、8、9"号色3个格→按快捷键"K"→点击选定区，向右上拖动光标，阵列复制成30行（10转，120针）。

5. 第4段1×1罗纹组织描绘

（1）原图描绘：在第二段花样上方左端画8号、9号色各一个点→选定"8号、9号色"两个点→点击"阵列复制"图标，或按"K"键→斜向右上方拖动光标，复制成20横列、60针，即为1×1罗纹，另一半用1号、2号色描绘。本段与上一段色号不能衔接，需要考虑衔接问题。

（2）衔接处理：上段花样为空气层组织，编织结束后，前、后针床均有线圈，末行色号为9与8、9或1、2没有自动衔接（翻针）功能，因此需要进行处理。

①方法1：在1×1罗纹段的第一横列上将1（或8）号色改为70号，2（或9）号色改为90号色。

②方法2：在空气层段最后横列的9号色上，将1（或8）号色下方的9号色改为40号，即为"后编织+翻针至前"；2（或9）号色下方9号色改为50号色，即为"后编织+翻针至后"。

以上两种方法衔接处理后编织效果相同，衔接处理如图2-3-47所示。

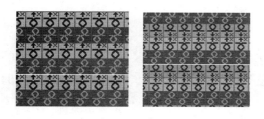

图2-3-46 三平、空气层组织描绘示意图

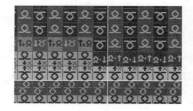

图2-3-47 1×1罗纹衔接处理示意图

6. 第5段2×1罗纹组织描绘

描绘20横列：左起第1、2、3纵行分别描绘10、9、8（或3、2、1）色号，选定向右复制

到全部。

本段花样左端的色码与前一段色码不能自动衔接处理，按照上述方法参照文中图2-3-26、图2-3-27所述进行逐针修改，结果如图2-3-48所示。

图2-3-48 1×1、2×1罗纹衔接示意图

（1）单面接双面：图中8（或1）号色与10号衔接在前一段末行将8号色改为111色号前床挑半目；9（或2）号色与10号衔接在前一段末行将9号色改为112色号后床挑半目。

（2）单面接单面：正针接反针时（8接9），末行的8号色改为20号色（前编织翻针至后），或下一段花样的第一行9号色改为90号色（翻针至后+后编织）。同理处理8与2、9与8、9与1的衔接。

7. **第6段2×2罗纹组织描绘**

使用1、2色码以2隔2纵行循环描绘2×2罗纹20横列：左起第1、2、3、4纵行分别描绘1、1、2、2色号，向右复制到全部。衔接处理如图2-3-49所示。

（1）双面接单面处理：10与1、2或8、9连接时，无自动衔接功能，采用末行先编织再翻针处理时，相应描绘68（四平+翻针至后）、69（四平+翻针至前）色码。如果采用下一段花样首行先翻针再编织处理时，相应描绘78（翻针至后+四平）、79（翻针至前+四平）色码。

（2）单面接单面处理时同前所述，采用20、40或70、90等色码进行相应描绘。

8. **第7段3×2罗纹组织描绘**

描绘20横列：左起第1、2、3、4、5纵行分别描绘3、2、1、1色号，复制到全部，如图2-3-50所示。

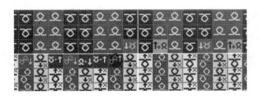

图2-3-49 2×1与2×2罗纹衔接描绘示意图

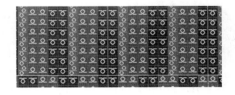

图2-3-50 3×2罗纹描绘示意图

9. **第8段3×3罗纹组织描绘**

左起第1、2、3、4、5、6纵行分别描绘1、1、1、2、2、2色号，向右复制到全部。

10. **第9段法式罗纹花样描绘**

左起第1、2纵行分别描绘3、2色号，向右复制到全部，共描绘20横列。

11. **第10段双罗纹组织描绘**

双罗纹共分为单色10转、隔行2色配色10转、2行2色配色10转三段。用8、9色码在左端画1隔1交错小图四个格子→选定四个格子→按快捷键"K"阵列复制→光标点击选择框向右上角拖动复制120横列。双罗纹1转，相当于平针半转，因此10转需要描绘40个横列。三段共计120横列。

描绘中试样行数不足时采用"插入行"工具进行插行操作，按"ESC"键，退出圈选功能，右键点击"插入行"图标，弹出对话框设定插入行数，满足各段花样的描绘。

12. 废纱封口描绘

把废纱部分的8号色全部改为10号色，使用填充根据描绘。如果废纱组织为纬平针，则需要插入翻针行进行翻针，使之与纬平针衔接。

13. 功能线设置

（1）配色纱嘴号码设定：本例中有多段配色花样，具体配色方法如下。

①三平配色设定：在第2段三平花样中的后20个横列中，分别用4号、5号纱嘴隔行编织设置，在217纱嘴功能线中隔行描绘3号、5号纱嘴，如图2-3-51所示。

②双罗纹配色设定：在第10段双罗纹花样中，前40行为5号纱嘴编织；第2个40行在217纱嘴功能线中1隔1行描绘3号、5号纱嘴；在第3个40行在217纱嘴功能线中2隔2行描绘4号、5号纱嘴，如图2-3-52所示。

（2）针床相对指令设置：使用无衔接色号描绘1×1、2×2、3×3、双罗纹时，需要设置针床相对的指令，在208摇床功能线第3纵格上描绘1号色，指定该段组织编织时针床相对。

（3）度目段设置：本例有多种罗纹组织，不同的罗纹用不同的段号来控制。第1段满针罗纹设为第9度目段；第2、3段三平、空气层花样中在图中对应3或10号色横列在207度目功能线上设定为第9段控制，8或9号色对应的横列用第8段控制，如图2-3-53所示。第4段1×1罗纹用第10度目段控制；第5段2×1罗纹用第11度目段控制；第6段2×2罗纹用第12度目段控制；第7段3×2罗纹用第13度目段控制；第8段3×3罗纹用第14度目段控制；第9段法式罗纹与1×1罗纹相近用第10度目段控制；第10段双罗纹与1×1罗纹相同用第10段度目控制。将翻针行第7段改为6，取消翻针行，无需翻针。

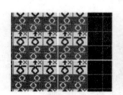 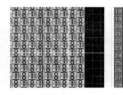 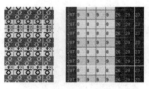

图2-3-51 三平配色描绘　　　图2-3-52 双罗纹配色描绘　　　图2-3-53 三平、空气层度目段设定

（4）卷布拉力段设定：将度目段号复制到卷布功能线，具体设定如表2-3-2所示。

（5）速度设定：将度目段号复制到速度功能线，具体设定如表2-3-2所示。

14. 保存文件

将文件保存至"毛衫试样\罗纹试样"或指定路径的文件夹中，文件名为"LWLSY.pds"。

15. 编译与仿真

点击"编译"图标，弹出对话框，点击编译，系统进行处理，弹出编译信息对话框，没有发现错误。点击"工作区"→"CNT"▼→仿真（或横机工具里的仿真），弹出仿真图，查看正反面效果是否清晰，有无线圈模糊之处。如有线圈紊乱，需要检查该处的衔接处理。

16. 工艺参数设计（表2-3-2）

表2-3-2 编织工艺参数设计表

段号	度目	卷布拉力	速度	备注	段号	度目	卷布拉力	速度	备注
1	180	15	30	双罗纹	10	240	20	40	1×1罗纹
2	200	15	30	四平	11	260	20	40	2×1罗纹
3	320	20	40	纬平针	12	280	20	40	2×2罗纹
4	前200后100	15	30	起底	13	300	20	40	3×2罗纹
6	前320后300	20	30	圆筒	14	320	20	40	3×3罗纹
7	无	无	无	翻针行	16	200	20	40	四平废纱
8	340	20	40	纬平针	23	320	15	30	大身翻针
9	220	15	40	四平					

17. 试样编织

（1）读入文件：将出带后"罗纹试样"文件夹拷贝到U盘，读入GE2-52C电脑横机中，将"LWLSY"文件选定为当前花型，进入"运行"界面。

（2）穿纱：按下"紧急制停"按钮，按照上述设计要求，将不同颜色的纱线分别穿到对应的纱嘴。注意：3号、5号纱嘴穿粗细相同、颜色不同的纱线。

（3）按工艺参数表数据输入对应的电脑横机中，调整编织工艺参数。

（4）上机编织：全部准备充分后，按电脑横机操作法进行编织操作。

18. 检验与整理

下机后观察组织花样的完整性，织物平整度、有无横路、竖道（针路）、断纱、油污、飞花等疵点；拆除起口纱，末行套口封口，拆除封口废纱，将试样整烫熨平。

19. 机台保养与卫生

（1）机器每天使用前对所有针踵进行加油：将油挤到毛刷头对针踵刷油，不宜过多。

（2）保持台架整洁卫生，使用前进行擦净、筒纱摆放整齐，无线头。

（3）编织中的线头、废纱等不许落地，及时扔进垃圾桶内，时刻保持场地整洁卫生。

20. 试样织物特征与编织分析

各组分析罗纹类试样各段织物的组织结构、织物特性、服用性能、外观风格，分析编织中遇到的问题与处理方法，以书面报告形式上交，做好演讲PPT，在下一次课前进行汇报讲评。

（三）琪利系统制板描绘与编织

制作罗纹类毛衫试样的恒强系统上机文件，使用GE2-52C 12G电脑横机进行编织。

1. 试样整体描绘

新建文件，光标点击"工艺单"图标→弹出"工艺单输入"对话框→不勾选"起底板"→输入起始针数（开针数）"120"→起始针偏移、废纱转数为"0"→罗纹输入"8"→选择罗纹为"空气层（圆筒）""普通编织"→勾选"大身对称"→其他默认→在"左身"

第一行、"转"的下方格子里输入"165"、0针、1次→点击下方的"高级"按钮→选择"其他"标签页→在"棉纱转数"输入6转（封口废纱）→点击"确定"→自动生成平针试样。

生成的平针试样自下而上有废纱起口段、抽纱段、罗纹段、大身段、废纱封口段。

（1）废纱起口：系统自动生成起始4行，用8号与9号色描绘的组织为双罗纹，其织物特性较为紧密、不卷边，用作无起底板装置的起口段编织。

（2）抽纱段：起口后，编织1行满针罗纹，起到锁行作用，阻滞线圈脱散。接着前针床编织1转、后针床编织1行、前针床落布，后针床为满针线圈，用来连接圆筒起底编织。

（3）下摆罗纹段：满针罗纹起底1行，圆筒编织8转。工艺单输入的罗纹选项中选择"普通编织"，最后一行为30号色"前编织+翻针至前"，是因为大身默认为纬平针，需要将后针床的线圈翻针到前针床。本例第1段花样为满针罗纹，圆筒为双面纬平针，因此不用翻针，用填充工具，点击8号色，将30号色改为8号色。

（4）纱嘴规划：起口段采用非起底板起底方式，使用"8"号纱嘴；大身使用"3"号纱嘴；封口废纱使用"8"号纱嘴。

2. 第1段满针罗纹组织描绘

右键点击描绘工具"实心矩形"图标→勾选"输出模式"→在"尺寸"输入宽度"120"、高度"20"→勾选"矩形左下角"→点击"10"号色，拖动光标到大身第一行左端，点击定位，即描绘第1段花样10转满针罗纹。矩形图形输出设定如图2-3-54所示。

3. 第2段半空气层组织描绘

半空气层为1行满针罗纹（四平）、1行纬平针交替编织而成。点击描绘工具"直线"图标→点击3（或10）号色，在10号色上方画一个3（或10）号色横列→点击8号色，在3号色上方画一个横列→点"选取框"图标（或按A，选择框的快捷键），选定"3、8"号色两个横列→点击"线形复制图标"（或按快捷键B）→点击选定区，向上拖动光标，复制成40横列。在光标随动或右下角均有显示行数40，如图2-3-55所示。第一段20行为单色，第2个20横列为2色1隔1配色，在功能线217上指定，用3号、5号纱嘴1隔1行进行描绘。

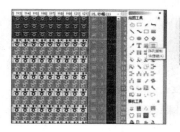

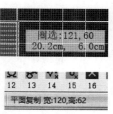

图2-3-54　矩形图形输出设定示意图　　　图2-3-55　阵列复制与复制行数的指示示意图

4. 第3段空气层（四平空转）组织描绘

空气层（四平空转）组织为1行满针罗纹、1转圆筒交替编织而成，空气层三个横列相当于正常织物的1转，因此总行数应为30行，如图2-3-56所示，使用10、8、9色号行循环描绘。

点击描绘工具"画笔"图标→点击10号色，第二段花样左上方画一个10号色点→分别点击8号、9号色，在10号色上方各画一个8号、9号色点→按"A"键，选定"10、8、9"号色3

个格→按快捷键"K"→点击选定区，向右上拖动光标，阵列复制成30行（10转，120针）。

5. **第4段1×1罗纹组织描绘**

（1）原图描绘：在第三段花样上方左端画8号、9号色各一个点→选定"8号、9号色"两个点→点击"阵列复制"图标，或按"K"键→斜向右上方拖动光标，复制成20横列、60针，即为1×1罗纹，另一半用1号、2号色描绘。本段与上一段色号不能衔接，需要考虑衔接问题。

（2）衔接处理：上段花样为空气层组织，编织结束后，前、后针床均有线圈，末行色号为9与8、9或1、2没有自动衔接（翻针）功能，因此需要进行处理。

①方法1：在1×1罗纹段的第一横列上将1（或8）号色改为70号，2（或9）号色改为90号色。

②方法2：在空气层段最后横列的9号色上，将1（或8）号色下方的9号色改为40号，即为"后编织+翻针至前"；2（或9）号色下方9号色改为50号色，即为"后编织+翻针至后"。

以上两种方法衔接处理后编织效果相同，衔接处理如图2-3-57所示。

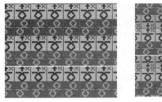
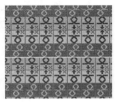

图2-3-56 三平、空气层组织描绘示意图　　　　图2-3-57 1×1罗纹衔接处理示意图

6. **第5段2×1罗纹组织描绘**

描绘20横列：左起第1、2、3纵行分别描绘10、9、8（或3、2、1）色号，选定向右复制到全部。

本段花样左端的色码与前一段色码不能自动衔接处理，按照上述方法参照文中图2-3-26、图2-3-27所述进行逐针修改，结果如图2-3-58所示。

图2-3-58 1×1与2×1罗纹衔接描绘示意图

（1）单面接双面：图中8（或1）号色与10号衔接在前一段末行将8号色改为111色号前床挑半目；9（或2）号色与10号衔接在前一段末行将9号色改为112色号后床挑半目。

（2）单面接单面：正针接反针时（8接9），末行的8号色改为20号色（前编织翻针至后），或下一段花样的第一行9号色改为90号色（翻针至后+后编织）。同理处理8与2、9与8、9与1的衔接。

7. **第6段2×2罗纹组织描绘**

使用1、2色码以2隔2纵行循环描绘2×2罗纹20横列：左起第1、2、3、4纵行分别描绘1、

1、2、2色号，向右复制到全部。衔接处理如图2-3-59所示。

（1）双面接单面处理：10与1、2或8、9连接时，无自动衔接功能，采用末行先编织再翻针处理时，相应描绘68（四平+翻针至后）、69（四平+翻针至前）色码。如果采用下一段花样首行先翻针再编织处理时，相应描绘78（翻针至后+四平）、79（翻针至前+四平）色码。

（2）单面接单面处理时同前所述，采用20、40或70、90等色码进行相应描绘。

8. **第7段3×2罗纹组织描绘**

描绘20横列：左起第1、2、3、4、5纵行分别描绘3、2、2、1、1色号，复制到全部，如图2-3-60所示。

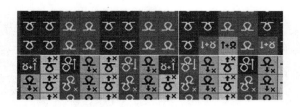 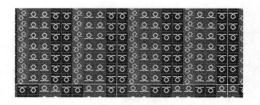

图2-3-59　2×1与2×2罗纹衔接描绘示意图　　　　图2-3-60　3×2罗纹描绘示意图

9. **第8段3×3罗纹组织描绘**

左起第1、2、3、4、5、6纵行分别描绘1、1、1、2、2、2色号，向右复制到全部。

10. **第9段法式罗纹花样描绘**

左起第1、2纵行分别描绘3、2色号，向右复制到全部，共描绘20横列。

11. **第10段双罗纹组织描绘**

双罗纹共分为单色10转、隔行2色配色10转、2行2色配色10转三段。用8、9色码在左端画1隔1交错小图四个格子→选定四个格子→按快捷键"K"阵列复制→光标点击选择框向右上角拖动复制120横列。双罗纹1转，相当于平针半转，因此10转需要描绘40个横列。三段共计120横列。

描绘中试样行数不足时采用"插入行"工具进行插行操作，按"ESC"键，退出圈选功能，右键点击"插入行"图标，弹出对话框设定插入行数，满足各段花样的描绘。

12. **废纱封口描绘**

把废纱部分的8号色全部改为10号色，使用填充根据描绘。如果废纱组织为纬平针，则需要插入翻针行进行翻针，使之与纬平针衔接。

13. **功能线设置**

（1）配色纱嘴号码设定：本例中有多段配色花样，具体配色方法如下。

①三平配色设定：在第2段三平花样中的后20个横列中，分别用3号、5号纱嘴隔行编织设置，在215纱嘴功能线中隔行描绘3号、5号纱嘴，如图2-3-61所示。

②双罗纹配色设定：在第10段双罗纹花样中，前40行为5号纱嘴编织；第2个40行在217纱嘴功能线中1隔1行描绘3号、5号纱嘴；在第3个40行中在217纱嘴功能线中2隔2行描绘3号、5号纱嘴，如图2-3-62所示。

（2）针床相对指令设置：使用无衔接色号描绘1×1、2×2、3×3、双罗纹时，需要设置针床相对的指令，在208摇床功能线第3纵格上描绘1号色，指定该段组织编织时针床相对。

（3）度目段设置：本例有多种罗纹组织，不同的罗纹用不同的段号来控制。点击功能线下拉箭头，选择"207度目"功能线，设定第1段满针罗纹为第9度目段；第2、3段三平、空气层花样中在图中对应3号或10号色横列在207度目功能线上设定为第9段控制，8号或9号色对应的横列用第8段控制，如图2-3-63所示。第4段1×1罗纹用第1度目段控制；第5段2×1罗纹用第11度目段控制；第6段2×2罗纹用第12度目段控制；第7段3×2罗纹用第13度目段控制；第8段3×3罗纹用第14度目段控制；第9段法式罗纹与1×1罗纹相近用第10度目段控制；第10段双罗纹与1×1罗纹相同用第10度目段控制。将翻针行第7段改为6，取消翻针行，无须翻针。

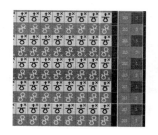

图2-3-61 三平配色描绘

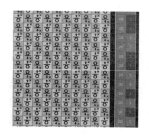

图2-3-62 双罗纹配色描绘

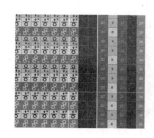

图2-3-63 三平、空气层度目段设定

（4）卷布拉力段设定：将度目段号复制到卷布功能线，具体设定如表2-3-3所示。
（5）速度设定：将度目段号复制到速度功能线，具体设定如表2-3-3所示。

14. 保存文件

将文件保存至"毛衫试样\罗纹试样"或指定路径的文件夹中，文件名为"LWLSY.KNI"。

15. 编译与仿真

点击"编译"图标，弹出对话框，设定文件保存路径、文件名、机型、针距等，点击编译，系统进行处理，弹出编译信息对话框，没有发现错误。点击"仿真"工具🖼，查看仿真图正反面效果是否清晰、有无线圈模糊之处。如有线圈紊乱，需检查该处的衔接处理。

16. 工艺参数设计（表2-3-3）

表2-3-3 编织工艺参数设计表

段号	度目	卷布拉力	速度	备注	段号	度目	卷布拉力	速度	备注
1	45	20	30	双罗纹	10	60	20	40	1×1罗纹
2	50	15	30	四平	11	65	20	40	2×1罗纹
3	80	20	40	纬平针	12	70	20	40	2×2罗纹
4	前20后40	15	30	起底	13	75	20	40	3×2罗纹
6	前80后76	20	30	圆筒	14	80	20	40	3×3罗纹
7	无	无	无	翻针行	16	50	25	40	四平废纱
8	55	20	30	四平	23	80	15	30	大身翻针
9	85	20	40	纬平针					

17. 试样编织

（1）读入文件：将出带后"罗纹试样"文件夹拷贝到U盘，读入LXC-252SC电脑横机中，将"LWLSY"文件选定为当前花型，进入"运行"界面。

（2）穿纱：按下"紧急制停"按钮，按照上述设计要求，将不同颜色的纱线分别穿到对应的纱嘴。注意：3号、5号纱嘴穿粗细相同、颜色不同的纱线。

（3）按工艺参数表数据输入对应的电脑横机中，调整编织工艺参数。

（4）上机编织：全部准备充分后，按电脑横机操作法进行编织操作。

18. 检验与整理

下机后观察组织花样的完整性，织物平整度、有无横路、竖道（针路）、断纱、油污、飞花等疵点；拆除起口纱，末行套口封口，拆除封口废纱，将试样整烫熨平。

19. 机台保养与卫生

（1）机器每天使用前对所有针踵进行加油：将油挤到毛刷头对针踵刷油，不宜过多。

（2）保持台架整洁卫生，使用前进行擦净、筒纱摆放整齐，无线头。

（3）编织中的线头、废纱等不许落地，及时扔进垃圾桶内，时刻保持场地整洁卫生。

20. 试样织物特征与编织分析

各组分析罗纹类试样各段织物的组织结构、织物特性、服用性能、外观风格，分析编织中遇到的问题与处理方法，以书面报告形式上交，做好演讲PPT，在下一次课前进行汇报讲评。

【思考题】

知识点：满针罗纹、1×1罗纹、2×1罗纹、2×2罗纹、3×2罗纹、3×3罗纹、正面抽针（法式）罗纹、三平、空气层、双罗纹组织的概念、编织图描绘、制板描绘方法、衔接处理方法、度目段号设定。

（1）简述罗纹类毛衫试样各段的组织结构概念与织物的特性。

（2）简述岛精制板系统3号、51号、52号色码的编织动作与功能，它们横列之间组合能编织哪些花样？

（3）简述岛精制板系统20号、29号、30号、39号、60号、70号色码的编织动作、功能与使用方法。

（4）简述国产制板系统3号、10号、8号、9号色码的编织动作与功能，比较3号与10色码的功能与作用，它们横列之间组合能编织哪些花样？

（5）简述国产制板系统20号、30号、40号、50号、70号、90号色码的编织动作、功能与使用方法。

（6）简述不同组织结构编织时度目值的要求与度目段的设置关系。

（7）简述单面组织接双面组织的类型与衔接处理方法。

（8）简述双面组织接单面组织的类型与衔接处理方法。

（9）简述使用双罗纹组织编织得到1隔1、2隔2竖条效果的编织方法。

（10）简述使用双罗纹组织编织得到横条配色效果的编织方法。

（11）简述挑半目色码的分类与编织动作，比较与3号色码的异同。

任务4　集圈与摇床类花样设计与制板

【学习目标】

（1）了解和掌握单面集圈的编织原理，学会单面正、反针集圈的色码使用与描绘。

（2）了解和熟悉双面集圈的编织原理，学会双面组织单、双面集圈的色码使用与描绘。

（3）了解和熟悉集圈织物的特征，学会集圈凹凸效果、配色织物的设计与描绘。

（4）了解和熟悉摇床的原理与控制方法，学会尖角、波纹等摇床花样的设计与描绘。

【任务描述】

基于单面、双面组织的单次、多次集圈的网眼、元宝针等组织的基础，进行集圈摇床类花样设计，按要求完成试样的编织工艺设计和试样编织。

【知识准备】

一、集圈类组织织物结构与特征

在针织物的某些线圈上，除了套有一个封闭的旧线圈外，还有一个或多个未封闭的线圈悬弧，这种构型的组织称为集圈组织。如图2-4-1所示，自左向右分别为单针单次集圈、单针二次集圈、单针三次集圈、双针单次集圈和隔针两次集圈。集圈又称为吊目、打花等。

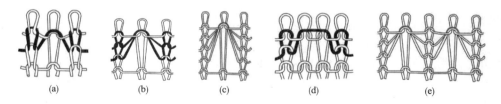

（a）　　　　　（b）　　　　　（c）　　　　　（d）　　　　　（e）

图2-4-1　各种集圈组织线圈示意图

集圈组织有单面集圈组织和双面集圈组织之分。在横机上形成集圈的方法有两种：不退圈集圈法和不脱圈集圈法。电脑横机主要采用不退圈集圈编织。

（一）单面集圈组织

在单针床上进行集圈编织形成集圈组织，如单针单次集圈、多针单次集圈、单针或多针单、多次集圈，典型的织物有单针单次集圈称为单珠地网眼布、隔针错行的单针两次集圈称为双珠地网眼布。

（1）单珠地网眼织物：由于集圈线圈的作用，织物正面与纬平针正面相同，花纹效果出现在背面，形似四角形孔眼，也称四角网眼，如图2-4-2所示。纵向集圈后织物比纬平针厚、横向幅宽变宽，有一定的透气性，不卷边；常用于大身的组织。

（2）双珠地网眼织物：织物正面与纬平针正面相似，集圈线圈的纵向作用较大，花纹出现在背面，形似六角形孔眼，又称六角网眼，如图2-4-3所示。织物比纬平针厚，横向变得更宽，有较好的透气性，不卷边；常用于大身的组织。

图2-4-2　单珠地线圈图与织物效果图　　图2-4-3　双珠地线圈图与织物效果图

（3）单点集圈花样：采用单个集圈线圈组成规则的几何形状、不规则的图案、花型等，形成集圈花样织物。织物性质类似纬平针。如图2-4-4所示为各种集圈类型花样。

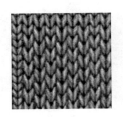    

图2-4-4　各种单点集圈花样效果图

（二）双面集圈组织

双面集圈组织是指在双针床上同时编织，利用1×1罗纹或满针罗纹为基础组织，在前或后、前后针床同时进行隔针或满针错行、隔针隔行等多种方式组合的单次或多次集圈所得。在此基础上配以针床移动编织可得到以满针罗纹、畦编及半畦编为基础的波纹、凹凸等效果的织物。

集圈织物脱散性小、丰厚且蓬松，但易抽丝、延伸性小。编织时利用集圈的排列与纱线的颜色进行配合设计可以使织物的表面出现横条、竖条、图案、孔眼、凹凸等花色效应。

1. 半畦编组织结构与织物特性

半畦编组织行业又称为单元宝、珠地、单鱼鳞，以满针或1×1罗纹为基础组织。

（1）满针罗纹半畦编组织：以满针罗纹为基础，正面成圈编织，反面一行成圈、一行集圈交替编织所形成的织物，线圈结构与编织图如图2-4-5所示。织物反面集圈，线圈拉力大使正面线圈略微凸起而成为"胖"的效果；由于集圈纵向变短横向幅宽变大，织物延伸性、弹性好，厚实、蓬松、保暖性好，织物效果如图2-4-6所示。

 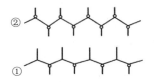

图2-4-5　满针罗纹半畦编组织线圈与编织图　　图2-4-6　满针罗纹半畦编织物效果图

（2）1×1罗纹半畦编组织：以1×1罗纹为基础，正面成圈编织，反面一行成圈、一行集圈交替编织所形成的织物，线圈结构与编织图如图2-4-7所示。1×1罗纹抽针后纵行间隔增大，织物延伸性、弹性更好，结构松厚，正面线圈凸起效果较明显，类似玉米的颗粒，又称"玉米目"，织物效果如图2-4-8所示。

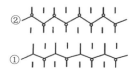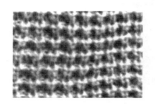

图2-4-7 1×1罗纹半畦编组织线圈与编织图　　　图2-4-8 1×1罗纹半畦编织物效果图

2. 畦编组织结构与织物特性

在满针罗纹、1×1罗纹基础上进行双面集圈编织所形成的织物称为畦编组织，行业又称双元宝针、柳条、双鱼鳞。畦编组织编织时，按满针或1×1罗纹排针，两行为一个循环，第一行正面成圈、反面集圈，第二行正面集圈、反面成圈，如此循环编织，如图2-4-9所示。畦编组织线圈双面凸起，织物结构更厚、更蓬松，保暖性好，不卷边。

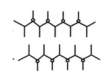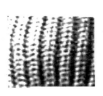

图2-4-9 畦编组织线圈图、编织图与织物效果图

（三）波纹组织

波纹组织也称扳花组织，是由倾斜线圈组成的纵向波纹状花纹的双面纬编组织，倾斜线圈是在横机上按照波纹花型的要求进行移动针床编织形成。移动针床过程又称为扳针。半转移动1个针距，称为半转一扳；半转移动2个针距，称为半转两扳；一转移动1个针距称为一转一扳等。波纹组织根据所采用的基础组织不同有多种类型。

1. 满针（四平）波纹组织结构与织物特性

以满针罗纹（四平）组织为基础，配合针床移动所织出的织物称为满针波纹（又称为四平波纹、四平扳花）。四平波纹织物不卷边、较厚、挺括，两面外观相同，外观纹理呈现均匀的纵向之字花，边缘有锯齿状。成品效果如图2-4-10所示。

2. 抽针罗纹波纹组织结构与织物特性

以1×1罗纹组织为基础，配合针床移动所织出的织物称为1×1罗纹波纹。织物不卷边，两面外观相同、外观纹理呈现抽针凹凸均匀的纵向波纹花，如图2-4-11所示。

以2×2罗纹组织为基础，配合针床移动所织出的织物称为2×2罗纹波纹。织物不卷边，手感松软、外观纹理抽针凹凸纵向之字花更明显，如图2-4-12所示。

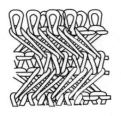　　　　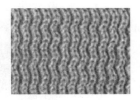

图2-4-10　满针罗纹波纹线圈图　　　　　　　图2-4-11　1隔1抽针波纹线圈图

　　其他种类抽针罗纹均可进行波纹编织。比较有特征的是在满针罗纹基础上正面变化抽针花样，即以后针床平针组织为基础，前针床局部抽针编织，配合针床移动，织出反针为大身组织的正针波纹组织，也称平扳花织物，织物正面外观显现单针或多针的之字花纹。

　　3. 畦编波纹组织结构及织物特性

　　畦编波纹组织可分为半畦编波纹组织和畦编波纹组织。

　　（1）半畦编波纹组织是在半畦编组织的基础上移动针床编织而成的波纹织物。编织半畦编波纹组织时，针床移位方式有多种，其中以一转一扳的方式移动最为普遍。

　　移动成圈一侧的针床是指固定的针床安排编织集圈，编织完集圈横列后，移动成圈一侧的针床，编织完罗纹横列后，针床则不再横移。用此方法一转一扳所编织的半畦编波纹织物，波纹效果出现在呈现畦编效应的一面，在织物的正面，直立线圈和倾斜线圈相间配置，波纹效果明显。织物蓬松、厚实，而且移动针床轻快有力。

　　（2）畦编波纹组织是以畦编织物为基础而成的波纹组织，也称双鱼鳞扳花织物。编织时，织针的排列方式和三角的工作状态与编织畦编组织时相同。如果在某针床成圈后移动该针床，则该针床编织的线圈呈倾斜状态；如果某针床集圈后移动该针床，则另一个不移动的针床编织的线圈呈倾斜状态。一行一扳配合多转的左、右方向循环，可形成尖角凸起的效果，如图2-4-13所示。

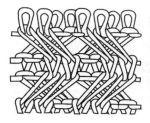　　　　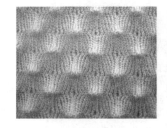

图2-4-12　2隔2抽针波纹线圈图　　　　　　　图2-4-13　畦编波纹鼓包效果图

　　四平抽条波纹组织、半畦编波纹组织、畦编波纹组织等织物常用于毛衫时装外衣。

二、集圈（吊目）花样描绘

（一）单面集圈组织描绘

　　单面集圈用前吊目、后吊目色码来描绘，吊目色码岛精系统有自动衔接功能，国产则无自动衔接功能。

（1）单针单次集圈描绘：使用前编织与前吊目单针、或后编织与后吊目配对成组单针单行交错描绘，如图2-4-14所示。

（2）单针两次集圈描绘：使用前编织与前吊目单针、或后编织与后吊目配对成组两行交错描绘，如图2-4-15所示。

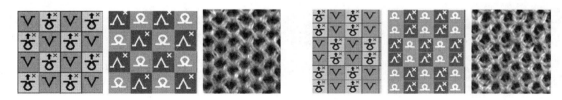

图2-4-14　单针单次集圈描绘示意图　　　　图2-4-15　单针两次集圈描绘示意图

集圈组织变化很多，可制作凹凸、小鼓包、花型图案、配色竖条以及在浮线、毛圈、衬垫、嵌花等组织花样中起到固结线圈的作用。

（二）双面集圈组织描绘

1. 1×1罗纹集圈描绘

（1）1×1罗纹单面集圈描绘：正面或反面隔行集圈，称为隔针半畦编组织，俗称单元宝针，如图2-4-16所示。

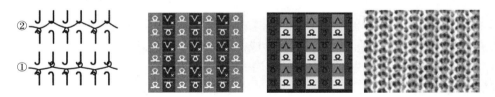

图2-4-16　1×1罗纹单面集圈编织图、代码图与实物效果图

（2）1×1罗纹双面集圈描绘：正、反两面隔行交错集圈，称为隔针畦编组织，俗称双元宝针，如图2-4-17所示。

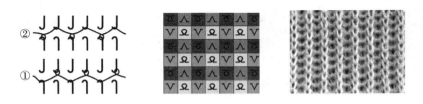

图2-4-17　1×1罗纹双面集圈编织图、代码图与实物效果图

（3）花富格花样描绘：在1×1罗纹基础上单面两次或多次集圈，编织得到凹凸格子效果的花样称为花富格。二次集圈代码与效果图如图2-4-18所示，三次集圈如图2-4-19所示。

2. 满针罗纹单、双面集圈描绘

（1）满针罗纹单面集圈描绘：使用前集圈后编织👠或前编织后集圈👠两种色码表示在满针罗纹基础上在正面或反面隔行集圈，如图2-4-20所示。

（2）满针罗纹双面集圈描绘：在正、反面交替集圈，描绘如图2-4-21所示。

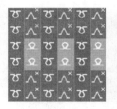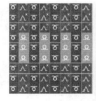

图2-4-18　花富格代码图与实物效果图　　　　　图2-4-19　多次集圈编织与实物效果图

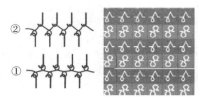

图2-4-20　满针罗纹单面集圈描绘示意图　　　　　图2-4-21　满针罗纹双面集圈描绘示意图

（三）集圈花样设计与描绘

　　单面集圈花样有点、线、图案、凹凸、配色等类型的设计，点是指单线圈集圈形成的点状效果；线是指由多点形成的线状效果；图案是指由点结合形成的某个图案效果；凸起是指多次集圈形成的纵向收缩从而引起另一面形成凸起效果；凹凸是指集圈、编织交替引起凹凸效果；配色是指横列配色与集圈结合形成纵向的色条效果。

　　双面集圈主要设计为凹凸、鼓包等，描绘方法如图2-4-22所示。

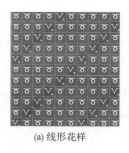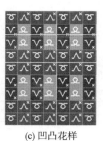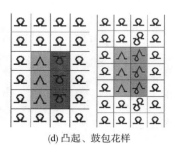

(a) 线形花样　　　　　(b) 自由图案　　　　　(c) 凹凸花样　　　　　(d) 凸起、鼓包花样

图2-4-22　集圈花样的描绘示意图

三、摇床花样描绘

　　摇床花样是在满针罗纹、抽针罗纹或双面集圈等组织的基础上通过后针床的移动进行编织，得到具有倾斜的线圈结构、表面具有曲折纹理效果的面料花样。编织时，针床的相对位置定位在L0.5P或0.0P针位，系统按照该行描绘的色号来自动判断编织位置制作成编织资料。在通常的位置以外，用摇床功能线指定摇床针数、位置、方向进行编织。

（一）岛精系统摇床控制

岛精系统摇床的控制在左侧L2、L3、L4三条功能线上进行指定，填写相应色码来控制针床移动的针距、针床相对位置和针床移动方向三个要素，如表2-4-1所示。

表2-4-1 摇床色码与功能

填写的色码	L2：摇床针数指定	L3：摇床位置指定	L4：摇床方向指定
0	原点位置，无摇床	摇床1/2针距（相错）	后针床向左摇床
1	摇床与原点相距1针	摇床1/4针距	后针床向右摇床
2	摇床与原点相距2针	摇床0针距（针相对）	
3	摇床与原点相距3针	1×1罗纹	
0~18	摇床与原点相距0~18针，根据该机器针型而定		

1. 针床移动的针距

表示后针床发生移动后停留的位置与原点相距的位置针数，填7号色表示移动7个针距。电脑横机规定后针床向左或向右移动的最大距离为1英寸，可填写的数值与该机型相关。

2. 针床相对位置指定

是指摇床后，前后针床的相对位置指定。如填写0号色表示针床相对、填写2号色表示针床相错。

3. 摇床方向指定

是指控制后针床的移动方向。填0号色针床向左移动，填1号色表示针床向右移动。

（二）国产系统摇床控制

国产系统在208摇床功能线上填写相应的色码进行控制。在右侧第一纵行填写"0"号控制向右摇床、填写"1"号控制向左摇床。第二纵行填写相应色码控制摇床针数，摇床次序的控制同岛精系统。第三纵行控制针床相对位置，填写"0"号色码表示针床相错整数移针。

（三）摇床花样描绘

1. 试样分析

如图2-4-23所示，试样底面为满针反针，正面为抽针，从纹理分析线圈向右倾斜而后向左倾斜，形成曲折向上的轨迹。依据摇床原理，从原点开始后针床先向左摇床，每次移动1个针距，移动n个针距后转向，向右每次移动1个针距直到回到原点，完成一个循环运动。

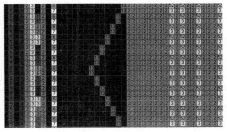

图2-4-23 摇床花样图与制板图

2. 摇床花样描绘时注意点

（1）填写的针数的数值不能大于该机型限制的1英寸针数。如3针机最多填写3。

（2）摇床针数填写时，要按1、2、3……3、2、1方式，递增递减描绘色号，防止一次摇床针距太多而拉断纱线或使主马达受力过大出现"主马达伺服不良"的故障。

（3）填写摇床时同时考虑纱嘴停放点的位置，岛精系统出带时在"纱嘴踢出处理"选项上选定。或提前将纱嘴停放点放到足够远的位置，防止纱嘴撞到针。

（4）摇床动作可1转移动1次，也可以1行或更多行移动1次，得到倾斜角不同。

【任务实施】

一、教学设备

（1）SDS-ONG岛精花型准备系统、恒强制板系统、睿能琪利制板系统。

（2）SSG122-SV 14G、MACH2SIG 14G、NSIG122-SV 7G、SSR-122SV 7G、SCG-122SN 3G、CE2-52C、LXC-252SC系列电脑横机。

二、任务说明

使用7G电脑横机编织毛衫试样：开针81针；起针点第76针；下摆罗纹采用圆筒（袋编）组织，5转。大身：左右两侧各3针描绘半空气层边（三平），第1段共10转，左半边做正针单珠地网眼，右半边做反针单珠地网眼；第2段共10转，左半边做正针双珠地网眼，右半边做反针双珠地网眼；第3段20转，描绘单珠地10转、双珠地10转，单珠地进行1隔1行配色，双珠地进行2隔2行配色；第4段15转做1×1罗纹单元宝，左边一半做前床集圈、右边一半做后床集圈；第5段10转1×1罗纹双元宝；第6段15转做1×1罗纹2次集圈花富格；第7段满针罗纹10转，做隔行单面集圈，左边一半后集圈、右边一半前集圈；第8段10转做满针罗纹前后交替集圈；第9段25转做满针罗纹前后集圈摇床尖角花样；第10段20转做满针罗纹波纹组织花样；第11段25转做抽针罗纹摇床花样；第12段20转做单面集圈自由设计，含线形、凹凸、鼓凸等花样。废纱纬平针6转封口。

三、实施步骤

（一）岛精系统制板操作

1. 试样原图描绘

（1）第1段单面集圈单珠地网眼花样描绘：点击"图形"图标→选择"四方形"→选择"填色"→选择"指定中心"→输入"宽度81、高度20"→点击1号色码→拖动光标到合适位置点击定位，即描绘10转单面平针。在左半边40针按图2-4-14所示使用1号、11号色码交错描绘，右半边用2号、12号色码进行交叉描绘，得到正、反单珠地网眼。边针一般不描绘集圈，边针会掉而形成破边。

（2）第2段单面集圈双珠地网眼花样描绘：点击"图形"图标→点击1号色→拖动光标叠到第1段之上点击定位，即描绘10转单面平针。在左半边40针按图2-4-15所示使用1号、11

号色码描绘，右半边用2号、12号色码进行描绘，得到正、反双珠地网眼组织。

（3）第3段配色单面集圈（竖条）花样描绘：点击"图形"图标→输入"高度40"→点击1号色→叠加到第2段上方→在本段的前20行描绘单珠地、后20行描绘双珠地，附加功能线后在R3上作4号、5号纱嘴配置。

（4）第4段1×1罗纹单元宝针花样（隔针半畦编组织）描绘：描绘1×1罗纹20行→按图2-4-16所示，左半边用1号与11号色码隔行描绘集圈→右半边用2号与12号色码描绘集圈。

（5）第5段1×1罗纹双元宝针花样（隔针畦编组织）描绘：按图2-4-17所示，使用1号、11号、2号、12号色码交错描绘10转，即1×1罗纹双元宝花样。

（6）第6段1×1罗纹花富格花样描绘：按图2-4-18所示，使用单面两次、双面两次集圈描绘左右各半区域，共15转，即得到1×1罗纹两次集圈的两种花富格花样。

（7）第7段满针罗纹隔行单面集圈（半畦编组织）描绘：点击"图形"图标→输入"高度20"→点击3号色→叠加到第6段上方→按图2-4-20所示使用3号、41号、42号色码描绘，左半边使用3号、41号色码隔行交替描绘，右半边使用3号、42号色码隔行交替描绘。

（8）第8段满针罗纹前后交替集圈（畦编组织）描绘：按图2-4-21所示方法，第1横列41号色码、第2横列42号色码交替描绘10转。

（9）第9段满针罗纹前后交替集圈配合摇床尖角花样描绘：尖角花样是由满针罗纹前后交替集圈配合摇床完成编织形成。使用41号、42号色码横宽7针交替集圈一个循环，相邻两个循环使集圈错行，如图2-4-24所示。

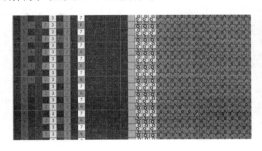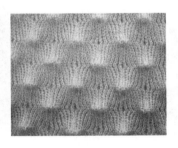

图2-4-24　满针罗纹交替集圈与摇床配合形成尖角凸起花样描绘示意图

在L2功能线左侧1隔1行填写1号色码，表示摇床1个针距（针）指定，1转1摇；在L3左侧指定2号色，表示织针对位为0位（不能指定为1/2、1/4针位）；L4左侧前5转指定为0号色表示向左摇床，后5转填1号色表示向右摇床。如此10转、14针为一个尖角花样的循环，大小与位置用针、转数和集圈错位点来控制。编织时左右摇床后使线圈发生倾斜产生内应力，下机后形成凸起效果。

（10）第10段满针罗纹波纹组织描绘：用3号色描绘81×40矩形叠加在第9段花样上方，在L2、L3、L4左侧填写向左、向右摇床3针（最多1英寸针数）指定。

为了取得明显的斜度效果，采用1行1摇的方式，每个循环为12行，描绘3个循环，上下各空2行，如图2-4-25所示。

（11）第11段正面抽针罗纹摇床花样：用2号色描绘81×50矩形叠加在第10段花样上方，自行设计抽针针数，正面线圈纵行数少、间隔距离远效果凸起较好。

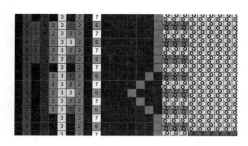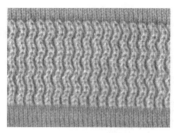

图2-4-25　满针罗纹波纹组织的摇床描绘与实物效果图

在L2、L3、L4左侧填写向左、向右摇床3针指定。采用1转1摇的方式，纵向24行为一个循环，描绘两个循环。摇床针数较多时应将自动纱嘴停放点根据摇床方向进行处理，以防摇床针数较多时纱嘴会撞到针；或出带时自动控制画面设定"纱嘴踢出处理"，系统将自动进行纱嘴停放处理。

（12）第12段20转做单面集圈自由设计，含线形、凹凸、鼓凸花样：参照图2-4-22所示，描绘单面集圈线形、图案、凹凸、鼓凸等花样，图形自定。

（13）三平边描绘：在左右侧边缘3针，用3号、51号色码隔行描绘三平组织向上至顶部，在平针类单面组织中试样的布边有卷边时，加三平边能使试样边缘平整不卷边，描绘方法如图2-4-26所示，注意最后一行与废纱应翻针衔接处理，如图2-4-27所示，与下摆的衔接同为双面组织，取消翻针色码。

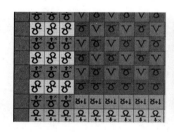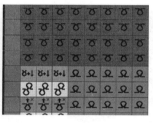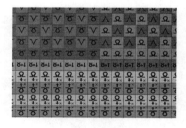

图2-4-26　三平边起、始描绘　　　　　　　图2-4-27　下摆罗纹的衔接处理

2. 附加功能线

点击"范围"图标→选择"花样范围"→点击原图→确定→点击"附加功能线"图标→选择"自动描绘"→勾选"描绘下摆"→勾选"圆筒"→选择"圆筒编织（无翻针）"→选择"描画废纱编织"→勾选"单面组织"→执行，原图两侧附加功能线。

3. 功能线设置

（1）修改罗纹部位功能线：R3纱嘴功能线上6号改为4号色（减少穿纱纱嘴数量），罗纹度目R6为15段，R8上31号色改为0，R11功能线上全部色号改为4号色（关闭压脚）。

（2）配色编织设定：在R3功能线上填写纱嘴号码，第2段配色单珠地10转中，第1横列填4号，第2横列填5号且同时R5上填2号色（空跑），进行隔行配色形成竖条花样。双珠地10转中，第1、2行填4号、第3、4行填5号（2隔2行配色），在双珠地上形成竖条配色花样。

（3）摇床指定：按照图2-4-24、图2-4-25所示进行分段摇床指定。

（4）度目段设置：本例有单面集圈、双面集圈等组织，需设定不同的度目段来控制编织密度。度目的分段以不同的组织结构来分，可以是一个横列为一段，或多个相同组织的横列为一段；当含有多个编织代码的组织时以判断其基础组织来设定，例如单面集圈组织其基本组织为纬平针，双面集圈组织其基本组织是1×1或满针罗纹，按任务3中所述，不同罗纹则分段设定度目段。

本例第1、2、3段单面集圈花样，设定为第5段度目段；第4、5、6、12段花样的基础组织为1×1罗纹，设定为第6段度目段；第7、8、9、10段花样的基础组织为满针罗纹，设定为第8段度目段；第11段为抽针罗纹近似1×1罗纹，设定为第6段度目段。

（5）卷布拉力段设定：大身分为两段，罗纹类设为第4段，平针类集圈组织设为第5段，L11全部填充1号色，表示有翻针时执行第1段卷布拉力。

（6）速度设定：图中摇床段（9、10、11段花样）在L5功能线指定为13号色即第3段，控制为低速，速度设定为0.35m/s。

（7）特殊处理：在有满针翻针的部位对应的L1功能线上填61号色，进行交错翻针。

（8）衔接处理：下摆圆筒编织后，左半边为正针，需要翻针至前（29号色），右半边为反针需要翻针至后（修改为20号色）。

4．出带（编译文件）

（1）机种设定：点击"自动控制设定"图标→弹出对话框→点击"机种设定"→选择"NSIG2Cam、针床长度120、机种类型SV、针数7"→OK。

（2）自动控制设定：起底花样勾选"标准"→选定"单一规程"→选定"无废纱"，其他值默认。

（3）固定程式纱嘴设定：罗纹纱嘴资料→起底输入"4"→废纱输入"7"，其他默认。

（4）节约设定：第1个节约为下摆圆筒袋编5转，此处共描绘3转，循环1转，输入3；第2个节约为废纱6转，输入4。

（5）纱嘴号码设定：如"纱嘴号码5"则对应输入5，其他纱嘴号码输入方法类同。

（6）交错翻针设定：本例设定压脚不作用（初学者）。压脚作用可以增加翻针的准确性。

（7）纱嘴属性设定：点击右下角"🔲"，所有项目自动设定。核对各项纱嘴资料，嵌花机型的普通纱嘴为KSW0，如图2-4-28所示。

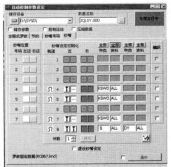

图2-4-28 自动控制设定示意图

（8）保存文件：新建文件夹"毛衫试样"，以文件名"JQLHY.000"进行保存，如图2-4-29所示。

（9）编译文件：点击"处理实行"→模拟编织→没有发现错误→编织助手→出现错误"纱环保持出现异常"→点击错误→弹出对话框（错误行号）、错误位置闪烁，如图2-4-30所示。

图2-4-29　保存文件　　　　　　　　　图2-4-30　编织助手提示示意图

5. 错误检查、分析及处理

（1）错误检查、分析：点击"处理实行"→模拟编织→没有发现错误→确认→查看编织模拟图，如图2-4-31所示→发现第N行即第N段花样结束后第N段为单面组织，其中41（42）与2号色之间没有自动衔接造成的，因此需要进行翻针衔接处理。

（2）处理：在第N段后插入1行空行，填80号色做翻针至后处理。点击"范围"→选择"Package"→点击原图→确定→点击"插入"图标→选择"插入、1行、黑色、重复功能线、手动模式"→点击末行→出现空行，在空行描绘80号色，如图2-4-32所示。

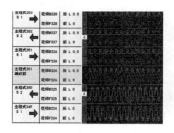

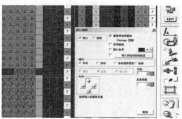

图2-4-31　编织模拟图　　　　　　　　图2-4-32　插入1行翻针行示意图

6. 工艺参数设计

本例编织的织物组织种类主要为单面平针与双面两个类型。

（1）单面集圈度目参照纬平针的度目值试织，根据实际松紧再进行微调。

（2）双面集圈分1×1罗纹与满针罗纹（四平）两类，参照隔针与满针罗纹的度目值试织，根据实际松紧、织物效果再进行微调。详细设定参考表2-4-2所示。

表2-4-2　岛精系统编织工艺参数设计表

度目段	度目值	备注	卷布拉力段	卷布拉力值	备注
1	40	翻针	1	25~30	翻针
5	45	单面集圈	3	30~35	下摆罗纹

续表

度目段	度目值	备注	卷布拉力段	卷布拉力值	备注
6	35	1×1罗纹集圈段	4	35～40	双面编织段
8	30	四平罗纹集圈段	5	35～40	单面集圈段
9	30	四平波纹段	7	35～40	废纱
10	前30后40	抽条罗纹摇床	速度段	速度值	备注
13	前10后20	起底横列	0	0.5（高速）	大身、废纱
15	前40后38	袋编罗纹	1	0.3	翻针
7	50	废纱	3	0.35	罗纹段速度
			4	0.3	满针罗纹速度

7. 编织

（1）读入文件：将出带后"JQLHY.000"文件拷贝到U盘，读入横机中。

（2）穿纱：按照上述设计要求，将不同颜色的纱线分别穿到对应的纱嘴。注意：4号、5号纱嘴穿粗细相同颜色不同的纱线。

（3）按工艺参数表数据输入对应的电脑横机中，调整编织工艺参数。

（4）上机编织：全部准备充分后，按电脑横机操作法进行编织操作。

8. 检验与整理

下机后观察组织花样的完整性，织物平整度、有无横路、竖道（针路）、断纱、油污、飞花等疵点；拆除起口纱，末行套口封口，拆除封口废纱，将试样整烫熨平。

9. 机台保养与卫生

（1）机器每天使用前对所有针踵进行加油：将油挤到毛刷头对针踵刷油，不宜过多。

（2）保持台架整洁卫生，使用前进行擦净、筒纱摆放整齐，无线头。

（3）编织中的线头、废纱等不许落地，及时扔进垃圾桶内，时刻保持场地整洁卫生。

10. 试样织物特征与编织分析

各组分析各段组织织物的组织结构、织物特性、服用性能、外观风格，分析编织中遇到的问题与处理方法，以书面报告形式上交，演讲做好PPT，在下一次课前进行汇报讲评。

（二）恒强系统制板操作

1. 试样整体描绘

光标点击"工艺单"图标→弹出"工艺单输入"对话框→去掉"起底板"→输入起始针数（开针数）"81"→起始针偏移、废纱转数为"0"→罗纹输入"5"→选择罗纹为"F罗纹（圆筒）""普通编织（2）"→勾选"大身对称"→其他默认→在"左身"第一行"转"的下方格子里输入"190"、0针、1次→点击下方的"高级"按钮→选择"其他"标签页→在"棉纱行数"输入12行（废纱行数）→点击"确定"→自动生成平针试样。

2. 第1段单面集圈单珠地网眼组织描绘

右击"实心矩形"图标→在"尺寸"输入宽度"41"、高度"20"→点击"输出"→点击2号色→拖动光标到左下角点击定位→形成左半边反针2号色码、右半边1号色码→在反针左下角左边空3针、下方空1行，按图2-4-14所示描绘2号、5号色码交错四个格→选定四个格区域→点击"阵列复制"或快捷键"K"→拖动复制成38×18区域，即为半边反针单珠地网眼。同理使用1号、4号色码描绘右半边部分。形成10转单珠地网眼花样。

3. **第2段单面集圈双珠地网眼组织描绘**

按图2-4-15所示，同第一段花样描绘方法，描绘正、反针左右各半的双珠地网眼组织。

4. **第3段配色竖条集圈花样描绘**

将第1、2花样选定，点击框选，拖动光标向上复制，叠加在第2段花样之上，在217功能线上，单珠地网眼用3号、5色号进行1隔1行配色，双珠地网眼用3号、5色号进行2隔2行配色。即为二色配色竖条珠地网眼花样。

5. **第4段1×1双面集圈组织描绘（隔针半畦编组织）**

按图2-4-16所示，在左端1、2格用1号、2号色码描绘，第二行1、2格描绘1号、5号色码，选定此4个格，按"K"，点击选择框，向右上角拉开，阵列复制描绘30行1×1罗纹后集圈单元宝花样。右边一半用1号、4号与2号色码描绘，形成30行1×1罗纹前集圈单元宝花样。

6. **第5段双元宝花样描绘（隔针畦编组织）**

按图2-4-17所示，使用1号、4号、2号、5号色码，阵列复制方法描绘20行1×1罗纹的双元宝花样。

7. **第6段1×1罗纹花富格花样描绘**

按图2-4-18所示，用1号、4号、2号、5号色码，左边一半区域描绘单面2次集圈，右边一半描绘双面2次集圈，共15转，即得到1×1罗纹单双面2次集圈的花富格花样，对比成品效果。

8. **第7段满针罗纹做隔行单面集圈（半畦编组织）**

按图2-4-20所示，使用3号、6号色码在左端纵向第1、2格分别描绘，框此2个格，阵列复制向右上方描绘一半区域，右半边将6号色换成7号色描绘，共10转。

9. **第8段满针罗纹前后交替集圈（畦编组织）**

按图2-4-21所示，使用6号、7号色，第1行6号色、第2行7号色交替描绘10转。

10. **第9段满针罗纹前后交替集圈摇床尖角花样**

尖角花样是由满针罗纹前后交替集圈配合摇床完成编织形成。使用6号、7号色码横宽7针交替集圈一个循环，相邻两个循环使集圈错行，如图2-4-33所示。

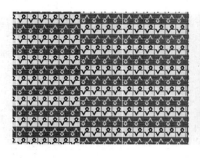

图2-4-33　满针罗纹前后交替集圈与摇床配合形成尖角凸起花样描绘示意图

在208功能线右侧填写摇床方向、针数、针床位置指定；第一纵格指定摇床方向，前5转指定为0号色表示向右摇床，后5转填1号色表示向左摇床。第二纵格上隔行填写1号色表示摇床1个针距，隔1行1摇；第三纵格指定针床位置，填"0"号色，表示针床对位。如此10转、14针为一个尖角花样的循环，大小与位置用针、转数和集圈错位点来控制。编织时左右摇床后使线圈发生倾斜产生内应力，下机后形成凸起效果。

11.　**第10段满针罗纹波纹组织花样**

用3号色描绘81×30矩形叠加在第9段花样上方，在208功能线上填写向左、向右摇床3针指定。为了斜度较大，采用1行1摇的方式，如图2-4-34所示。

12.　**第11段抽针罗纹摇床花样**

用2号色描绘81×40矩形叠加在第10段花样上方，在2底色用3号与9号色相隔描绘1、2、3针的抽针罗纹（或单独3号色），在208功能线上填写向左、向右摇床3针指定。采用1转1摇的方式，描绘方法如图2-4-35所示。

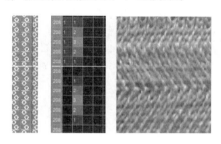 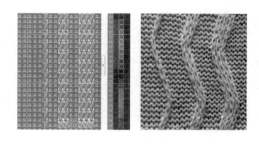

图2-4-34　满针罗纹波纹组织的摇床描绘与实物效果图　　图2-4-35　抽针波纹组织的摇床描绘与实物效果图

13.　**第12段单面集圈自由设计，含线形、凹凸、鼓凸花样**

参照图2-4-22所示，描绘单面集圈线形、图案、凹凸、鼓凸等花样，图形自定。

14.　**三平布边描绘**

在左、右侧边缘3针，用3号、8号色码隔行描绘三平组织向上至顶部，在平针类单面组织中试样的布边有卷边时，加三平边能使试样边缘平整不卷边。注意最后一行与废纱应翻针衔接处理，如图2-4-36所示，与下摆的衔接同为双面组织，取消翻针色码。

15.　**功能线设置**

（1）集圈竖条配色：217功能线上主纱改为3号色，废纱纱嘴改为8号色。第2段配色单珠地10转中，第1横列填3号、第2横列填5号，进行隔行配色形成配色竖条花样。双珠地10转中，第1、2横列填3号、第3、4横列填5号，2隔2行配色，在双珠地上形成竖条配色花样。

（2）摇床指定：按照图2-4-34、图2-4-35所示进行分段摇床指定。

（3）度目段设置：本例第1、2、3段单面集圈花样设定为第8段度目段；第4、5、6、12段花样的基础组织为1×1罗纹，设定为第9段度目段；第7、8、9、10段花样的基础组织为满针罗纹，设定为第10段度目段；第11段为抽针罗纹近似1×1罗纹，设定为第9段度目段。如表2-4-3所示，将度目段号复制到卷布、速度等功能线上。

（4）卷布拉力段设定：所有段号与度目相同。

（5）速度设定：所有段号与度目相同。

（6）特殊处理：在224功能线右侧第一纵格上全填1号色，设定交错翻针。

（7）衔接处理：下摆圆筒编织后，左半边为反针，需要翻针至后，将30号色改为20号色。左右两侧三平布边不用翻针，改为8号色，如图2-4-37所示。

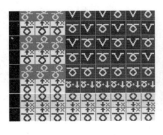 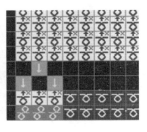 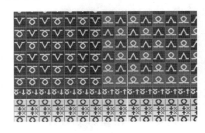

图2-4-36　三平边起始描绘　　　　　　　图2-4-37　下摆罗纹的衔接处理

16. 保存文件

将文件保存至"毛衫试样—集圈试样"或指定路径的文件夹中，文件名为"JQLSY.pds"。

17. 编译与仿真

点击"编译"图标，弹出对话框，点击编译，系统进行处理，弹出编译信息对话框，没有发现错误。点击"工作区"→"CNT"▼→仿真（或横机工具里的仿真），弹出仿真图，查看正反面效果是否清晰，有无线圈模糊之处。如有线圈紊乱，需要检查该处的衔接处理。

18. 编织工艺参数设计

本例编织的织物组织种类主要为单面平针与双面两个类型，参数参照表2-4-3所示。

表2-4-3　编织工艺参数设计表

段号	度目	卷布拉力	速度	备注	段号	度目	卷布拉力	速度	备注
1	180	15	30	双罗纹	8	340	20	40	单面
2	200	15	30	锁行	9	260	15	40	1×1罗纹
3	320	20	40	大身	10	240	20	40	满针罗纹
4	前200后100	15	30	起底	16	360	20	40	废纱
6	前320后300	20	30	圆筒	23	320	15	30	翻针
7	320	18	30	翻针					

19. 试样编织

（1）读入文件：将出带后"集圈试样"文件夹拷贝到U盘，读入GE2-52C 7G电脑横机中，将"JQLSY"文件选定为当前花型，进入"运行"界面。

（2）穿纱：按下"紧急制停"按钮，按照上述设计要求，将不同颜色的纱线分别穿到对应的纱嘴。注意：3号、5号纱嘴穿粗细相同颜色不同的纱线。

（3）按工艺参数表数据输入对应的电脑横机中，调整编织工艺参数。

（4）上机编织：全部准备充分后，按电脑横机操作法进行编织操作。

20. 检验与整理

下机后观察组织花样的完整性、织物平整度、有无横路、竖道（针路）、断纱、油污、飞花等疵点；拆除起口纱，末行套口封口，拆除封口废纱，将试样整烫熨平。

21．**机台保养与卫生**

（1）机器每天使用前对所有针踵进行加油：将油挤到毛刷头对针踵刷油，不宜过多。

（2）保持台架整洁卫生，使用前进行擦净、筒纱摆放整齐，无线头。

（3）编织中的线头、废纱等不许落地，及时扔进垃圾桶内，时刻保持场地整洁卫生。

22．**试样织物特征与编织分析**

各组分析试样各段织物的组织结构与特性、服用性能、正反面外观风格，分析编织中遇到的问题与处理方法，以书面报告形式上交，做好演讲PPT，在下一次课前进行汇报讲评。

（三）琪利系统制板操作

1．**试样整体描绘**

光标点击"工艺单"图标→弹出"工艺单输入"对话框→不勾选"起底板"→输入起始针数（开针数）"81"→起始针偏移、废纱转数为"0"→罗纹输入"5"→选择罗纹为"F罗纹（圆筒）""普通编织（2）"→勾选"大身对称"→其他默认→在"左身"第一行"转"的下方格子里输入"190"、0针、1次→点击下方的"高级"按钮→选择"其他"标签页→在"棉纱行数"输入12行（废纱行数）→点击"确定"→自动生成平针试样。

2．**第1段单面集圈单珠地网眼组织描绘**

右击"实心矩形"图标→在"尺寸"输入宽度"41"、高度"20"→点击"输出"→点击2号色→拖动光标到左下角点击定位→形成左半边反针2号色码、右半边1号色码→在反针左下角左边空3针、下方空1行，按图2-4-14所示描绘2号、5号色码交错四个格→选定四个格区域→点击"阵列复制"或快捷键"K"→拖动复制成38×18区域，即为半边反针单珠地网眼。同理使用1号、4号色码描绘右半边部分。形成10转单珠地网眼花样。

3．**第2段单面集圈双珠地网眼组织描绘**

按图2-4-15所示，同第一段花样描绘方法，描绘正、反针左右各半的双珠地网眼组织。

4．**第3段配色竖条集圈花样描绘**

将第1、2花样选定，点击框选，拖动光标向上复制，叠加在第2段花样之上，在217功能线上，单珠地网眼用3号、5色号进行1隔1行配色，双珠地网眼用3号、5色号进行2隔2行配色。即为二色配色竖条珠地网眼花样。

5．**第4段1×1罗纹单面集圈组织描绘（隔针半畦编组织）**

按图2-4-16所示，在左端1、2格用1号、2号色码描绘，第二行1号、2格描绘1号、5号色码，选定此4个格，按"K"，点击选择框，向右上角拉开，阵列复制描绘30行1×1罗纹后集圈单元宝花样。右边一半用1号、4号与2号色码描绘，形成30行1×1罗纹前集圈单元宝花样。

6．**第5段双元宝花样描绘（隔针畦编组织）**

按图2-4-17所示，使用1号、4号、2号、5号色码，阵列复制方法描绘20行1×1罗纹畦编花样。

7．**第6段1×1罗纹花富格花样描绘**

按图2-4-18所示，用1号、4号、2号、5号色码，左边一半区域描绘单面2次集圈，右边一半描绘双面2次集圈，共15转，即得到1×1罗纹2次集圈的花富格花样，对比成品效果。

8．**第7段满针罗纹做隔行单面集圈（半畦编组织）**

按图2-4-20所示，使用3号、6号色码在左端纵向第1、2格分别描绘，框此2个格，阵列复制向右上方描绘一半区域，右半边将6号色换成7号色描绘，共10转。

9. 第8段满针罗纹前后交替集圈（哇编组织）

按图2-4-21所示，使用6号、7号色，第1行6号色、第2行7号色交替描绘10转。

10. 第9段满针罗纹前后交替集圈摇床尖角花样

尖角花样是由满针罗纹前后交替集圈配合摇床完成编织形成。使用6号、7号色码横宽7针交替集圈一个循环，相邻两个循环使集圈错行，如图2-4-38所示。

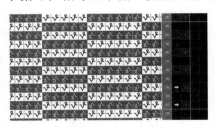

图2-4-38　满针罗纹前后交替集圈与摇床配合形成尖角凸起花样描绘示意图

在208功能线右侧填写摇床方向、针数、针床位置指定；第一纵格指定摇床方向，前5转指定为0号色表示向右摇床，后5转填1号色表示向左摇床。第二纵格上隔行填写1号色表示摇床1个针距，隔1行1摇；第三纵格指定针床位置，填"0"号色，表示针床对位。如此10转、14针为一个尖角花样的循环，大小与位置用针、转数和集圈错位点来控制。编织时左右摇床后使线圈发生倾斜产生内应力，下机后形成凸起效果。

11. 第10段满针罗纹波纹组织花样

用3号色描绘81×30矩形叠加在第9段花样上方，在208功能线上填写向左、向右摇床3针指定。为了斜度较大，采用1行1摇的方式，如图2-4-39所示。

12. 第11段抽针罗纹摇床花样

用2号色描绘81×40矩形叠加在第10段花样上方，在2底色用3号与9号色相隔描绘1、2、3针的抽针罗纹（或单独3号色），在208功能线上填写向左、向右摇床3针指定。采用1转1摇的方式，描绘方法如图2-4-40所示。

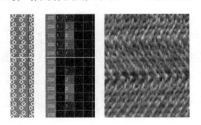

图2-4-39　波纹组织的摇床描绘与实物效果图　　　图2-4-40　抽针波纹组织的摇床描绘与实物效果图

13. 第12段单面集圈自由设计，含线形、凹凸、鼓凸花样

参照图2-4-22所示，描绘单面集圈线形、图案、凹凸、鼓凸等花样，图形自定。

14. 三平布边描绘

在左、右侧边缘3针，用3号、8号色码隔行描绘三平组织向上至顶部，在平针类单面组织中试样的布边有卷边时，加三平边能使试样边缘平整不卷边。注意最后一行与废纱应翻针衔接处理，如图2-4-41所示，与下摆的衔接同为双面组织，取消翻针色码。

15. 功能线设置

（1）集圈竖条配色：217功能线上主纱改为3号色，废纱纱嘴改为8号色。第2段配色单珠地网眼10转中，第1横列填3号、第2横列填5号，隔行配色形成配色竖条花样。双珠地网眼10转中，第1、2横列填3号、第3、4横列填5号，2隔2行配色，形成竖条配色花样。

（2）摇床指定：按照图2-4-39、图2-4-40所示进行分段摇床指定。

（3）度目段设置：本例第1、2、3段单面集圈花样设定为第8段度目段；第4、5、6、12段花样的基础组织为1×1罗纹，设定为第9段度目段；第7、8、9、10段花样的基础组织为满针罗纹，设定为第10段度目段；第11段为抽针罗纹近似1×1罗纹，设定为第9段度目段。如表2-4-3所示，将度目段号复制到卷布、速度等功能线上。

（4）卷布拉力段设定：所有段号与度目相同。

（5）速度设定：所有段号与度目相同。

（6）特殊处理：在224功能线右侧第一纵格上全部填1号色，设定交错翻针。

（7）衔接处理：下摆圆筒编织后，左半边为反针，需要翻针至后，将30号色改为20号色。左右两侧三平布边不用翻针，改为8号色，如图2-4-42所示。

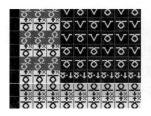 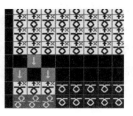 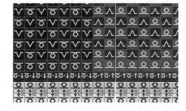

图2-4-41　三平边起、始描绘　　　　　　　　图2-4-42　下摆罗纹的衔接处理

16. 保存文件

将文件保存至"毛衫试样\集圈试样"或指定路径的文件夹中，文件名为"JQLSY.pds"。

17. 编译与仿真

点击"编译"图标，弹出对话框，点击编译，系统进行处理，弹出编译信息对话框，没有发现错误。

点击"仿真"图标 ▓（或横机工具里的仿真），弹出仿真图，查看正反面效果是否清晰，有无线圈模糊之处。如有线圈紊乱，需要检查该处的衔接处理。

18. 编织工艺参数设计

本例编织的织物组织种类主要为单面平针与双面两个类型参数参照表2-4-4所示。

表2-4-4　编织工艺参数设计表

段号	度目	卷布拉力	速度	备注	段号	度目	卷布拉力	速度	备注
1	50	15	30	双罗纹	4	前30后50	15	30	起底
2	55	15	30	锁行	6	前80后76	20	30	圆筒
3	80	20	40	大身	7	80	18	30	翻针

续表

段号	度目	卷布拉力	速度	备注	段号	度目	卷布拉力	速度	备注
8	85	20	40	单面	16	90	20	40	废纱
9	60	15	40	1×1罗纹	23	80	15	30	翻针
10	55	20	40	满针罗纹					

19. 试样编织

（1）读入文件：将出带后"集圈试样"文件夹拷贝到U盘，读入LXC–252SC 7G电脑横机中，将"LWLSY"文件选定为当前花型，进入"运行"界面。

（2）穿纱：按下"紧急制停"按钮，按照上述设计要求，将不同颜色的纱线分别穿到对应的纱嘴。注意：3号、5号纱嘴穿粗细相同颜色不同的纱线。

（3）按工艺参数表数据输入对应的电脑横机中，调整编织工艺参数。

（4）上机编织：全部准备充分后，按电脑横机操作法进行编织操作。

20. 检验与整理

下机后观察组织花样的完整性，织物平整度、有无横路、竖道（针路）、断纱、油污、飞花等疵点；拆除起口纱，末行套口封口，拆除封口废纱，将试样整烫熨平。

21. 机台保养与卫生

（1）机器每天使用前对所有针踵进行加油：将油挤到毛刷头对针踵刷油，不宜过多。

（2）保持台架整洁卫生，使用前进行擦净、筒纱摆放整齐，无线头。

（3）编织中的线头、废纱等不许落地，及时扔进垃圾桶内，时刻保持场地整洁卫生。

22. 试样织物特征与编织分析

各组分析试样各段织物的组织结构与特性、服用性能、正反面外观风格，分析编织中遇到的问题与处理方法，以书面报告形式上交，做好演讲PPT，在下一次课前进行汇报讲评。

【思考题】

知识点：单面集圈、双面集圈、单珠地网眼、双珠地网眼、1×1半畦编、1×1畦编、满针罗纹半畦编、满针罗纹畦编、波纹组织的概念、编织图描绘、制板描绘方法，摇床控制方法、度目段号设定。

（1）简述单面集圈中单珠地网眼、双珠地网眼组织结构与织物的特性。

（2）简述1×1半畦编（单元宝）组织结构与织物的特性。

（3）简述1×1畦编（双元宝）组织结构与织物的特性。

（4）简述1×1华夫格组织结构与织物的特性。

（5）简述1×1畦编与满针罗纹畦编组织、织物的异同。

（6）简述摇床控制的原理与制板的方法。

（7）利用集圈组织设计一个竖条配色的花样，并进行制板与编织。

（8）利用集圈组织设计一个格子形配色的花样，并进行制板与编织。

任务5　移圈类花样设计与制板

【学习目标】

（1）了解和熟悉单向移圈组织的特征与编织原理，学会挑孔类花样设计与描绘。

（2）了解和熟悉交叉移圈组织的特征，学会绞花、菱形类花样设计与描绘。

（3）了解和熟悉移针编织变化的原理，学会多针移圈变化花样设计与描绘。

【任务描述】

了解和掌握移圈的编织原理，学会单向移圈、交叉移圈组织描绘，能进行挑孔、绞花、阿兰花等花样的设计、编织文件的制作与试样的编织。

【知识准备】

一、知识点

移圈类型、移圈方式、挑孔、绞花、阿兰花、虚拟纱嘴、移圈基本动作、取消编织、多次翻针、移圈时摇床的规则顺序、空针挂目、挂目翻针。

二、移圈组织结构与织物特征

移圈是在纬编针织基本组织的基础上，将某些线圈进行向左或向右、向对侧针床移动一个或数个针距的编织方法，织物形成孔眼、交叉、倾斜线圈的外观效果。采用不同的基本组织和不同的移圈方法，可形成外形各异的移圈组织结构，如图2-5-1所示。

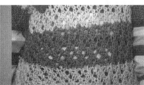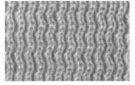

图2-5-1　移圈类组织编织效果图

移圈组织主要有单向移圈（又称为挑花、挑孔、镂空、纱罗等）、交叉移圈（又称绞花、麻花、扭绳等）和整体移圈（又称为波纹、扳花等）三大类。如图2-5-2、图2-5-3所示，移圈的方式可分为单针、多针、前后移圈和整体移圈。移圈在毛衫中又称搬针。

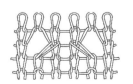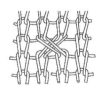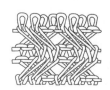

图2-5-2　单向移圈线圈结构图　　　　图2-5-3　交叉移圈和整体移圈线圈结构图

（一）单向移圈组织结构与织物特性

单向移圈（以下简称挑孔）是在纬编针织基本组织的基础上，在不同的针位上进行单个或多个线圈向左或向右移位，当线圈被转移到其相邻线圈上之后，在原来的位置上出现孔眼。适当设计孔眼的排列位置，在织物表面形成由孔眼与纹理变化构成的各种花样，效果如图2-5-4、图2-5-5所示。线圈转移时被拉长，下机后产生回复力，会使织物产生扭曲出现特殊效应。

图2-5-4　单针移圈织物效果图　　　　　　图2-5-5　多针移圈织物效果图

根据基本组织不同分为单面类和双面类挑孔。单面挑孔花样织物一般是在纬平针的基础上形成。在编织过程中，以纬平针为基本组织，按意匠图的设计要求进行移圈编织形成花样。双面挑孔花样是在满针罗纹（四平）、抽针罗纹组织基础上进行编织形成花样。编织时根据需要在前或后针床进行移圈，单针移圈的各种花型效果图如图2-5-6所示。

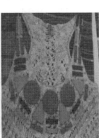

图2-5-6　单向移圈组织在毛衫中的应用

单向移圈织物其特性与基本组织相似。如在纬平针基础上挑孔，与纬平针组织比较其特性为横向延伸性、弹性略差，透气性、透视性好，厚度略厚、有卷边性。

挑孔花样使毛衫透气、透视、图案感强烈，薄如纱罗，透似渔网。

（二）交叉移圈组织结构与织物特性

两组线圈进行交叉换位的移圈方式称为交叉移圈，简称绞花。通过线圈相互交换，使这些线圈的圈柱彼此交叉起来，形成具有扭曲的图案花型。

绞花织物种类很多，按交叉的线圈数分为：1绞1、1绞2、2绞1、2绞2、2绞3、3绞3……，6绞6（或称N支扭N支）等，记为1×1绞花、2×1绞花、3×3绞花，其数值为两组交叉的线圈的针数。按交叉方向分为正绞与反绞，定义为线圈交叉后右侧线圈组在上方、左侧在下方称为正绞（又称右绞、右手绳），反之称为反绞（又称左绞、左手绳）。

通常绞花花样在成衣纵向以一定间隔排列，按单向相绞排列称为顺绞，一正一反间隔排列称为正反绞。绞花花样排列变化众多，如改变移圈的针数、相绞的方向、排列的距离与方位，不同组合形成各种不同花纹图案的绞花织物。典型的绞花花样如图2-5-7所示，图中菱形绞花花样又称为阿兰花。

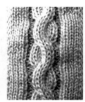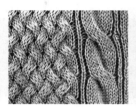

图2-5-7　不同花纹图案的绞花组织

绞花是在单面组织的基础上形成，花样两侧搭配其他类型的花样或组织，如单面、1×1罗纹、2×2罗纹等。多针绞花两侧一般设置2针反针（底针），既衬托出绞花的主体感，也减少断纱、方便手摇横机的编织操作。

绞花织物属单面类具有卷边性，立体感强、花型清晰。运用纵向、横向、斜向、满地绞花花样使毛衫更具有艺术感。粗针绞花表现出粗犷、立体、动感，细针绞花表现出细腻、休闲、中性，绞花是毛衫服装中的代表性花样，其应用如图2-5-8所示。

图2-5-8　绞花花样在服装中的应用

三、单向移圈编织原理与花样描绘

电脑横机具有自动摇床功能，配合编织、翻针功能使线圈实现移动或倾斜，织物表面出现孔眼、线圈交叉于倾斜、纹理变化的效果，使花样变化丰富、繁杂。

单向移圈花样是指将一个或多个线圈同时向左（或向右）移动一个针距，被移动的线圈发生倾斜效果并在被移动的线圈右端（或左端）出现一个空位，再次编织时形成集圈线圈而形成孔眼效果。采用单针、多针、变化针数等组合方式描绘单向移圈花样，或与浮线结合描绘，花样变化繁多。

（一）单向移圈编织原理

1. 单向移圈色码

系统规定前编织+向左或右移针、后编织+向左或右移针的4组色码，挑孔常用为移1针色码，色号为61、71、81、91，属于复合编织动作色码，包含先编织后移针的编织动作，使用时可结合"取消编织"功能使该色码无编织只移针的编织动作。

2. 移圈色码的编织动作过程

（1）色码61：前编织+左移1针，前针床编织→翻针至后→后针床向左摇床→翻针至前。

（2）色码71：前编织+右移1针，前针床编织→翻针至后→后针床向右摇床→翻针至前。

（3）色码81：后编织+左移1针，后针床编织→翻针至前→后针床向左摇床→翻针至后。

（4）色码91：后编织+右移1针，后针床编织→翻针至前→后针床向右摇床→翻针至后。

61号、71号色码与正针配合使用，81号、91号色码与反针配合使用。单向移圈时，将被移动的线圈叠到左边或右边相邻线圈之背后，线圈效果如图2-5-9所示。

3. 二次翻针色码

移圈后欲使移圈线圈叠在相邻线圈之上时，使用"前编织+翻后翻前"或"后编织+翻前翻后"的色码与单向移圈色码动作配合，描绘在移圈方向的前端，如图2-5-10所示，多针移圈时描绘方法相同。

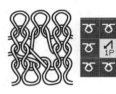 　　

图2-5-9　单向移圈色码描绘与线圈结构形态　　　　图2-5-10　线圈叠前示意图

4. 空针挂目

移圈后该针上无线圈，称为"空针"，下一横列执行编织时形成的线圈称为挂目（集圈），合称"空针挂目"。重叠线圈以及挂目与通常的线圈不同，如进行翻针则不稳定，会脱圈，不一定能翻针成功。如果花样上有类似重叠和挂目的翻针时，需要更改编织方法。

5. 移圈时摇床的规则顺序

同一横列上有多个不同摇床方向色号的情况下（如61、71、20等），摇床处理顺序为：当"前翻后"的动作与"移圈"色号（如61、71）同时执行时，先执行前翻后再执行61号再执行71号色码，机器将从摇床针数少且向左摇床的色号开始，再向右摇床依次进行处理。

例：编织行中有61、62、71、73、20等色码时，处理顺序为：20、61、62、71、73。

（二）单针移圈花样的描绘

用61号、71号或81号、91号色单点描绘，横向可单针或多针描绘；纵向不可连续描绘，至少隔1行描绘，否则产生"空针挂目"，编织不稳定。描绘图案如菱形时，一般左边用61号、右边用71号色，使之受力平衡不易变形。描绘方法如图2-5-11所示。

  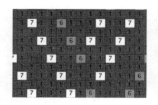 

图2-5-11　单针移圈描绘、菱形挑孔成品与描绘示意图

（三）多针变化移圈花样的描绘

1. 山形移圈花样描绘

山形移圈花样为单针与多针渐变的变针数移圈，形成外观上小下大、纹理向内倾斜花纹花型。移圈后两侧出现孔眼、正中间织针上有3个重叠线圈凸起的效果。横向多个山形花样排列时，由于移圈后的线圈具有回复力，使底部向外展开、顶部向内回缩的受力态势；如果此段采用配色，则出现波浪形横条的效果。描绘方法如图2-5-12所示。

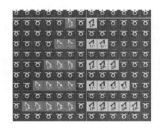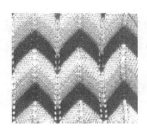

图2-5-12　山形挑孔花样描绘图、线圈模拟、配色织物示意图

2. 树叶花样描绘

两组山形移圈花样以底部为中线成垂直镜像且下部向外移圈，形成纹理上下小中间大，下部线圈纹理向外倾斜、上部线圈纹理向内倾斜，形似树叶脉理的外观效果，称为树叶花样，使用移圈色码在正针组织上进行描绘，如图2-5-13所示。

3. S形纹理花样描绘

以多针固定针数隔行向一个方向递进移圈数转后，反向移圈返回原针位，线圈纹理形成曲折形，纵向多个循环后形成S形纹理花样，称为S形移圈花样。单侧成孔、纹理曲折，正反面效果都很好，成品效果如图2-5-5所示。也可在两侧描绘反针，做成纵条状花样，使用移圈色码在正针组织上进行描绘，如图2-5-14所示。

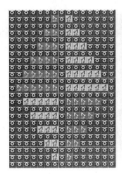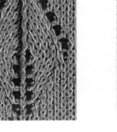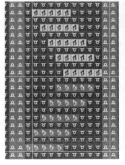

图2-5-13　树叶花样描绘示意图　　　　　图2-5-14　S形花样描绘示意图

4. 孔雀尾花样描绘

使用变多针移圈、移圈空针处上方描绘浮线，浮线上端编织为空针挂目而形成孔眼，多针上的移圈后均在顶端形成孔眼且纹理向外倾斜，外观效果形式孔雀开屏，称为孔雀尾花样，使用移圈与浮线在正针组织上进行描绘，如图2-5-15所示。

5. 罗纹移针花样描绘

罗纹纹理组织的移针花样如图2-5-16所示，采用岛精系统6号、7号移圈色码。采用正针、反针的移圈色码将罗纹纹理进行移动，使织物外观呈现凹凸纹理的连续横移变化效果。

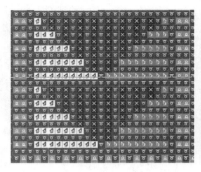

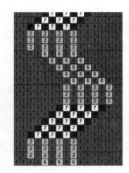

图2-5-15　孔雀尾花样实物与描绘示意图　　　　图2-5-16　罗纹移针花样描绘

6. 并针花样描绘

并针是指将相邻两个或以上的线圈合并叠加成一个线圈的编织方式，参与叠加的线圈数量不同，织物效果则不同。表达方式为n针并1针，幅宽由宽变窄，或出现褶皱现象。

并针通常应用在下摆与大身平针组织连接处，并针后由于参与编织的针数发生变化，织物密度明显变松。利用此特性，在腰部等需要装饰美观时，采用并针的方式出现打褶效果。并针后织物效果如图2-5-17所示，描绘方法如图2-5-18所示。

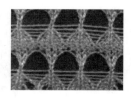

图2-5-17　并针织物效果图　　　　　　图2-5-18　并针描绘图示意

7. 浮线花样描绘

浮线花样是指织物中某些区域出现横向纱线的线段而形成一定形状的外观效果。某些线圈单元形成浮线，需要先将该处的原成圈线圈转移，后续不进行选针编织，该针位形成浮线，如图2-5-19、图2-5-20所示。

图2-5-19　浮线花样线圈图　　　　　　图2-5-20　浮线描绘示意图

多针浮线花样结尾时，应每次加一针进行闭合封口，否则会出现长漏针现象。

四、交叉移圈编织原理与花样描绘

（一）交叉移圈（绞花）花样分类

1. 右绞与左绞

交叉移圈后左边线圈在下、右侧线圈在上称为右绞，反之称为左绞。交叉移圈（以下称为绞花）的线圈数用$m×n$来表示，m表示在上方的线圈数，n表示在下方的线圈数。如$2×2$绞花表示2绞2右绞（未注明时默认为右绞）；如$1×2$表示1绞2右绞；如$3×1$左绞表示为左边3个线圈在上、右边1个线圈在下的左绞，其他类型以此类推，如图2-5-21所示。

2. 对称绞、不对称绞

参与交叉移圈的两组线圈数量相等称为对称绞，不相等则称为不对称绞。如$2×2$绞花表示对称绞，$3×2$绞花表示不对称绞，如图2-5-22所示。

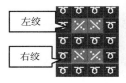 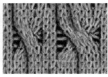   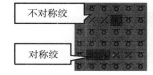

图2-5-21　右、左绞花描绘与右绞模拟图　　　　图2-5-22　对称、不对称绞示意图

3. 正反针绞花

正针线圈与反针线圈进行交叉移圈称为正反针绞花，如图2-5-23所示。

4. 隔针绞花

交叉的两组线圈之间有一个或多个不参与交叉的线圈，如图2-5-24所示。

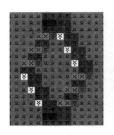    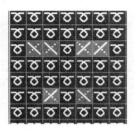 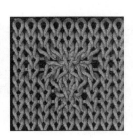

图2-5-23　正反针绞花描绘与模拟图　　　　图2-5-24　隔针绞花描绘与模拟图

（二）交叉移圈花样的描绘与编织动作

1. 交叉移圈花样描绘

（1）正针交叉移圈色码：前床编织交叉在下、前床编织交叉在上、后床编织交叉在下、不编织交叉在下、不编织交叉在上，分为两组，岛精系统每组3个共6个，国产系统每组5个共10个，如表2-5-1所示。

表2-5-1　交叉移圈色码与功能表

功能		前床编织交叉在下	前床编织交叉在上	后床编织交叉在下	不编织交叉在下	不编织交叉在上
岛精系统	第1组	4	5	10	—	—
	第2组	14	15	100	—	—
国产系统	第1组	28	29	38	18（与29配对）	39（与28配对）
	第2组	48	49	58	19（与49配对）	59（与48配对）

（2）色码使用方法：交叉移圈色码必须成对描绘。如岛精系统的色码4与5、5与10，14与15、100与15配对使用；国产系统色码如28与29、18与29、28与39、38与29，48与49、19与49、48与59、49与58配对使用。

（3）色码描绘方法：如1×1绞花则在正针基础上绞花位置并排描绘4与5（28与29）；如2×2绞花则并排描绘4、4、5、5（28、28、29、29）四个格；如3×3绞花则并排描绘4、4、4、5、5、5（28、28、28、29、29、29）六个格，以此类推。如图2-5-21所示为1×1绞花；如图2-5-24所示为1×1、2×2隔针绞花。

（4）多组相邻交叉移圈的描绘：当出现多组交叉组织紧密相邻时，如使用一组色码描绘时，系统分辨不清哪些为一对交叉色码，因此需要引入另一组色码，用于准确区分；两组色码功能完全相同。岛精系统使用4、5与14、15两组色码；国产系统使用28、29与48、49两组色码。其中色号4、14与28、48为前床编织交叉在下，色号5、15与29、49为前床编织交叉在上；岛精系统相邻绞花色码描绘方法如图2-5-25（a）所示。按交叉移圈的编织规则填写色号（岛精系统以4、5配对，国产系统以28、29为配对），以（a）为例，填入（b）图空格中。

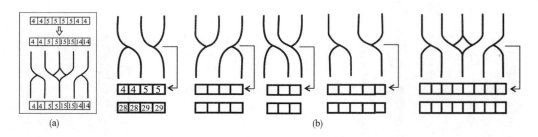

图2-5-25　绞花色号填写练习图

2. 交叉移圈的编织原理

交叉移圈编织动作过程：例如2×2绞花描绘如图2-5-26（a）所示，其编织动作过程如（b）所示。2×2交叉移圈过程为：参与交叉的线圈先翻针至后→向左摇床2个针距→右侧2个线圈翻针至前→向右摇床2个针距→左侧2个线圈翻针至前，形成交叉。

（三）交叉移圈断纱分析与处理方法

在多针绞花编织过程中，往往会发生断纱的现象。如图2-5-27所示线圈交叉时，拉长的线圈与虚线表示的原长度相比，长度相差较大。针织物有线圈长度转移的特性，某线圈受力伸长时，两侧的线圈会有部分长度向其转移（如图中箭头所示）；但相绞的两组线圈间（第2、3线

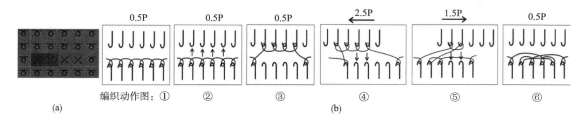

图2-5-26　2×2绞花代码图、编织动作示意图

圈间）的沉降弧两端受力而极易拉断（打×处）。1×1、1×2、2×2等花样交叉线圈数少，在密度略松情况下一般可正常编织；其他多针绞花线圈数较多，伸长更大，则容易出现断纱。常用的解决方法有：分离编织法（偷吃）、分离编织+交错翻针法、加长线圈法等。

1. 分离编织法及描绘方法

交叉移圈时如使两组交叉的线圈不处在同一横列上，沉降弧两侧均可得到长度的输送，这种方法称为分离编织法（俗称为偷吃）。描绘时将交叉位置的一组线圈描绘成浮线16号色，相交叉的两组线圈错开1行，则进行了横列分离称为一次分离，如图2-5-28所示；同理错开2个横列即描绘2行16号色，称为2次分离（又称2次偷吃）。

图2-5-27　断纱分析图

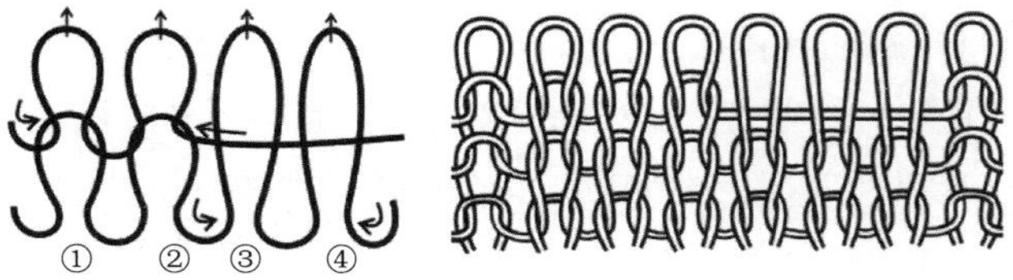

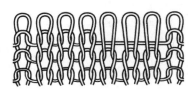

图2-5-28　分离编织线圈转移与线圈结构图

（1）2×2绞花分离编织描绘：2×2绞花也会发生断纱，可采用分离编织方法。描绘时在绞花处插入1行空行，把交叉移圈的色码上移到空行，将原位置一组改为填1号色、另一组改为16号色。空行相对应的功能线上填1号色取消编织动作，即使交叉移圈的色码只做交叉动作，岛精系统使用4与5（或14与15）色码配对描绘，方法如图2-5-29所示，在R9功能线填1号色禁止衔接。

国产系统使用28、29（或48、49）色码配对描绘，或使用18、29（或19与49）色码组合直接描绘，如图2-5-30所示，其中18、19号为无编织交叉在下色码，无需插入空行描绘，在18号或19号色码下方描绘20号色码，使编织更为可靠。

注意：绞花花样同横列行中有反针线圈时，需先将后针床上的线圈翻针到前针床，交叉后再翻回后针床继续编织，防止多针距摇床时拉断后针床的线圈。

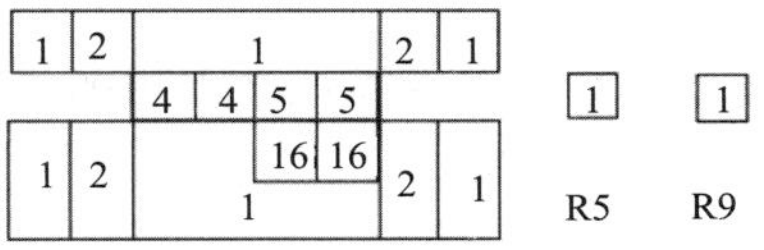

图2-5-29　岛精系统分离编织描绘示意图 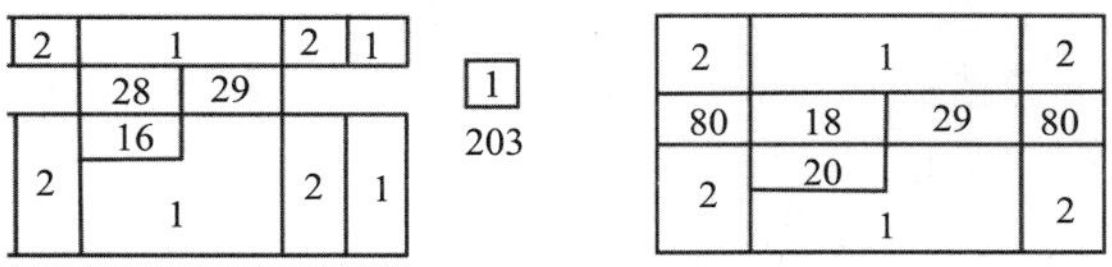　　　　图2-5-30　国产系统分离编织描绘示意图

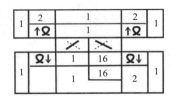

图2-5-31　3×3绞花2次分离描绘示意图

（2）3×3绞花分离编织描绘：3×3绞花编织中肯定会断纱，分离编织的描绘方法与2×2绞花相同。岛精系统描绘3×3绞花色码时，系统自动默认为1次分离编织，不用再插行描绘。

（3）分离编织次数：纱线易断或紧密度编织时，可描绘2次分离编织，方法如图2-5-31所示。交叉的线圈分离2行来移圈处理会比较稳定，减少纱线拉断。

2. 交错翻针法

如果分离编织后还造成断纱可尝试采用分离+交错翻针法描绘。交错翻针法是指将移圈色码交叉动作中的同时翻针移圈更改为1×1交错翻针。动作过程为：翻针至后→右侧线圈向左斜向前交错翻针→左侧线圈向右斜向前交错翻针，如图2-5-32所示。优点是通过采取1隔1交错斜翻针，多针移圈中使线圈长度可相互转移，减少中间线圈的断纱。

（1）将所有后针床上的线圈翻针至前床。

（2）将需要相绞的线圈翻针至后针床：采用复合动作色码时，功能线上需取消编织。

（3）斜翻针：采用后向左（或右）前斜翻针的色码进行1隔1交错描绘。

（4）线圈翻回后针床：将之前翻针到前针床上的线圈翻回到后针床，色码同步骤（2）。

3. 加长线圈长度法

在3×3绞花密度较密的情况下，上述两种方法不能有效的解决断纱的问题，可采用借助后针床织针局部钩纱的方法，使两组交叉线圈的长度得到加长，使交叉移圈稳定。

加长线圈法分为单侧单面加长法、单侧双面加长法、双侧加长、多针加长等方法，不同的方法使线圈加长的长度不同，适合不同性能的纱线与织物密度使用，目的是使绞花花型美观，正面看不出加长线圈的痕迹，如图2-5-33所示。

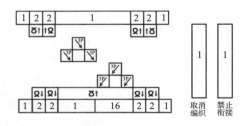

图2-5-32　交错翻针法描绘示意图

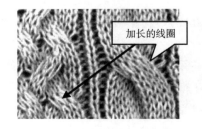

图2-5-33　线圈加长后织物正面效果图

3×3绞花在相交叉前，每组线圈后针床加1针或2针编织，即在中间或两侧描绘3号色或浮线段进行后针床单侧或双侧，使后针床织针钩住纱线，而后采用虚拟纱嘴编织（或后落布色码）使后针床织针放掉线圈，将前针床线圈向下压，使后床线圈长度均匀地转移到前针床的6个（或单侧3个）线圈上，达到加长线圈长度的目的。描绘时，岛精系统虚拟纱嘴填99号（或其他色码）表示。国产系统使用17号后落布色码，不需要设定纱嘴号码。

（1）单侧单面线圈加长法：在单侧分离编织的基础上进行单针单面单侧加长法，如图2-5-34所示，所加长的长度较小，线圈外观差异最小。

（2）单侧双面线圈加长法：在单侧分离编织的基础上使用双面线圈色码单针加长法，如图2-5-35所示，所加长的线圈在正面，长度较小，线圈外观有差异。

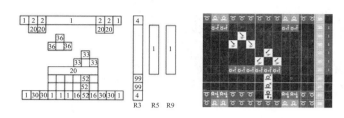

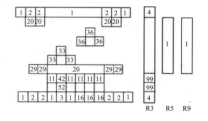

图2-5-34　单侧单面线圈加长法　　　　　　　　　　图2-5-35　单侧双面线圈加长法

（3）双侧加单面线圈加长法：在两侧分离编织的基础上进行单针加长法，如图2-5-36所示，两侧都进行加长线圈，长度较长，线圈外观有差异。

（4）双侧加双面线圈加长法：在两侧分离编织的基础上进行双针加长法，如图2-5-37所示，两侧都进行加长线圈，长度比较长，线圈外观差异较大。

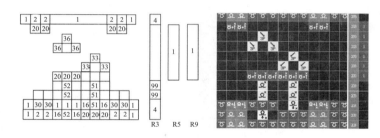

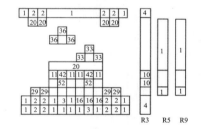

图2-5-36　双侧加单面线圈加长法　　　　　　　　　图2-5-37　双侧加双面线圈加长法

（四）其他绞花花型描绘方法

绞花花样有很多变化，如1×1、2×2、1×2、2×1、3×3、2×3、3×2、4×4、3×4、2×4、4×2、1×4、4×1、5×5、6×6……12×12等。绞花花样的排列有纵、横向直线形、间隔形、V形、菱形等外观效果，也可对称交叉、反向交叉等，衍生出较多花样。

1. 大型绞花花样描绘方法

从3×3绞花可以看出，相交叉的两组线圈相对移动已经达到极值，大型绞花4×4、5×5、6×6、8×8、12×12等绞花很难用类似的方法完成。

4×4、5×5、6×6绞花花样也可以采用类似3×3交叉移圈的方法，编织难度较大，加长的线圈相交叉后效果不如正常的美观，通常采用拆分法进行描绘，可减少针床移动的距离减少断纱。

拆分法是将多针绞花拆分为多个2×2或3×3交叉移圈的编织方法。

（1）4×4、5×5绞花花样描绘：4×4交叉移圈拆分成四次2×2交叉移圈；5×5交叉移圈拆分成3×3、3×2、2×3、2×2共四次交叉移圈，典型的拆分方法如图2-5-38所示（岛精系统色码）。

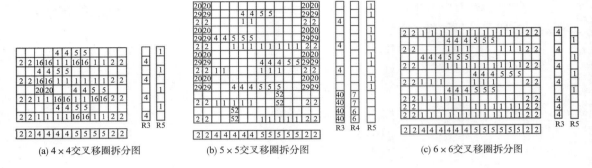

(a) 4×4交叉移圈拆分图　　　(b) 5×5交叉移圈拆分图　　　(c) 6×6交叉移圈拆分图

图2-5-38　多针交叉移圈拆分法描绘示意图

（2）6×6绞花花样描绘：6×6交叉移圈拆分成四次3×3或八次2×2交叉移圈，编织原理图、岛精色码描绘图如图2-5-39所示。

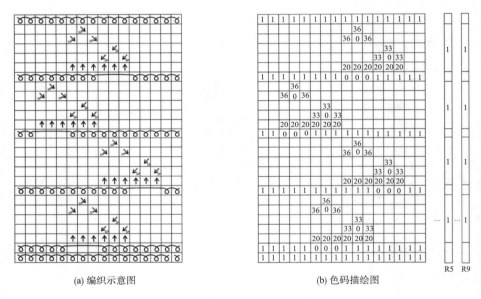

(a) 编织示意图　　　　　　　(b) 色码描绘图

图2-5-39　6×6绞花编织与岛精色码描绘示意图

（3）8×8、12×12绞花花样描绘：8×8交叉移圈拆分成十六次2×2交叉移圈；12×12交叉移圈拆分成十六次3×3交叉移圈，编织原理基本相同，制板时结合分离编织、加长线圈、交错翻针等进行不同针对性处理，其拆分原理如图2-5-40所示。

大型多针交叉移圈的描绘方法有十多种，如两把纱嘴法、单针交叉法等。

2. 隔针绞花花样描绘方法

两组线圈交叉之间加入1号或2号编织，可形成另一种效果。此时，色号4和色号5各描绘两针，因为中间有色号1，变成了摇床3针，岛精系统会自动套用3×3绞花执行分离编织，色号5会成为不织，如图2-5-41所示。

（五）正反针交叉花样描绘方法

用于正针线圈与反针线圈之间的交叉。使用色码分为两组，分别为前床编织上侧交叉色

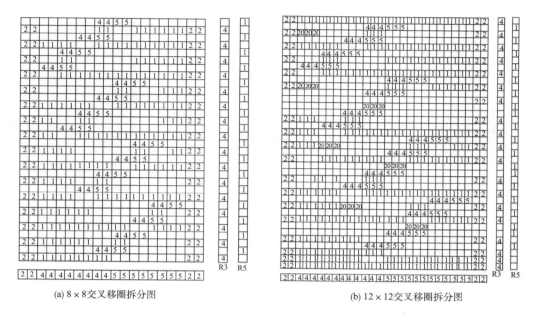

(a) 8×8交叉移圈拆分图   (b) 12×12交叉移圈拆分图

图2-5-40 8×8、12×12交叉移圈拆分法岛精色码描绘示意图

码、后床编织下侧交叉色码。同一行相邻的两组正反针交叉时，使用两组色码描绘。

1. 2×1正反针绞花花样描绘

表示为两个正面线圈与一个反面线圈进行交叉，岛精系统使用5、5、10或15、15、100，国产系统使用29、29、38或49、49、58配对描绘，如图2-5-42所示。

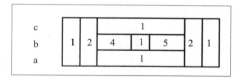

图2-5-41 隔针绞花分离编织示意图

2. 2×1菱形正反针绞花花样描绘

正反针绞花花样有很多变化，比较典型的是菱形花样，称为阿兰花。典型的菱形花样是2×1正反针交叉，即2针正面线圈与1针反面线圈进行交叉形成菱形的花样。前床编织和后床编织交叉时使用色号描绘，易发生断纱时可以采用在10和100色号前做分离编织处理，如图2-5-43所示。

3. 3×1菱形正针移针、分针补洞花样描绘

3针或多针边的菱形花样，正面纹理移针采用单向移1针色码描绘，移动方向的末端描绘挑半目+移针色码进行补洞处理，如图2-5-44所示。分针补洞方式应用于多种移圈纹理变化的花样中，编织效果如图2-5-45所示。

【任务实施】

一、教学设备

（1）SDS-ONG岛精花型准备系统、恒强制板系统、睿能琪利制板系统。

（2）SSG122-SV 14G、MACH2SIG 14G、NSIG122-SV 7G、SSR-122SV 7G、SCG-122SN

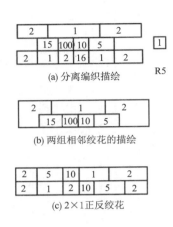

(a) 分离编织描绘   R5

(b) 两组相邻绞花的描绘

(c) 2×1正反绞花

图2-5-42 2×1正反针绞花描绘示意图

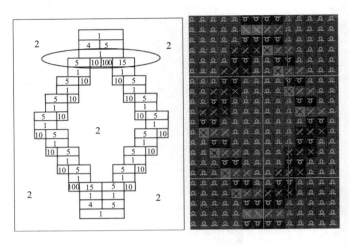

图2-5-43 阿兰花描绘示意图

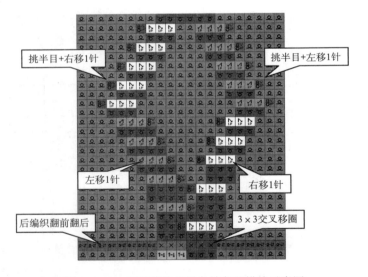

挑半目+右移1针   挑半目+左移1针

左移1针   右移1针

后编织翻前翻后   3×3交叉移圈

图2-5-44 多针菱形花样岛精色码描绘示意图

图2-5-45 分针补洞织物示意图

3G、CE2-52C、LXC-252SC系列电脑横机。

二、任务说明

使用NSIG-122SV、CE2-52C、LXC-252SC 7G电脑横机按表2-5-2所示内容编织试样。

表2-5-2 试样编织任务说明

序号	部位	组织结构	转数
1	开针数	开针73针	
2	下摆	1×1罗纹组织、添加1根弹性纱线，空转1.5转	8转

续表

序号	部位		组织结构	转数
3	大身	第1段	两侧空4针（平针）、上下各空1行，做满挑（纱罗）花样10转	12转
4		第2段	做11针、5转变针数对向移圈花样（山形），横向三个均匀分布	8转
5		第3段	做13针树叶花样，横向三个均匀分布；中间花样下部的移圈线圈显示在正面	15转
6		第4段	做6针10转的S形多针移圈花样，纵向2个循环，横向三个（均匀分布），两侧加2针反针	20转
7		第5段	做19针5转孔雀尾花样，两侧空1针加2针隔行反针，横向两个均匀分布，纵向两个循环	15转
8		第6段	做1×1满绞花样，上、下空1行，左、右空2针	10转
9		第7段	做2×2绞花花样，每2转相绞一次，纵向共4个，横向三组均匀分布；左侧一组为顺绞，中间一组为正反绞，右侧一组为反绞；两组之间设计一个2×1组成的V形图案花样	10转
10		第8段	做3×3绞花花样，每隔3转相绞一次，两边均有2针反针，横向三组均匀分布，每组3个，左侧一组为正（右）绞，中间一组为正反绞（右左右），右侧一组为反（左）绞；纵向3次绞花分别采用分离编织法、交错翻针法、加长线圈法进行描绘	10转
11		第9段	描绘9转、12针阿兰花花样，纵向2个循环，横向3组均匀分布	20转
12		第10段	自由设计：描绘菱形网状花样、浮线花样等	25转
13	废纱封口		平针	5转

三、实施步骤

（一）岛精系统制板操作

1. 试样原图描绘

（1）第1段满挑（纱罗）花样描绘：用1号色描绘73×24的四方形，上下各空1行、左右各留4针边，中间区域用6号或7号色描绘1隔1交错花样，如图2-5-46所示。

（2）第2段山形挑孔花样描绘：在第1段之上用1号色描绘73×16的四方形，做11针、5转山形挑孔花样，参照图2-5-12所示，上空2行，下空4行，共16行。用拷贝工具复制成横向三个，均匀分布。

（3）第3段树叶花样描绘：在第2段之上用1号色描绘73×30的四方形，参照图2-5-13所示，描画左右各6针共13针树叶花样，上下空行均匀。用拷贝工具复制成横向三个，均匀分布。在中间花样下部的6号色左边、7号色右边加1格40号色（前编织翻后翻前），使移圈线圈显示在前面，如图2-5-47所示。

（4）第4段S形多针挑孔花样描绘：在第3段之上用1号色描绘73×40的四方形，参照图2-5-14描绘方法使用7号、6号色描绘6针10转的S形多针挑孔花样，两侧加2针反针。用拷贝方法复制成横向三个，均匀分布，上下均匀空出，如图2-5-48所示。

（5）第5段孔雀尾花样描绘：在第4段之上用1号色描绘73×30的四方形，参照图2-5-15所示，做19针4转孔雀尾花样，复制成纵向2个循环，两侧2针反针；横向两个（均匀分布），纵向两个循环，上下均匀空出6行，如图2-5-49所示。

图2-5-46　满挑花样描绘示意图　　　　　　图2-5-47　树叶花样描绘示意图

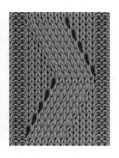

图2-5-48　S形花样描绘示意图　　　　　　图2-5-49　孔雀尾花样描绘示意图

（6）第6段满绞花样描绘：在第5段之上用1号色描绘73×20的四方形，上、下空1行，左侧空2针、右侧空3针，用4、5与14、15进行横向满绘，纵向空1行重复，即为1×1满绞花样。

（7）第7段2×2绞花花样描绘：在第6段之上用1号色描绘73×20的四方形，画4455为2×2绞花花样，左侧一组为顺绞，各个绞花画法相同，纵向共4个；中间一组为正反绞，即第一个为4455，空3行后画5544，纵向一正一反共4个；右侧一组为反绞，与左侧相反，画5544。在两组之间描画2×1组成的V形图案花样，2×2绞花做底，如图2-5-50所示。

（8）第8段3×3绞花花样描绘：在第7段之上用1号色描绘73×20的四方形，做3×3绞花花样，每隔3转相绞一次，纵向共3次。左侧一组为顺绞，描绘444555系统自动默认一次分离编织。纵向第2组采用交叉翻针+分离编织法，参照图2-5-32所示描绘。纵向第3组参照图2-5-34～图2-5-37所示加长线圈长度法任意一种分别描绘，比较编织后的效果。绞花两侧加2针反针，横向三组均匀分布。采用手动方法进行拆行，描绘动作符号，设置功能线相应的功能，编织区域内0号色换成99号色，便于衔接，将后针床所有翻针进行翻前翻后处理，如图2-5-51所示。

（9）第9段阿兰花花样描绘：在第8段之上用1号色描绘73×40的四方形，参照图2-5-43所示，采用5、10和15与100色码，在反针为基础的组织上描绘9转、12针阿兰花花样，纵向2个循环，横向3组均匀分布。

（10）第10段自由设计花样描绘：在第9段之上用2号色描绘73×50的四方形，其上参照前文所示花样，设计浮线花样、网状菱形花样、多重绞花花样等。

网状菱形花样在交叉时，需要增加2行，描绘交叉移圈，使相邻的两组菱形花样纹理连续，如图2-5-52所示。多重绞花是指多组连续相绞，或纵向或横向，如图2-5-53所示。

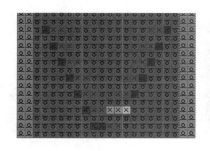
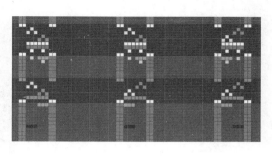

图2-5-50　2×2绞花示意图　　　　　　　　　图2-5-51　3×3绞花示意图

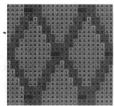
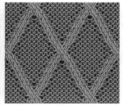

图2-5-52　菱形网状花样示意图　　　　　　　　图 2-5-53　多重绞花花样示意图

2．附加功能线

选择下摆罗纹为1×1罗纹，废纱为"单面组织"，附加功能线。

3．修图

（1）更改下摆罗纹纱嘴为46号，去掉R8上的31号色，罗纹度目段改为15，关闭压脚。

（2）绞花功能线设定如图2-5-54所示。设定虚拟纱嘴为99号、R5功能线填1号色取消翻针动作色码编织动作、R9填写1号色禁止衔接处理。

（3）第1、6、7、8段花样的度目段为第5段，为松密度；第2、3、4、5、9、10段花样设定为第6度目段，废纱为第7度目段。

（4）卷布拉力设定：L10设定按默认段号，第3段为罗纹段拉力段，第4段为大身拉力段，第7段为废纱拉力段；L11为翻针拉力，分别为13、14、17段。

（5）速度段设定：在L5功能线绞花拆行段设为"13"即为第3段速度，L6翻针速度功能线全部设为"11"，即第1速度段，其他为"高速"，如图2-5-55所示。

4．出带（编译文件）

（1）机种设定：点击"自动控制设定"图标→弹出对话框→点击"机种设定"→选择"NSIG 2cam、针床长度120、机种类型SV、针数7"→OK。

（2）自动控制设定：起底花样勾选"标准"→选定"单一规程"→选定"无废纱"，其他值默认。

（3）固定程式纱嘴设定：罗纹纱嘴资料→起底输入"4"→废纱输入"7"，其他默认。

（4）节约设定：第1个节约为下摆罗纹8转，输入"7"；第2个节约为废纱5转输入"3"。

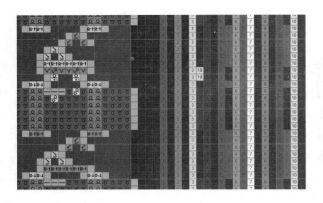 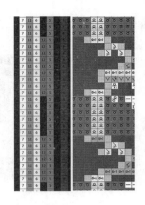

图2-5-54　3×3绞花功能线设定示意图　　　图2-5-55　速度设定图

（5）纱嘴号码设定："纱嘴号码6"则对应输入6，其他纱嘴号码输入方法相同。添纱纱嘴"46"中上一格输入"4"，下一格输入"6"。

（6）交错翻针设定：本例设定压脚不作用（初学者）。压脚作用可以增加翻针的准确性。

（7）纱嘴属性设定：点击右下角" "，所有项目自动设定。核对各项纱嘴资料：嵌花机型的4号、7号为普通纱嘴：KSW0的，6号纱嘴为"NPL"宽纱嘴。

（8）保存文件：新建文件夹"毛衫试样"，以文件名"YQLHY.000"进行保存。

（9）编译文件：点击"处理实行"→模拟编织→没有发现错误→编织助手→出现错误"会断纱的摇床"→点击错误→弹出对话框（错误行号）、错误位置闪烁，如图2-5-56所示。

 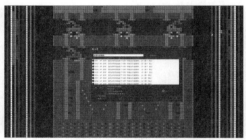

图2-5-56　编织助手提示示意图

5. 错误检查、分析及处理

（1）错误检查、分析：系统提示2×2、3×3交叉移圈时摇床距离过大，可能会发生断纱的现象，要求进行处理。本例先按题目要求来进行编织，在编织过程中观察编织情况，比较绞花的分离编织、交错翻针、加长线圈等方法处理后的编织情况，下机后再根据断纱情况作出处理。

（2）处理：在下机后断纱之处按分离编织、交错翻针、加长线圈等方法处理。

6. 工艺参数设计（表2-5-3）

本例编织的织物组织种类主要为单面单向移圈与交叉移圈类型。在满挑、满绞、多针绞花段设定为松密度，其他为正常密度。

表2-5-3　岛精系统编织工艺参数设计表

度目段	度目值	备注	卷布拉力段	卷布拉力值	备注
1	40	翻针	1	25～30	翻针
5	50	满挑、满绞、绞花	3	30～35	下摆罗纹
6	45	单向移圈	4	35～40	大身
13	前10后20	起底横列	7	33～38	废纱
14	35	空转	速度段	速度值	备注
15	30	1×1罗纹	0	0.6（高速）	大身、废纱
17	40	翻针行	1	0.35	翻针
7	48	废纱	3	0.4	绞花移针
			4	0.5	罗纹

7. 编织

（1）读入文件：将出带后"YQLHY.000"文件拷贝到U盘，读入横机中。

（2）穿纱：按照要求将纱线分别穿到对应的纱嘴，6号宽纱嘴穿一根20D弹力丝。

（3）按工艺参数表数据输入对应的电脑横机中，调整编织工艺参数。

（4）上机编织：全部准备充分后，按电脑横机操作法进行编织操作。

8. 检验与整理

下机后观察组织花样的完整性，织物平整度、有无横路、竖道（针路）、断纱、破洞、油污、飞花等疵点；拆除起口纱，末行套口封口，拆除封口废纱，将试样整烫熨平。

9. 机台保养与卫生

（1）机器每天使用前对所有针踵进行加油：将油挤到毛刷头对针踵刷油，不宜过多。

（2）保持台架整洁卫生，使用前进行擦净、筒纱摆放整齐，无线头。

（3）编织中的线头、废纱等不许落地，及时扔进垃圾桶内，时刻保持场地整洁卫生。

10. 试样织物特征与编织分析

各组分析各段织物的组织结构、织物特性、服用性能、正反面外观风格，分析编织中遇到的问题与处理方法，以书面报告形式上交，做好演讲PPT，在下一次课前进行汇报讲评。

（二）恒强系统制板操作

1. 试样原图描绘

（1）试样整体描绘：光标点击"工艺单"图标→弹出"工艺单输入"对话框→去掉"起底板"→输入起始针数（开针数）"73"→起始针偏移、废纱转数为"0"→罗纹输入"8"→选择罗纹为"1×1罗纹""普通编织"→勾选"大身对称"→其他默认→在"左身"第一行、"转"的下方格子里输入"145"、0针、1次→点击下方的"高级"按钮→选择"其他"标签页→在"棉纱行数"输入10行（封口纱行数）→点击"确定"→自动生成平针试样。

（2）第1段满挑（纱罗）花样描绘：在73×24区域中，上下各空2行、左右各留4针作为布边，用61或71号色描绘1隔1交错花样，阵列复制该区域。

（3）第2段山形挑孔花样描绘：在第2段71×16的区域中，参照图2-5-12所示，描绘11针、5转山形挑孔花样，花样上方空4行，下空2行，共16行。用选择框拷贝方法复制成横向三个，均匀分布。

（4）第3段树叶花样描绘：在第2段之上73×30的区域中，参照图2-5-13所示，描画左右各6针共13针的树叶花样，上下空出均匀。用选择框拷贝方法复制成横向三个，均匀分布。在中间两个花样下部的61号色左边、71号色右边各加1格60号色（前编织+翻后翻前），使移圈线圈显示在前面，如图2-5-57所示。

（5）第4段S形多针挑孔花样描绘：在第3段之上73×40的区域中，参照图2-5-14描绘6针20转的S形多针挑孔花样纵向两个循环，两侧加2针反针。用拷贝方法复制成横向三个，均匀分布，上下位置居中。

（6）第5段孔雀尾花样描绘：在第4段之上73×30的区域中，参照图2-5-15所示，描绘19针5转孔雀尾花样，复制成纵向两个循环，两侧2针加2针反针；横向两个均匀放置。

（7）第6段满绞花样描绘：在71×20区域中，上、下各空2行，左侧空2针、右侧空3针，用28、29与48、49配对进行横向满绘，使用阵列复制形成花样，如图2-5-58所示。

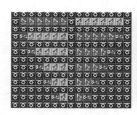

图2-5-57　树叶花样线圈翻前示意图　　　　图2-5-58　1×1满绞描绘示意图

（8）第7段2×2绞花花样描绘：描绘三组2×2绞花花样，左侧一组为正绞，画法左28右29，纵向共4个；中间一组为正反绞，即第一个为28、29，空3行后第2个画29、28，纵向重复1循环共4个，横向均匀放置；右侧一组为反绞，与左侧相反，画29、28；易断纱时将28号替换成18号色，下面改为20号色，如图2-5-59所示。在两组之间描画如图2-5-60所示的2×1组成的V形图案花样。

（9）第8段3×3绞花花样描绘：在第7段之上73×20的区域中描绘3×3绞花花样，每隔3转相绞一次，纵向共3次。左侧一组为正绞，中间一组为正反绞，右侧一组为反绞。分离编织如图2-5-61所示描绘。绞花的两侧加2针反针，在相应功能线上设置"取消编织"功能。描绘如图2-5-62、图2-5-63所示。

（10）第9段阿兰花花样描绘：在第8段之上用2号色描绘73×40的区域，参照图2-5-43所示描绘9转、12针阿兰花花样，用29与38、49与58色码配对进行描绘，纵向2个循环，横向3

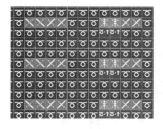
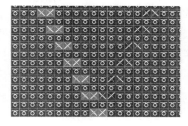
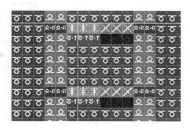

图2-5-59　2×2绞花　　　　　图2-5-60　2×1 V形绞花　　　　图2-5-61　3×3绞花分离编织图

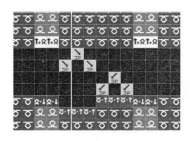
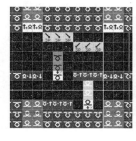
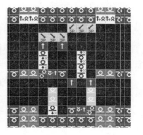

图2-5-62　交错翻针法描绘示意图　　　　　图2-5-63　加长线圈法描绘示意图

组均匀分布。发生断头时可用18、19替换38、58做偷吃，如图2-5-64所示。

（11）第10段自由设计花样描绘：在第9段之上用2号色描绘73×50的四方形，其上参照前文所示花样，设计浮线花样、网状菱形花样、多重绞花花样等。

网状菱形花样在交叉时，需要增加2行，描绘交叉移圈，使相邻的两组菱形花样纹理连续，如图2-5-65所示。

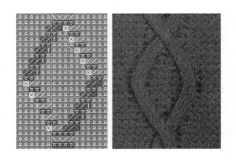

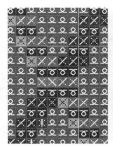

图2-5-64　阿兰花花样描绘　　　　　　　图2-5-65　网状菱形花样描绘

2. **工艺参数设计**

（1）纱嘴设置：217功能线上主纱全部改为5号色、废纱纱嘴改为8号色。

（2）度目段设置：第1、6、7、8段花样的度目段为第8段，为松密度；第2、3、4、5、9、10段花样设定为第9度目段，其他默认。

（3）卷布拉力段设定：按默认设置。

（4）速度设定：将3×3绞花花样另设一段为第10段，速度值为30。

3. **保存文件**

将文件保存至"毛衫试样\移圈试样"或指定路径的文件夹中，文件名为"YQLSY.pds"。

4．编译文件

点击"自动生成动作文件"图标，自动编译成编织文件。如有出现错误按提示要求进行更改。可点击右上边缘的"工作区"来检查文件，如图2-5-66所示。

5．模拟与仿真

模拟是指对整个花样的编织过程用编织图进行描绘，便于查找问题，改进原图的描绘方法，使机器的编织更为顺畅。点击"工作区"→查看CNT→点击"▼"→点击"模拟"，出现编织图画面，图中左边表示编织行号、系统名，正中为编织图，灰色小圆点表示织针；每个横列的新线圈用黄色表示；旧线圈用灰色表示；翻针用上、下箭头表示；每个横列间用黑色线分开。点击某个线圈，右侧可显示各个工艺参数的段号；原图相应的横列出现闪烁条，如图2-5-67所示。学会按横列读懂编织图及翻针的符号，学会观察编织图中的编织动作。

图2-5-66　工作区功能示意图

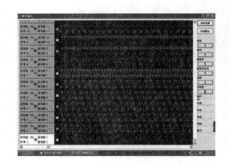

图2-5-67　编织模拟示意图

点击"仿真"图标（或横机工具里的仿真），弹出仿真图，查看正反面效果是否清晰，有无线圈模糊之处。如有线圈紊乱，需要检查该处的衔接处理。

6．编织工艺参数设计（表2-5-4）

表2-5-4　编织工艺参数设计表

段号	度目	卷布拉力	速度	备注	段号	度目	卷布拉力	速度	备注
1	180	15	30	双罗纹	7	320	18	30	翻针
2	200	15	30	锁行	8	380	20	40	单面
3	320	20	40	大身	9	340	15	40	单面
4	前200 后100	15	30	起底	16	360	20	40	废纱
5	280	15	30	空转	23	320	15	30	翻针
6	240	20	30	1×1罗纹					

7．试样编织

（1）读入文件：将出带后"移圈试样"文件夹拷贝到U盘，读入GE2-52C 5G电脑横机中，将"YQLSY"文件选定为当前花型，进入"运行"界面。

（2）穿纱：按下"紧急制停"按钮，按照上述设计要求，将纱线分别穿到对应的纱嘴。

（3）按工艺参数表数据输入对应的电脑横机中，调整编织工艺参数。

（4）上机编织：全部准备充分后，按电脑横机操作法进行编织操作。

8. 检验与整理

下机后观察组织花样的完整性、织物平整度、有无横路、竖道（针路）、断纱、破洞、油污、飞花等疵点；拆除起口纱，末行套口封口，拆除封口废纱，将试样整烫熨平。

9. 机台保养与卫生

（1）机器每天使用前对所有针踵进行加油：将油挤到毛刷头对针踵刷油，不宜过多。

（2）保持台架整洁卫生，使用前进行擦净、筒纱摆放整齐，无线头。

（3）编织中的线头、废纱等不许落地，及时扔进垃圾桶内，时刻保持场地整洁卫生。

10. 试样织物特征与编织分析

各组分析试样各段织物的组织结构与特性、服用性能、正反面外观风格，分析编织中遇到的问题与处理方法，以书面报告形式上交，做好演讲PPT，在下一次课前进行汇报讲评。

（三）睿能琪利系统制板操作

1. 试样原图描绘

（1）试样整体描绘：光标点击"工艺单"图标→弹出"工艺单输入"对话框→去掉"起底板"→输入起始针数（开针数）"73"→起始针偏移、废纱转数为"0"→罗纹输入"8"→选择罗纹为"1×1罗纹""普通编织"→勾选"大身对称"→其他默认→在"左身"第一行、"转"的下方格子里输入"145"、0针、1次→点击下方的"高级"按钮→选择"其他"标签页→在"棉纱行数"输入10行（封口纱行数）→点击"确定"→自动生成平针试样。

（2）第1段满挑（纱罗）花样描绘：在73×24区域中，上下各空2行、左右各留4针作为布边，用61或71号色描绘1隔1交错花样，阵列复制该区域。

（3）第2段山形挑孔花样描绘：在第2段73×16的区域中，参照图2-5-12所示，描绘11针、5转山形挑孔花样，花样上方空4行，下空2行，共16行。用选择框拷贝方法复制成横向三个，均匀分布。

（4）第3段树叶花样描绘：在第2段之上73×30的区域中，参照图2-5-13所示，描画左右各6针共13针的树叶花样，上下空出均匀。用选择框拷贝方法复制成横向三个，均匀分布。在中间花样下部的61号色左边、71号色右边各加1格60号色（前编织+翻后翻前），使移圈线圈显示在前面，如图2-5-68所示。

（5）第4段S形多针挑孔花样描绘：在第3段之上73×40的区域中，参照图2-5-14描绘6针20转的S形多针挑孔花样纵向两个循环，两侧加2针反针。用拷贝方法复制成横向二个，均匀分布，上下位置居中。

（6）第5段孔雀尾花样描绘：在第4段之上73×30的区域中，参照图2-5-15所示，描绘19针5转孔雀尾花样，复制成纵向两个循环，两侧2针加2针反针；横向三个均匀放置。

（7）第6段满绞花样描绘：在73×20区域中，上、下各空1行，左侧空2针、右侧空3针，用28、29与48、49配对进行横向满绘，使用阵列复制形成花样，如图2-5-69所示。

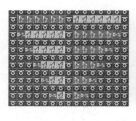

图2-5-68　树叶花样线圈翻前示意图　　　　　图2-5-69　1×1满绞描绘示意图

（8）第7段2×2绞花花样描绘：描绘三组2×2绞花花样，左侧一组为正绞，画法左28右29，纵向共4个；中间一组为正反绞，即第一个为28、29，空3行后第2个画29、28，纵向重复1循环共4个，横向均匀放置；右侧一组为反绞，与左侧相反，画29、28；易断纱时将28号替换成18号色，下面改为20号色，如图2-5-70所示。在两组之间描画如图2-5-71所示的2×1组成的V形图案花样。

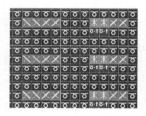

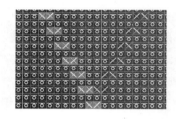

图2-5-70　2×2绞花　　　　　图2-5-71　2×1 V形绞花

（9）第8段3×3绞花花样描绘：在第7段之上71×20的区域中描绘3×3绞花花样，每隔3转相绞一次，纵向共3次。左侧一组为正绞，中间一组为正反绞，右侧一组为反绞。分离编织如图2-5-72所示描绘。绞花的两侧加2针反针，在相应功能线上设置"取消编织"功能。描绘如图2-5-73、图2-5-74所示。

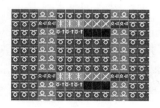
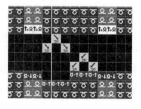

图2-5-72　3×3绞花分离编织图　图2-5-73　交错翻针法描绘示意图　图2-5-74　加长线圈法描绘示意图

（10）第9段阿兰花花样描绘：在第8段之上用2号色描绘71×40的区域，参照图2-5-43所示描绘9转、12针阿兰花花样，用29与38、49与58色码配对进行描绘，纵向2个循环，横向3组均匀分布。发生断头时可用18、19替换38、58做偷吃，如图2-5-75所示。

（11）第10段自由设计花样描绘：在第9段之上用2号色描绘71×50的四方形，其上参照前文所示花样，设计浮线花样、网状菱形花样、多重绞花花样等。

网状菱形花样在交叉时，需要增加2行，描绘交叉移圈，使相邻的两组菱形花样纹理连续，如图2-5-76所示。

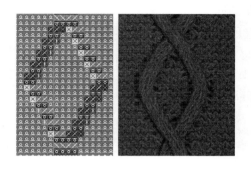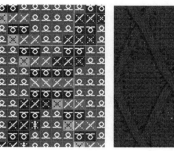

图2-5-75　阿兰花花样描绘　　　　　　　图2-5-76　网状菱形花样描绘

2. 工艺参数设计

（1）纱嘴设置：217功能线上主纱全部改为5号色、废纱纱嘴改为8号色。

（2）度目段设置：第1、6、7、8段花样的度目段为第8段，为松密度；第2、3、4、5、9、10段花样设定为第9度目段，其他默认。

（3）卷布拉力段设定：按默认设置。

（4）速度设定：将3×3绞花花样另设一段为第10段，速度值为30。

3. 保存文件

将文件保存至"毛衫试样\移圈试样"或指定路径的文件夹中，文件名为"YQLSY.pds"。

4. 编译文件

点击"自动生成动作文件"图标，自动编译成编织文件，编译对话框如图2-5-77所示。弹出编译信息，如图2-5-78所示，如有出现错误按提示要求进行更改。

图2-5-77　编译对话框示意图　　　　　　图2-5-78　编织模拟示意图

5. 模拟与仿真

点击"仿真"图标（或横机工具里的仿真），弹出仿真图，查看正反面效果是否清晰，有无线圈模糊之处。如有线圈紊乱，需要检查该处的衔接处理。

6. **编织工艺参数设计**（表2-5-5）

表2-5-5　编织工艺参数设计表

段号	度目	卷布拉力	速度	备注	段号	度目	卷布拉力	速度	备注
1	50	15	30	双罗纹	7	80	18	30	翻针
2	55	15	30	锁行	8	95	20	50	单面
3	80	20	40	大身	9	85	15	50	单面
4	前30后50	15	40	起底	16	90	20	40	废纱
5	55	20	30	空转	23	80	15	30	翻针
6	45	20	50	圆筒					

7. **试样编织**

（1）读入文件：将出带后"移圈试样"文件夹拷贝到U盘，读入LXC-252SC 7G电脑横机中，将"YQLSY"文件选定为当前花型，进入"运行"界面。

（2）穿纱：按下"紧急制停"按钮，按照上述设计要求，将纱线分别穿到对应的纱嘴。

（3）按工艺参数表数据输入对应的电脑横机中，调整编织工艺参数。

（4）上机编织：全部准备充分后，按电脑横机操作法进行编织操作。

8. **检验与整理**

下机后观察组织花样的完整性，织物平整度、有无横路、竖道（针路）、断纱、破洞、油污、飞花等疵点；拆除起口纱，末行套口封口，拆除封口废纱，将试样整烫熨平。

9. **机台保养与卫生**

（1）机器每天使用前对所有针踵进行加油：将油挤到毛刷头对针踵刷油，不宜过多。

（2）保持台架整洁卫生，使用前进行擦净、筒纱摆放整齐，无线头。

（3）编织中的线头、废纱等不许落地，及时扔进垃圾桶内，时刻保持场地整洁卫生。

10. **试样织物特征与编织分析**

各组分析试样各段织物的组织结构与特性、服用性能、正反面外观风格，分析编织中遇到的问题与处理方法，以书面报告形式上交，做好演讲PPT，在下一次课前进行汇报讲评。

【思考题】

知识点：单向移圈、交叉移圈、分离编织、加长线圈、虚拟纱嘴，绞花命名规则，山形挑孔、树叶花样、孔雀尾、S形花样、阿兰花。

（1）移针的色码有哪些？以后针床向左斜移4针的色码为例简述其编织动作过程。

（2）前翻后、向左或右斜移针的色码有哪些？以前翻后向右斜移7针的色码为例简述其编织动作过程。

（3）后翻前、向左或右斜移针的色码有哪些？以后翻前向右斜移 7 针的色码为例简述其编织动作过程。

（4）简述单针移圈的编织动作过程，并描绘编织图进行说明。将 61 号色拆分成翻针、斜翻针的编织动作，试描绘出编织动作过程。

（5）简述单针移圈后线圈的结构形态与织物的特性。

（6）简述交叉移圈类织物的外观效果。

（7）使用拆分法描绘 6×6 绞花的基本小图。

（8）简述编织＋翻前翻后色码的作用与使用方法。

（9）简述单向移圈形成孔洞的位置以及补洞的方法，用色码描绘说明。

（10）设计一个 1×1 罗纹纹理局部 10 针向右倾斜 3 转，后平摇 3 转，再向左倾斜 3 转后平摇 3 转的 S 形花样，完成制板并编织成 A4 纸大小的试样。

（11）设计一个菱形网状的绞花花样，完成制板并编织成 A4 纸大小的试样。

任务6 沉降片花样设计与制板

【学习目标】

（1）了解和熟悉沉降片的结构与作用，学会闭口凸条、开口凸条花样的设计与描绘。

（2）了解和熟悉局部编织原理，学会局部鼓包花样的设计与描绘。

（3）了解和熟悉空针起口的作用与编织原理，学会眼皮花样的设计与描绘。

【任务描述】

了解沉降片的结构与作用、局部编织的原理，学会闭口凸条、开口凸条花样、局部编织鼓包、空针起口等花样的设计、编织文件的制作，上机完成试样的编织。

【知识准备】

一、沉降片的结构与作用原理

沉降片安装在织针的左侧，其结构如图2-6-1所示，主要由片踵、片头、沉降片弹簧等构成，左图为岛精机沉降片，右图为国产机沉降片。编织时有沉降片三角作用于针踵，使沉降片片头随着织针的编织产生升或降，对应作用于每个线圈的沉降弧，使线圈顺利形成。

沉降片的主要作用是辅助成圈与退圈。成圈时沉降片片头压住线圈的沉降弧，与针钩拉住的针编弧形成线圈；退圈时织针上升，沉降片压住沉降弧形成牵拉力，有效防止沉降弧浮起，使织针顺利退圈。由于某些花样卷布拉力不能作用到该线圈，退圈时线圈处于无拉力状态，因此需要利用可动式沉降片和压脚压住织口的线圈辅助退圈进行编织，如图2-6-2所示。

岛精电脑横机采用弹簧式沉降片，作用力柔和、持续，编织过程始终压紧线圈的沉降弧。

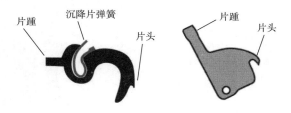

图2-6-1 沉降片结构示意图

图2-6-2 线圈退圈受力示意图

二、沉降片类花样组织结构与织物特性

依赖沉降片的作用所形成的织物称为沉降片类花样，主要有凸条类花样、空针起口类花样与局部编织类花样等。

（一）凸条类花样组织结构与织物特性

凸条花样是指在织物表面产生横向直形、波浪形或局部凸起效果所形成的花样。凸条类型因凸条的下端封闭与否分为闭口凸条与开口凸条两类。其花样分为直条凸条、波浪凸条、局部凸条，以及在此基础上的配色凸条等。设计时可利用参与编织的针数及转数控制凸条的连续、断续、起伏度及高度等花样效果。

1. 闭口凸条的结构与织物特征

闭口凸条是指凸起的部分上下两端为封闭结构，一般以单面或双面组织为基础编织而成。凸起的组织结构采用三平变化组织，花样主要有横向直形凸条、波浪形凸条、局部凸条等。下机后形成较好的凸起立体效果，其他特性与基础组织相同，凸起部分较厚。与其他组织组合可产生诸多变化，效果如图2-6-3所示。

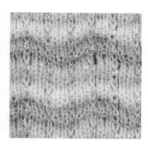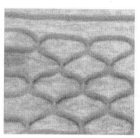

图2-6-3 闭口凸条花样示意图

2. 开口凸条的结构与织物特征

开口凸条以单面组织织物为基础，在另一个针床上编织开口凸条；凸条的下端为开口状态。编织时采用空针起口2转，到指定高度后翻针到主针床上叠合，下机后形成布卷型凸起，具有较好的立体效果，横向具有良好的延伸性，外观效果如图2-6-4所示。

开口凸条有直条（与主针床同宽且同时翻针）、波浪形（依次翻针）、局部（局部编织）等形式。如将翻针位置制成波浪线，则形成波浪开口凸条；如果控制针数，则形成局部开口凸条。大身组织与凸条组织的搭配可分为正-正、正-反两种形式，正-反搭配可分为直形、波浪形两种。

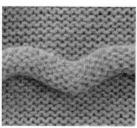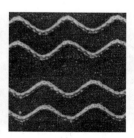

图2-6-4 开口凸条花样示意图

（二）局部编织花样结构与织物特征

局部编织花样是指通过任意选针技术控制局部某些织针参与编织，其他织针不工作的编织方法，编织后局部织针上的线圈横列数多于其他针上的线圈横列数，造成不同部位产生张力的差异，回缩后局部编织部位张力松，在布面上出现了凸起等立体造型的效果。其外观可实现斜摆、圆摆、波浪形边、斜片、肩斜、凸条、鼓包等类型，效果如图2-6-5所示。

局部编织类组织结构主要以单面类组织为主，其织物特征与基础组织相似。

图2-6-5　局部编织织物外观效果图

三、沉降片花样的设计、描绘与编织

（一）闭口凸条花样设计、编织原理与描绘

1. 闭口凸条编织原理

闭口凸条花样的编织原理是利用后床暂停编织、前床编织N转后再将后床线圈翻针至前床，前针床线圈横列数多于后针床线圈，后床线圈回缩力造成正面线圈向上凸起或由于下端脱圈后形成卷状形态形成凸起的横条花样，凸起的程度由前床转数控制，横向长度由参与编织的针数控制。直形凸条编织原理如图2-6-6所示、波浪形凸条编织原理如图2-6-7所示。图中"Ꝺ"符号表示前针床编织，"ᒼ"符号表示后针床编织，"Ꝉ"符号表示前、后针床同时编织，"↓"表示后针床翻针到前针床，"↑"表示前针床翻针到后针床的编织动作。以四平横列起始、前床平针多个横列进行凸起、结束时将后针床线圈翻到前床形成背面拉力，促使正面凸起，凸起部分还可以通过配色进行变化。

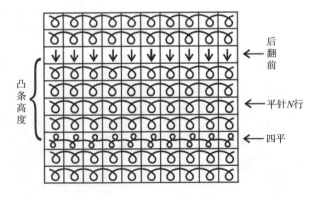 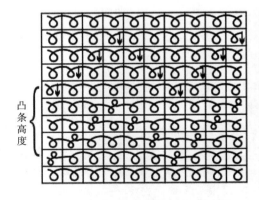

图2-6-6　直形凸条编织原理示意图　　　　图2-6-7　波浪形凸条编织原理示意图

2. 闭口凸条花样设计

花样分为形状、配色、凸起效果。形状分为直形、波浪形、局部凸条；配色分为单色、多色，多色配色色段、色点构成；凸起效果为高与低，由正面横列数的多少来控制。

3. 闭口凸条花样描绘

按编织原理图中的线圈形状，使用无衔接色码进行描绘，岛精系统色码描绘如图2-6-8所示。

29	29	29	29	29
51	51	51	51	51
51	51	51	51	51
51	51	51	51	51
51	51	51	51	51
51	51	51	51	51
3	3	3	3	3

(a) 直形凸条

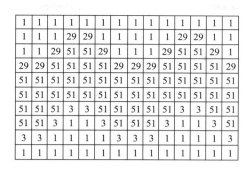

(b) 波浪形凸条

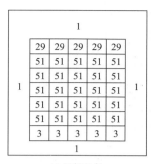

(c) 局部凸条

图2-6-8　岛精系统闭口凸条描绘示意图

闭口凸条组织编织时，四平针、纬平针编织行度目段单独设定；局部凸条可适当降低后针床的度目值或适当控制长度（5针以内较好）；直形凸条翻针行采用交错翻针。

（二）开口凸条花样设计、编织原理与描绘

1. 开口凸条编织原理

以单面组织为基础，在另一个空针床上编织凸条，到指定高度后翻针到主针床上叠合。编织时凸条采用空针起口2转，凸条的下端为开口状态。

2. 开口凸条花样设计

分为形状设计（直形、波浪形、局部）和配色设计、大身组织配合设计三个方面。

（1）直形开口凸条设计：直形开口凸条大身与凸条组织的配置分为正-正配置、正-反配置或交替配置。

① 正-正配置：大身先在前床编织，需编织开口凸条时将大身翻针到后针床，凸条在前针床空针上1隔1起口编织2转，编织N转后，将后针床的线圈翻针到前针床，得到大身为正针、凸条为正针的正-正开口凸条。

② 正-反配置：大身在后针床编织为反针组织，凸条在前针床编织为正针组织，编织N转后翻针至后床，形成大身组织为反针、凸条为正针的正-反开口凸条。

③ 交替配置：在同一条凸条中凸条为正、大身组织由正反面交替出现的配置。

（2）波浪形开口凸条设计：波浪形凸条由于翻针不在一条直线上，只有正反配置设计。

正-反波浪形开口凸条的编织方法：在正-反配置的开口凸条的基础上，将凸条按波浪形进行翻针到后针床，即形成正-反波浪形凸条织物。

3. 开口凸条花样描绘

由于空针床上没有线圈未形成拉力，因此需利用沉降片的作用才能退圈。开始部分采用空针交错吃针编织2转，度目值略小，防止线圈易脱散，后续为纬平针满针编织凸条主体部分。岛精系统描绘如图2-6-9、图2-6-10所示。

正-反配置开口凸条如图2-6-11所示。国产系统的空针起口如图2-6-12所示。

4. 国产机沉降片设定

国产机型的沉降片为固定旋转式，无弹簧结构，不能与可动式沉降片一样能够有效地按

1	1	1	1	1	1	1	1	1	1	1	1	1	1	1	1	1	1
1	1	1	1	1	1	1	1	1	1	1	1	1	1	1	1	1	1
29	29	29	29	29	29	29	29	29	29	29	29	29	29	29	29	29	29
1	1	1	1	1	1	1	1	1	1	1	1	1	1	1	1	1	1
1	1	1	1	1	1	1	1	1	1	1	1	1	1	1	1	1	1
1	1	1	1	1	1	1	1	1	1	1	1	1	1	1	1	1	1
1	1	1	1	1	1	1	1	1	1	1	1	1	1	1	1	1	1
16	51	16	51	16	51	16	51	16	51	16	51	16	51	16	51		
51	16	51	16	51	16	51	16	51	16	51	16	51	16	51	16		
16	51	16	51	16	51	16	51	16	51	16	51	16	51	16	51		
51	16	51	16	51	16	51	16	51	16	51	16	51	16	51	16		
20	20	20	20	20	20	20	20	20	20	20	20	20	20	20	20	20	20
1	1	1	1	1	1	1	1	1	1	1	1	1	1	1	1	1	1
1	1	1	1	1	1	1	1	1	1	1	1	1	1	1	1	1	1

（右侧：5、…6、5，R6）

图2-6-9　正–正开口凸条描绘图

2	2	2	2	2	2	2	2	2	2	2	2	2	2	2	2	2	2
2	2	2	2	2	2	2	2	2	2	2	2	2	2	2	2	2	2
20	20	20	20	20	20	20	20	20	20	20	20	20	20	20	20	20	20
1	1	1	1	1	1	1	1	1	1	1	1	1	1	1	1	1	1
1	1	1	1	1	1	1	1	1	1	1	1	1	1	1	1	1	1
1	1	1	1	1	1	1	1	1	1	1	1	1	1	1	1	1	1
1	1	1	1	1	1	1	1	1	1	1	1	1	1	1	1	1	1
16	51	16	51	16	51	16	51	16	51	16	51	16	51	16	51		
51	16	51	16	51	16	51	16	51	16	51	16	51	16	51	16		
16	51	16	51	16	51	16	51	16	51	16	51	16	51	16	51		
51	16	51	16	51	16	51	16	51	16	51	16	51	16	51	16		
2	2	2	2	2	2	2	2	2	2	2	2	2	2	2	2	2	2
2	2	2	2	2	2	2	2	2	2	2	2	2	2	2	2	2	2

（右侧：5、…6、5，R6）

图2-6-10　正–反开口凸条描绘图

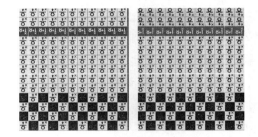

图2-6-11　正–反配置空起起口编织原理图　　　图2-6-12　国产系统描绘示意图

住线圈的沉降弧，在编织时要注意织片浮出针床，编织程度受限。

慈星电脑横机采用控制式沉降片，采用参数值控制其下压力度。右行数值小时下压动程大，左行数值大时下压动程大。普通编织时右行、左行均调为450，空起编织时右行调为200、左行调为700，两者之和为900，效果较好。具体数值应视具体情况而定。

（三）圆筒空起花样的设计、编织原理与描绘

圆筒空起组织结构采用双针床编织的双面织物，将织物正面的局部进行空针起口，编织后空起部分向上翻起而露出底色，形似眼睛与眼皮，俗称眼皮花样。

1. 圆筒空起花样的编织原理

如图2-6-13（a）所示为典型的眼皮花样，从外观分析纵向有多色排列的色块眼皮花样，眼皮与底色不同色，因此可以得出为横向配色织成。面色与底色为不同色且为中空，组

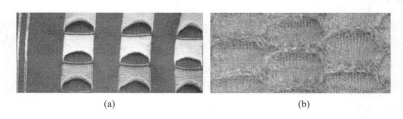

(a)　　　　　　　　　　　　(b)

图2-6-13　圆筒空起花样实物效果示意图

织结构为圆筒，即为块状二色圆筒织物，将色块的下端进行开口处理，即翻针至后，正面形成空针，再起口编织而成，空起部分向上翻起而露出底色，编织原理如图2-6-14所示。

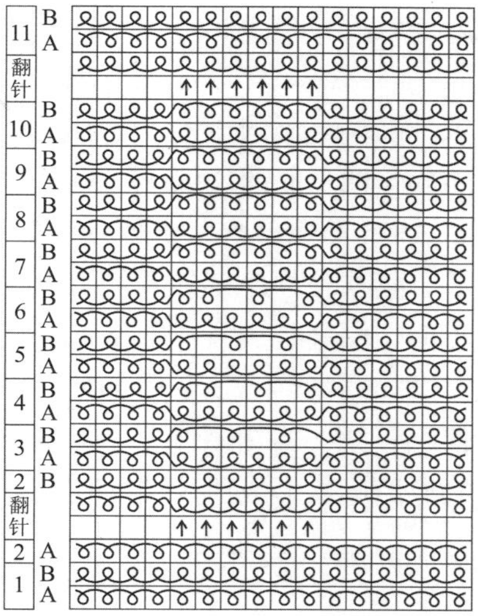

2. 圆筒空起花样的设计

空起花样向上卷起，出现凸起，立体感强。设计上采用空起针数、高度、配色、纱线原料特性等搭配，形成各种特殊的效应。如图2-6-13（b）所示采用透明丝为主体，空起部分采用配色纱线、眼皮交错设计所形成的效果。

3. 圆筒空起花样的描绘

参照图2-6-13（a）所示的实物样，将图分成若干色块，每个色块的一行用圆筒2行（前编织1行、后编织1行）来表示，每行配一个纱嘴，即一把纱嘴织面、一把纱嘴织底。将其中一组色块的起始行前翻针至后，留出前床

图2-6-14 圆筒空起花样编织原理图

空针，而后4行描绘空起，参照线圈图所示采用无衔接色码进行描绘。岛精系统描绘如图2-6-15所示，填写纱嘴与空跑。国产系统如图2-6-16所示。花样两侧需要错行描绘的封边处理。

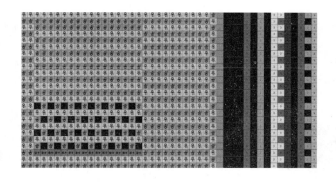

图2-6-15 岛精系统圆筒空起花样的描绘

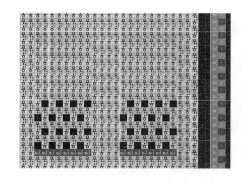

图2-6-16 国产系统圆筒空起花样的描绘

4. 圆筒空起花样描绘例子（16针眼皮）

（1）设计眼皮花样的大小：眼皮大小根据周围花样而定。设宽度为16针，高度为8转。

（2）编织方法：采用两把纱嘴，分别穿A色与B色，按图2-6-14所示顺序交替编织。

（3）描绘方法：成品的一行，实为A、B色各编织一行，描绘时A色在前床编织则B色在后床编织，或者相反。将花样一行拆为两行，用一行前编织，一行后编织交替描绘所有行；选取16×16区域，向下移一行，与底色错行，即为眼皮区域。

（4）空起描绘：空起时，前一行先将前床线圈翻针到后床，描绘2转的隔针编织，如图2-6-15所示，采用A、B两个颜色的纱嘴进行编织，A为底色，B为面色。图中第1行A色编织在前针床，B色在后床编织。第2行A色编织后，需要开眼皮的位置进行翻针至后针床。第3行A色编织，翻针位置改为后针床编织；B色在翻针位置的前针床上进行空起，空起区域进行1隔1针编织，容易编织不易脱散。第4行A色不变，B色在空起位置与前一行相错编织。第

5、6行与第3、4行相同，第7、8行正常编织。编织到需要的高度后，可以进行下一个眼皮的空起，即与第2行相同。描绘时，前针床编织岛精用51号色（国产用8号色）、后针床编织岛精用52号色（国产用9号色）、浮线用16号色、翻针位置用20号色（前编织翻针至后）进行描绘。

（四）局部编织花样编织原理、设计与描绘

1．局部编织花样的编织原理

某些花样由于外观的不同，需要在局部进行编织而其他针上的线圈保持不动，卷布拉力不能作用这些线圈，需利用沉降片压住沉降弧辅助退圈，保持正常编织。

如图2-6-17所示，横向幅宽中做平头鼓包，纱嘴需要在鼓包位置进行编织，而其他织针停织；如图2-6-18所示为尖角鼓包，编织时每一转减少1针到剩1针，再进行每织一转加1针到原宽度，形成顶为1针的尖角鼓包。

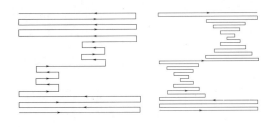

图2-6-17　局部编织原理示意图　　　　图2-6-18　尖角鼓包效果示意图

2．局部编织花样的设计

局部编织可在同一针床或不同针床中进行，形状有直条、圆头、平头、尖角鼓包、成型等，设计此类花样时，需要考虑控制局部编织的针数与转数与移床等其他编织方法配合，形成局部凸起、尖角、块面、凸条、席编等立体彩色效果，如图2-6-19所示。

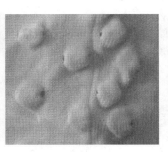

(a) 配色局部编织　　　　(b) 等宽鼓包　　　　(c) 尖角鼓包　　　　(d) 竹编花样

图2-6-19　局部编织花样设计案例

3．局部编织花样的描绘

（1）鼓包花样描绘：鼓包花样分为圆头、尖角两种类型。圆头鼓包描绘如图2-6-20所示；变针数的尖角鼓包描绘如图2-6-21所示。为防止出现孔眼，可在两侧加集圈线圈进行补洞。

（2）竹编花样描绘：花样外观呈现如竹子篾片的纹理结构。图中最小的纹理规律为菱形，纹理为向左或向右倾斜。分析其编织原理：每个菱形块的纹理其宽度针数不变、高度相

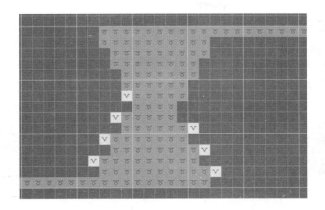

图2-6-20　圆鼓包描绘示意图

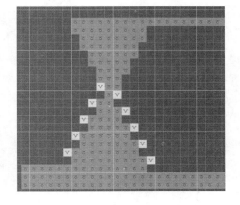

图2-6-21　尖角鼓包描绘示意图

同，形成纹路的倾斜应该采用移圈方法、形成单独的块状应采用局部编织的方法，因此该花样应该采用两者编织方法的结合，编织时是矩形，下机后由于受力回复而形成菱形，如图2-6-22、图2-6-23所示。织物平整挺括、较纬平针厚，弹性、延伸性差。

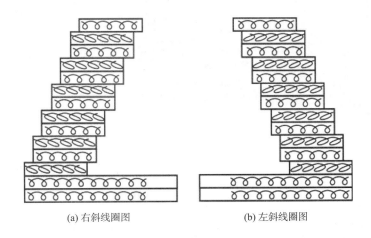

(a) 右斜线圈图　　　　　　　　(b) 左斜线圈图

图2-6-22　竹编花样线圈示意图

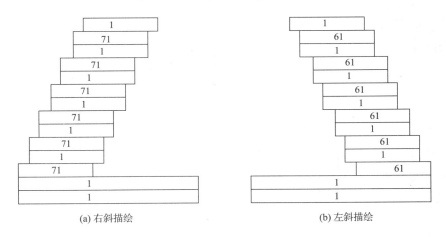

(a) 右斜描绘　　　　　　　　(b) 左斜描绘

图2-6-23　竹编花样描绘示意图

描绘时纹理向右倾斜用71与1色码组合，向左倾斜时用61与1色码组合。

（3）3D立体空起花样描绘：如图2-6-24所示为岛精系统描绘的3D立体编织花样，采用正-反凸条的配置方式进行编织，立体突出部分组织可采用1×1罗纹组织，为了防止起口端脱散则可采用1×1的起底方式，然后采用局部编织成型。织物以纬平针为基础，其特性同纬平针组织。

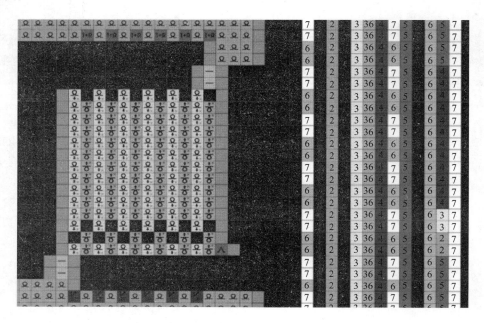

图2-6-24　岛精系统立体花样指定双系统描绘示意图

（4）口袋盖立体编织描绘：口袋效果图、编织原理如图2-6-25所示，线圈描绘如图2-6-26所示。

① 袋底描绘：确定口袋位置、口袋宽度，用3号色描绘袋底。

② 袋身描绘：采用袋编方法编织袋身部分，保持大身与口袋同步编织。

③ 开袋口：袋口处用局部编织方法编织3到5转，而后落布开袋。将后床线圈续翻到前针床，继续大身的编织。

④ 口袋盖的起口编织：口袋盖设计为单层平针组织，在前针床编织，然后将后床线圈翻针到前针床，使之与大身连接在一起。为了保证口袋盖起口横列不能脱散，采用1×1罗纹进行起底。

⑤ 借针位：1×1罗纹需要前后针床同时编织。先将前针床所有线圈翻针至后床，在口袋的位置将线圈1隔1移圈到相邻针上，这些空针与前针床一起编织1×1罗纹。

⑥ 1×1罗纹起底编织：与后床空针配合，描绘1×1罗纹，元空1转后翻针至前床，在沉降片的作用下能正常编织。

⑦ 口袋盖编织：翻针后按设计长度编织口袋盖转数，组织为纬平针。

⑧ 翻针至前：将后针床线圈翻针到前针床，口袋盖与大身合一。

局部编织应用广泛，可用于凸条、波浪边、3D立体成型等花样类型的编织。

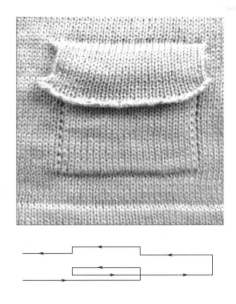

图2-6-25 口袋效果与编织原理图

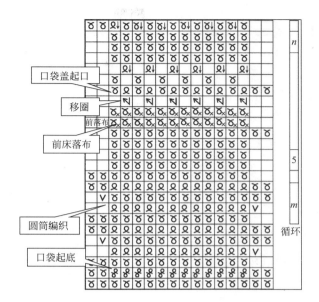

图2-6-26 口袋编织国产系统色码描绘图

【任务实施】

一、教学设备

（1）SDS-ONG岛精花型准备系统、恒强制板系统、睿能琪利制板系统。

（2）SSG122-SV 14G、MACH2SIG 14G、NSIG122-SV 7G、SSR-112SV 7G、SCG-122SN 3G、CE2-52C、LXC-252SC系列电脑横机。

二、任务说明

使用SSR-112SV、CE2-52C、LXC-252SG 7G电脑横机按表2-6-1所示内容编织试样。

表2-6-1 沉降片花样编织步骤说明

序号	部位		组织结构	转数
1	开针数		开针85针	
2	下摆		袋编	5转
3	大身	第1段	平3转，做直形3转单色闭口凸条，平4转	8转
4		第2段	底色为A色，做直形3转闭口凸条，配B、C单色各一条以及B、C色段配色一条，间隔4转，共3条	15转
5		第3段	做波浪形3转凸条，间隔4转，纵向2个循环	10转
6		第4段	做5针3转局部凸条，纵向间隔3转3个循环，横向5个相错分布	15转
7		第5段	平3转，设计9针宽局部编织尖角鼓包，横向3个均匀分布；间隔4转，纵向3个循环	18转
8		第6段	做正-正、正-反直形5转开口凸条，间隔6转，纵向各一个	10转
9		第7段	设计一个波浪线6转高开口凸条	10转

序号	部位		组织结构	转数
10	大身	第8段	做14针宽、8转二色高眼皮花样，纵向3个循环	25转
11		第9段	设计一个31针宽、20转高的袋编口袋，外侧配一个8转的口袋盖	30转
12	废纱封口		平针	5转

三、实施步骤

（一）岛精系统制板操作

1. 第1段直形闭口凸条花样描绘

（1）平3转描绘：点击"图形、四方形""指定中心"输入宽度85针、高度6行，点击1号色描绘"85×6"四方形，放置在空白处。

（2）直形3转单色闭口凸条描绘：在3转平针之上，第1行描绘3号色、第2～5行描绘51号色、第6行描绘29号色，共6行（合大身1转）。

（3）平4转描绘：用1号色描绘"85×8"四方形，放置凸条之上，如图2-6-27所示。

2. 第2段直形闭口凸条配色花样描绘

用"直接"范围，选定7～20行（3号色及以上行）范围→点击拷贝图标→"点"拷贝→方向键拷贝→执行→向上复制3个循环。凸条配色效果如图2-6-28（a）所示。

（1）直形单色配色凸条描绘：将51号色区域对应的R3功能线上更换为5号纱嘴，画4行，第1、6行仍为默认的4号纱嘴，如图2-6-28（b）所示。

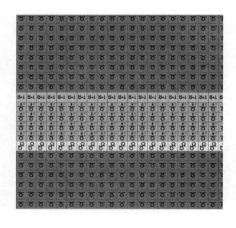

图2-6-27 闭口凸条描绘示意图

(a)　　　　　　　(b)

图2-6-28 凸条配色效果与设置纱嘴配色示意图

（2）间隔色配色凸条描绘：采用二色编织方法，需要显示颜色的纱线在前针床编织，不显示颜色的纱线以浮线方式背衬在后面，浮线长度控制不大于2cm（约4～5针为一段）。在图中每个51号色行上方各插入一个空行，右边各留1针（封口），选择4针7行，向上移一行使之相错，横向选择一个循环向左复制，右边同样留1针。用4号做底色，3号、5号纱嘴作配色，描绘如图2-6-29所示。5号纱嘴即B色、3号纱嘴即C色纱线各编织一行，51号色码在正面

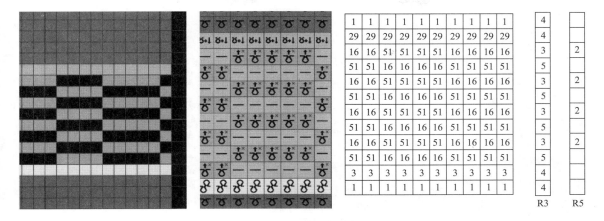

图2-6-29　直形闭口凸条色段配色描绘示意图

显示颜色、16号码则以浮线方式衬在背面。

　　3.**第3段波浪形凸条描绘**

　　在第2段花样上方描绘"85×28"四方形，叠放在第2段花样之上，按图2-6-7所示方法描绘波浪形凸条。左侧第一行、第1、2针描绘3号色，第3针开始向右上方斜向描绘6个点、横向2个后向右下折返到与开始点平齐，3号色上方描绘4行51号色，29号色结束。选定14针、12行为一个循环向右复制6个，左右对称，如图2-6-30所示。

　　4.**第4段局部凸条描绘**

　　按图2-6-8所示方法描绘局部5针闭口凸条，排列如图2-6-31所示。

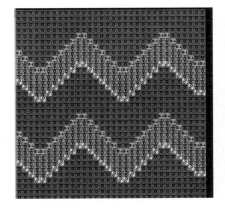

图2-6-30　波浪形闭口凸条描绘示意图

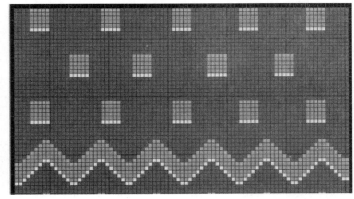

图2-6-31　局部5针闭口凸条描绘示意图

　　5.**第5段尖角鼓包描绘**

　　（1）在第4段花样之上描绘1转纬平针。

　　（2）按图2-6-21所示方法描绘尖角鼓包，每个鼓包底宽9针、相隔14针、距两侧边15针，从左向右依次，注意每个相邻鼓包间的连接与编织方向，进行补洞处理，如图2-6-32所示。从左向右编织多个鼓包后到达右侧，再描绘1行使纱嘴织回左侧，合计为1转。

　　（3）在鼓包之上描绘12行，将鼓包的第一行开始到鼓包上方6行共4转作为一个循环，在R1功能线进行设定循环，出带时设定循环次数为3次。

6. **第6段开口凸条描绘**

（1）正-正开口凸条：正针2转，末行将正针色码改为前编织翻针至后（20号色），之上按图2-6-9所示方法描绘开口凸条，空起2转、编织3转共5转，最后1行描绘29号色。

（2）正-反开口凸条：描绘正针3转、反针3转，按图2-6-10所示方法描绘开口凸条，凸条的最后1行描绘20号色，将前针床线圈翻到后针床。之上描绘4转反针，如图2-6-33所示。

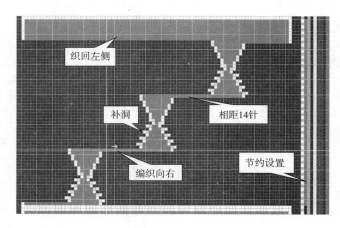

图2-6-32 局部编织尖角鼓包描绘示意图

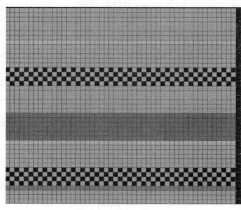

图2-6-33 开口凸条描绘示意图

7. **第7段波浪形开口凸条描绘**

（1）用2号色描绘宽85、高20的矩形，连接第6段凸条之上。

（2）在第2行后插入12行空行，在第1～4空行上用51号色描绘空起，后面第5～12行用51号色描绘平针。使得波浪形的上下各有5转反针，花样均匀。

（3）在2号色上用39号色在第9～16行范围内描绘6行高的波浪线形，如图2-6-34所示。

8. **第8段眼皮花样描绘**

（1）将第7段末行的2号色改为102号色（挑半目）或3号色，与下一段双面组织衔接。这一行需要另设度目段、速度段。

（2）用51号色描绘宽85、高100的矩形，连接第7段凸条之上。用小图填入方式，描绘成一行51号、一行52号色的圆筒（袋编）组织。

（3）描绘眼皮花样：在第4行，左侧空1针边，向上选14×96区域（眼皮宽度），整体向下移1行，与两侧色码相错（即51与52相错行）。

（4）在移下来的第1行52号色改为39号色，即花样的第3行为后编织翻针至后。

（5）在第4、6、8、10行的51号色码上描绘空起编织，即交错吃针编织。

（6）复制眼皮花样：从第3行39号色开始，向右上选定23×32区域，向上复制2次。从第2针、第3行开始选定23×96区域，向右复制4次，去掉右侧多余部分，形成4条眼皮花样，最右侧1针做封边处理，如图2-6-35所示。可将两条眼皮花样之间错位再做另一个颜色的眼皮花样。

（7）眼皮花样结束行需要进行后翻前的翻针处理，称为双面变单面的衔接处理。有满针翻针行则需在L1上填61号色进行交错翻针处理，便于翻针稳定。

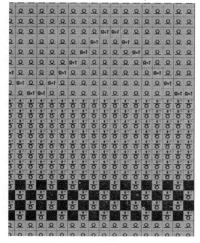

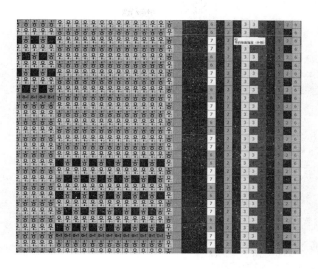

图2-6-34　波浪形开口凸条描绘示意图　　　　图2-6-35　眼皮花样描绘示意图

9. 第9段口袋编织描绘

（1）袋底描绘：确定口袋宽度、位置，在正中31针位置用3号色描绘袋底。

（2）袋身描绘：按图2-6-26所示的编织图描绘袋身部分，大身与口袋保持同步编织。

（3）开袋口：袋口处用局部编织方法编织3到5转正针，而后采用虚拟纱嘴+前编织进行落布开袋口。

（4）口袋盖的起口设计：为了保证口袋盖起口横列不能脱散，采用1×1罗纹进行起底。

（5）借针位：1×1罗纹需要前后针床同时编织。先将口袋位的后针床线圈1隔1移圈到相邻针上，这些空针与前针床一起编织1×1罗纹。

（6）1×1罗纹起底编织：与后床空针配合，描绘1×1罗纹，元空1转后翻针至前床，描绘8转16行纬平针，结束行用29号色码描绘，将所有后针床线圈翻针到前针床。

（7）描绘5转纬平针正针结束，如图2-6-36所示。

10. 附加功能线

选择"花样"范围→点击原图→确定，点击"功能线"图标→选择罗纹为"袋编、有翻针"，勾选描画废纱"单面组织"。其他选项为默认，如图2-6-37所示。

11. 设置功能线

（1）右下角功能线设定：罗纹纱嘴"6"改为"4"，罗纹度目段"14"改为"15"，R8功能线"31"改为"0"，关闭压脚（R11功能线上的1号色改为4号色）。

（2）设置配色：第2条直形闭口凸条的纱嘴号码4号改为3号，第3条改为5号，色段配色设定为3号、5号，在R5功能线相应填写空跑，如图2-6-38所示。

（3）循环设定：局部鼓包描绘了一个循环，题目要求3个循环，在局部编织第一行开始在R1功能线上描绘1号色至上方3转，共4转循环3次，如图2-6-32所示。

口袋描绘了3个循环，每个循环为1转，将中间一个设定循环，节约数为18，如图2-6-39所示。

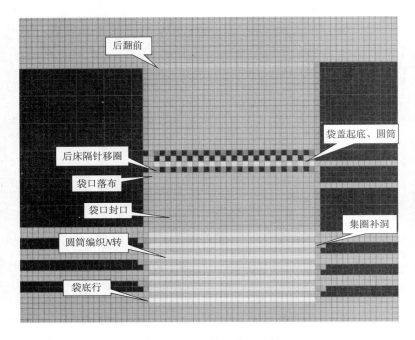

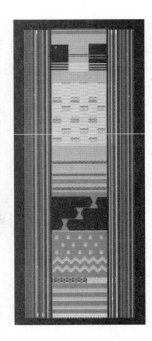

图2-6-36　口袋描绘示意图　　　　　　　　　　　　　图2-6-37　附加功能线图

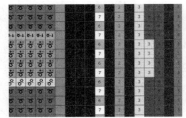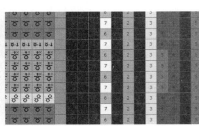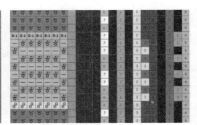

图2-6-38　闭口凸条配色设定示意图

图2-6-39　口袋袋身节约设定示意图

（4）度目段设定：在凸条等整行为3号色的编织行设定度目段为第6段，开口凸条的2转空起行设定为第8段，眼皮花样的空起行设定为第9段，如图2-6-40所示。

（5）卷布拉力设定：局部编织尖角鼓包段设定为第5段拉力，口袋落布及口袋盖段设定为第6段。L11功能线翻针拉力段改为第1段，如图2-6-41所示。

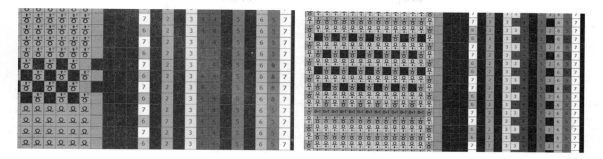

图2-6-40　度目段设定示意图

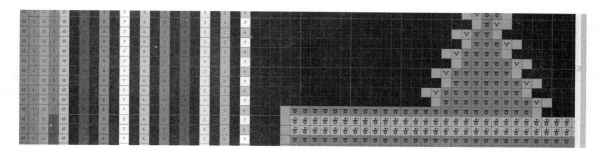

图2-6-41　卷布拉力设定示意图

（6）速度设定：本例将局部编织段、开口袋、口袋盖等设定为第13段速度。

12. 出带（编译文件）

（1）机种设定：点击"自动控制设定"图标→弹出对话框→点击"机种设定"→选择"SSR 2cam、针床长度110、机种类型SV、针数7"→OK。

（2）自动控制设定：起底花样勾选"标准"→选定"单一规程"→选定"无废纱"，其他值默认。

（3）固定程式纱嘴设定：罗纹纱嘴资料→起底输入"4"→废纱输入"7"，其他默认。

（4）节约设定：第1个节约为下摆罗纹5转，输入"4"；第2个节约为尖角鼓包3个循环，输入"3"；第3个节约为袋身20转，输入"18"；废纱5转，输入"3"。

（5）纱嘴号码设定："纱嘴号码3"则对应输入3，其他纱嘴号码输入方法相同。

（6）交错翻针设定：本例设定压脚不作用（初学者）。压脚作用可以增加翻针的准确性。

（7）纱嘴属性设定：点击"纱嘴"页，点击3号、4号、5号、7号纱嘴左边空格使之出现纱嘴图标，设定属性为"N"类型，8号、18号纱嘴分别为"S""DY"，资料为"总针"。

（8）保存文件：新建文件夹"毛衫试样"，以文件名"CJPLHY.000"进行保存。

（9）编译文件：点击"处理实行"→模拟编织→没有发现错误。

13. **工艺参数设计**（表2-6-2）。

表2-6-2　岛精系统编织工艺参数设计表

度目段	度目值	备注	卷布拉力段	卷布拉力值	备注
1	38	翻针	1	25～30	翻针
5	45	平针	3	30～35	下摆罗纹
6	30	四平	4	35～40	大身
8	30	空起	5	25～30	局部编织
9	前38后45	眼皮空起	6	28～33	口袋编织
13	前10后20	起底横列	速度段	速度值	备注
14	35	空转	0	0.6（高速）	大身、废纱
15	30	1×1罗纹	1	0.35	翻针
17	40	翻针行	3	0.4	局部编织
7	48	废纱	4	0.5	罗纹

14. **编织**

（1）读入文件：将出带后"CJPLHY.000"文件拷贝到U盘，读入横机中。

（2）穿纱：按照要求将纱线分别穿到对应的纱嘴。3号、4号、5号纱嘴分别穿A、B、C色纱。

（3）按工艺参数表数据输入对应的电脑横机中，调整编织工艺参数。

（4）上机编织：全部准备充分后，按电脑横机操作法进行编织操作。

15. **检验与整理**

下机后观察组织花样的完整性，织物平整度、有无横路、竖道（针路）、断纱、破洞、油污、飞花等疵点；拆除起口纱，末行套口封口，拆除封口废纱，将试样整烫熨平。

16. **机台保养与卫生**

（1）机器每天使用前对所有针踵进行加油：将油挤到毛刷头对针踵刷油，不宜过多。

（2）保持台架整洁卫生，使用前进行擦净、筒纱摆放整齐，无线头。

（3）编织中的线头、废纱等不许落地，及时扔进垃圾桶内，时刻保持场地整洁卫生。

17. **试样织物特征与编织分析**

各组分析试样各段织物的组织结构与特性、服用性能、正反面外观风格，分析编织中遇到的问题与处理方法，以书面报告形式上交，做好演讲PPT，在下一次课前进行汇报讲评。

（二）恒强系统制板操作

1. **试样整体描绘**

运行软件→新建文件→光标点击"工艺单"图标→弹出"工艺单输入"对话框→去掉"起底板"→点击"双系统"，选择"H2-2"机型→输入起始针数（开针数）"85"→起始针偏移、废纱转数为"0"→罗纹输入"5"→选择罗纹为"F罗纹""普通编织（2）"→勾选"大身对称"→其他默认→在"左身"第一行、"转"的下方格子里输入"143"、0针、

1次→点击下方的"高级"按钮→选择"其他"标签页→在"棉纱行数"输入10行（废纱行数）→点击"确定"→自动生成下摆5转圆筒、141转纬平针正针的试样。

2. **第1段直条凸条描绘**

（1）第一段花样：翻针后第一段空出85×6区域，为正针3转。

（2）描绘直形闭口凸条：第7行描绘10号色、第8行描绘30号色。在第7、8两行中间插入4行8号色，即为直形闭口凸条。

（3）平摇4转。

3. **第2段配色直条闭口凸条描绘**

（1）配色凸条效果：如图2-6-42所示配色凸条，具有两条直向单色与一条间色配色。

（2）直向单色凸条描绘：画法同直形凸条，插入12行，复制凸条：选定1~6行范围加8行1号色（85×14）→按快捷键"B"，点击向上拖动，复制两条，共三条。将8号色区域对应的217纱嘴功能线上5号色码第1条改为3号纱嘴、第2条配4号纱嘴，其他行仍为5号纱嘴。描绘如图2-6-43（a）所示。

图2-6-42 配色凸条

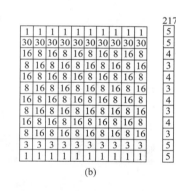

图2-6-43 配色直条、间色直条描绘示意图

（3）间色配色凸条描绘：采用二色搭配的编织方法，需要显示颜色的纱线在前针床编织，不显示颜色的纱线以浮线方式背衬在后面，浮线长度不大于2cm。在8号色段1隔1插入空行，分段相错，用3号、4号纱嘴作配色，5号纱嘴为底色。描绘如图2-6-43（b）所示。

4. **第3段波浪形凸条描绘**

参照图2-6-7所示方法描绘波浪形凸条。本段左侧第一行、第1、2针描绘10号色，插入4行重复行，第3针开始向右上方斜向描绘6个点、横向2点后向右下折返到与开始点平齐，10号色上方描绘4行8号色，30号色结束。选定14针、12行为一个循环向右复制6个，左右对称，如图2-6-44所示。

5. **第4段局部凸条描绘**

参照图2-6-8所示方法描绘局部5针闭口凸条，排列如图2-6-45所示。

6. **第5段尖角鼓包描绘**

参图2-6-21所示的方法描绘尖角鼓包，注意每个相邻鼓包间的连接与编织方向。

（1）在第4段花样之上描绘3转纬平针，插入54个空行。

（2）第7行左端开始按图2-6-21所示的方法描绘尖角鼓包，每个鼓包底宽9针、相隔14

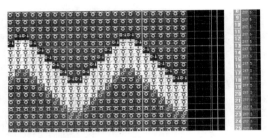

图2-6-44　波浪形闭口凸条描绘示意图

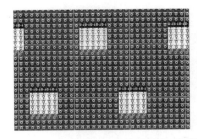

图2-6-45　局部5针闭口凸条描绘示意图

针、距两侧边15针，从左向右依次描绘，注意鼓包间连接行的编织方向；用4号色进行补洞处理。再描绘1行使纱嘴织回左侧，合计为1转。

（3）将鼓包的第1行开始到鼓包上方8行（本花样最后一行）共4转作为一个循环，在201功能线设定循环次数为3次，如图2-6-46所示。

7. 第6段开口凸条描绘

（1）正–正开口凸条：在第5段花样之上描绘1转正针，将第二行正针色码改为前编织翻针至后（20号色），之上按图2-6-9所示方法描绘开口凸条，插入10个空行。描绘空起2转、编织3转共5转，在最后1行描绘29号色。

（2）正–反开口凸条：接上段，描绘正针3转、反针3转，插入10行空行，按图2-6-10所示方法描绘开口凸条，凸条的最后1行描绘20号色，将前针床线圈翻到后针床。之上描绘3转反针，如图2-6-47所示。

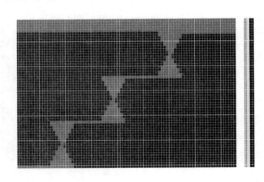

图2-6-46　局部编织尖角鼓包描绘示意图

图2-6-47　开口凸条描绘示意图

8. 第7段波浪开口凸条描绘

（1）第6段花样之上描绘2转反针后插入10行空行，描绘5转开口凸条。

（2）在第1～4空行上用8号色描绘隔针编织空起，对应207功能线另设一段度目段，后面第5～12行用8号色描绘平针。使得波浪形的上下各有5转的反针，花样均匀。

（3）在2号色上用50号色在第9～16行范围内描绘6行高的波浪线形，如图2-6-48所示。

9. 第8段眼皮花样描绘

（1）将第7段末行的2号色改为112号色（挑半目）或3号色进行与下一段双面组织衔接，这一行需要另设度目段、速度段。本段为圆筒组织，扩展后为100行，插入50空行。

（2）描绘1行8号色、1行9号色的圆筒（袋编）组织，用阵列复制方式复制成85×100

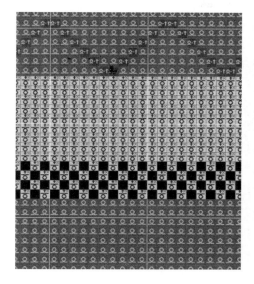

图2-6-48　波浪形开口凸条描绘示意图

图2-6-49　眼皮花样描绘示意图

区域。

（3）描绘眼皮花样：在第4行，左侧空1针边，向上选12×32区域（眼皮宽度），点击选择框，整体向下移1行，与两侧的8号、9号色相错。

（4）在移下来的矩形第1行9号色改为50号色，即花样的第3行为前编织翻针至后。

（5）在第4、6、8、10行的8号色码上描绘交错吃针编织，即空起编织。

（6）复制眼皮花样：从第3行、第2针50号色开始，斜向选定23×32区域，向右上复制85×96区域。形成4条眼皮花样，如图2-6-49所示。

（7）眼皮花样结束行需要进行后翻前的翻针处理，称为双面变单面的衔接处理。翻针行需在222功能线填1号色进行交错翻针处理，便于翻针稳定。

10. **第9段口袋编织描绘**

（1）袋底描绘：确定口袋宽度、位置，在第10行正中31针宽位置用10号色描绘袋底。

（2）袋身描绘：按图2-6-26所示的编织图描绘袋身部分，大身与口袋保持同步编织。在第11～22行描绘3个循环的口袋圆筒编织。在第二个循环（4行）201功能线填写18号色。

（3）开袋口：袋口处用局部编织方法编织3到5转正针，而后采用15号色进行前落布开袋口。从第23～34行按袋宽描绘8号色30×11行。第35、36行描绘15号色前落布，开袋口，如图2-6-50所示。

（4）口袋盖的起口设计：为了保证口袋盖起口横列不能脱散，口袋盖第一行采用1×1罗纹进行起底。

（5）借针位：1×1罗纹需要前后针床同时编织。在第37行口袋位的后针床线圈1隔1移圈到相邻针上，这些空针与前针床一起编织1×1罗纹。

（6）1×1罗纹起底编织：与后床空针配合，第38行描绘1×1罗纹，空转1转半后翻针至前床，描绘8转16行纬平针，结束行用29号色码描绘，将所有后针床线圈翻针到前针床。

（7）描绘5转纬平针正针结束，注意纱嘴的编织方向，应该编织回左侧。删除多余行。

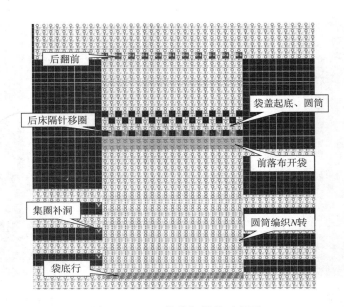

图2-6-50　口袋编织描绘示意图

11. 工艺参数设计

（1）纱嘴设置：217功能线上主纱改为5号色、废纱纱嘴改为8号色，配色部分用3号、4号纱嘴。

（2）度目、卷布、速度段设置：按自动生成的段号设定，本例有两大类型的组织结构，以纬平针为基础的部分花样设为第8段，整行满针罗纹横列设为第9段，空起行为第10段，眼皮空起为第11段，口袋起底为第4段。

（3）节约设置：在201功能线上的尖角鼓包段共62行，填写3号色，表示3个循环，如图2-6-51所示。

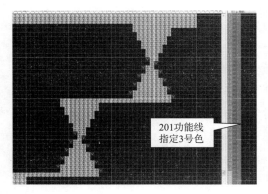

图2-6-51　节约指定示意图

12. 编译文件

将文件以"沉降片花样"名称保存在"沉降片类花样"的文件夹中，点击"自动生成动作文件"图标，编译对话框中各项设定按默认设定，自动编译成上机文件。如有出现错误按提示要求进行更改。可点击右上边缘的"工作区"通过"模拟"选项查看编织图来检查文件。

13. 编织

（1）读入文件：将出带后"沉降片类花样"文件夹拷贝到U盘，将文件读入横机中。

（2）工艺参数设计与调整：本例编织的织物组织种类主要为单面平针、双面、空起三个类型。单面类度目参照纬平针的度目值，四平罗纹行、空起行度目值单独设定，详细设定参考表2-6-3所示。

（3）沉降片设定：编织空起与局部编织时，沉降片右行设定为200，左行设定为800。

表2-6-3　编织工艺参数设计表

段号	度目	卷布拉力	速度	备注	段号	度目	卷布拉力	速度	备注
1	180	15	60	双罗纹	8	340	20	60	单面行
2	200	15	30	锁行	9	240	25	30	四平行
3	320	20	50	大身	10	260	15	30	空起行
4	前200后100	15	30	起底	11	前300后340	20	30	眼皮空起行
6	320	20	50	1×1罗纹	16	360	20	40	废纱
7	330	18	30	翻针	23	320	15	30	翻针

14. 检验与整理

下机后观察组织花样的完整性，织物平整度、有无横路、竖道（针路）、断纱、破洞、油污、飞花等疵点；拆除起口纱，末行套口封口，拆除封口废纱，将试样整烫熨平。

15. 机台保养与卫生

（1）机器每天使用前对所有针踵进行加油：将油挤到毛刷头对针踵刷油，不宜过多。

（2）保持台架整洁卫生，使用前进行擦净、筒纱摆放整齐，无线头。

（3）编织中的线头、废纱等不许落地，及时扔进垃圾桶内，时刻保持场地整洁卫生。

16. 试样织物特征与编织分析

各组分析试样各段织物的组织结构与特性、服用性能、正反面外观风格，分析编织中遇到的问题与处理方法，以书面报告形式上交，做好演讲PPT，在下一次课前进行汇报讲评。

（三）琪利系统制板操作

1. 试样整体描绘

运行软件→新建文件→光标点击"工艺单"图标→弹出"工艺单输入"对话框→去掉"起底板"→输入起始针数（开针数）"85"→起始针偏移、废纱转数为"0"→罗纹输入"5"→选择罗纹为"空气层""普通编织（2）"→勾选"大身对称"→其他默认→在"左身"第一行、"转"的下方格子里输入"143"、0针、1次→点击下方的"高级"按钮→选择"其他"标签页→在"棉纱行数"输入10行（废纱行数）→点击"确定"→自动生成下摆5转圆筒、141转纬平针正针的试样，主纱纱嘴为3号，废纱纱嘴为1号。

2. 第1段直条凸条描绘

（1）第一段花样：翻针后第一段空出85×6区域，为正针3转。

（2）描绘直形闭口凸条：第7行描绘10号色、第8行描绘30号色。在第7、8两行中间插入4行8号色，即为直形闭口凸条。

（3）平摇4转：描绘8行1号色。

3. 第2段配色直条闭口凸条描绘

（1）配色凸条效果：如图2-6-52所示配色凸条，具有两条直向单色与一条间色配色。

（2）直向单色凸条描绘：画法同直形凸条，插入12行，复制凸条：选定1～6行范围加8行1号色（85×14）→按快捷键"B"，点击向上拖动，复制两条，共三条。将8号色区域对应的215纱嘴功能线上3号码第一条改为5号纱嘴、第2条配4号纱嘴，其他行仍为3号纱嘴。描绘如图2-6-53（a）所示。

（3）间色配色凸条描绘：第三条凸条采用二色搭配的编织方法，需要显示颜色的纱线在前针床编织，不显示颜色的纱线以浮线方式背衬在后面，浮线长度不大于2cm。在8号色段1隔1插入空行，分段相错，用4号、5号纱嘴做配色，3号纱嘴为底色。描绘如图2-6-53（b）所示。

图2-6-52 配色凸条

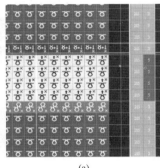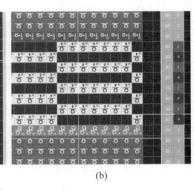

(a) (b)

图2-6-53 配色直条、间色直条描绘示意图

4. 第3段波浪形凸条描绘

参照图2-6-7所示方法描绘波浪形凸条。本段左侧第1行、第1、2针描绘10号色，插入4行重复行，第3针开始向右上方斜向描绘6个点、横向2个后向右下折返到与开始点平齐，10号色上方描绘4行8号色，30号色结束。选定14针、12行为一个循环向右复制6个，如图2-6-54所示。

5. 第4段局部凸条描绘

参照图2-6-8所示方法描绘局部5针闭口凸条，排列如图2-6-55所示。

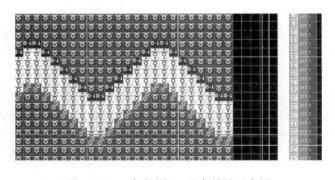

图2-6-54 波浪形闭口凸条描绘示意图

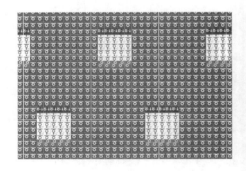

图2-6-55 局部5针闭口凸条描绘示意图

6. 第5段尖角鼓包描绘

参照图2-6-21所示的方法描绘尖角鼓包，注意每个相邻鼓包间的连接与编织方向。

（1）在第4段花样之上3转纬平针后，插入54个空行。按"ESC"键，退出"圈选"，右键点击"插入空行"图标，填入插入行数"54"，关闭对话框，点击插入位置插入空行。

（2）第7行左端开始按图2-6-21所示的方法描绘尖角鼓包，每个鼓包底宽9针、相隔14

针、距两侧边15针，从左向右依次描绘，注意鼓包间连接行的编织方向；用4号色进行补洞处理。再描绘1行使纱嘴织回左侧，合计为1转。

（3）将鼓包的第1行开始到鼓包上方8行（本花样最后一行）共4转作为一个循环，在201功能线设定循环次数为3次，如图2-6-56所示。

7. 第6段开口凸条描绘

（1）正-正开口凸条：在第5段花样之上描绘1转正针，将第二行正针色码改为前编织翻针至后（20号色），之上按图2-6-9所示方法描绘开口凸条，插入10个空行。描绘空起2转、编织3转共5转，在最后1行描绘29号色。

（2）正-反开口凸条：接上段，描绘正针3转、反针3转，插入10行空行，按图2-6-10所示方法描绘开口凸条，凸条的最后1行描绘20号色，将前针床线圈翻到后针床。之上描绘3转反针，如图2-6-57所示。

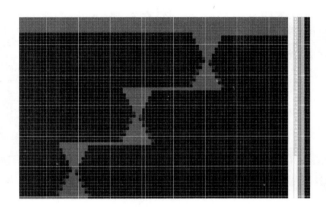

图2-6-56 局部编织尖角鼓包描绘示意图

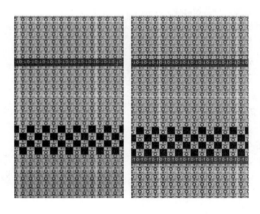

图2-6-57 开口凸条描绘示意图

8. 第7段波浪开口凸条描绘

（1）第6段花样之上描绘2转反针后插入10行空行，描绘5转开口凸条。

（2）在第1～4空行上用8号色描绘隔针编织空起，对应207功能线另设一段度目段，后面第5～12行用8号色描绘平针。使得波浪形的上下各有5转的反针，花样均匀。

（3）在2号色上用50号色在第9～16行范围内描绘6行高的波浪线形，如图2-6-58所示。

9. 第8段描绘12针×6转的眼皮花样

（1）将第7段末行的2号色改为112号色（挑半目）或3号色进行与下一段双面组织衔接，这一行需要另设度目段、速度段。本段为圆筒组织，扩展后为100行，插入50空行。

（2）描绘1行8号色、1行9号色的圆筒（袋编）组织，用阵列复制方式复制成85×100区域。

（3）描绘眼皮花样：在第4行，左侧空1针边，向上选12×32区域（眼皮宽度），点击选择框，整体向下移1行，与两侧的8、9号色相错。

（4）在移下来的矩形第1行9号色改为50号色，即花样的第3行为前编织翻针至后。

（5）在第4、6、8、10行的8号色码上描绘交错吃针编织，即空起编织。

（6）复制眼皮花样：从第3行、第2针50号色开始，斜向选定23×32区域，向右上复制

85×96区域。形成4条眼皮花样，如图2-6-59所示。

（7）眼皮花样结束行需要进行后翻前的翻针处理，称为双面变单面的衔接处理。翻针行需在222功能线填1号色进行交错翻针处理，便于翻针稳定。

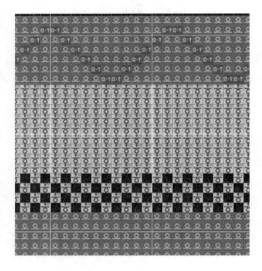

图2-6-58　波浪形开口凸条描绘示意图

图2-6-59　眼皮花样描绘示意图

10. 第9段口袋编织描绘

（1）袋底描绘：确定口袋宽度、位置，在第10行正中30针宽位置用10号色描绘袋底。

（2）袋身描绘：按图2-6-26所示的编织图描绘袋身部分，大身与口袋保持同步编织。在第11～22行描绘3个循环的口袋圆筒编织。在第二个循环（4行）201功能线填写18号色。

（3）开袋口：袋口处用局部编织方法编织3到5转正针，而后采用15号色进行前落布开袋口。从第23～34行按袋宽描绘8号色30×11行。第35、36行描绘15号色前落布，开袋口，如图2-6-60所示。

（4）口袋盖的起口设计：为了保证口袋盖起口横列不能脱散，口袋盖第一行采用1×1罗纹进行起底。

（5）借针位：1×1罗纹需要前后针床同时编织。在第37行口袋位的后针床线圈1隔1移圈到相邻针上，这些空针与前针床一起编织1×1罗纹。

（6）1×1罗纹起底编织：与后床空针配合，第38行描绘1×1罗纹，元空1转半后翻针至前床，描绘8转16行纬平针，结束行用29号色码描绘，将所有后针床线圈翻针到前针床。

（7）描绘5转纬平针正针结束，注意纱嘴的编织方向，应该编织回左侧。删除多余行。

11. 工艺参数设计

检查各段的转数，确保编织工艺的正确性如图2-6-61所示为试样全图。

（1）纱嘴设置：217功能线上主纱为3号色、废纱纱嘴为1号色，配色部分用4、5号纱嘴。

（2）度目、卷布、速度段设置：三者段号相同，按自动生成的段号设定，本例有两大类型的组织结构，以纬平针为基础的花样设为第8段，整行满针罗纹横列（闭口凸条、挑半目

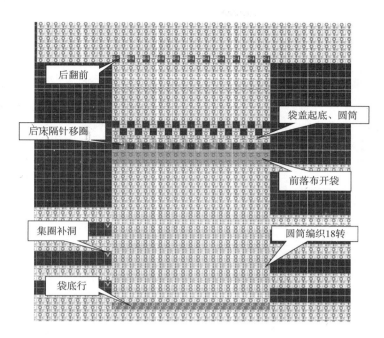

后翻前

启床隔针移圈

集圈补洞

袋底行

袋盖起底、圆筒

前落布开袋

圆筒编织18转

图2-6-60　口袋描绘示意图

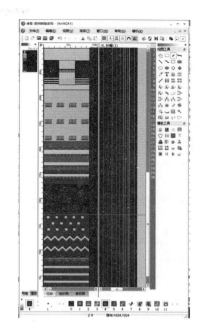

图2-6-61　试样全图

行）设为第9段，空起行为第10段，眼皮空起为第11段，口袋底为第12段，口袋起底横列为第4段。

（3）节约设置：在201功能线上的尖角鼓包段共62行，填写3号色，表示3个循环；在口袋的第二个循环填18号色，表示编织18转，如图2-6-62所示。

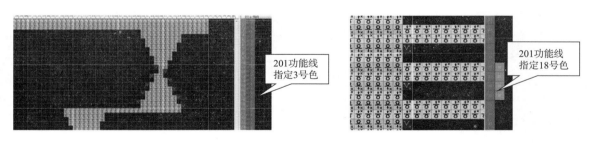

201功能线
指定3号色

201功能线
指定18号色

图2-6-62　节约指定示意图

12.**编译文件**

将文件以"CJPLHY"名称保存在"沉降片类花样"的文件夹中，点击"自动生成动作文件"图标，选定睿能普通机型，其他按默认设定，点击"确定"，自动编译成上机文件。如有出现错误，检查纱嘴编织方向，按提示要求进行更改。

13.**编织**

（1）读入文件：将出带后"沉降片类花样"文件夹拷贝到U盘，将文件读入横机中。

（2）工艺参数设计与调整：本例编织的织物组织种类主要为单面平针、双面、空起三个类型，详细设定参考表2-6-4所示。空起行注意设定沉降片的值。

表2-6-4　编织工艺参数设计表

段号	度目	卷布拉力	速度	备注	段号	度目	卷布拉力	速度	备注
1	55	15	60	双罗纹	9	60	25	30	四平行
2	50	15	30	锁行	10	55	15	30	空起行
3	90	20	50	大身	11	前70后85	20	30	眼皮空起行
4	前20后40	15	30	起底	12	前85后20	20	30	口袋底
6	80	20	50	1×1罗纹	16	360	20	40	废纱
7	85	18	30	翻针	23	320	15	30	翻针
8	85	20	60	单面行					

14. 检验与整理

下机后观察组织花样的完整性，织物平整度、有无横路、竖道（针路）、断纱、破洞、油污、飞花等疵点；拆除起口纱，末行套口封口，拆除封口废纱，将试样整烫熨平。

15. 机台保养与卫生

（1）机器每天使用前对所有针踵进行加油：将油挤到毛刷头对针踵刷油，不宜过多。

（2）保持台架整洁卫生，使用前进行擦净、筒纱摆放整齐，无线头。

（3）编织中的线头、废纱等不许落地，及时扔进垃圾桶内，时刻保持场地整洁卫生。

16. 试样织物特征与编织分析

各组分析试样各段织物的组织结构与特性、服用性能、正反面外观风格，分析编织中遇到的问题与处理方法，以书面报告形式上交，做好演讲PPT，在下一次课前进行汇报讲评。

【思考题】

知识点：沉降片、辅助退圈、空针起口、闭口凸条、开口凸条、局部编织、借针位。

（1）简述沉降片的结构与作用。

（2）什么是空针起口？简述其编织原理。

（3）简述闭口凸条的类别与织物外观特征。

（4）简述开口凸条的类别与织物外观特征。

（5）简述鼓包的编织方法，以8针平头鼓包、11针尖角鼓包为例，制作横向间距10针、纵向间隔5转的鼓包花样，并编织成A4纸大小的试样，比较两种鼓包的外观效果。

（6）设计一个三种配色的闭口凸条花样，制板并编织成A4纸大小的试样。

（7）设计一个三种配色的开口凸条花样，制板并编织成A4纸大小的试样。

（8）设计一个三种配色12针宽、6转高的眼皮花样，制板并编织成A4纸大小的试样。

（9）设计一个8cm宽、12cm深的口袋，口袋盖为4cm高，制板并编织成A4纸大小的试样。

任务7 基本小图的制作技巧与应用

【学习目标】

（1）了解和熟悉基本小图的结构与制作规则，学会基本小图描绘与制作的方法。

（2）了解和熟悉基本小图的功能，学会使用基本小图制作绞花、收针等花样的方法。

（3）了解和熟悉基本小图展开的功能，学会基本小图制作的技巧与应用。

【任务描述】

引入基本小图的概念，了解和掌握基本小图的结构与使用方法，学会基本小图的应用技能，掌握绞花、平收针、袖窿收针、单双面提花等花样的制作方法。

【知识准备】

在电脑横机制板中，常常会遇到许多繁复的操作，如绞花的分离编织及拆分动作，会给操作者带来眼花缭乱、错误频出的困扰。如何简化操作步骤，对于原图中多处具有相同编织方法的部位使用一种快速功能，以提高制板的效率。以下内容介绍基本小图的功能与操作方法。

一、岛精电脑横机制板系统基本小图的制作

（一）基本小图概念

基本小图是以一种编织规律的最小循环来表示原图的某一部分或全部的编织规律，使原图按照编织规律要求展开全部相同的部分。这种基本小图可以存储在指定的文件夹中，对于相同的编织部分可以迅速调用，不用重复描绘，极大提高花样的描绘效率。SDS-ONE系统将此功能设计为两种模式，称为"描绘颜色"模式（Paint Color）与"Free颜色"模式（Free Color）。

岛精系统用Package表示含有基本小图、压缩图、编织图的制板描绘图形系统，即Package分为基本花样（Package小图）、压缩花样、展开花样三种花样图形。将附加功能线的基本小图称为Package花样，含有登录色的原图称为压缩花样、用Package花样将压缩花样展开的图形称为展开花样（编织图）。

1. Package基本花样

指代表原图中某个部位的基本编织单元。如原图中有多针绞花、收针、提花等其他较复杂的编织动作，可不用在原图中描绘，而将这些部位的各种编织规律绘制成相应的基本小图，再加上Package需要的机能（登录色、登录功能线、编织功能线），成为可以插入原图中的图形。未附加机能的小图形称为Package基本小图，代表某种编织规律；附加上Package所需要机能的基本小图称为Package基本花样。

2. 压缩花样

指用Package基本花样能识别的颜色（称为登录色）来描绘原图的局部或全部的花样，即

用含有登录色、编织色码单独或混合描绘而成的具有附加功能线的原图称为压缩花样。

3. 展开花样

在压缩花样（原图）中的登录颜色上展开Package基本花样的花样图形，展开后的花样与用普通方法来描绘的花样原图相同，以各种编织代码组成的、可直接编译成上机文件的图形。

（二）"Free颜色"模式的Package花样

1. "Free颜色"模式的Package小图的结构

完整的"Free颜色"模式下的Package小图由登录色、固定模式、登录附加功能线与编织控制功能线组成，如图2-7-1所示。

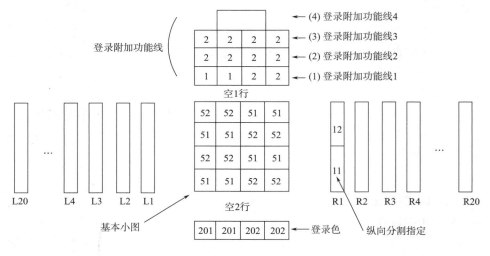

图2-7-1　"Free颜色"模式的Package小图结构示意图

（1）登录色：登录色位于最下方，采用原图中不常用的色码如130号以上色码，或与原图中所描绘的、与将要使用的色码无关的其他号色码。在基本小图下方空2行横向描绘成一行，横向长度与该部位编织单元最小循环数相同或为整数倍。登录色的色码与原图中的色码相对应。

（2）基本小图（固定模式）：表示原图中某部位的最小编织单元或其编织规律。如图2-7-1中所示的51、52色码表示为原图中该登录色部位的编织规律，51表示前针床编织、52表示后针床编织，即该编织规律为圆筒编织。

（3）登录附加功能线：为展开的控制部分。描绘在固定模式空1行的上方。登录附加功能线常用有4行。

①登录附加功能线1：第一行表示为颜色分组，横方向与下方的登录色码一一对应。如图2-7-1中所示分为1、2两色组，201对应上方填1号色，202上方填2号，分成两个色组用于不同的纱嘴进行编织不同的组织。有多种组别颜色时按以左边为基准顺序填写，如1、2、3、…、255。

②登录附加功能线2：第二行指定压缩行数。即指定Package基本花样表达压缩花样的行数。填2号色表示整个Package基本小图中的行数表达压缩花样（原图）中的2行；未设定时则

默认为1行，可以使用的色号为1～99。

③ 登录附加功能线3：第三行表示压缩花样横向循环基准，控制花样循环展开的起点与方向，规则如下。

（a）填1号色：以压缩花样登录色的左端为基准向右反复并展开，适用于绞花、平收针、收针等组织类型。

（b）填2号色：以左侧附加功能线L1内侧为基准向右反复并展开，适用于提花类组织。

（c）填3号色：以压缩花样登录色的右端为基准向左反复并展开，适用于提花类组织。

（d）填4号色：以右侧附加功能线R1内侧为基准向左反复并展开，适用于组织类。

（e）填0号色：不反复。未设定时Package基本小图与压缩花样的宽度一定要相同。

（f）压缩花样横向循环基准填法示例：如图2-7-2所示，a～h表示编织针位，分别在登录功能线3上填写0号、1号、3号色码时相应的循环基准与循环情况。

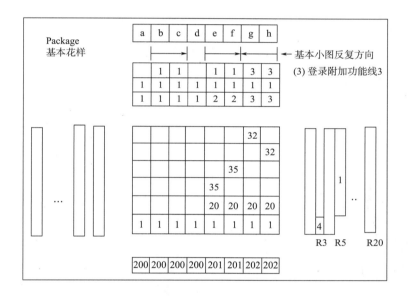

图2-7-2 压缩花样横向循环基准填色示意图

如图2-7-3所示登录功能线3上面使用1、3的情况，展开花样后，按照登录功能线指定不同的色号，反复的基准位置也不同，色号200未反复指定a、d的位置（填了0色号），即a、d针位不进行反复。b、c与g、h相应填写1、3色号，即循环反复的方向不同。

④ 登录功能线4：第四行表示基本花样斜向反复指定，指定斜向反复循环的基本小图X范围的Y方向移动的针数。按照要展开的压缩花样横向的宽度，将Package基本花样向斜方向反复循环。登录功能线4与附加功能线R20的外侧指定反复循环指定相配合适用于绞花、平收针等组织类描绘。在登录功能线4上填写方法规则如下。

（a）填写横向格子是指定反复循环的范围横列数，其色号数值表示纵向移动的横列数进行重复。例如填2号，则表示2个横列后重复。

（b）需要斜向展开时，则在横向指定横移的针数进行配合。即在L20功能线外侧填写相应的色码：填1号色表示向右横移1针，纵向填写2行表示重复的纵向范围；需要向左倾斜时则

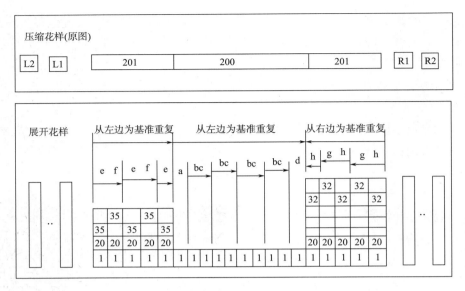

图2-7-3　压缩花样展开示意图

加100号，即填写101色码，表示向左横移1针，与纵向合并后成为向左倾斜。适用平收针的制作，如图2-7-4所示。

（c）斜向循环指定：在R20第一行填1号色指定对登录附加功能线3横向反复循环有效的编织行。

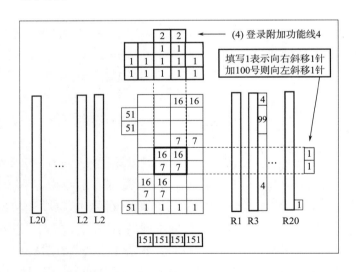

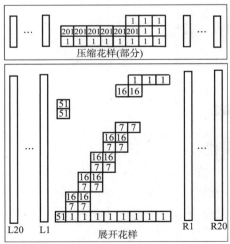

图2-7-4　登录功能线4指定与袖窿左侧平收针展开示意图

2. "Free颜色"模式Package小图的制作

（1）右侧袖窿平收针的Package基本小图制作。

① 登录功能线3填写：填1号色码，表示以压缩花样登录色的左端为基准反复。

② 登录功能线4填写：填2号色码，表示纵向移2行后循环。

③ 功能线R20填写：第一行填1号色是指定对登录附加功能线3的横向反复循环有效编织

行，即平收针行。循环反复行相对的R20外侧纵行填1号色表示向右横移1针的针数；填101号色码表示向左横移1针的针数，如图2-7-5所示。

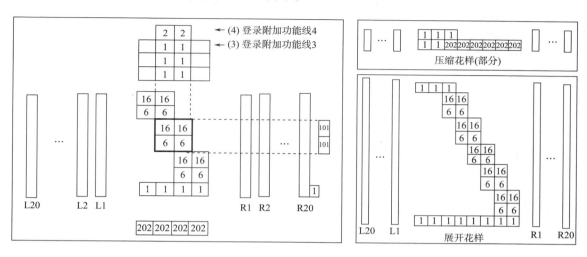

图2-7-5 右侧袖窿平收针指定与展开示意图

（2）3×3绞花分离编织基本小图的制作。3×3绞花在编织过程中极易发生断纱的现象，尽管岛精系统自动默认为一次分离编织，对于强力较小的纱线还是会发生断头。因此一般情况下，为了保证生产中不会产生断头，对3×3绞花需要进行拆分编织。由于衣片上有多个3×3绞花的位置，原图描绘中如果一个一个的去拆分描绘，很是浪费时间，应该采用Package花样的方式进行描绘。

3×3绞花采用1次分离+交错翻针的编织动作，将交叉色码4、5拆分成先翻针至后床、再分别后向前床交错翻针斜向左或右移3针，5号色码部分先翻针。制作过程如图2-7-6所示。

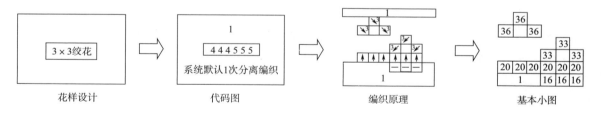

图2-7-6 花样设计与基本小图制作过程示意图

① 绞花编织一次分离+交错翻针法Package花样的制作方法：在原图（压缩花样）绞花处描绘6格登录色→描绘基本小图→附加功能线制作Package花样→设定功能线上的功能，基本小图的所有行表达原图的一行，如图2-7-7所示。

② 绞花编织二次分离+交错翻针法Package花样的制作方法：在原图（压缩花样）绞花处描绘2行登录色表达两次分离的编织行数，同时在原图中R1线上使用11、12色码对应描绘纵向分割，区分2行分离编织的编织行，即第一行为第一次分离，第二行为第二次分离与交错翻针；在Package花样中R1线上也需要描绘11、12色码纵向指定分割作为对应，如图2-7-8所示。Package花样的制作过程如图2-7-9所示。

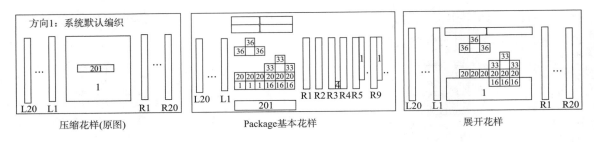

图2-7-7　3×3绞花一次分离编织Package花样描绘示意图

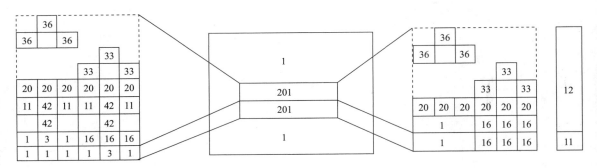

图2-7-8　压缩行的对应关系示意图

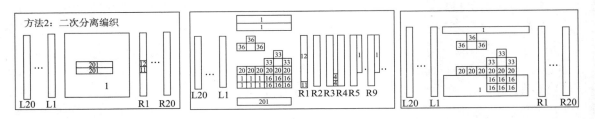

图2-7-9　3×3绞花二次分离与交错翻针编织Package花样描绘示意图

③绞花编织一次分离+交错翻针+加长线圈法的Package花样制作方法：加长线圈需要2个编织行，原图与基本小图的R1功能线上需要进行纵向分割指定，其他描绘方法同上述方法，制作方法如图2-7-10所示。

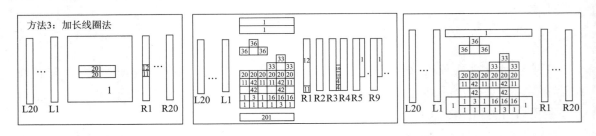

图2-7-10　3×3绞花一次分离与加长线圈编织法Package花样描绘示意图

（3）袖窿收针编织基本小图的制作。袖窿夹支收针时，由于同时翻针的线圈较多也易出现断纱、漏针与收针紧等问题，如采用1隔1翻针则比较稳定。以下就夹支收的收针动作进行Package基本花样的制作。

① 将收针动作进行分解，形成拆分编织，采用斜翻针动作，使摇床的幅度减少。

② 利用收针符号作为登录色，如62、72、63、73等，可以直接填入。

③ 登录功能线3上填写1号色，设定中间2针范围的反复循环，如图2-7-11所示。

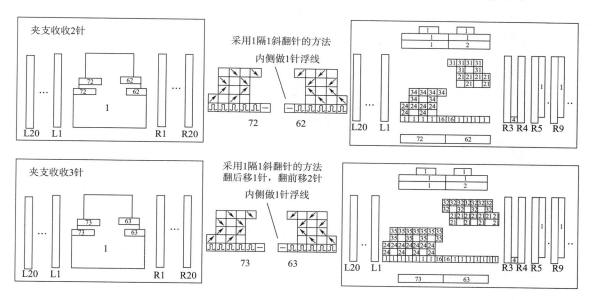

图2-7-11　夹支收针Package基本小图描绘示意图

（4）局部编织基本小图制作。在类似鼓包的局部编织花样中，适用Package花样用于多处相同的编织动作。使用243色号进行接合编织行的编织动作。制作方法如图2-7-12所示，左图为压缩花样描绘示意图，鼓包所处的位置编织行有方向性；中图为向右编织时鼓包的描绘方法；右图为向左编织时的描绘方法。243号色为接引方向色码，不参与循环。尖角鼓包参照图2-6-21方法描绘。

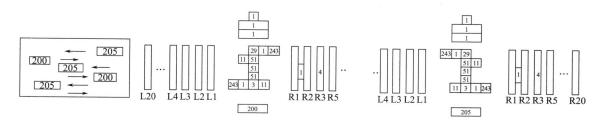

图2-7-12　局部编织Package花样描绘示意图

3. "Free颜色"模式Package展开

Package花样制作完成后需要将其填入压缩花样中，使压缩花样进行展开成为可编译的编织图。花样展开基本步骤主要分为Package文件参数设定、Package展开两大步骤。

（1）Package文件参数设定。点击PAC图标，选择"Package文件参数"，弹出对话框如图2-7-13所示。对话框选项设定方法如下。

① 文件名填写：文件名表示现在将存储的Package基本花样文件的名称，可以根据不同

的衣片、部位、功能等易记方式进行命名。文件号码表示该文件名下有一系列的Package基本花样进行分别编号，与下面的文件名应该进行一一对应。单次制作可默认，不做更改。

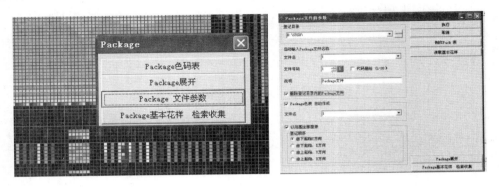

图2-7-13　Package文件参数对话框示意图

②　删除登记目录内的Package文件：表示在本次操作中将使用新的Package文件，因此需要将上一次的文件删除，一般需要选择该选项。

③　Package色表自动作成：表示操作中将本次的Package基本花样自动做成一个色表进行存储。基础学习可不用勾选。

④　以范围全部登录：如果制作的文件中需用多个"Package基本花样小图"进行填入，可选择全部并设定读取顺序，读取顺序有四种方式，即X或Y方向的由上或下起始开始读取的顺序。一般习惯选择"由下起始Y方向"。此项必选，应根据需要排列各小图的顺序。

⑤　登记目录：选择该文件的存储位置路径，默认目录为"D:\SYSD"。"Package基本花样小图"生成的色表存储后下次如果需要使用可以直接读取，不必重复制作而浪费时间。

⑥　制作"Package基本花样小图"色表：可以根据需要制作、存储色表。

⑦　读取基本花样：可以直接读取已经存储的"Package基本花样"或色表。

⑧　"Package基本花样"收集与检索：具有"Package基本花样"收集与检索功能。

设置完毕，点击"执行"，如果该目录内有重名的文件，会提示"有重叠，改写确定吗？"

⑨　是否要删除登记目录内的Package文件。

（a）"删除所有文件"：删除上次制作的"所有文件"，即清空该目录内的文件。

（b）"只有PAK文件"：全部的"***.PAK"文件被删除后，自动登记。

⑩　操作过程：点击"PAK"图标，弹出对话框→勾选"删除登记目录内的Package文件"→勾选"以范围全部登录"→点击"执行"→弹出"Package色表重叠改写确定吗？"，点击"OK"→弹出"范围选择"对话框→选择Package小图的全部→弹出"是否要删除登记目录内的Package文件？"对话框→点击"所有文件"→回到原画面，第一步骤结束，如图2-7-14所示。

（2）Package展开。点击"PAC"图标（或文件参数对话框内右下的"Package展开"按钮）→弹出"范围"对话框→点击原图（已经附加功能线的压缩花样）→确定→弹出展开对话框如图2-7-15所示。

图2-7-14　选定Package文件范围

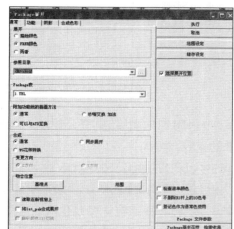

图2-7-15　选定Package展开对话框

① 展开：勾选"Free"模式。

② 参照目录：与"参数设定"中相同，在这里可以指定目录内的文件或默认路径。

③ 附加功能线的描画方法：表示展开后附加功能线的描画方法，有三种设定。一般选择"通常"。

④ 合成：是指各种图形合成的图形形式，一般选通常。

⑤ 展开位置：勾选时，可在指定位置或不同的视窗中展开；不选时则在原图上展开。

其他标签页按默认设置，点击执行，光标在合适的空白位置上点击，出现花样展开图。

（三）"Paint颜色"模式的Package小图的结构

"Paint颜色"模式是指以压缩花样同一行上的各个颜色组合来制作基本小图，使用"Pack表"记忆Package基本花样的组合。"Paint颜色"模式的Package花样由附加功能线的基本小图、登录附加功能线组成，如图2-7-16所示。

1. 登录附加功能线

（1）登录附加功能线1：登录附加功能线1为登录色与横向划分，与原图（压缩花样）中该横列的排列顺序相同，各登录色长度与原图相同或不同，长度不同的在登录附加功能线3上填写循环进行展开。登录色的色码范围为20～255。

（2）登录附加功能线2：第二行表示为压缩行数，即基本小图表达为原图的行数。如图2-7-16中基本小图有5行，表达原图中的1行，填1号色，以此类推。

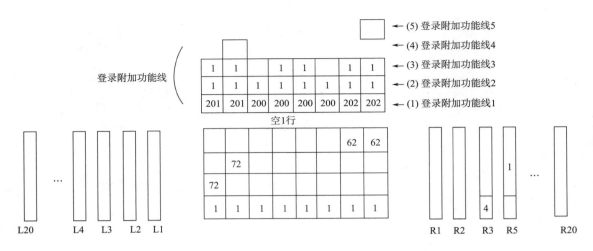

图2-7-16 "Paint颜色"模式的Package小图结构示意图

（3）登录附加功能线3：登录附加功能线第3行表示压缩花样横向循环基准，控制花样循环展开的起点与方向。

① 填1号色：以压缩花样登录色的左端为基准向右反复并展开，适用于绞花、收针等。

② 填2号色：以左侧附加功能线L1内侧为基准向右反复并展开，适用提花等方式。

③ 填3号色：以压缩花样登录色的右端为基准向左反复并展开，适用于绞花、收针等。

④ 填4号色：以右侧附加功能线R1内侧为基准向左反复并展开，适用提花等方式。

⑤ 填0号色：不反复循环。未设定时Package基本小图与压缩花样的宽度一定要相同。

压缩花样横向循环基准填法示例，如图2-7-17所示。a～h表示编织针位，分别在登录功能线3上填写0号、1号、3号色码时相应的循环基准与循环情况。

如图2-7-18所示登录功能线3填写1、3的情况，展开花样后，按照登录功能线指定不同

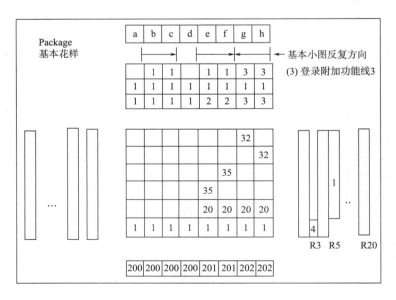

图2-7-17 压缩花样横向循环基准填色示意图

的色号，反复的基准位置不同，200色号区未反复指定a、d的位置（填了0色号），即a、d针位不进行反复。b、c与g、h相应填写1、3色号，即循环反复的方向不同。

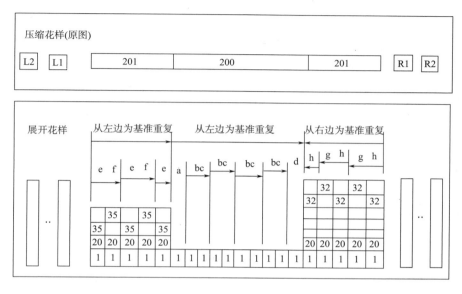

图2-7-18　压缩花样展开示意图

（4）登录附加功能线4、5：用于指导斜向循环编织，同"Free颜色"模式平收针小图的指定方法。功能与登录附加功能线4相同，用来指定X方向的循环针数。在平收针小图中使用时，与登录附加功能线4指定的斜向相反，与L20外侧指定相配合。

2. "Paint颜色"的Package制作

"Paint颜色"时按照压缩花样（原图）中同一横列的颜色组合来制作基本花样，使用"Pack表"来记忆Package基本花样。（"Free颜色"模式时对各个颜色来制作基本花样，使用"Package表"来记忆）。

（1）描绘Package基本花样。在Package的登录附加功能线1上直接使用20～255号色码作为登录色进行描绘，与原图中横列的排列顺序相同，色码可重复使用；为了减少混淆，一般采用200号以上色码进行描绘。按编织规律描绘基本小图、附加功能线，其他描绘与"Free颜色"模式的描绘方法相同，描绘完成后如图2-7-16所示。

（2）功能线R3上指定色号的作用。功能线R3上指定色号范围为10、11～110、111～254。指定10色号是指不自动描绘压缩花样上的通常色码，指定11～110色号是指展开时把花样上的通常色码描绘到指定的行。指定111～254色号是指把压缩花样的通常色展开在指定行，在特定颜色部分不描绘压缩花样上的通常色。通常色是指150号以下的编织色码，如1号色为前针床编织成圈、6号色为前针床编织+左移1针。

① 功能线R3不指定色号：压缩花样的同一横列中混合描绘了登录色与通常色，在展开花样时，通常色一般自动被同步描绘在展开花样上。另外在"Pack表"上未登记的颜色也作为通常色进行描绘处理。

② 功能线R3指定10色号：在R3功能线上（杆上）指定10色号时，则该行不描绘通常

色，如图2-7-19所示。

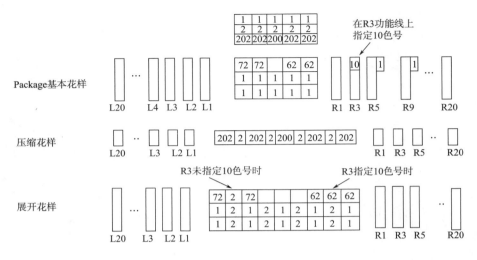

图2-7-19　R3功能线指定10色号示意图

③ 功能线R3指定11～110色号：在功能线R3指定11～110色号是指展开时压缩花样上通常色的指定展开行数，类似于纵向分割的方法指定通常色的描绘位置行数，如图2-7-20所示。如果不进行指定会出现通常色错离的描绘错误。

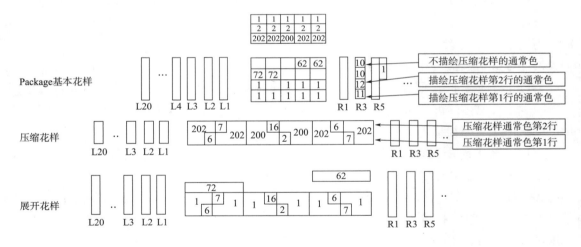

图2-7-20　R3功能线指定11～110色号示意图

3. "Paint颜色"的Package基本花样的登录

按"PAC"键→"Package文件参数"→输入"文件名、文件号码和说明"→"Package色表自动作成"不打勾→选择登录目录→勾选"以范围全部登录"→按"执行"→按"制作Pack表"。

（1）按"PAC"键：在"编织菜单"中左键点击"PAC"图标，如图2-7-21所示。

（2）按"Package文件参数"：在"Package"对话框中点击"Package文件参数"按钮。

（3）输入"文件名、文件号码和说明"：输入文件名、存储路径（指定文件夹）。

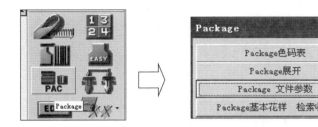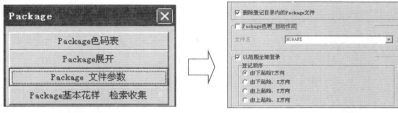

图2-7-21 "Paint颜色"的Package登录示意图

（4）勾选"删除登记目录内的Package文件"：清空已记录的Package文件。

（5）不勾选"Package色表自动作成"：使用"Paint颜色"模式时不使用Package颜色表。

（6）勾选"以范围全部登录"，根据需要勾选登录顺序，如"由下起始Y方向"。

（7）按"执行"：点击执行后按设定的参数进行更换Package基本花样。

（8）按"制作Pack表"：执行完毕后点击"制作Pack表"，存储在指定的文件夹中。

4. "Paint颜色"的Package展开

按"PAC"键→按"Package展开"→勾选"Paint颜色"→指定读取的路径、文件名→"附加功能线描绘方法"选择通常→"合成"选择通常→勾选"选择展开位置"→按"执行"→在空白处点击或展开在新的空白文件上。

5. "Paint颜色"+"Free颜色"的Package展开

当同时描绘有两种颜色花样情况时的Package展开，有两种方法：两者同时展开或分类展开。同时展开时的步骤为：按"PAC"键→按"Package展开"→勾选"两者"→指定读取的路径、文件名→"附加功能线描绘方法"选择通常→"合成"选择通常→勾选"选择展开位置"→按"执行"→在空白处点击或展开在新的空白文件上。

根据实际情况，可以将两种颜色模式的花样分别展开。

二、国产制板系统基本小图的制作

国产制板系统同样设置了基本小图模块，在当前花样结束行上方进行描绘，编译时系统使用小图对当前花样进行自动展开，得到展开文件。

（一）基本小图的结构

基本小图也称为模块，定义为至少要包含开始行、编织动作、模块色数、模块，其结构如图2-7-22所示。

（二）基本小图的描绘方法

基本小图模块描绘分为模块色码、基本小图、功能控制区、功能线指定四个部分。

1. 小图描绘规则

（1）小图模块描绘位置：在当前花样的结束行上方任选一行开始，描绘需要被定义的颜色即模块色码（登录色），色码必须在120~183，与使用者巨集一致。

（2）基本小图描绘位置：模块色码向上空两行，从第3行起开始定义具体的动作信息，即最小编织循环（小图），使用具体编织色码进行描绘其最小的编织循环单元。

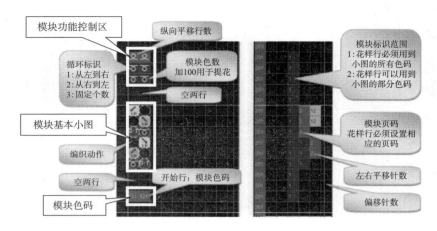

图2-7-22　国产系统基本小图模块结构示意图

（3）模块功能控制区。

① 模块色数描绘：基本小图向上空两行，填写自定义的颜色数目（即动作分组），用颜色号码来表示，普通小图色组使用1～100号等色码；提花色组则用101～200号等表示色数，如2色提花则用102色码；复合提花小图用201～300色码，含自动翻针。

② 循环标识设定：第2行填写循环标记，为1号、2号、0号色。1号色为从原图中模块色码的左侧向右侧循环；填2号色为自右向左循环；填0号色则该列色码不作循环，全部不填则默认为"1"。

③ 纵向平移针数设定：第3行填写纵向平移数目，用相应数值颜色号码来表示。如每次循环移动2行，则填2号色，不需要纵向平移则可以不填。

（4）201功能线区描绘。在201功能线区分别描绘模块标识、模块页码、左右平移、偏移针数等。

① 第3纵行描绘：设置模块标识，用1号或2号色描绘小图的起始位置区间。

② 第4纵行描绘：用不同色码设定模块页码，区分编织动作行。

③ 第5纵行描绘：设定左右平移针数。

④ 第6纵行描绘：设定偏移针数（如不需要则不填写）。偏移针数与循环标识（1、2）结合标识向右或向左偏移；左向右填1～9，右向左则填写11～19。

（三）基础小图描绘

1. 收针小图描绘

本例袖窿部位进行收3针，将处理为交错移针，使用翻针与斜翻针色码进行描绘。

（1）模块色码描绘：在原图收针部位描绘122、123色对应表示左右两侧的收针部位针数。

（2）描绘小图模块：在花样结束行上方任意位置描绘模块色码，每个色码的横向格子数为3个，表示收3针。

向上空2行，描绘收针动作的最小循环：先前床编织、交错翻针至后、后斜向左或右移3针翻针（取消编织），纵向左右侧斜翻针错开，如图2-7-23所示。

基本小图向上空2行，描绘一行2号色码表示含有2组动作，上面行可省略不画；201功能

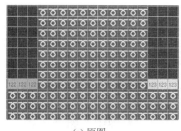
(a) 原图　　　　　　　　　(b) 小图模块　　　　　　　　(c) 展开图

图2-7-23　收针小图制作过程示意图

线第3纵格用1号或2号色码描绘从模块色码行开始至功能控制区为止的范围。

（3）小图展开：保存文件，点击"横机工具"→"花样展开"按钮，或点击"横机"→"模板"→"花样展开"，描绘模块色码处的原图进行编织动作展开。

2. 袖窿平收针小图描绘

成衣袖窿处有平收针的编织动作，本例平收7针，使用小图方法进行描绘和展开。

（1）模块色码描绘：在原图收针部位描绘121色对应表示左右两侧的收针部位针数，本例采用双针法收针，收针色码向内侧多画1针，如图2-7-24所示。

（2）描绘小图模块：采用双针收针法（双针移针）时，在花样结束行上方任意位置描绘模块色码121、122各2针，表示左、右侧收针循环各为2针。

向上空2行，描绘平收针动作的最小循环（每侧2针、3行）。第1行画1号色前床编织共4针，两侧同一行；左边第2行画71、第3行画16号色2针，表示左侧收针循环；同理第4、5行右边分别画61号、16号色，表示左、右侧每次各收1针，如图2-7-25所示。

基本小图向上空2行，描绘1行2号色码表示含有121、122色码的2组动作；第2行左边2针画1号色，表示左侧收针自左向右循环；右边画2号色表示右侧收针自右向左循环。201功能线第3纵格从模块色码行开始至功能控制区为止用1号色描绘，表示使用小图的全部色码；第5纵行移针动作部分描绘1号色，表示每次循环后横移1针。

（3）小图展开：保存文件，点击"横机工具"→"花样展开"按钮，或点击"横机"→"模板"→"花样展开"，在原图描绘模块色码处进行编织动作展开，如图2-7-26所示。

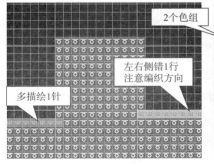

图2-7-24　平收针原图描绘示意图　　　图2-7-25　平收针小图描绘示意图　　　图2-7-26　平收针展开图

平收针采用单针收针法编织时，分为奇、偶数针画法。偶数平收针时单针收针法小图描绘如图2-7-27所示；奇数针数平收针时，增加奇数针收针，小图描绘如图2-7-28所示。

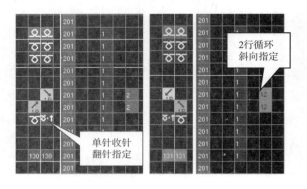

图2-7-27　单针法左右平收针小图描绘示意图　　　　图2-7-28　奇数针时单针收针法描绘示意图

3. 3×3绞花小图的描绘

以3×3绞花加长线圈法为例，原图与小图描绘如图2-7-29所示。

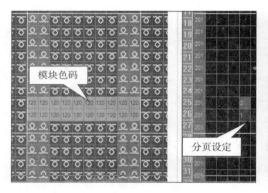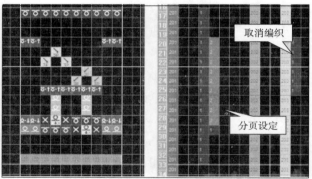

图2-7-29　3×3绞花加长线圈法小图描绘示意图

4. 单面组织+局部提花小图描绘

当在纬平针组织的基础上做局部圆筒提花编织时，需将与提花相关的纱嘴先踢到提花区块外。小图的描绘使用提花小图的格式，如图2-7-30所示。

（1）提花小图的功能控制区中第一行模块色数项的值需用加上100的色码进行描绘，如小图模块色码数是4个，则用104号色填写。

（2）提花区域中的每个小图色码个数要相等。

（3）小图中要求完成一个纱嘴循环，即完成小图编织后纱嘴和机头都回到原始位置。

（4）单面与提花连接区的纱嘴要注意处理；提花部分的前后编织要根据提花要求的规律来填写。

5. 局部编织鼓包小图描绘

描绘局部鼓包编织时，需要拆行描绘，比较烦琐。使用原图代码描绘，小图展开则方便操作。描绘时在小图的编织动作第一行外侧一针加一个"254"号色码用于鼓包小图接引；加

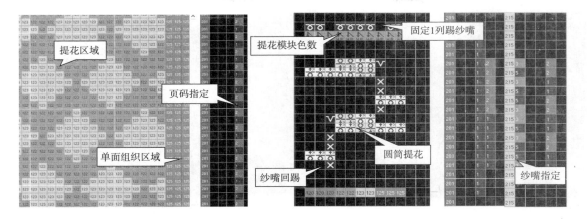

图2-7-30　单面加提花小图描绘示意图

在左边表示花样往右上展开，加在右边表示花样往左上展开。设定页码的第一页用于机头右行的编织行，第二页用于机头左行的编织行。仅支持一个色码的小图。如果是用在编织形式行中，鼓包小图尽量不要改用纱嘴功能线。

（1）原图描绘：在单面纬平针组织上描绘3组色码，123、124做尖角鼓包，123色码描绘在向右编织行上、124色码描绘在向左编织行上。126色码描绘2行，第一行在向右编织行上，在201功能线上进行分页描绘，如图2-7-31所示。

（2）尖角鼓包小图描绘：小图模块色码的针数与原图中相等，基本小图画法参照沉降片花样中图2-6-32的描绘方法，尖角鼓包每一转收一针，后再每一转放一针，并进行补洞处理，注意编织的方向性，如图2-7-32所示。

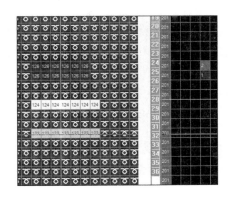

图2-7-31　鼓包原图描绘示意图

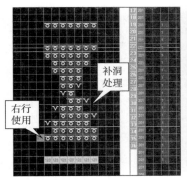
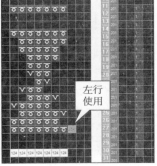

图2-7-32　尖角鼓包小图描绘示意图

（3）平头鼓包小图描绘：小图模块色码的针数不限，1~4针均可，需反映出一个最小的编织循环。基本小图高度根据鼓包的高度设计进行描绘，注意编织的方向性，如图2-7-33所示。鼓包展开示意图如图2-7-34所示。

（四）小图保存

可在右键菜单的"模板→保存"功能来保存小图。

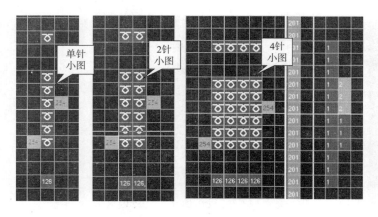

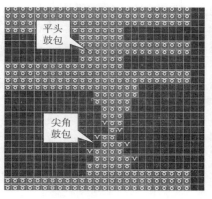

图2-7-33　平头鼓包小图描绘示意图　　　　　　图2-7-34　鼓包展开示意图

1. 小图保存操作步骤

框选小图的范围→点击右键→弹出保存对话框，选择类型为"其他"（或定义为平针、罗纹、提花、绞花、挑孔等）→勾选"是否包含功能线"→确定，即保存到模块的"其他"名下。或输入路径、文件名，保存到指定的文件夹内，如图2-7-35所示。

2. 导出小图

通过"模板→自定义→其他→选择"功能将已保存的模板文件导入系统工作区，如图2-7-36所示。保存后可通过"模板→自定义→其他→选择项"的导出功能将自定义的模板保存下来，以免在系统升级后被覆盖掉。

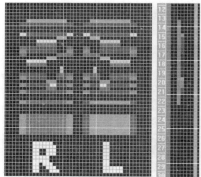

图2-7-35　小图保存对话框图　　　　　　图2-7-36　绞花小图导出示意图

【任务实施】

一、教学设备

（1）SDS-ONG岛精花型准备系统、恒强制板系统、睿能琪利制板系统。

（2）SSG122-SV 14G、MACH2SIG 14G、NSIG122-SV 7G、SSR-122SV 7G、SCG-122SN 3G、CE2-52C、LXC-252SC系列电脑横机。

二、任务说明

使用SSG–122SV、CE2–52C、LXC–252SC 12G电脑横机按要求编织试样。

用小图制作方法编织以下试样：开针130针；下摆为袋编组织6转。大身为纬平针组织，第一段花样共20转，第5转处做3×3绞花，两侧各有2针反针，横向5个花样，花样之间间隔10针；纵向4转绞一次共4个，第1个为1次分离加交错翻针法，第2个采用单侧加长线圈法，第3、4个做两种方式的两侧加长线圈法。第二段花样共20转，制作平头鼓包、尖角鼓包各5个横向均匀分布。第三段花样平三转后左侧平收8针、右侧平收9针；平摇2转后收3针夹4支收，平2后两侧同时开始收针，2转收2针夹4支收，共5次。第四段花样平5转，正中做一个20针5转的二色圆筒袋编四方块，平5转结束。废纱5转封口。

三、实施步骤

（一）岛精系统制板操作

1. 第一段花样描绘

（1）描绘20转正针图形：点击"图形"图标，点击"四方形"、指定中心输入130宽、40高，点击1号色，拖动到合适位置点击，出现130×40红色四方形图形。

（2）描绘绞花花样：先在左侧第11、12，19、20纵行描绘2号色（反针），第1个绞花花样使用200号色（登录色）描绘在第8个横列的第11~20针上。

第2个绞花花样用201色描绘在第16行的11~20针上。第3个绞花花样用202色描绘在第24、25行两行的第11~20针上；第4个绞花用203色描绘在第32、33行两行的第11~20针上；选定左侧"20×40"向右复制5次，如图2-7-37所示。

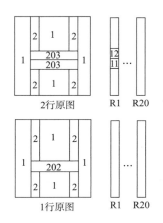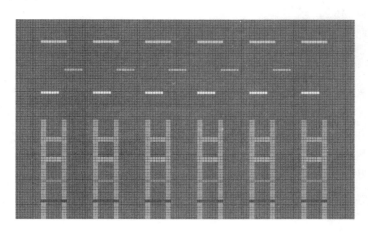

图2-7-37　绞花原图描绘示意图

2. 第二段花样描绘

（1）描绘矩形：用1号色描绘130×40矩形，放置在第一段花样之上。

（2）设计平头鼓包花样：平头鼓包设计为7针宽，隔5转后相错。在第二段花样左侧第11行、第11针描绘204号色，横向间隔13针，共描绘6个；在第20行第20针开始用205号描绘第2组，间隔13针，共描绘5个，与第一组纵向相错，由于两组所在行的编织方向不同，使用不同的登录色描绘。

（3）设计尖角鼓包：设计尖角鼓包底部为10针宽。在第31行第11~20针描绘206号色，横向两个间隔10针，横向共6个。

3. 第三段花样平收针描绘

（1）描绘矩形：用1号色描绘130×6矩形，叠放在第二段花样之上。

（2）描绘平收针登录色：在第6行左侧1~9格将1号色改成155号色；在第5行右端描绘10格156号色，第6行右端1~9格改为0号色，即左右平收针错开1行，如图2-7-38所示。

（3）描绘收3针符号：描绘113×4叠在平收针上方，左端空8针。本例采用前后斜翻针方法进行移针，故在末行的左端描绘8（7+1）针73号色，在右端描绘8针63号色。

（4）描绘夹4支收2针：描绘107×4叠在平收针上方，两端各空3针。本例移针采用前翻后+后斜翻前的方法，左侧第1针开始向右画6针72号色，表示夹4支收2针；同样在右端用62号色画6针，即为夹4支收2针。

（5）描绘其他夹4支收2针：描绘103×4叠在平收针上方，两端各空2针。左、右端用72号、62号色各画6针。共4次，每次少4针，如图2-7-39所示。

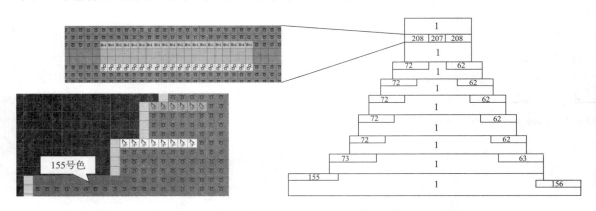

图2-7-38　平收针色码描绘示意图　　　　图2-7-39　收针、袋编描绘示意图

4. 第四段花样描绘

（1）描绘四方形：用1号色描绘86×22矩形，两端各空2针叠放在第三段花样之上。

（2）描绘袋编登录色：用207号色在第11行正中描绘20针，其下方用3号色描绘，其上方用29号色描绘，表示衔接处理。207号色两侧描绘208号色，在R1功能线上描绘循环。

5. 附加功能线

附加功能线如图2-7-40所示：点击范围图标→选择"花样范围"→点击原图→"确定"→点击"功能线"图标→选择"自动描绘"→选择罗纹"袋编""有翻针"→"描绘废纱""单面"→执行。

6. 修图

（1）检查R3功能线，主纱纱嘴为4号，将罗纹部分6号纱嘴改为4号，同时将R8功能线31号色改为0号色。废纱纱嘴为7号。

（2）更改度目段号、关闭压脚：将罗纹度目段号14改为15；R11上的1号色改为4号色。

（3）衔接处理：下摆翻针行对应反针2号色的29号色改为20号色。

（4）循环描绘：在第四段花样207号色对应的两行填1号色，表示循环。

（5）绞花202、203号色对应行在R1功能线上描绘11、12色码，进行纵向分割指定。

（6）错行：将右侧5次收针部分整体向下错1行，与左侧相错1行，适应编织方向。

7. Package基本花样制作

本例共制作12个Package花样，各纱嘴、速度、度目卷布拉力段号直接在花样中设定。

（1）200号色绞花为分离编织+交错翻针，小图花样描绘如图2-7-41所示。

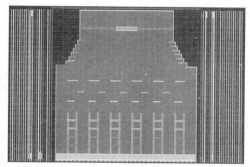

图2-7-40　附加功能线示意图

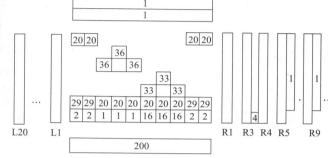

图2-7-41　分离编织绞花花样示意图

（2）201号色绞花为单侧加长线圈+交错翻针，小图花样描绘如图2-7-42所示。

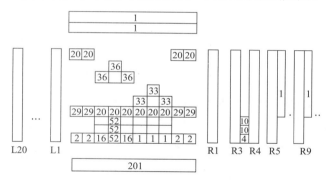

图2-7-42　单侧加长线圈法描绘示意图

（3）202号色绞花为双侧单面加长线圈+交错翻针，小图花样描绘如图2-7-43所示。

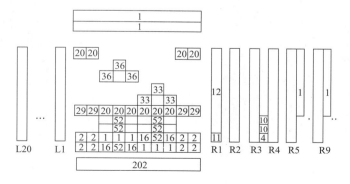

图2-7-43　双侧单面加长线圈法示意图

（4）203号色绞花为双侧双面加长线圈+交错翻针，小图花样描绘如图2-7-44所示。

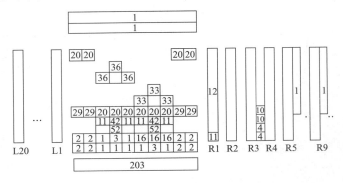

图2-7-44　双侧双面加长线圈法示意图

（5）204号色为右行、205号色为左行平头鼓包，小图分别描绘，如图2-7-45所示。

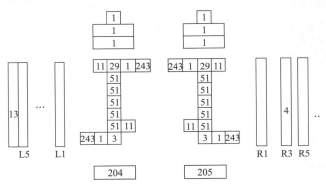

图2-7-45　平头鼓包描绘示意图

（6）尖角鼓包登录色用206色码描绘10针宽，小图如图2-7-46所示，速度设为第3段。

（7）155号、156号色为平收针，基本小图描绘如图2-7-47所示。

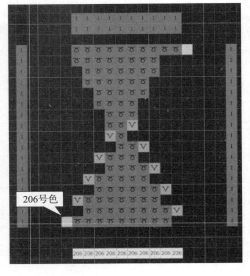

图2-7-46　尖角鼓包描绘示意图

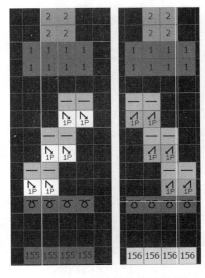

图2-7-47　平收针描绘示意图

（8）63号、73号色为夹4支收3针基本小图，由于移圈针数较多，易断纱，采用前后斜翻针法、单独一行编织控制移针线圈的密度（两段度目）。登录色画8针；小图第1行为空行，第2行为踢纱嘴行16；第3行编织行内侧为1针分离编织；在R6功能线另设一段度目第8段，描绘如图2-7-48所示。

（9）62号、72号色为夹4支收2针基本小图，描绘如图2-7-49所示。

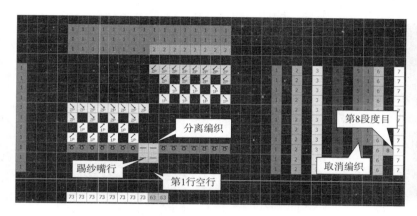

图2-7-48　夹4支收3针描绘示意图

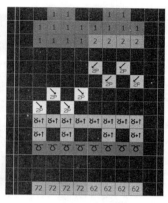

图2-7-49　夹4支收2针描绘示意图

（10）207号色为袋编基本小图，设计采用4号、5号两把纱嘴进行编织，5号纱嘴穿异色纱线在正中间正面编织，4号纱嘴左右两侧区域在前床编织，正中间区域在后针床编织，形成色块。基本小图使用"Paint颜色"模式进行制作，207色描绘4针，中间2针做循环；208在207两侧各描绘2针，1针做循环。小图中的全部行为编织一转，表达原图的一行，描绘如图2-7-50所示。

8. 花样展开

所有共12个Package花样制作完成后纵向排列，如图2-7-51所示。展开步骤如下。

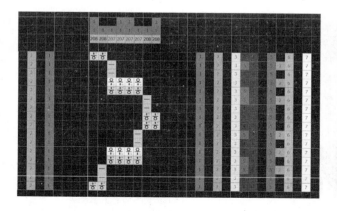

图2-7-50　两把纱嘴圆筒编织Paint小图示意图

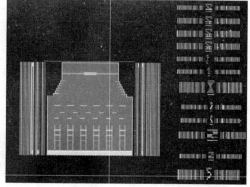

图2-7-51　原图与Package花样示意图

（1）Package文件参数设定：点击"PAC"图标→点击"Package文件参数"按钮→在对话框中勾选"删除登记目录内的Package文件"→勾选"Package色表自动作成"→勾选"以

范围全部登录，*Y*方向"→执行→弹出对话框"Package色表重叠改写确定吗？"→"OK"→弹出范围对话框，选定"直接"→框选全部"Package花样"12个图→确定→弹出"是否要删除登记文件夹内的Package文件"对话框，点击"所有文件"→回到参数设定对话框，点击"制作Package表"。

（2）Package展开：点击参数设定对话框的右下角"Pakage展开"（或PAC图标）→弹出范围选项→选"组织花样"→点击原图→确定→选择"两者"模式→其他项选择"通常"→功能标签页勾选：描绘执行自动扇子停放点、自动描绘斜肩花样，勾选仅衔接颜色99、勾选行进方向→勾选"展开位置"→在适当位置点击→出现展开图，如图2-7-52所示。

9. 检查图形

（1）衔接处理：检查下摆罗纹与大身的衔接处理。

（2）检查编织方向：检查鼓包、平收针连接行、收3针踢纱嘴行、圆筒编织各部位特殊行的编织方向，如图2-7-53所示。

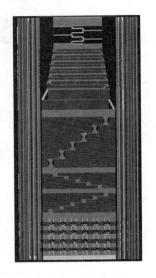

图2-7-52　展开图

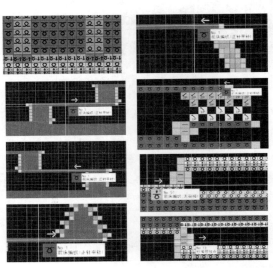

图2-7-53　衔接及各部位图编织方向示意图

（3）5号纱嘴带入处理：在编织圆筒时插入一行，将5号纱嘴按后床隔针编织的方式从左侧带入到编织位置，如图2-7-54所示。

（4）圆筒循环编织指定：在圆筒编织一转的范围（共16行）R1功能线上填写1号色表示循环，如图2-7-55所示。

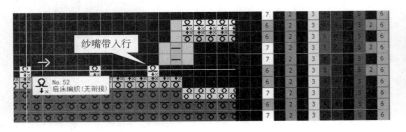

图2-7-54　纱嘴带进描绘示意图

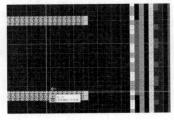

图2-7-55　循环描绘示意图

（5）5号纱嘴带出行处理：在圆筒编织完成后，插入3行空行，第1行描绘浮线+后编织，将5号纱嘴带出，第2、3行描绘52号色+虚拟纱嘴10号，将带进、带出后床编织的线圈（集圈）落下，不影响后续的编织，描绘方法如图2-7-56所示。

（6）检查纱嘴自动停放点：更改过远的纱嘴停放点，如图2-7-57所示。

（7）度目段设定：平收针段设为第6段。

（8）袋底行度目段设定：袋底行3号色描绘20针，需要另设一段度目段为第9段。

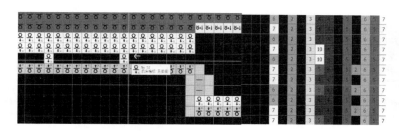

图2-7-56　纱嘴带出与落布描绘示意图　　　　图2-7-57　纱嘴自动停放点示意图

10. 出带

（1）机种设定：点击"自动控制设定"图标→弹出对话框→点击"机种设定"→选择"SSG 2cam、针床长度120、机种类型SV、针数14"→OK。

（2）自动控制设定：起底花样勾选"类型2"→选定"单一规程"→选定"无废纱"，其他值默认。

（3）固定程式纱嘴设定：罗纹纱嘴资料→起底输入"4"→废纱输入"7"，其他默认。起底纱嘴如果填为"5"时，便可得到配色的下摆罗纹边。

（4）节约设定：第1个节约为下摆罗纹6转，输入"5"；第2个节约为袋编循环5转，输入"4"；第3个为废纱5转，输入"3"。

（5）纱嘴号码设定："纱嘴号码3"则对应输入3，其他纱嘴号码输入方法相同。

（6）纱嘴属性设定：设定纱嘴为"N"类型，"总针"（ALL）。4号、5号、7号纱嘴参与编织。

（7）保存文件：新建文件夹"毛衫试样"，以文件名"PACKAGE.000"进行保存。

（8）编译文件：点击"处理实行"→模拟编织→没有发现错误。

错误1：不能展开。检查Package小图、登录色描绘、参数设定、展开步骤的正确性。

错误2：右边结束错误。检查方向，两侧收针的中间线方向向右为正确。

11. 工艺参数设计

单面类度目参照纬平针，平收针行、四平罗纹行度目值单独设定，参考表2-7-1所示。

表2-7-1　岛精系统编织工艺参数设计表

度目段	度目值	备注	卷布拉力段	卷布拉力值	备注
1	38	翻针	1	25～30	翻针
5	45	平针	3	30～35	下摆罗纹

度目段	度目值	备注	卷布拉力段	卷布拉力值	备注
6	65	四平	4	35~40	大身
8	55	夹边收针行	5	25~30	局部编织
9	前45后10	袋底行	6	28~33	平收针
13	前10后20	起底横列	速度段	速度值	备注
14	35	空转	0	0.6（高速）	大身、废纱
15	前40后38	袋编	1	0.35	翻针
17	45	翻针行	3	0.4	鼓包编织
7	50	废纱	4	0.5	下摆罗纹

12. 编织

（1）读入文件：将出带后"PACKAGE.000"文件拷贝到U盘，读入到横机中。

（2）穿纱：按照要求将不同色的纱线分别穿到对应的4号、5号纱嘴。

（3）按工艺参数表数据输入到对应的电脑横机中，调整编织工艺参数。

（4）上机编织：全部准备充分后，按电脑横机操作法进行编织操作。

13. 检验与整理

下机后观察组织花样的完整性，织物平整度、有无横路、竖道（针路）、断纱、破洞、油污、飞花、夹边紧等疵点；拆除起口纱，末行套口封口，拆除封口废纱，将试样整烫熨平。

14. 机台保养与卫生

（1）机器每天使用前对所有针踵进行加油：将油挤到毛刷头对针踵刷油，不宜过多。

（2）保持台架整洁卫生，使用前进行擦净、筒纱摆放整齐，无线头。

（3）编织中的线头、废纱等不许落地，及时扔进垃圾桶内，时刻保持场地整洁卫生。

15. 试样织物特征与编织分析

各组分析试样各段组织与小图的对应关系，分析制板或编织中遇到的问题与处理方法，以书面报告形式上交，做好演讲PPT，在下一次课前进行汇报讲评。

（二）恒强系统制板操作

1. 试样整体描绘

运行软件→新建文件→光标点击"工艺单"图标→弹出"工艺单输入"对话框→去掉"起底板"→输入起始针数（开针数）"130"→起始针偏移、废纱转数为"0"→罗纹输入"6"→选择罗纹为"F罗纹""普通编织"→勾选"大身对称"→其他默认→在"左身"第一行、"转"的下方格子里输入"43"转、-9针、1次→"2"转、-3针、1次、4支边→"2"转、-2针、4次、4支边→10转。

点击下方的"高级"按钮→选择"其他"标签页→在"棉纱转数"输入6转（废纱行数）→点击"确定"→自动生成下摆6转圆筒、63转纬平针正针的成型试样。

2. 第一段花样描绘

（1）描绘绞花花样：先在左侧翻针行以上第11、12，19、20纵行描绘2号色（反针），第1个绞花花样使用120号色（模块色码）描绘在第8个横列的第11～20针上。

（2）第2个绞花花样用121色描绘在第16行的11～20针上。第3个绞花花样用122色描绘在第24、25行两行的第11～20针上；第4个绞花用123色描绘在第32、33行两行的第11～20针上；选定左侧"20×40"向右复制5次，如图2-7-58所示。

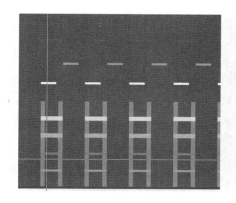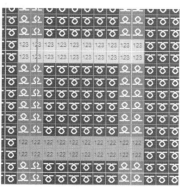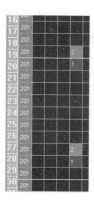

图2-7-58　绞花原图描绘示意图

3．第二段花样描绘

（1）设计平头鼓包花样：平头鼓包设计为7针宽，隔5转后相错。在第二段花样左侧第11行、第11针描绘124号色，横向间隔13针，共描绘6个；在第20行第20针开始用125号描绘第2组，间隔13针，共描绘5个，与第一组纵向相错，由于两组所在行的编织方向不同，使用不同的模块色码描绘。

（2）设计尖角鼓包：设计尖角鼓包底部为10针宽。在第31行第11～20针描绘126号色，横向两个间隔10针，复制成横向共6个。

4．第三段花样平收针描绘

（1）左侧平收针描绘：将左侧平收针行1～8格的1号色改成127号色，如图2-7-59所示。

（2）右侧平收针描绘：将右侧平收针行1～9格去掉1号色，下一行将1号色改成128号色。

（3）描绘夹4支收3针符号：将左侧73色码改为129、右侧63号色改为130色码。

（4）描绘夹4支收2针符号：将左侧72色码改为131、右侧62号色改为132色码，如图2-7-60所示。将左侧收针全体向左移一针。

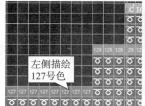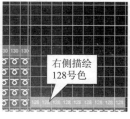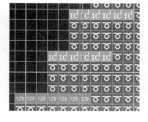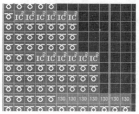

图2-7-59　平收针色码描绘示意图　　　　　　图2-7-60　收针描绘示意图

5. 第四段花样描绘

（1）描绘袋编登录色：用133号色在第11行正中描绘20针，133号色左侧描绘134号色、右侧描绘135号色。

（2）衔接处理：133号色下方描绘3号色，上方描绘30号色，表示衔接处理。

6. 检查废纱等部位描绘

废纱为自动生成，全图如图2-7-61所示。

7. 小图描绘

本例共制作12个小图模块，各纱嘴、速度、度目卷布拉力段号可直接在模块中设定。

（1）120号色绞花为分离编织+交错翻针，小图模块描绘如图2-7-62所示。

（2）121号色绞花为单侧加长线圈+交错翻针，小图模块描绘如图2-7-63所示。

（3）122号色绞花为双侧单面加长线圈+交错翻针，小图模块描绘如图2-7-64所示。

（4）123号色绞花为双侧双面加长线圈+交错翻针，小图模块描绘如图2-7-65所示。

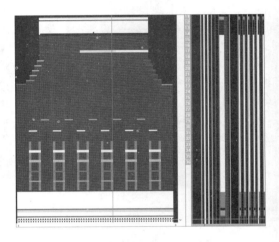

图2-7-61　花样全图示意图

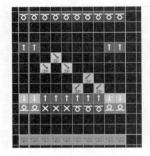

图2-7-62　分离编织绞花花样示意图

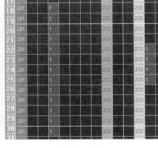
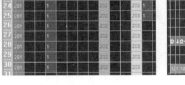
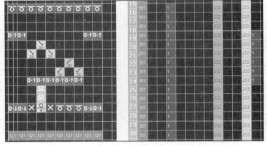

图2-7-63　单侧加长线圈法描绘示意图

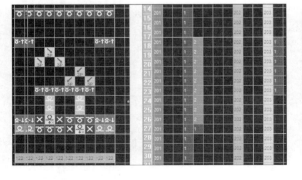

图2-7-64　双侧单面加长线圈法示意图

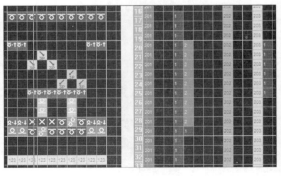

图2-7-65　双侧双面加长线圈法示意图

（5）124号色为右行、125号色为左行平头鼓包，小图模块分别描绘，如图2-7-66所示。

（6）尖角鼓包登录色用126色码描绘10针宽，小图如图2-7-67所示，速度设为第3段。

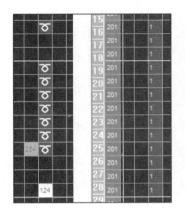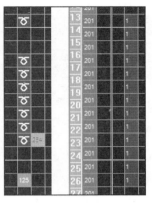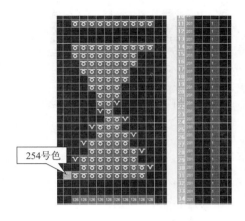

图2-7-66　平头鼓包左右行描绘示意图　　　　　图2-7-67　尖角鼓包小图描绘示意图

（7）127号、128号色为平收针，基本小图描绘如图2-7-68所示。

（8）夹4支收3针小图描绘：129号、130号色的小图描绘如图2-7-69所示。

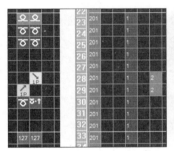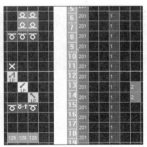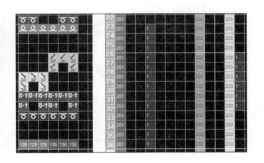

图2-7-68　左右侧偶、奇数平收针描绘示意图　　　　图2-7-69　夹4支收3针描绘示意图

（9）夹4支收2针小图描绘：采用交错翻针法，131、132色码描绘如图2-7-70所示。

（10）袋编小图描绘：设计采用3号、5号两把纱嘴进行编织，3号纱嘴穿异色纱线在正中间正面编织，5号纱嘴左右两侧区域在前床编织，正中间区域在后针床编织，形成色块，描绘如图2-7-71所示。

8. 小图保存与展开

选择小图，用右键→模板→保存（勾选包含功能线）→命名文件名、路径，可通过右键→模板→自定义→其他→文件名进行导入。核对小图、原图无误后，点击"横机工具"中"展开花样"图标，原图自动展开。

9. 修图

（1）描绘绞花分页：在122、123色码对应的201功能线上描绘分页指定。填写圆筒循环指定，在一转循环内填写4号色，即循环4次，共5转。

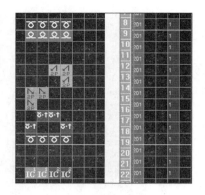
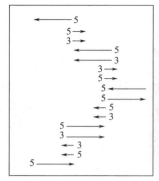
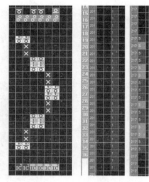

图2-7-70　夹4支收2针描绘示意图　　　　　　　　　图2-7-71　圆筒编织描绘示意图

（2）袋编3号纱嘴带入：在袋编前插入一行，将3号纱嘴带入，描绘如图2-7-72所示。

（3）3号纱嘴带出、后床落布描绘：在袋编后插入一行，将3号纱嘴带出，描绘如图2-7-73所示。带出后插入2行，描绘17号色，用于将纱嘴带进、带出后床的线圈落下。

（4）工艺参数设定：平收针段度目设为第9段，鼓包、收针部位速度另设为第9段。

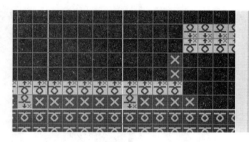

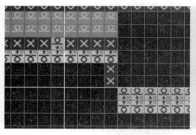

图2-7-72　圆筒编织纱嘴带入描绘示意图　　　　　图2-7-73　纱嘴带出、落布描绘示意图

10．编译文件

修改完成点击"编译图标"，编译各选项按默认参数设定，编译结果如图2-7-74所示。

11．仿真

编译后进行仿真处理，检查线圈的衔接等处理。注意检查下摆与大身的衔接，如图2-7-75所示。

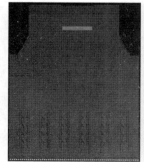

图2-7-74　编译文件示意图　　　　　　　　图2-7-75　正反面模拟仿真示意图

12. **编织**

（1）读入文件：将出带后文件夹拷贝到U盘，将文件读入横机中。

（2）工艺参数设计与调整：单面类度目参照纬平针的度目值，平收针行、四平罗纹行度目值单独设定，详细设定参考表2-7-2所示。

表2-7-2　编织工艺参数设计表

段号	度目	卷布拉力	速度	备注	段号	度目	卷布拉力	速度	备注
1	180	15	60	双罗纹	8	340	20	60	单面行
2	200	15	30	锁行	9	440	25	30	平收针
3	320	20	50	大身	10	前340后100	20	30	圆筒底起始行
4	前200后100	15	30	起底	16	360	20	40	废纱
6	330	20	50	圆筒	23	320	15	30	翻针
7	340	18	30	翻针					

13. **检验与整理**

下机后观察组织花样的完整性，织物收针平整度、有无横路、竖道（针路）、断纱、破洞、油污、飞花、等疵点；拆除起口纱，末行套口封口，拆除封口废纱，将试样整烫熨平。

14. **机台保养与卫生**

（1）机器每天使用前对所有针踵进行加油：将油挤到毛刷头对针踵刷油，不宜过多。

（2）保持台架整洁卫生，使用前进行擦净、筒纱摆放整齐，无线头。

（3）编织中的线头、废纱等不许落地，及时扔进垃圾桶内，时刻保持场地整洁卫生。

15. **试样织物特征与编织分析**

各组分析试样各段组织与小图的对应关系，分析制板或编织中遇到的问题与处理方法，以书面报告形式上交，做好演讲PPT，在下一次课前进行汇报讲评。

（三）琪利系统制板操作

1. **试样整体描绘**

运行软件→新建文件→光标点击"工艺单"图标→弹出"工艺单输入"对话框→去掉"起底板"→输入起始针数（开针数）"130"→起始针偏移、废纱转数为"0"→罗纹输入"6"→选择罗纹为"F罗纹""普通编织"→勾选"大身对称"→其他默认→在"左身"第一行、"转"的下方格子里输入"43"转、-9针、1次→"2"转、-3针、1次、4支边→"2"转、-2针、4次、4支边→10转。

点击下方的"高级"按钮→选择"其他"标签页→在"棉纱行数"输入10行（废纱行数）→点击"确定"→自动生成下摆5转圆筒、63转纬平针正针的成型试样。

2. **第一段花样描绘**

（1）描绘绞花花样：先在左侧翻针行以上第11、12，19、20纵行描绘2号色（反针），第1个绞花花样使用120号色（模块色码）描绘在第8个横列的第11～20针上。

（2）第2个绞花花样用121色描绘在第16行的11～20针上。第3个绞花花样用122色描绘在第24、25行两行的第11～20针上；第4个绞花用123色描绘在第32、33行两行的第11～20针上；选定左侧"20×40"向右复制5次，如图2-7-76所示。

3. 第二段花样描绘

（1）设计平头鼓包花样：平头鼓包设计为7针宽，隔5转后相错。在第二段花样左侧第11行、第11针描绘124号色，横向间隔13针，共描绘6个；在第20行第20针开始用125号描绘第2组，间隔13针，共描绘5个，与第一组纵向相错，由于两组所在行的编织方向不同，使用不同的模块色码描绘。

（2）设计尖角鼓包：设计尖角鼓包底部为10针宽。在第31行第11～20针描绘126号色，横向两个间隔10针，复制成横向共6个。

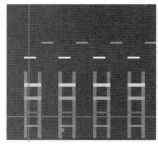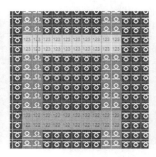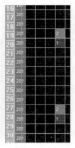

图2-7-76 绞花原图描绘示意图

4. 第三段花样平收针描绘

（1）左侧平收针描绘：将左侧平收针行1～8格的1号色改成127号色，如图2-7-77所示。

（2）右侧平收针描绘：将右侧平收针行1～9格去掉1号色，下一行将1号色改成128号色。

（3）描绘夹4支收3针符号：将左侧73色码改为129、右侧63号色改为130色码。

（4）描绘夹4支收2针符号：将左侧72色码改为131、右侧62号色改为132色码，如图2-7-78所示。将左侧收针全体向左移一针。

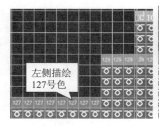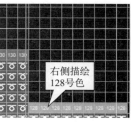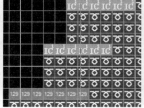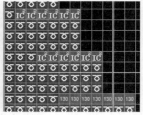

图2-7-77 平收针色码描绘示意图　　　　　　图2-7-78 收针描绘示意图

5. 第四段花样描绘

（1）描绘袋编登录色：用133号色在第11行正中描绘20针，133号色左侧描绘134号色、右侧描绘135号色。

（2）衔接处理：133号色下方描绘3号色，上方描绘30号色，表示衔接处理。

6. 检查废纱等部位描绘

废纱为自动生成，全图如图2-7-79所示。

7. 小图描绘

本例共制作12个小图模块，各纱嘴、速度、度目卷布拉力段号可直接在模块中设定。

（1）120号色绞花为分离编织+交错翻针，小图模块描绘如图2-7-80所示。

（2）121号色绞花为单侧加长线圈+交错翻针，小图模块描绘如图2-7-81所示。

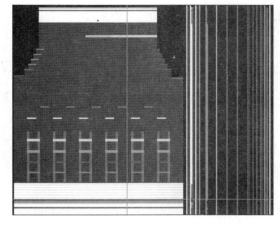

图2-7-79 花样全图示意图

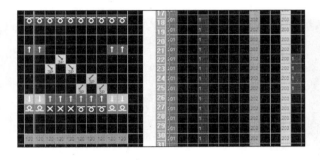

图2-7-80 分离编织绞花花样示意图

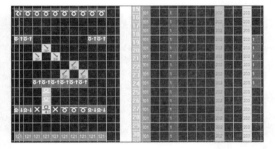

图2-7-81 单侧加长线圈法描绘示意图

（3）122号色绞花为双侧单面加长线圈+交错翻针，小图模块描绘如图2-7-82所示。

（4）123号色绞花为双侧双面加长线圈+交错翻针，小图模块描绘如图2-7-83所示。

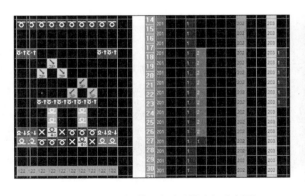

图2-7-82 双侧单面加长线圈法示意图

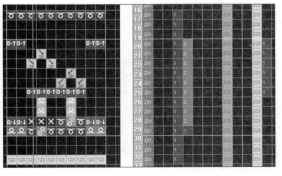

图2-7-83 双侧双面加长线圈法示意图

（5）124号色为右行、125号色为左行平头鼓包，小图模块分别描绘，如图2-7-84所示。

（6）尖角鼓包登录色用126色码描绘10针宽，小图如图2-7-85所示，速度设为第3段。

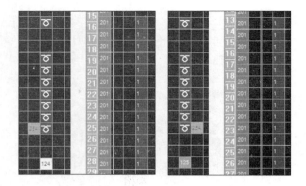
图2-7-84　平头鼓包左右行描绘示意图

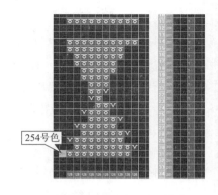
图2-7-85　尖角鼓包小图描绘示意图

（7）127号、128号色为平收针，基本小图描绘如图2-7-86所示。

（8）夹4支收3针小图描绘：将平收针以上左侧部分全部选中，向左侧移一针，即左边比右边少收1针。129号、130号色的小图描绘如图2-7-87所示。

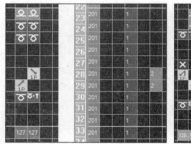
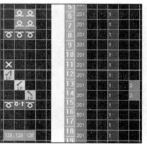
图2-7-86　左右侧偶、奇数平收针描绘示意图

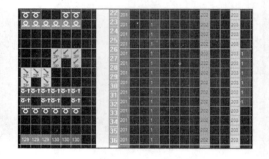
图2-7-87　夹4支收3针描绘示意图

（9）夹4支收2针小图描绘：采用交错翻针法，131、132色码描绘如图2-7-88所示。

（10）袋编小图描绘：设计采用3号、5号两把纱嘴进行编织，3号纱嘴穿异色纱线在正中间正面编织，5号纱嘴左右两侧区域在前床编织，正中间区域在后针床编织，形成色块，描绘如图2-7-89所示。

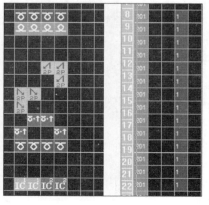
图2-7-88　夹4支收2针描绘示意图

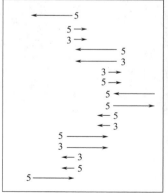
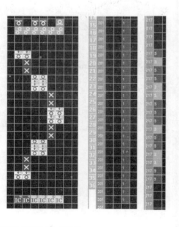
图2-7-89　圆筒编织描绘示意图

8. **小图保存与展开**

（1）保存小图：选择小图，点击右键→模板→保存所选模板（勾选包含功能线）→弹出：该类型已存在→点击确定→弹出对话框如图2-7-90所示，命名文件名（圆筒二色编织）、分组类型（输入：自定义小图）→确定。

（2）小图导入：系统在左侧"导航"预存了基本组织、挑孔、绞花、收针、提花等多种类型的小图，如图2-7-91所示。点击下拉箭头，选择存储的类型、文件名，点击小图后光标移动到工作区，小图随动到合适位置点击即可显示。含有小图的花样可以选择先展开再编译，也可选择直接编译。展开后的花样行过多，为了避免花样数据丢失，建议不展开编译。

图2-7-90　小图保存示意图　　　　　　　　图2-7-91　小图导入示意图

（3）小图展开：点击工具栏的"展开花样PAC"图标，原图即可展开。

9. **修图**

（1）描绘绞花分页：在122、123色码对应的201功能线上描绘分页指定。

（2）袋编3号纱嘴带入：在袋编前插入一行，将3号纱嘴带入，描绘如图2-7-92所示。

（3）3号纱嘴带出、后床落布描绘：在袋编后插入一行，将3号纱嘴带出，描绘如图2-7-93所示。带出后插入2行，描绘17号色，用于将纱嘴带进、带出后床的线圈落下。

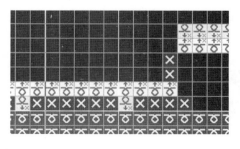

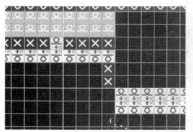

图2-7-92　圆筒编织纱嘴带入描绘示意图　　　　图2-7-93　纱嘴带出、后床落布描绘示意图

（4）工艺参数设定：平收针段度目设为第9段，鼓包、收针部位速度另设为第9段。

10. **编译文件**

修改完成点击"编译图标"，如图2-7-94所示。

11. 仿真

选定全部图形，点击"仿真预览"图标，进行仿真处理，如图2-7-95所示。有效检查线圈的衔接处理等，注意检查下摆与大身的衔接。

图2-7-94　编译文件示意图

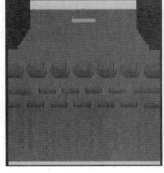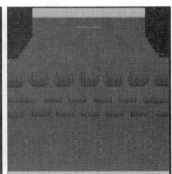

图2-7-95　正反面模拟仿真示意图

12. 编织

（1）读入文件：将出带后文件夹拷贝到U盘，将文件读入横机中。

（2）工艺参数设计与调整：单面类度目参照纬平针的度目值，平收针行、四平罗纹行度目值单独设定，详细设定参考表2-7-3所示。

表2-7-3　编织工艺参数设计表

段号	度目	卷布拉力	速度	备注	段号	度目	卷布拉力	速度	备注
1	55	15	60	双罗纹	8	90	25	30	单面
2	50	15	30	锁行	9	130	15	30	平收针
3	90	20	50	大身	10	前85 后20	20	30	圆筒底 起始行
4	前20 后40	15	30	起底	16	90	20	40	废纱
6	80	20	50	圆筒	23	85	15	30	翻针
7	85	18	30	翻针					

13. 检验与整理

下机后观察组织花样的完整性，织物收针平整度、有无横路、竖道（针路）、断纱、破洞、油污、飞花、等疵点；拆除起口纱，末行套口封口，拆除封口废纱，将试样整烫熨平。

14. 机台保养与卫生

（1）机器每天使用前对所有针踵进行加油：将油挤到毛刷头对针踵刷油，不宜过多。

（2）保持台架整洁卫生，使用前进行擦净、筒纱摆放整齐，无线头。

（3）编织中的线头、废纱等不许落地，及时扔进垃圾桶内，时刻保持场地整洁卫生。

15. **试样织物特征与编织分析**

各组分析试样各段组织与小图的对应关系，分析制板或编织中遇到的问题与处理方法，以书面报告形式上交，做好演讲PPT，在下一次课前进行汇报讲评。

【思考题】

知识点：基本小图、Package 花样、登录色、模块色码、登录附加功能线、Package 花样模式、小图页码、小图模块结构、展开花样。

（1）简述基本小图的结构与作用。

（2）岛精 Package 花样有哪几种模式？请说明其结构与描绘方法。

（3）简述恒强制板系统小图结构与描绘方法。

（4）简述琪利制板系统小图结构与描绘方法。

（5）简述岛精制板系统花样展开的主要步骤与注意事项。

（6）简述恒强制板系统小图模块保存的方法。

（7）简述琪利制板系统小图模块保存的方法。

（8）设计一个 3×3 的绞花，两边各有 2 针反针，横向相距 10 针，纵向相隔 3 转，使用小图方法进行描绘和花样展开，编织成 A4 纸大小的试样。

任务8　提花类花样设计与制板

【学习目标】

（1）了解和熟悉提花组织的结构与编织原理，掌握提花织物的编织规律与特性。

（2）了解和熟悉单面提花原理，学会岛精与国产系统的单面提花制板操作方法。

（3）了解和熟悉双面提花原理，学会岛精与国产系统的双面提花制板操作方法。

（4）了解和熟悉多种提花结构之间的衔接关系，学会综合提花花样的制板与编织方法。

【任务描述】

设计二色单、双面提花花样，描绘提花花样的原图，设计相应的提花小图，对单、双面提花原图进行花样展开以及编织文件制作，使用电脑横机进行提花花样的编织。

【知识准备】

毛衫服装的外观图案可由色织、印花和绣花等方法形成。织物显现花纹图案主要通过印花与提花来表现，毛衫类织物印花根据织物底色的深浅分为水浆、胶浆印花，以及转移、拔色、涂料印花等。在浅色布面上可采用水浆筛网，色彩丰富、手感柔软；在深色的底色上印浅色花需要用遮盖性强的胶浆，其缺点是织物表面有一层胶质，手感触感不好，适用小局部印花，如图2-8-1所示。

(a)　　　　　　　　　　　　　　　　　(b)

图2-8-1　印花（a）、提花（b）效果对比

提花与印花不同，花纹立体感强、视觉好，是毛衫中常用的方法。在提花中根据方法不同可以分为提花和嵌花。提花采用色纱进行编织，既反映了花样的美感也反映了编织技术的水平。常用的提花组织结构分为单面浮线提花和双面圆筒提花、背面拉网提花、背面芝麻点提花、背面全出针提花、浮凸提花、翻针提花等，提花组织的缺点是颜色数越多织物越厚。嵌花是提花的一种特殊形式，分为单面嵌花和嵌花提花，织物轻薄、颜色数多，图案清晰，为提花中的最高水平，但使用纱嘴数量多。

一、提花组织结构与织物特性

（一）单面背面浮线提花组织结构与织物特性

1. 单面背面浮线提花结构与编织原理

单面提花是指采用单针床编织，属于单面组织，正面显示花型图案、背面为长短不一的浮线，又称为虚线提花。单面纬平针结构提花属于均匀结构的提花组织；在单面纬平针结构基础上进行集圈、移圈等变化所得的组织属于不均匀结构的提花组织。

提花织物正面的同一个横列上形成两个或多个颜色段，背面则出现长短不一的浮线，其编织原理是需要在正面显示颜色的纱线则在正面针床编织，不显示颜色时则在织物背面形成浮线。如图2-8-2所示为二色提花正反面效果图与线圈图，图中织物正面显示两个颜色，背面显示二色的浮线。组织结构由单面线圈+浮线构成，属于单面结构织物，分正反面。

如图2-8-3所示的单面提花编织图中，A、B两色每个颜色纱线各编织1行，即使用两把纱嘴进行交替（轮流）编织；多色提花时原理相同。图中虚线框内显示了其最小的编织循环，即该针位上如A色编织则B色形成浮线，反之亦然。

编织时由于垫纱角度的限制，背面的浮线长度应控制在2.54cm以内，否则针钩不能钩住纱线而出现掉布。编织时可采用加集圈（吊目）方式进行控制浮线长度。

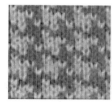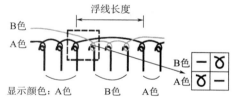

图2-8-2　二色浮线提花织物正、反面与线圈结构图　　图2-8-3　单面提花编织示意图

2. 单面背面浮线提花组织织物特性

由于背面浮线的存在，其织物近似纬平针组织，比纬平针织物厚、会卷边、易脱散，延伸性、透气性比纬平针差，穿着时背面浮线容易钩挂。

3. 单面背面浮线提花结构设计

（1）花型设计：由于浮线影响穿着使用与编织，常使用小花型设计进行控制横向的浮线长度，如图2-8-4所示。背面形成的浮线长短不一，更易钩挂。

（2）背面浮线+集圈设计：以一定的间隔（按针型针数）增加浮线的集圈点设计，可有效控制浮线长度，使花型图案的大小设计不受影响。编织原理如图2-8-5所示。

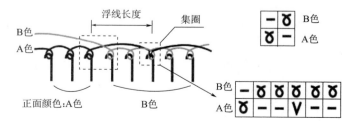

图2-8-4　单面提花花型设计示意图　　　　图2-8-5　单面提花背面浮线编织示意图

（二）双面圆筒提花组织结构与织物特性

1. 双面圆筒提花组织结构与编织原理

双面圆筒提花是指需要在正面显示颜色的纱线则在正面针床编织成圈，不显现颜色的纱线则在反面针床编织所形成的织物。二色圆筒提花正面效果如图2-8-6所示。

双面圆筒提花织物由双针床同时参与编织形成，二色圆筒提花编织原理如图2-8-7所示，图中虚线框内显示了其最小的编织循环，即该针位上如A色正面编织则B色在反面编织，反之亦然。圆筒提花又称为空气层提花，属于均匀结构的提花组织，其组织结构由单面线圈构成的双层织物，正反两面除换色外无连接，易分层。

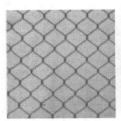
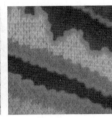

图2-8-6　双面圆筒提花织物示意图

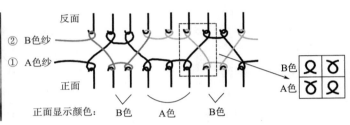

图2-8-7　二色圆筒提花编织示意图

2. 双面圆筒提花组织织物特性

二色圆筒提花为最具有代表性：织物正反两面均为正针外观，平整、光洁、结构均匀，正反面互为对称、互为反色；正面与背面无连接，分离为两层结构。缺点是色块面积过大时则会形成分层而起皱的现象。多色圆筒提花时背面的图案与正面不对称，一般设计为色点交错、色点斜向等效果。

圆筒提花织物厚度厚，约2倍于单面织物，中空、蓬松保暖性较好；织物具有脱散性，延伸性小于纬平针组织，手感柔软；多色提花厚度增加、延伸性变小。圆筒提花织物边缘需进行封边处理，否则出现开边现象，封边后不卷边。

3. 多色圆筒提花的设计

（1）多色圆筒提花背面设计：二色以上圆筒提花组织，随着色数增加背面的横列数大于正面，为了减少不对称性，按背面色数进行成圈+浮线设计，如三色提花，背面设计成1隔1成圈，如图2-8-8所示，图中标明了配色横列、针位、编织方向与背面效果。四色提花则设计成1隔2成圈，背面色点交错，如图2-8-9所示，以此类推。

（2）组织变化设计：将正面线圈局部翻针到反面，使之出现反面线圈或形成浮线，通过多种编织规律组合，形成多种花样。

（3）结构变化设计：如两层之间加入衬纬纱线，则形成"三明治"结构，极大增加保暖性。如使用弹性纱线进行两层之间连接则增加了紧密性。

（三）双面背面拉网提花组织结构与织物特性

1. 双面背面拉网提花组织结构与编织原理

双面背面拉网提花是指需要在正面显示颜色的纱线则在正面针床编织成圈，不显现颜色的纱线则在反面针床以某种隔针方式在固定针位上编织成圈所形成的织物，又称为网底

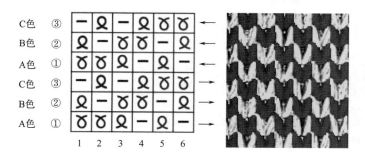

图2-8-8　三色圆筒提花编织规律示意图

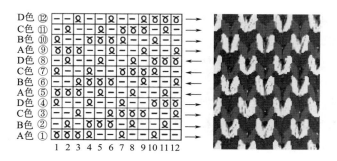

图2-8-9　四色圆筒提花编织规律示意图

提花、背面隔针提花。背面隔针的方式视针型与设计效果而定，如采用1×1、1×2、1×3、1×4、1×5等隔针方式，二色背面拉网提花背面效果如图2-8-10所示。

　　二色背面拉网提花由双针床同时参与编织形成，编织原理如图2-8-11所示，可视为圆筒提花的背面抽针形式。A色纱线在正面编织时，B色纱线则在该区域的反面隔针编织成圈，图中虚线框内显示了背面1隔1（1×1）最小的编织循环，即该针位上如A色正面编织则B色在反面隔针编织，反之亦然。1×2、1×3隔针编织时的最小规律如图2-8-12所示，每种规律各有多种描绘方式。其组织结构由单面线圈构成的双层织物，正反两面除换色外无连接，易分层。

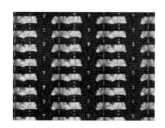

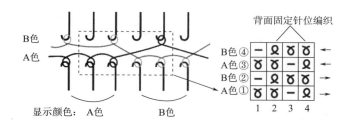

图2-8-10　二色背面拉网提花背面效果图　　　图2-8-11　二色背面拉网提花编织原理示意图

2. 双面背面拉网提花组织织物特性

　　双面背面拉网提花属于不均匀结构的提花组织，织物两边略有卷边，隔针越多卷边性越强，延伸性变差；织物属于双面结构，厚度大于纬平针织物，比双面圆筒组织松薄；织物分为两层，织物边缘需进行封边处理，否则出现开边现象。

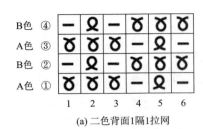

(a) 二色背面1隔1拉网

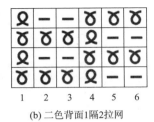

(b) 二色背面1隔2拉网

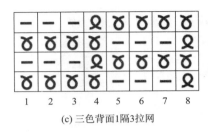

(c) 三色背面1隔3拉网

图2-8-12　背面拉网提花不同隔针方式的编织规律示意图

3.　封边处理方法

单面浮线提花、圆筒提花、背面拉网提花在编织时应做封边处理，封边的方法分为原图鸟眼封边法与展开图边缘错行封边法。

（1）原图鸟眼封边法是用登录色描绘原图时，在两侧边缘2针采用两色交错描绘，如图2-8-13所示。

（2）展开图边缘错行封边法是指在原图展开后在两侧边缘第一针整列错一行处理。

（四）双面背面芝麻点提花组织结构与织物特性

由于圆筒或背面拉网提花组织结构正、反两面分层，结构不稳定，一般适用于花型色块面积较小的织物。图案色块面积较大时，多采用正反两面有连接的结构，织物平整、厚实。

背面芝麻点提花是指需要正面显示颜色的纱线在正面针床成圈编织，不在正面显示颜色的纱线则在反面针床进行1隔1隔针且同色相邻两个横列错位编织，编织后织物背面两个或多个颜色的线圈呈现色点相错的芝麻点效应，背面效果如图2-8-14所示，（a）图为二色、（b）图为三色。

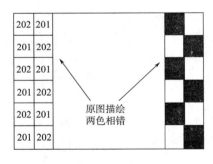

图2-8-13　二色提花封边描绘图

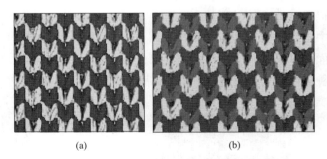

(a)　　　　　　　　　　(b)

图2-8-14　双面背面芝麻点提花效果图

1.　双面二色背面芝麻点提花的结构与编织原理

双面二色背面芝麻点提花的编织原理如图2-8-15所示，图中正面A色在1、2、3、7、8针位区域显示，B色为4、5、6针位区域显示。例如设计后针床第一横列1、3、5、7针位为B色编织，2、4、6、8针位为A色编织；第二横列中正面针床颜色不变，后针床A色在1、3、5、7针位区域，B色在2、4、6、8针位区域编织。以两行为循环编织，使横、纵向线圈形成的色点相互交错，形成芝麻点效应。

从编织图、线圈图中可以看出，其组织线圈结构中存在了1隔1的双面线圈，使前、后针床线圈连接紧密，织物结构不会出现分层，风格为厚、挺、平。

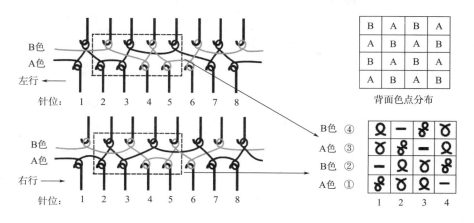

图2-8-15 双面二色背面芝麻点提花编织原理图

2. 双面多色芝麻点提花设计

（1）三色芝麻点提花设计：三色分别用A、B、C表示，设计背面芝麻点效果如图2-8-16所示，各色上下左右错开，形成三色交错规律的芝麻点效应。图中横向由二色隔针相隔编织，纵向三色轮流叠加，将其1行拆分为3行，形成编织规律。

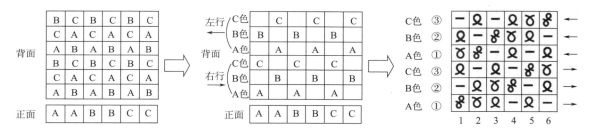

图2-8-16 三色芝麻点提花背面效果设计与线圈对应示意图

（2）四色芝麻点提花设计：四色芝麻点提花类似二色芝麻点提花的画法，即后针床二色交错编织一行。形成织物后前后针床编织长度相当于1∶2，即正面1行背面2行，需要合理调节前后针床的度目值使其保持平整度，芝麻点效果如图2-8-17所示。

3. 双面背面芝麻点提花织物特性

织物正面显示花型图案、背面由各色纱线形成有交错规律的色点效应，外观平整、挺括、厚实、不卷边、延伸性差、不易脱散，常用作外套、大衣、中衣、挂画的组织。

（五）双面背面全出针提花组织结构与织物特性

双面背面全出针提花是在半空气层组织的基础上进行的提花，又称三平提花，背面效果如图2-8-18所示。

1. 双面二色背面全出针提花的结构与编织原理

背面全出针提花是指需要在正面显示颜色的纱线则在正面成圈编织，同时背面针床全部出针编织成圈，在背面形成有规律配色横条效果的织物。双面二色背面全出针提花的编织原理如图2-8-19所示。

由编织图得出背面全出针提花组织存在着连续的双面线圈与反面单面线圈的结构，正反

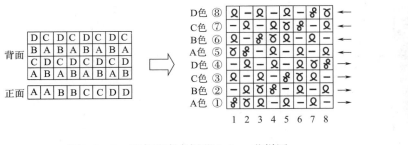

图2-8-17 四色芝麻点提花Package花样图

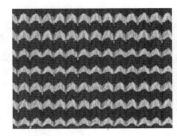

图2-8-18 背面全出针效果图

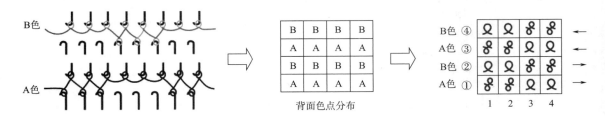

背面色点分布

图2-8-19 双面二色背面全出针编织示意图

两面线圈连接较为紧密。织物正面显示花型图案，背面由两色交替的横条组成，如同半空气层组织结构紧密，背面有凸楞效果。

2. 双面背面全出针提花织物特性

织物外观挺括、厚实、不卷边，厚度小于背面芝麻点结构的织物；背面横列数大于正面，有横向凸起，适用于二色提花，不适用三色以上提花。织物延伸性差、不易脱散，常用作外套、大衣、中衣等的面料。

（六）翻针提花织物结构与织物特性

翻针提花是指在双面提花的基础上，前针床上的线圈翻针到后针床而形成露出底色、或正面为浮线、或同时在背面进行交错编织形成凹凸效果的复合组织，外观效果如图2-8-20所示。

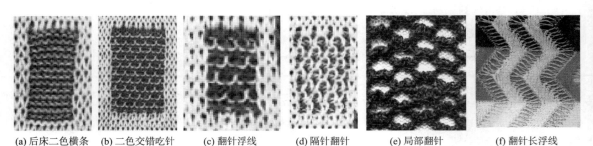

(a) 后床二色横条　(b) 二色交错吃针　(c) 翻针浮线　(d) 隔针翻针　(e) 局部翻针　(f) 翻针长浮线

图2-8-20 翻针提花织物效果图

1. 翻针提花的结构与编织原理

二色翻针提花编织时先进行翻针，结束前采用逐渐加针或采用挑半目或双面线圈进行衔接处理后形成双面组织继续编织，如图2-8-21所示，自左向右分别为大孔眼、底面交错吃

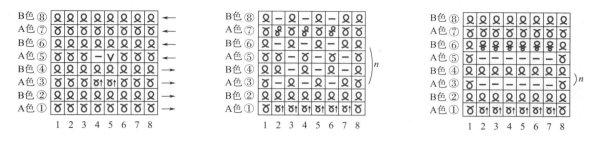

图2-8-21　二色翻针提花线圈编织示意图

针、浮线三种典型的线圈编织示意图。

2. 翻针提花织物特性

织物厚度、延伸性、脱散性近似同圆筒提花，视觉稀松，透气性好、不卷边，其织物适用于外套、外衣等服装面料。

3. 翻针提花花样设计

翻针提花花样有很多变化，主要有图形组合、编织方法组合等。

（1）图形组合是指利用各种自然的图形作为提花花样，用翻针方法使图形显现出来。图形主要有几何图形、花卉图形、建筑物图形、卡通图形、物体图形、动物图形等，把各类图形有机组合在一起，形成翻针提花的花型。

（2）地色与花色效果的设计：地色是指花样中颜色较多的部分，起到衬托花型的作用；花色是指颜色较少的部分，色泽突出，吸引眼球的部分。在翻针提花中使用两种颜色的提花较多，容易实现。

（3）纱线的选用：普通类型两色翻针提花使用同一类型的纱线，如精纺纱线、膨体纱等，效果一般。如果有效的运用普通纱线、花式纱线、特殊纱线等进行有机组合，则更能衬托花型的效果。或地色纱线采用尼龙透明纱，花色采用花式线，编织后则出现烂花效果；或在正面局部采用浮线设计形成图案效果，浮线部分使之露出底色，如图2-8-20（e）（f）所示。

（4）编织方法的设计：提花中的编织方法有浮线提花、圆筒提花、芝麻点提花全出针提花等组织结构，将这些结构合理进行运用，则可显示出花型部分效果。如图2-8-20（a）所示，采用二色圆筒提花的基础上，花型部分二色纱线在后床交替编织形成横条。如图2-8-20（b）所示，地色与花色在后针床进行交错成圈编织，形成二色交错出现的效果。如图2-8-20（c）所示，采用二色背面全出针提花的结构，图形部分将前针床线圈隔针翻针至后，露出背面的反针编织效果，地色花色两色纱线间隔编织形成间色效果。如图2-8-20（d）所示，背床全出针编织两色进行隔针交错编织+翻针的效果。

（七）浮凸提花织物结构与特性

浮凸提花是通过组织结构变化，使花型部分凸起在地部组织之上所形成的浮凸效果；通常地部使用芝麻点组织结构，花部采用圆筒结构；利用花部正面的横列数多于背面，花部织物向正面突起形成较强的立体效果，如图2-8-22所示。

1. 浮凸提花织物结构与编织原理

为了较好显示花部凸起的效果，地部结构要求紧密、平整、挺括，因此采用芝麻点结构设计。花部采用双横列编织，形成较地部两倍的横列数，其线圈结构如图2-8-23所示，（a）图为二色浮凸提花，使用3把纱嘴；（b）图为三色浮凸提花，两个颜色编织地部形成芝麻点结构，另一个颜色使用2把纱嘴编织花部与地部形成圆筒结构。

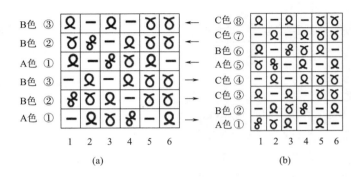

图2-8-22　浮凸提花织物示意图　　　　　　图2-8-23　浮凸提花线圈编织示意图

2. 浮凸提花织物特性

厚度厚于芝麻点提花，地部结构紧密、厚实，延伸性差，不卷边。花部两层结构有分层、起皱现象，小块面花型时浮凸立体效果明显；大块面花型时可形成树皮皱的效果。该类织物适用于毛衫外套、外衣等服装。

二、岛精系统制板描绘

岛精制板系统提花花样制作方法分为基本小图法、功能线指定法与合成法。

（一）提花花样原图描绘

岛精系统默认使用200号以上色码进行原图提花花型区域描绘，如使用201、202色码描绘二色提花花型原图，如图2-8-24（a）所示。描绘时横向填满原图，纵向可分段。不可与普通（登录色以外）的色码混合描绘，否则不能展开。单面背面浮线、背面拉网、圆筒提花需要进行封边处理，背面芝麻点、背面全出针可不用封边。多色提花描绘如图2-8-24（b）所示。

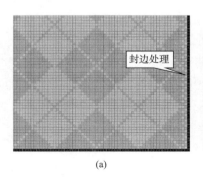

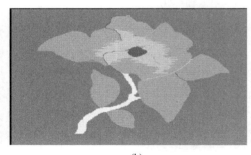

图2-8-24　二色与多色提花原图描绘示意图

（二）各类提花组织小图描绘与Package花样制作

提花组织小图描绘时，先提取各组织的最小编织循环，确定横向最小循环的针数、纵向以纱嘴从某位置出发、回到原位置止作为最小编织循环横列数，在按线圈的形态描绘相应的编织色码。

1. 单面背面提花组织小图描绘与Package花样制作

单面背面提花组织小图描绘按图2-8-3所示的编织原理，使用51、16色码描绘；图中每色最小循环针数为1针、1行；考虑纱嘴的运行，小图需要每色描绘各1转，如图2-8-25所示。当浮线过长时，用集圈进行隔断，根据针型不同使浮线长度小于2cm，如7针机时做1隔3集圈，编织小图如图2-8-26所示，横向最小循环为4针（3+1），纵向为1转。

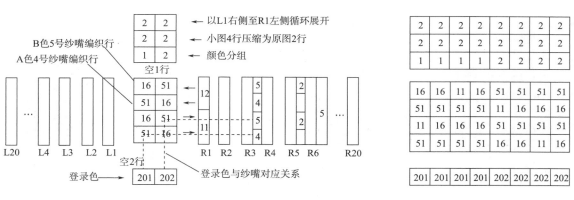

图2-8-25 单面二色背面浮线提花Package花样图　　　　图2-8-26 1隔3集圈小图

Package花样是将基本小图进行附加功能线、对应描绘登录色与登录附加功能线而成，在R1功能线上用11、12色码进行纵向分割，表示编织方向向右、向左回到原位；在R3功能线上填写4号、5号纱嘴描绘表示2色；在R5功能线上填2号色表示机头空跑。登录附加功能线第一行用1号、2号色对应201、202登录色，表示分为2组即2色提花；第二行描绘2号色表示基本小图4行代表原图2行；第三行描绘2号色表示展开时的循环范围与方向。

2. 双面圆筒提花组织小图描绘与Package花样制作

（1）双面二色圆筒提花组织小图描绘：按图2-8-7虚线框内所示的线圈形态，使用51、52色码描绘；图中每色最小循环针数为1针、1行；考虑纱嘴的运行，小图需要每色描绘各1转，如图2-8-27所示；Package花样功能线描绘如同前述。

（2）三色圆筒提花基本小图描绘：三色提花时正面编织一行背面编织二行，按此编织会出现正反两面长度不同，织物不平整。解决方法是背面采用1×1编织，即A色在前针床编织时，B、C两色在后针床进行隔针交错编织，形成织物后B、C色两行线圈叠加在一起，相当于1行，正、反两面长度相当，参照图2-8-8所示描绘，Package花样如图2-8-28所示。

四色圆筒提花背床为1隔2编织，参照图2-8-9所示描绘；其他多数提花以此类推。

（3）指定多系统编织描绘：以上描绘方法按单系统机器编织要求，当使用多系统机器时，出带过程中系统自动适应生成文件。如在图中R4功能线上进行指定，则按要求进行编织。

指定双系统编织时，在R4上填66、77色码，R3纱嘴段号改为45，R5不需要填写空跑；三系统的做法相同，如图2-8-29所示。

3. 双面二色背床拉网提花组织小图描绘与Package花样制作

（1）双面二色背床拉网提花组织小图描绘：按图2-8-11虚线框内所示的线圈形态，使

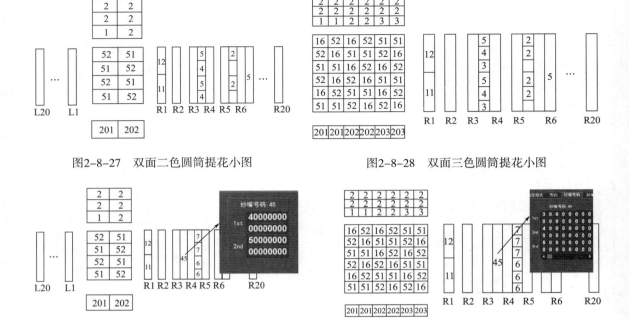

图2-8-27　双面二色圆筒提花小图　　　　　图2-8-28　双面三色圆筒提花小图

图2-8-29　多色提花指定系统编织描绘示意图

用51、52、16色码描绘；图中1×1每色最小循环针数为2针、1行；1×2每色最小循环针数为3针、1行；1×3每色最小循环针数为4针、1行；1×4等以此类推，如图2-8-30所示。

背床隔针编织的特征是在后针床固定针位上编织，形成隔针后较稀松的网状结构，隔针越多，织物越薄，节省纱线。

（2）Package花样制作：背床1×3拉网提花Package花样描绘如图2-8-31所示。

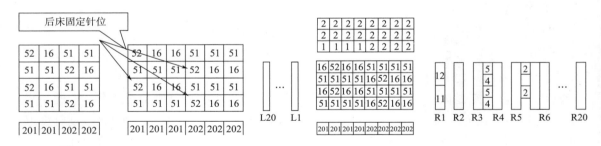

图2-8-30　二色背床1×1、1×2拉网提花基本小图　　　图2-8-31　背床二色1×3拉网提花Package花样图

4. 双面背面芝麻点提花组织小图描绘与Package花样制作

（1）双面二色背面芝麻点提花小图描绘：按图2-8-15虚线框内所示的线圈形态，每色最小循环针数为2针、1转，使用3、51、52、16色码描绘；由于背面出现色点的针位不同，有两种描绘方法，如图2-8-32所示。Package花样如图2-8-33所示。

（2）双面三色芝麻点提花描绘：三色编织分别用A、B、C表示，设计背面芝麻点效果，各色上下左右错开，形成色点交错的芝麻点效应。图中横向由二色隔针交错编织，纵向三色轮流叠加，形成编织规律。背面效果图、分解图、Package花样如图2-8-34所示。

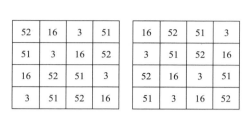

图2-8-32 双面二色背面芝麻点提花小图

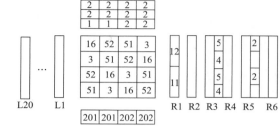

图2-8-33 二色背面芝麻点提花Package花样图

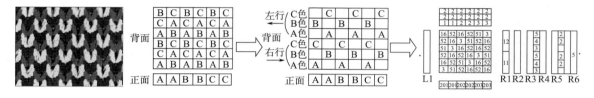

图2-8-34 双面三色芝麻点提花效果图、分解图、Package花样图

（3）双面四色芝麻点提花描绘：类似二色芝麻点提花的画法，花样如图2-8-35所示。

5. 双面二色背面全出针提花组织小图描绘与Package花样制作

双面二色背面全出针提花小图描绘按图2-8-19所示的线圈形态，每色最小循环针数为2针、1行，使用3、52色码描绘；Package花样如图2-8-36所示。背面全出针提花由于后床横列数多，一般适宜色数较少的提花使用。

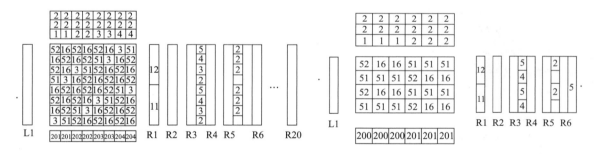

图2-8-35 双面四色芝麻点提花Package花样图
图2-8-36 双面二色背面全出针提花Package花样图

6. 翻针提花小图描绘与Package花样制作。

（1）翻针提花原图描绘：翻针提花的原图用200号以上的提花色码直接描绘，如两色翻针提花，花色与地色各用一种色码。在图形下方的翻针位置，使用另一个色码描绘，在Package小图中指定其翻针动作。

翻针色码在原图中可使用阴影的绘图工具进行描绘比较快捷。描绘步骤为：选定范围→点击"阴影"图标→选定花型颜色为基准色→指定阴影色（翻针色码）→点击向上箭头→出现翻针色码。描绘过程如图2-8-37所示。

（2）翻针提花小图设计：设定其组织结构为双面两色背面全出针提花，地色用204描绘，圆形花色用202描绘，阴影用201描绘。202与204组成两色提花，201色码用来翻针。如

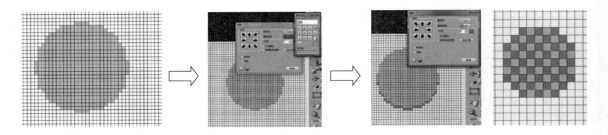

图2-8-37　翻针提花原图描绘过程示意图

204区域为全出针提花，202圆形部分为后床交错吃针编织，其Package小图如图2-8-38所示。202圆形交错翻针则如图2-8-39所示。

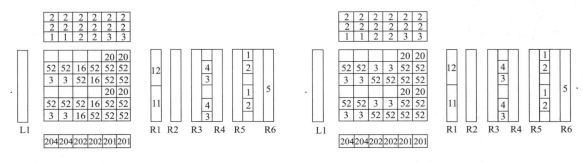

图2-8-38　双面两色背面全出针翻针提花小图　　　　图2-8-39　圆形交错翻针提花小图

（3）翻针浮线提花Package小图设计：翻针后露出背面为花色纱线在后床编织、地色在前床编织形成浮线与间隔点，形成浮线状的翻针提花效果，如图2-8-20（f）所示。采用圆筒提花为基本组织，在织物正面设计一个纵向之字形的花样，花样为浮线，露出地色的颜色。原图用201描绘地色、202描绘之字形浮线花色、204描绘花色。202色部分为浮线结构，编织时需要将线圈翻针到后针床，使前针床形成空针状态，浮线宽度控制在2cm以内，超过时利用后床集圈进行断点。用阴影描绘方法描绘203号色作为翻针色码。如图2-8-40所示为翻针浮线提花花样阴影制作过程图，在浮线下方形成阴影203号色码。

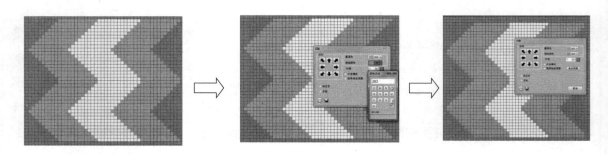

图2-8-40　翻针浮线提花花样阴影制作过程示意图

翻针浮线花样的Package花样如图2-8-41所示。其中201与203形成圆筒提花结构，201与202形成正面浮线、背面编织的结构，203为正针翻针至后、后床编织的结构。

7. 浮凸提花小图描绘与Package花样制作

三色浮凸提花小图描绘：如图2-8-42所示样片为三色浮凸提花花样，地色为两个颜色，形成芝麻点结构；花色与地色之间形成袋编（圆筒）结构，且为2个横列，由于花色与地色之间的横列数比例为1:2，因此花色部分形成向上凸起的效果。200与201两色形成芝麻点结构，使用1号、2号纱嘴；202与201、200之间形成圆筒结构且为2行使用3号、4号纱嘴。每色横向循环为2针，纵向循环为1行。

如设计树皮皱效果的二色浮凸提花时，将图中2号、3号、4号纱嘴穿同色纱线即可。

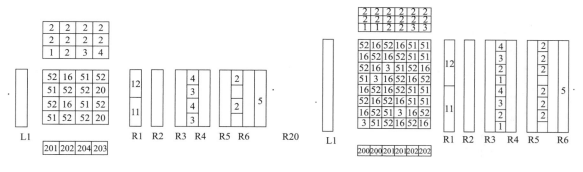

图2-8-41　翻针浮线提花Package花样示意图　　　图2-8-42　三色浮凸提花Package花样图

（三）双面提花组织与下摆罗纹的衔接及结束行处理

1. 双面提花组织与下摆罗纹的衔接

多数毛衫衣片是由下摆与大身组成，下摆是为了平整、保型、具有一定的弹性、不脱散，采用双面组织，如1×1、2×1、2×2、袋编等。大身组织主要有单面与双面两种结构类型；当大身为单面组织时，下摆罗纹编完后进行翻针处理衔接；大身为双面组织时，则由于罗纹组织结构不同，需进行特定的衔接处理，否则会出现孔洞，影响美观。

（1）当背床为隔针编织时，按个别翻针进行处理。

（2）大身前后针床均为总针编织时，插入4行（2转）双罗纹组织。

（3）圆筒下摆与双面提花组织不需要进行衔接处理。

2. 双面提花结束行处理

大身为双面提花组织编织完成时需要进行废纱封口，废纱组织可选单面平针、1×1罗纹、满针罗纹（四平）三种类型。

（1）废纱选择单面组织时，双面提花编织完成后需翻针处理，翻针行要考虑松密度。

（2）废纱选择1×1罗纹时，也需要翻前翻后处理。废纱部分不会卷边，方便套口操作。

（3）废纱选择满针罗纹时，不需要翻针处理，套口略微麻烦，废纱用纱量较多。

（四）L8功能线指定提花花样的描绘方法

为了操作方便，描绘过程中不需要画小图、Package花样进行展开，直接在L8功能线上做提花形式的指定，即在L8功能线上填写相应的色号。

色号用两位数表示，前面的数字表示编织形式：1表示浮线提花、2表示全出针提花、3

与4表示芝麻点提花；后面的数字表示颜色数。如描绘三色双面全出针提花，在功能线上L8填写23号色。

在L8上指定分为两种方式：直接指定与选择指定。

1. L8功能线使用具体色码直接指定提花类型

按表2-8-1所示的内容在L8功能线上填写指定提花编织类型。原图图案使用100号以上色码进行描绘，相应色码表示二色、三色、四色等提花类型，具体编码如表2-8-1所示。

表2-8-1　L8功能线色码填写指定表

功能线	L8	二色提花类型	L8	三色提花类型	L8	四色提花类型
1	12	二色单面背面浮线提花	13	三色单面浮线提花	14	四色单面浮线提花
2	22	双面二色全出针提花	23	双面三色全出针提花	24	双面四色全出针提花
3	32	双面背面芝麻点提花1	33	双面背面芝麻点提花1	34	双面背面芝麻点提花1
4	42	双面背面芝麻点提花2	43	双面背面芝麻点提花2	44	双面背面芝麻点提花2

指定三色双面背面芝麻点提花操作。

（1）描绘原图：用100色号以上色码进行描绘，例如用101、102、103色码描绘原图，并附加功能线。

（2）L8功能线指定：在L8功能线左侧填33号色，对其他功能线进行合理修改。

（3）出带：选定机型→勾选"花样展开处理"→点击"自动控制执行"→弹出"自动参数控制对话框"→设定"主程式罗纹"→设定"节约"→设定"纱嘴号码"→设定"提花纱嘴"，如图2-8-43所示为二色、三色、四色提花纱嘴设计与线圈模拟示意图，在"提花纱嘴"上设定"1st"填3，"2nd"填4，"3rd"填5表示纱嘴编织顺序为3、4、5。设定相应的纱嘴属性，点击"处理实行中"、编织模拟，没有发现错误，点击"确认"，查看编织模拟图中的线圈结构为芝麻点组织结构。

图2-8-43　二色、三色、四色提花纱嘴设定与线圈模拟示意图

2. 使用10号色码指定选择提花类型

用10号填写L8功能线左侧指定提花组织结构，出带时在"自动控制参数"设定中的"纱嘴号码"标签页里指定各登录色的纱嘴号码、选择提花组织结构。

（1）使用200号以上的色码描绘花型意匠图（原图）。

（2）对原图进行附加功能线，设定罗纹、废纱的纱嘴号码。提花部分不用修改。

（3）处理下摆罗纹的衔接、废纱前翻针，进行各功能线的填写（节约、纱嘴、度目段号、卷布拉力、速度等），并在相应的提花位置在L8上填写10号代码，如图2-8-44所示。

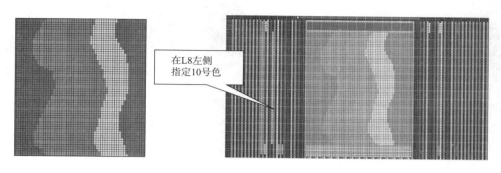

在L8左侧指定10号色

图2-8-44　原图与L8指定提花方式描绘示意图

（4）自动控制设定：点击"自动控制设定"图标→设定机型→选择"SSG2Cam、14G、SV"。自动控制设定中起底花样勾选"类型2"，勾选"花样展开"、无废纱，其他默认。

（5）自动控制参数设定：主程式罗纹设定罗纹与废纱纱嘴号码，如图2-8-45所示。

（6）设定纱嘴号码：点击"纱嘴号码"标签，弹出如图2-8-46所示的标签页，右侧出现黄色的提花按钮。点击"提花"按钮，弹出提花纱嘴号码设定页与提花类型设定框。按图中闪烁的部位，点击框中的数值，即可设定相应编织区域的纱嘴号码，图中用色号的颜色显示该登录色区域。

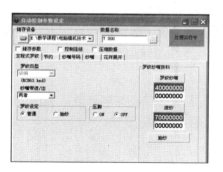

图2-8-45　主程式罗纹设定

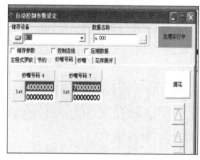

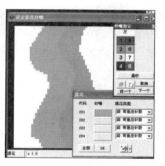

图2-8-46　纱嘴号码与组织结构设定

（7）提花组织结构设定：如图2-8-47所示提花类型分为单面组织、罗纹背面总针数、翻针背面总针数、罗纹1×1、袋1×1、翻针1×1等。根据设计需要选择各个颜色相对部位的提花类型结构。

（8）组织结构说明：单面组织为单面多色背面浮线提花；罗纹背面总针数是指背面全出针提花；袋背面总针数是指圆筒提花；翻针背面总针数是指背面全出针的翻针结构提花；罗纹1×1是指背面芝麻点提花；袋1×1是指圆筒背面1隔1出针提花；翻针1×1是指背面1隔1出针的翻针提花。提花结构各部位可以相同，也可以选择不同，背面可出现多种提花组织结构。出带后自动生成两个展开文件图：普通花样图（编织图）与纱嘴图，如图2-8-48所示。

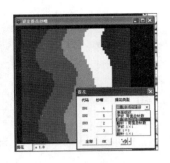

图2-8-47　提花结构类型指定

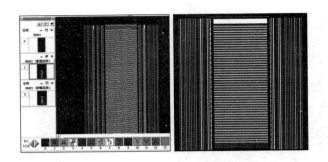

图2-8-48　花样展开图与纱嘴编织图

（9）普通花样图：与用Pakage花样展开图相同，点击此图可以直接出带。

（10）纱嘴花样图：表示纱嘴运动的图形，与普通花样图配套，这两个图是一一对应的。如果需修改，同时将花样、纱嘴图一一对应修改，使两个的图形保持一致。修改完毕后可重新进行出带，步骤为：自动控制→指定"组织花样"→点击"普通花样图"→指定"纱嘴花样"→点击"纱嘴花样"图→弹出自动控制参数标签页→设定纱嘴属性→点击"处理实行中"→编织模拟，存储"***.000"上机文件。

三、恒强系统制板描绘

恒强制板系统提花花样制作方法分为小图法与功能线指定法，功能线指定法较为方便。

（一）提花花样原图描绘

恒强系统描绘提花类小图时，使用120～183色码作为模块色码，描绘二色提花花型原图，如图2-8-49（a）所示；多色提花描绘如（b）图所示。描绘时横向填满原图，纵向可分为普通段或不同的提花段。横向普通与提花色码不能混合描绘，否则不能展开。单面背面浮线、背面拉网、圆筒提花需要进行封边处理，背面芝麻点、背面全出针可不用封边。

（二）各类提花组织小图描绘

提花组织小图描绘时，先提取各组织的最小编织循环，确定横向最小循环针数、纵向以纱嘴最小编织循环的横列数，再按线圈形态描绘相应的编织色码。

1. 单面背面浮线提花组织小图描绘

单面背面浮线提花组织小图描绘按图2-8-3所示的编织原理，使用8、16色码描绘；图中每色最小循环针数为1针、1行，描绘在原图上方，如图2-8-50所示。

（a）

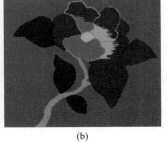

（b）

图2-8-49　二色与多色提花原图描绘示意图

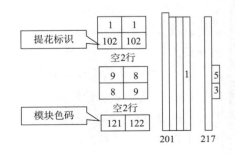

图2-8-50　单面背面浮线提花小图

（1）花样展开：点击"横机工具"中的"花样展开"按钮，原图即向上展开，覆盖小图（应先保存）。展开图如图2-8-51所示，图中浮线较长，易掉布、破洞。

（2）当浮线过长时，采用集圈进行隔断，根据针型的不同，控制浮线长度小于2cm。例如7针机时做3隔1集圈，背面3隔1集圈原图、编织小图、展开图如图2-8-52所示，横向最小循环为4针（3+1），纵向为1转。为了让背面的集圈点形成规律的斜线，原图与小图分页配合。

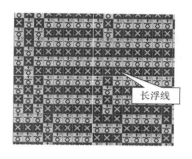

图2-8-51 背面浮线提花展开图

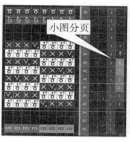

图2-8-52 背面3隔1集圈原图、小图、展开图

2. 双面圆筒提花组织小图描绘

（1）双面二色圆筒提花组织小图描绘：按图2-8-7虚线框内所示的线圈形态，使用8、9色码描绘；图中每色最小循环针数为1针、1行，如图2-8-53所示。

（2）三色圆筒提花基本小图描绘：三色提花时正面编织一行背面编织二行，按此编织会出现正反两面长度不同，织物不平整。解决方法是背面采用1×1编织，即A色在前针床编织时，B、C两色在后针床进行隔针交错编织，形成织物后B、C色两行线圈叠加在一起，相当于1行，正、反两面长度相当。参照图2-8-8所示描绘，小图一个循环横向3色6针、纵向6行，分为2页（左、右行），描绘如图2-8-54所示。原图纵向1行1页，共2页循环。

四色提花描绘方法相同，小图纵向3行为1页，分为3页。原图1行1页与之对应。

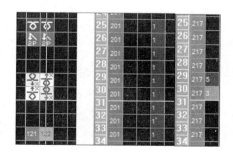

图2-8-53 双面二色圆筒提花小图

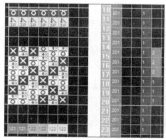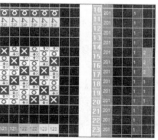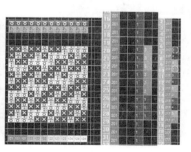

图2-8-54 双面三、四色圆筒提花小图

3. 双面二色背床拉网提花组织小图描绘

按图2-8-11虚线框内所示的线圈形态，使用8、9、16码描绘；图中1×1每色最小循环针数为2针、1行；1×2每色最小循环针数为3针、1行；1×3每色最小循环针数为4针、1行；1×4等以此类推。

背床隔针编织的特征是在后针床固定针位上编织，形成隔针后较稀松的网状结构，隔针越多，织物越薄，节省纱线。双面二色背床1×1、1×2、1×3拉网提花小图如图2-8-55所示。

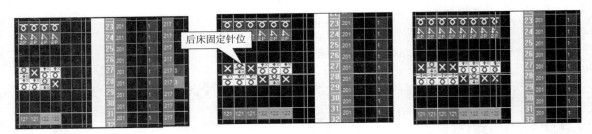

图2-8-55　双面二色背床1×1、1×2、1×3拉网提花小图

4. 双面背面芝麻点提花组织小图描绘

（1）双面二色背面芝麻点提花小图描绘：按图2-8-15虚线框内所示的线圈形态，每色最小循环针数为2针、1转，使用3、8、9、16色码描绘；由于背面出现色点的针位不同，有A、B两种描绘方法，如图2-8-56所示。因背面色点交错，小图与原图需要分页；原图1行1页，2行一个循环，共分为2页。2色提花小图2行为1页，3色提花小图3行为1页。

（2）双面三色芝麻点提花描绘：三色编织分别用A、B、C表示，设计背面芝麻点效果，各色上下左右错开，形成色点交错的芝麻点效应。图中横向由二色隔针交错编织，纵向三色轮流叠加，形成编织规律。小图如图2-8-57所示，小图与原图页需要分两页处理。

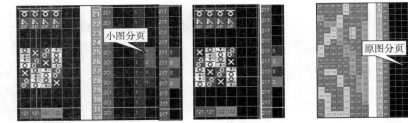

图2-8-56　双面二色背面芝麻点A、B提花小图

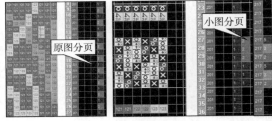

图2-8-57　双面三色背面芝麻点提花小图

（3）双面四色芝麻点提花描绘：类似二色芝麻点提花的画法，花样如图2-8-58所示。

5. 双面二色背面全出针提花组织小图描绘

双面二色背面全出针提花小图描绘按图2-8-19所示的线圈形态，每色最小循环针数为2针、1行，使用10、9色码描绘，如图2-8-59所示。背面全出针提花由于后床横列数多，一般适宜色数较少的提花使用。

6. 翻针提花小图描绘与小图制作

（1）翻针提花原图描绘：例如两色翻针提花花样，原图地色使用121号描绘，为背面全出针组织；花色使用122色码描绘，为两色背床交错编织；在图形下方为前翻后翻针，使用另一个123色码描绘，在小图中指定其翻针动作。编织原理如图2-8-60所示。

翻针色码在原图中可使用绘图工具"阴影"进行描绘。描绘步骤为：选定范围→点击"阴影"图标→选定基准色为122→指定阴影色（翻针色码）为123→覆盖颜色为121→点击向

9	16	9	16	9	16	3	8
16	9	16	9	8	3	16	9
9	16	3	8	9	16	9	16
8	3	16	9	16	9	16	9
16	9	16	9	16	9	8	3
9	16	9	16	3	51	9	16
16	9	51	3	16	9	16	9
3	8	9	16	9	16	9	16

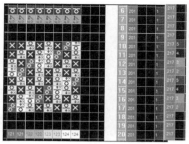

图2-8-58　双面四色芝麻点提花小图

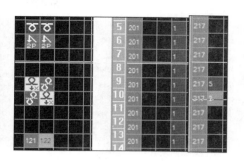

图2-8-59　二色背面全出针提花小图

上箭头→圆形下方自动出现翻针色码123，描绘过程如图2-8-61所示。

（2）翻针提花小图设计：如上图所示两色提花花型，设定其组织结构为双面两色背面全出针提花+背床交错编织。地色用121描绘，圆形花色用122描绘，阴影用123描绘。121与122组成两色提花，123色码用来翻针。圆形下方为121色码，与122色做背面全出针结构，单独做成小图如图2-8-62（a）所示。

阴影部分横向有121、123色码，单独做全出针和翻针小图，如图2-8-62（b）所示。边缘有121、122、123色码，122为后床隔针编织，其他两色同前，如图2-8-62（c）所示。上方为121、122色码，单独做小图，如图2-8-62（d）所示。本例共4个小图。

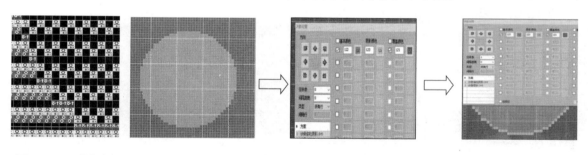

图2-8-60　编织图　　　　　　　图2-8-61　翻针提花原图、阴影描绘色码过程示意图

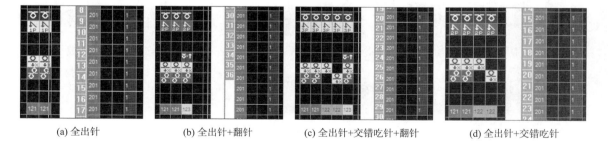

(a) 全出针　　　　(b) 全出针+翻针　　　(c) 全出针+交错吃针+翻针　　　(d) 全出针+交错吃针

图2-8-62　全出针翻针提花小图

（3）实例描绘：前床编织形成浮线与间隔点，形成浮线状的翻针提花效果，如图2-8-20（f）所示。采用圆筒提花为基本组织，在织物正面设计一个纵向之字形的花样，花样为浮线，露出地色的颜色。原图用121描绘地色、122描绘之字形浮线花色、124描绘花色。122色部分为浮线结构，编织时需要将线圈翻针到后针床，使前针床形成空针状态（浮线宽度控制在

2cm以内，超过时利用后床集圈进行断点）。用阴影描绘方法描绘123号色作为翻针色码。如图2-8-63所示为翻针浮线花样阴影制作过程图，在浮线下方形成阴影123号色码。

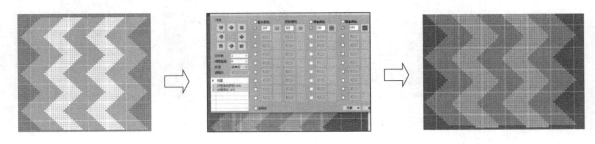

图2-8-63　翻针浮线提花花样阴影制作过程示意图

圆筒翻针浮线花样的小图如图2-8-64所示，共5个小图，翻针时213功能线指定取消编织。

7. 浮凸提花小图描绘

三色浮凸提花小图描绘：如图2-8-22所示样片为三色浮凸提花花样，地色为两个颜色，形成芝麻点结构；花色与地色之间形成袋编（圆筒）结构，且为2个横列，由于花色与地色之间的横列数比例为1：2，因此花色部分形成向上凸起的效果。如图2-8-65所示三色浮凸提花小图中，121与122两色形成芝麻点结构，使用2号、3号纱嘴；123与122、121之间形成圆筒结构且为2行使用4号、5号纱嘴，穿同色纱线；每色横向循环为2针，纵向循环为1行。原图1行为1页，共2页。

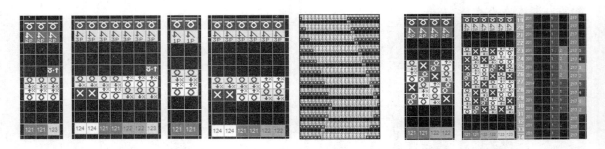

图2-8-64　圆筒翻针浮线提花小图与展开图　　　　　图2-8-65　三色浮凸提花小图

如设计树皮皱效果的二色浮凸提花时，将图中3号、4号、5号纱嘴穿同色纱线即可。

（三）双面提花组织与下摆罗纹的衔接及结束行处理

多数毛衫衣片是由下摆与大身组成，下摆是为了平整、保型、具有一定的弹性、不脱散，采用双面组织，如1×1、2×1、2×2、袋编等。大身组织主要有单面与双面两种结构类型；大身为双面组织时，则由于罗纹组织结构不同，需进行特定的衔接处理，否则会出现孔洞，影响美观。当大身前后针床均为总针编织时，插入2行双罗纹处理；背床为隔针编织时，按个别翻针进行处理。

（四）功能线指定提花形式的描绘方法

为了方便操作，描绘过程中不需要画小图，直接在216功能线上做提花形式的指定。提花描绘过程为：在"花样"页面使用1~8、11~18色码描绘提花原图→将提花段选定→复制到"引塔夏"页面→在216功能线设定相应的提花形式、纱嘴控制页码→在纱嘴系统填写提花纱嘴号码→编译→设定提花功能→生成上机文件。在"模拟"或"展开花样"中查看。

1. 原图描绘

在新建文件中，点击"工艺单"，输入开针数、罗纹类型即转数、选择罗纹衔接方式（双面提花或拉网类型），废纱转数为"0"，衣片类型选择"领子"，在大身中输入"转数"，点击"确定"，生成矩形试片"1"号色的图形。在大身中用"2"号色或其他色码描绘二色或多色花型，将两边进行鸟眼封边描绘，二色提花原图如图2-8-66所示。用101及以上描绘则为反面提花。

2. 复制花样

选定提花部段，右键菜单选择"复制到"→"引塔夏"，工作区下部的引塔夏标签页变成红色，点击"引塔夏"切换页面，显示出提花部段，复制页面过程如图2-8-67所示。

3. 指定提花形式（组织结构）

点开216"编织形式"功能线，在提花区域下方第一行对应的格子点击右键，弹出菜单如图2-8-68所示。选定后即在第一纵格生成色码表示提花色数，第二纵格生成色码表示提花组织形式。菜单中显示提花色数、提花组织结构的选项，详细信息如表2-8-2所示。

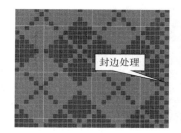

图2-8-66 二色提花原图

图2-8-67 复制页面示意图

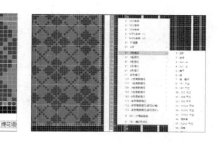

图2-8-68 编织形式菜单示意图

表2-8-2 编织形式216功能线色码指定表

序号	第1纵格		第2纵格			第3纵格	
	色码	提花色数	色码	提花组织		色码	纱嘴控制页
1	21	2色提花	1	空针	背面浮线	1	第1页
2	31	3色提花	2	全选	背面全出针	2	第2页
3	41	4色提花	3	1×1A	芝麻点A	3	第3页
4	81	引塔夏（嵌色）	4	1×1B	芝麻点B		
5	91	V领开领	6	袋	圆筒		
6	121	2色局部提花	8	1×1	背床拉网		

4. 描绘纱嘴控制页色码与纱嘴设定

（1）描绘纱嘴控制页色码：在第三纵格填写纱嘴控制页页码（色码），指定不同的纱嘴组中具体纱嘴进行编织。页码与"纱嘴系统设置"中的纱嘴组设定对应。编码形式设定示意图如图2-8-69所示。图中左侧为原图提花色码，纱嘴功能线217中将提花段纱嘴号码改为0号。

（2）纱嘴设定：在纱嘴组对话框中具体填写纱嘴号码，纱嘴组设定示意图如图2-8-70所示。左侧箭头表示纱嘴起始位置在左侧或右侧；第一行表示纱嘴在左侧，填写2个纱嘴，如"1-3+"表示提花图1号色码使用3号纱嘴编织。如果三色提花使用三把纱嘴，第3把也在左侧位置，则在第3行填写。第2、4、6、…行填写位于右侧的纱嘴。

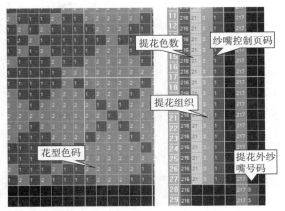

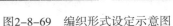

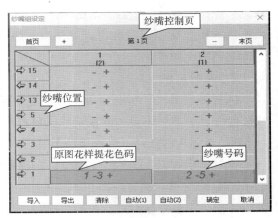

| 图2-8-69 编织形式设定示意图 | 图2-8-70 纱嘴组设定示意图 |

5. 花样页检查

将花样页的提花区域用1号色覆盖，表示花样出现在正面（在前针床编织）。用2号色覆盖，同时提花色码用101～118，花样出现在反面，称为反面提花。

检查各段花样的衔接处理、色码、各功能线段号设置等，确定无误进行编译处理。

6. 编译文件

点击"编译"图标，弹出对话框，提花选项设定示意图如图2-8-71所示。常规设定如前所述，提花设定则点击"提花"标签。主要设置单面提花浮线控制、单双面结构的衔接等。

（1）吊目方式：是指浮线的集圈断点的编织选择，在前床编织选择"前吊目"，如果反面提花则选"后吊目"。

（2）吊目距离：设定的吊目距离小于吊目间隔时，则不添加吊目点。

（3）吊目间隔：两个吊目之间的距离针数。

（4）吊目针数：是指浮线断点的针数，一般为1针。

（5）单面接提花处理：当提花下方为单面时，可选择"忽略""自动编织""自动吊目/编织"或"自动挑半目"等衔接方式，根据具体而定，如图2-8-72所示。

（6）提花接单面处理：是指双面提花之后织单面时是否进行自动翻针等衔接处理。

四、琪利系统制板描绘

琪利制板系统提花花样制作方法分为小图法与功能线指定法，功能线指定法较为方便。

（一）提花花样原图描绘

琪利系统描绘提花类小图时，使用120～183色码作为模块色码，描绘二色提花花型原

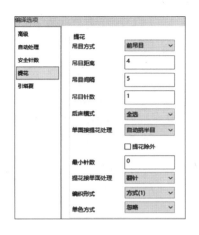

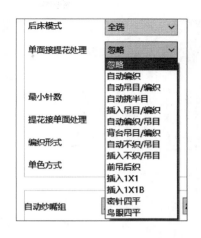

图2-8-71　提花选项设定示意图　　　　　　　图2-8-72　提花与单面衔接处理选项示意图

图，如图2-8-73（a）所示；多色提花描绘如（b）图所示。描绘时横向填满原图，纵向可分为普通段或不同的提花段。横向普通与提花色码不能混合描绘，否则不能展开。单面背面浮线、背面拉网、圆筒提花需要进行封边处理，背面芝麻点、背面全出针可不用封边。

（二）各类提花组织小图描绘

提花组织小图描绘时，先提取最小编织循环，确定横向最小循环的针数、纵向以纱嘴从某位置出发、回到原位置止作为最小编织循环横列数，再按线圈的形态描绘相应的编织色码。

1. 单面背面提花组织小图描绘

单面背面提花组织小图描绘按图2-8-3所示的编织原理，使用8、16色码描绘；图中每色最小循环针数为1针、1行，描绘在原图上方，如图2-8-74所示。

（a）

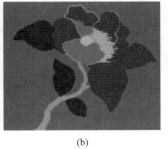

（b）

图2-8-73　二色与多色提花原图描绘示意图　　　　　图2-8-74　背面浮线提花小图

（1）花样展开：点击右侧第二栏"横机工具"中的"展开花样"按钮，原图即向上展开，覆盖小图（应先保存）。背面浮线提花展开图如图2-8-75所示，图中浮线较长，易掉布、破洞。

（2）当浮线过长时，采用集圈进行隔断，根据针型的不同，控制浮线长度小于2cm。例如7针机时做3隔1集圈，背面3隔1集圈原图、编织小图、展开图如图2-8-76所示，横向最小循环为4针（3+1），纵向为1转。为了让背面的集圈点形成规律的斜线，纵向4转为一个循环，进行分页与小图配合。

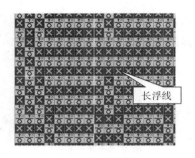

图2-8-75　背面浮线提花展开图

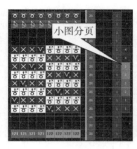

图2-8-76　背面3隔1集圈原图、编织小图、展开图

2. 双面圆筒提花组织小图描绘

（1）双面二色圆筒提花组织小图描绘：按图2-8-7虚线框内所示的线圈形态，使用8、9色码描绘；图中每色最小循环针数为1针、1行，如图2-8-77所示。

（2）三色圆筒提花基本小图描绘：三色提花时正面编织一行背面编织二行，按此编织会出现正反两面长度不同，织物不平整。解决方法是背面采用1×1编织，即A色在前针床编织时，B、C两色在后针床进行隔针交错编织，形成织物后B、C色两行线圈叠加在一起，相当于1行，正、反两面长度相当。参照图2-8-8所示描绘，小图一个循环横向3色6针、纵向6行，分为2页（左、右行），双面三、四色圆筒提花小图描绘如图2-8-78所示。原图纵向1行1页，共2页循环。

四色提花描绘方法相同，小图纵向3行为1页，分为3页；原图1行为1页。

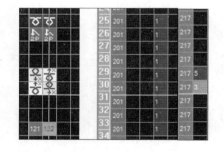

图2-8-77　双面二色圆筒提花小图

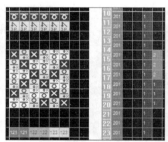
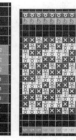
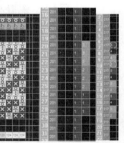

图2-8-78　双面三、四色圆筒提花小图

3. 双面二色背床拉网提花组织小图描绘

按图2-8-11虚线框内所示的线圈形态，使用8、9、16色码描绘；图中1×1每色最小循环针数为2针、1行；1×2每色最小循环针数为3针、1行；1×3每色最小循环针数为4针、1行；1×4等以此类推。

背床隔针编织的特征是在后针床固定针位上编织，形成隔针后较稀松的网状结构，隔针越多，织物越薄，节省纱线。双面二色背床1×1、1×2、1×3拉网提花小图如图2-8-79所示。

4. 双面背面芝麻点提花组织小图描绘

（1）双面二色背面芝麻点提花小图描绘：按图2-8-15虚线框内所示的线圈形态，每色最小循环针数为2针、1转，使用3、8、9、16色码描绘；由于背面出现色点的针位不同，有A、B两种描绘方法，如图2-8-80所示。因背面色点交错，小图与原图需要分页；原图1行1

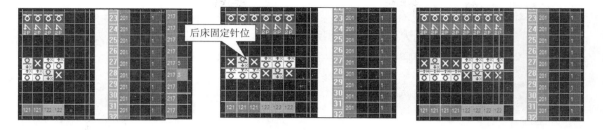

图2-8-79　双面二色背床1×1、1×2、1×3拉网提花小图

页，2行一个循环，共分为2页。2色提花小图2行为1页，3色提花小图3行为1页。

（2）双面三色背面芝麻点提花描绘：三色编织分别用A、B、C表示，设计背面芝麻点效果，各色上下左右错开，形成色点交错的芝麻点效应。图中横向由二色隔针交错编织，纵向三色轮流叠加，形成编织规律。小图如图2-8-81所示，小图与原图页需要分两页处理。

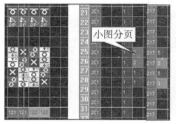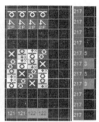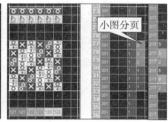

图2-8-80　双面二色背面芝麻点A、B提花小图　　　图2-8-81　双面三色背面芝麻点提花小图

（3）双面四色芝麻点提花描绘：类似二色芝麻点提花的画法，花样如图2-8-82所示。

5. **双面二色背面全出针提花组织小图描绘。**

双面二色背面全出针提花小图描绘按图2-8-19所示的线圈形态，每色最小循环针数为2针、1行，使用10、9色码描绘，如图2-8-83所示。背面全出针提花由于后床横列数多，一般适宜色数较少的提花使用。

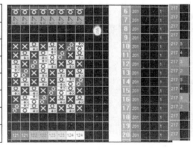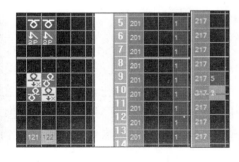

图2-8-82　双面四色芝麻点提花小图　　　图2-8-83　二色背面全出针提花小图

6. **翻针提花小图描绘与小图制作**

（1）翻针提花原图描绘：例如两色翻针提花花样，原图地色使用121号描绘，为背面全出针组织；花色使用122色码描绘，为两色背床交错编织；在图形下方为前翻后翻针，使用另一个123色码描绘，在小图中指定其翻针动作。编织原理如图2-8-84所示。

翻针色码在原图中可使用绘图工具"阴影"进行描绘。描绘步骤为：选定范围→点击"阴影"图标→选定基准色为122→指定阴影色（翻针色码）为123→覆盖颜色为121→点击向下箭头→圆形下方自动出现翻针色码123，描绘过程如图2-8-85所示。

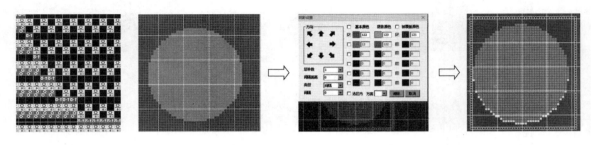

图2-8-84　编织图　　　　　　　　　图2-8-85　翻针提花原图、阴影描绘色码过程示意图

（2）翻针提花小图设计：如上图所示两色提花花型，设定其组织结构为双面两色背面全出针提花+背床交错编织。地色用121描绘，圆形花色用122描绘，阴影用123描绘。121与122组成两色提花，123色码用来翻针。圆形下方为121色码，与122色做背面全出针结构，单独做成小图如图2-8-86（a）所示；阴影部分横向有121、123色码，单独做全出针和翻针小图，如图2-8-86（b）所示；边缘有121、122、123色码，122为后床隔针编织，其他两色同前，如图2-8-86（c）所示；上方为121、122色码，单独做小图，如图2-8-86（d）所示；本例共4个小图。

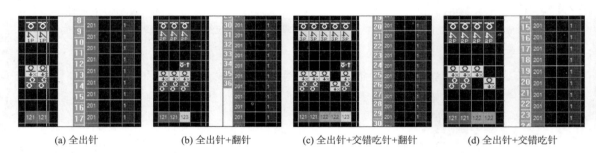

(a) 全出针　　　　(b) 全出针+翻针　　　(c) 全出针+交错吃针+翻针　　(d) 全出针+交错吃针

图2-8-86　全出针翻针提花小图

（3）实例描绘：前床编织形成浮线与间隔点，形成浮线状的翻针提花效果，如图2-8-20（f）所示。采用圆筒提花为基本组织，在织物正面设计一个纵向之字形的花样，花样为浮线，露出地色的颜色。原图用121描绘地色、122描绘之字形浮线花色、124描绘花色。122色部分为浮线结构，编织时需要将线圈翻针到后针床，使前针床形成空针状态（浮线宽度控制在2cm以内，超过时利用后床集圈进行断点）。用阴影描绘方法描绘123号色作为翻针色码。如图2-8-87所示为翻针浮线提花花样阴影制作过程图，在浮线下方形成阴影123号色码。

翻针浮线花样的小图如图2-8-88所示，共5个小图，翻针时213功能线指定取消编织。

7. 浮凸提花小图描绘

三色浮凸提花小图描绘：如图2-8-22所示样片为三色浮凸提花花样，地色为两个颜色，形成芝麻点结构；花色与地色之间形成袋编（圆筒）结构，且为2个横列，由于花色与地色

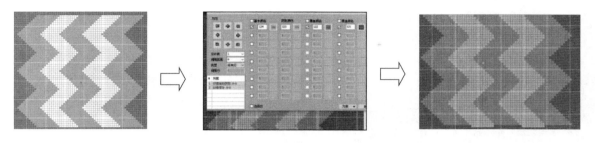

图2-8-87　翻针浮线提花花样阴影制作过程示意图

之间的横列数比例为1∶2，因此花色部分形成向上凸起的效果。如图2-8-89所示小图中，121与122两色形成芝麻点结构，使用2、3号纱嘴；123与122、121之间形成圆筒结构且为2行使用4号、5号纱嘴，穿同色纱线；每色横向循环为2针，纵向循环为1行。原图1行为1页，共2页。

如设计树皮皱效果的二色浮凸提花时，将图中3号、4号、5号纱嘴穿同色纱线即可。

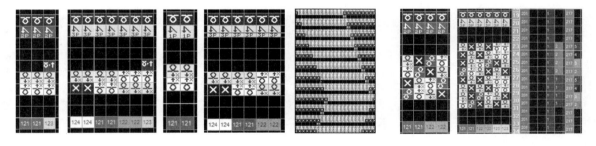

图2-8-88　圆筒翻针浮线提花小图与展开图　　　　图2-8-89　三色浮凸提花小图

（三）双面提花组织与下摆罗纹的衔接及结束行处理

多数毛衫衣片是由下摆与大身组成，下摆是为了平整、保型、具有一定的弹性、不脱散，采用双面组织，如1×1、2×1、2×2、袋编等。大身组织主要有单面与双面两种结构类型；大身为双面组织时，则由于罗纹组织结构不同，需进行特定的衔接处理，否则会出现孔洞，影响美观。当大身前后针床均为总针编织时，插入2行双罗纹处理；背床为隔针编织时，按个别翻针进行处理。

（四）功能线指定提花形式的描绘方法

为了方便操作，描绘过程中不需要画小图，直接在214功能线上做"编织型式"指定。提花描绘过程为：在"花样"页面描绘提花原图→将提花段在214功能线设定背面编织型式→纱嘴控制页码→设置编译参数→编译→生成上机文件。在"模拟"或"展开花样"中查看编织图。

1. 原图描绘

在新建文件中，点击"工艺单"，输入开针数、罗纹类型即转数、选择罗纹衔接方式（普通编织、双面提花或拉网类型），废纱转数为"0"，衣片类型选择"领子"，在大身中输入"转数"，点击"确定"，生成矩形试片"1"号色的图形。在大身中使用231～239、241～249色码描绘二色或多色花型，将两边进行鸟眼封边描绘。使用231、232描绘花型，二色提花原图如图2-8-90所示。

2. 设置提花类型（组织结构）

点开214功能线，在提花区域平齐第1行格子点击右键，弹出菜单如图2-8-91所示。选定后即在第2纵格生成色码表示提花色数，提花纱嘴分组如图2-8-92所示。详细信息如表2-8-3所示。色码第一位表达组织类型，第二位表示提花色数，如13表示3色背面浮线提花，以此类推。第3纵格填写1～16色码，表示纱嘴组号。

图2-8-90 二色提花原图

图2-8-91 编织形式菜单示意图

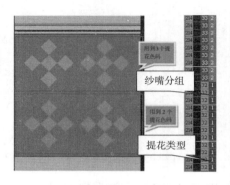
图2-8-92 提花纱嘴分组

表2-8-3 编织形式214功能线色码指定表

序号	第1纵格		第2纵格			第3纵格	
	色码	系统锁定	色码	2色提花类型		色码	纱嘴组号
1	1	左系统编织翻针锁定	12	空针	背面浮线	1	第1组
2	2	右系统编织翻针锁定	22	全选	背面全出针	2	第2组
3	3	中偏左系统编织+翻针锁定	32	1×1A	芝麻点A	3	第3组
4	4	中偏右系统编织+翻针锁定	42	1×1B	芝麻点B	4	第4组
5	6	左系统锁定	62	袋	圆筒	5	第5组
6	7	右系统锁定	82	1×1	背床拉网	6	第6组

3. 纱嘴设定

点击工具栏中"纱嘴设定"按钮，弹出"纱嘴设定"对话框，纱嘴设定示意图如图2-8-93所示。

点击相应的提花色码，弹出输入键盘，输入每个对应的纱嘴号码，点击"确定"。

4. 浮线处理

对于单面背面浮线提花，需要对浮线进行处理，点击"提花相关设置"，弹出对话框，设定带纱类型为"前吊目"，吊目位置设为"均匀"，根据机型设置吊目间隔针数、浮线长度等参数，间隔距离超过设置的"浮线长度"才进行处理，设置范围为2～15，浮线长度根据不同机型进行设定，小于1英寸的针数。

5. 编译文件

点击"编译"图标，弹出对话框编译示意图如图2-8-94所示。常规设定如前所述，设定完毕点击"编译"按钮，出现编译信息，无红色字或错误提示，则编译成功。点击"仿真"工具，出现线圈模拟仿真示意图，如图2-8-95所示。

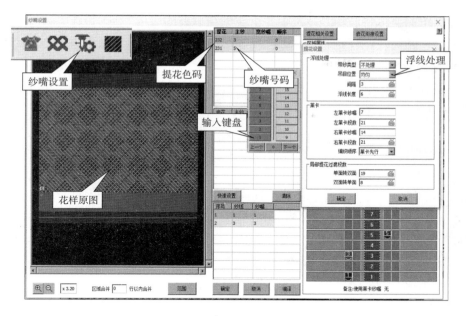

图2-8-93　纱嘴设定示意图

图2-8-94　编译示意图

图2-8-95　模拟仿真示意图

【任务实施】

一、教学设备

（1）SDS-ONG岛精花型准备系统、恒强制板系统、睿能琪利制板系统。

（2）SSG122-SV 14G、MACH2SIG 14G、NSIG122-SV 7G、SSR-112SV 7G、SCG-122SN 3G、CE2-52C、LXC-252SC系列电脑横机。

二、任务说明

试编织以下提花试样：采用电脑横机，开针100针，下摆采用1×1罗纹，共6转。大身第一段20转，单面二色背面1×2拉网提花，花型为"电脑横机"，字体、字号自定；第二段20转，双面二色圆筒提花，花型为"针织纬编"，字体、字号自定；第三段20转，单面二色背面浮线提花，花型自行设计。第四段20转，双面三色背面芝麻点提花，花型为"毛衫技术"，两个字各为一个颜色及地色，字体、字号自定；第五段20转，双面二色背面全出针提花，花型为"班级、姓名"，字体、字号自定；废纱单面5转封口。

三、实施步骤

（一）岛精系统制板操作

制板流程：描绘原图→附加功能线→修图→自动控制设定→编译文件。

1. 描绘第一段二色背面1×2拉网提花花样

用200号色描绘100×40四方形。打字：点击"EDIT"→点击"编辑"→点击打字→点击"颜色"→输入"201"→选择"黑体、14号、加粗"→点击输入框输入"电脑横机"→将光标拖动文字移至四方形正中点击→完成。将两侧边缘各2针描绘鸟眼封边。

2. 描绘第二段双面二色圆筒提花花样

用202号色画100×40四方形，置于第一段花样之上，用203号色输入文字"针织纬编"、选宋体，方法同上。后将两侧边缘各2针描绘鸟眼封边，防止开裂分层。

3. 描绘第三段单面二色背面浮线提花花样

二色背面浮线提花要求浮线长度不能超过2cm，折合14针机约为10针，折合7针机约为5针。根据针型描绘横向最大两色间隔长度不超过10（5）针的小花型。

（1）用204号色描绘100×40四方形，叠加在第二段之上。

（2）用204号、205号色描绘5×5花样，用基本小图填入方法填入四方形中。注意检查填入后浮线的横向长度不能超过2cm（按机型换算针数），超过时可采用集圈点进行处理。

（3）封边处理：花样两侧用鸟眼封边。浮线距离布边过远则会发生破边、掉边针的现象。

4. 描绘第四段双面三色背面芝麻点提花花样

用206号色描绘100×40四方形，用207号色输入文字"毛衫"、208号色输入文字"技术"，选楷体、加粗，其他方法同上。

5. 描绘第五段双面二色背面全出针提花花样

用209号色画100×40四方形，用210号色输入文字"班级、姓名"，选黑体，方法同上。五段花样叠加在一起，原图描绘完成。

6. 附加功能线

选择"花样范围"→点击原图→确定→点击"功能线"图标→勾选"自动描绘"→选择"1×1"罗纹→勾选"描画废纱"，选择"单面组织"→起针点"91"→执行。

7. 修改功能线

（1）修改罗纹段参数：将R3罗纹纱嘴由6号改为4号→将R6上罗纹度目段14改为15→将R8功能线上31号去掉→将R11上1号色改为4号色，关闭压脚。

（2）修改大身段参数：使用4号纱嘴作地色，3号、5号纱嘴作花色。在R6功能线上将第1、2、3段花样段号设为5度目段，第4段花样设为第6段，第5段花样设为第8段。翻针卷布拉力改为第1段，大身拉力第4段，速度等按默认段号。

8. **Package花样制作**

（1）单面二色背面1×2拉网提花：用200、201作为登录色，横向每色3针最小循环，两色共6针，纵向共4行。用4号纱嘴作为地色、5号纱嘴作为花色，单面二色背面1×2拉网提花，如图2-8-96所示。

（2）双面二色圆筒提花：用202、203作为登录色，Package花样如图2-8-27所示。

（3）单面二色背面浮线提花：用204、205作为登录色，Package花样如图2-8-25所示。

（4）双面三色背面芝麻点提花：用206、207、208作为登录色，Package花样如图2-8-34所示。

（5）双面二色背面全出针提花：用209、210作为登录色，Package花样如图2-8-36所示。

9. **花样展开**

将各Package花样按顺序纵向排列，点击"PAK"图标→弹出选项→选择"Package文件的参数设定"→勾选"删除登录文件内的Package文件"→勾选"以范围全部登录"→点击"执行"→"OK"→框选全部Package花样→"Yes"。点击"Package展开"→选择原图→弹出"Package展开"对话框→勾选"Free颜色"→其他默认→勾选"选择展开位置"→点击"执行"，点击空白处，图形展开，花样原图与展开图如图2-8-97所示。

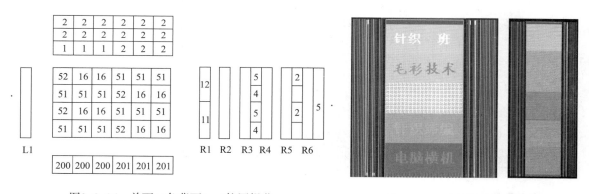

图2-8-96　单面二色背面1×2拉网提花

图2-8-97　花样原图与展开图

10. **修图**

（1）罗纹与二色背面1×2拉网提花的衔接处理：1×1罗纹为1、2色码与51、52色码之间无衔接功能，需用手动对线圈进行处理。罗纹衔接处理图如图2-8-98所示，将2号色结束行改为20号色，表示编织后翻针到前针床，与51号色衔接；遇到有后床编织符号（即52号色）的纵行，1号色结束行改为101号、2号色结束行改为102号，用挑半目色号进行衔接（按F1查看挑半目动作），线圈结构美观，也可以用3号色代替101号或102号。在罗纹最后一行做衔接时要考虑R1循环的影响，最好在拉网第一行做衔接处理：根据情况将51改为60或101色码。

（2）拉网提花与圆筒提花之间的衔接处理：拉网提花为单面组织、圆筒提花为双面组织，浮线上方的后编织会出现空针编织，需单针衔接处理，方法同上所述，拉网与圆筒提花衔接如图2-8-99所示。

（3）圆筒提花与背面浮线提花之间的衔接处理：圆筒提花与背面浮线提花之间的衔接

是双面变为单面的编织关系，因此在圆筒编织的最后一行，将其中的51号色改为29号色，将52号色改为30号色，意思是编织后将后针床上的线圈全部翻针到前针床，且在L1上加61色号表示隔针翻针处理，使翻针时稳定、不易掉针，双面接单面衔接，如图2-8-100所示。

另一种方法是在两段花样之间插入一行翻针行：后翻前，用29号或30号色，R5、R9功能线填1号色。但不宜使用90号色，80号、90号色不宜整行填色使用。

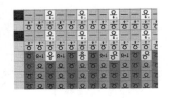

图2-8-98 罗纹衔接处理图

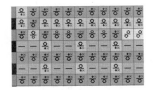

图2-8-99 拉网与圆筒提花衔接

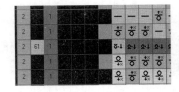

图2-8-100 双面接单面衔接

（4）背面浮线提花与芝麻点提花之间的衔接处理：为单面变双面的衔接，可将双面的第一行改为3号色，注意需要更改度目段、速度，即度目变小、速度调慢，利于编织稳定，本例该行的度目改为第9段，速度改成第13段（横机上为第3段）。

（5）全出针与芝麻点之间均为双面组织，不用衔接处理。

（6）全出针与废纱单面的衔接处理：将废纱第一行改为30号色，做后编织翻针至前的处理。

至此全部衔接修改完毕。检查布边的封边情况。

11. 检查、设定纱嘴停放点

点击范围图标→选择"组织花样"→点击原图→确定→点击"自动纱嘴停放点"图标→勾选"设定全部行数"→点击"执行"。检查原图两侧是否描绘了13号色。

12. 出带（编译）

按照常规出带步骤，保存为"TIHUA.000"文件，设定节约、纱嘴号码、纱嘴属性，点击"处理实行中"→模拟编织→点击"编织"助手，如果有问题逐个检查解决。

13. 工艺参数设计（表2-8-4）。

表2-8-4 岛精系统编织工艺参数设计表

度目段	度目值	备注	卷布拉力段	卷布拉力值	备注
1	38	翻针	1	25～30	翻针
5	45	平针类	2	30～50	起底板
6	前40后35	芝麻点提花	3	30～35	下摆罗纹
8	前35后40	全出针提花	4	35～40	大身
9	35	挑半目或四平	速度段	速度值	备注
13	前10后20	起底横列	0	0.6（高速）	大身、废纱
14	35	空转	1	0.35	翻针
15	前40后38	袋编	3	0.4	挑半目或四平
17	45	翻针行	4	0.5	下摆罗纹
7	50	废纱			

14．编织

（1）读入文件：将出带后"TIHUA.000"文件拷贝到U盘，读入横机中。

（2）穿纱：按照要求将纱线分别穿到对应的3号、4号、5号纱嘴。

（3）按工艺参数表数据输入对应的电脑横机中，或做成"999"文件，调整编织工艺参数。

（4）上机编织：全部准备充分后，按电脑横机操作法进行编织操作。

15．检验与整理

下机后观察组织花样的完整性，织物平整度、有无横路、竖道（针路）、断纱、破洞、油污、飞花、夹边紧等疵点；拆除起口纱，末行套口封口，拆除封口废纱，将试样整烫熨平。

16．机台保养与卫生

（1）机器每天使用前对所有针踵进行加油：将油挤到毛刷头对针踵刷油，不宜过多。

（2）保持台架整洁卫生，使用前进行擦净、筒纱摆放整齐，无线头。

（3）编织中的线头、废纱等不许落地，及时扔进垃圾桶内，时刻保持场地整洁卫生。

17．试样织物特征与编织分析

各组分析提花试样各段织物的组织结构与特性、服用性能、正反面外观风格，分析编织中遇到的问题与处理方法，以书面报告形式上交；做好PPT，在下一次课前进行汇报讲评。

（二）恒强系统制板操作

制板流程：描绘工艺图→分段描绘花样→复制到引塔夏→编织形式设定→修图→编译。

1．描绘工艺图

运行软件→新建文件→光标点击"工艺单"图标→弹出"工艺单输入"对话框→去掉"起底板"→输入起始针数（开针数）"100"→起始针偏移、废纱转数为"0"→罗纹输入"6"→选择罗纹为"1×1罗纹"→"1×2天竺"→勾选"大身对称"→其他默认→在"左身"第一行、"转"的下方格子里输入"100"转，点击确定，生成矩形试样。

2．描绘第一段二色背面1×2拉网提花花样

用2号色打字：右键点击"T"→设定为"粘贴"→点击原图→弹出对话框，输入文字"电脑横机"→点击设置，选择"黑体、14号、常规"→点击"确定"→将光标拖动文字移至20转正中点击→完成。用1号、2号色将两侧边缘各2针描绘鸟眼封边。

3．描绘第二段二色圆筒提花花样

用3号色描绘100×40矩形：点击3号色→右键点击"矩形"→输入宽度"100"、高度"40"→点击输出，生成矩形→移动光标将矩形叠放在第一段花样之上。

点击4号色，打字输入文字"针织纬编"→将光标拖动文字移至20转正中点击→完成。用3号、4号色将两侧边缘各2针描绘鸟眼封边。

4．描绘第三段二色背面浮线提花花样

用5号色描绘100×40矩形：点击3号色→右键点击"矩形"→输入宽度"100"、高度"40"→点击输出，生成矩形→移动光标将矩形叠放在第二段花样之上。

用6号色描绘千鸟格花样背面浮线提花原图如图2-8-101所示，描绘一个循环后使用注意控制浮线长度针数，满足针型要求。

5. 描绘第四段三色背面芝麻点提花花样

用7号色描绘100×40矩形：点击7号色→右键点击"矩形"→输入宽度"100"、高度"40"→点击输出，生成矩形→移动光标将矩形叠放在第三段花样之上。

点击8号色，打字输入文字"毛衫技术"、宋体粗体→拖动至正中点击→完成。框选"技术"→换色为"11"号色→完成，三色提花原图描绘如图2-8-102所示。

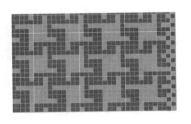

图2-8-101　背面浮线提花原图

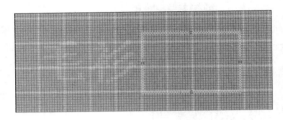

图2-8-102　三色提花原图描绘

6. 描绘第五段二色背面全出针提花花样

用12号色描绘100×40矩形：点击12号色→右键点击"矩形"→输入宽度"100"、高度"40"→点击输出，生成矩形→移动光标将矩形叠放在第四段花样之上。

点击13号色，打字输入文字"针织专业"、宋体粗体→拖动至正中点击→完成。

7. 提花形式设定

（1）复制到引塔夏：将五段提花全部框选，右键菜单复制到引塔夏。

（2）设定各段提花形式：在第一段花样216功能线空格右键点击，弹出菜单提花形式设定示意图，如图2-8-103所示。选定"2色提花"→"1×2天竺"→在第1、2列出现"21、9"色码→在第3列填"1"号色为第1纱嘴组页码→将217功能线纱嘴改为"0"号色→选定216、217横向格子→向上线性复制到第一段花样。

（3）同样方法设定第二、三段花样为"21、6、2"与"21、1、3"，纱嘴组每段分为一页。

（4）设定芝麻点提花：第四段花样设定为"31、3、4"，本段为3色提花，纱嘴组设定为第4页。第五段花样设定为"21、2、5"，提花类型与纱嘴设定示意图如图2-8-104所示。

8. 纱嘴设定

点击"纱嘴系统设置"图标，弹出对话框纱嘴组设定示意图如图2-8-105所示。对每一页设定相应的提花色码所对应的纱嘴号码，1、3、5、7、12为提花地色，设定为5号纱嘴，2、4、6、8、13为花色，设定为3号纱嘴，11号提花色设定为2号纱嘴。

9. 修图与工艺参数设计

将花样页提花图形全部用1号色覆盖，表示提花正面在前针床编织。设定芝麻点提花度目段为第9段、全出针提花度目段为第10段，卷布拉力段、速度段默认，检查其他设定。

10. 编译

检查无误后，保存文件为"TIHUA.pds"至指定的文件夹中，点击"编译图标"，弹出

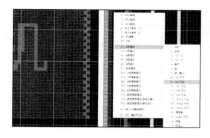
图2-8-103 提花形式设定示意图

图2-8-104 提花类型与纱嘴设
定示意图

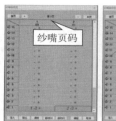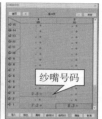
图2-8-105 纱嘴组设定示意图

编译设定对话框，编译提花设定示意图，如图2-8-106所示。各段花样中存在衔接问题，如下摆1×1罗纹与第一段花样工艺单中设定了衔接；第一段与第二段单面接双面、第二段与第三段的双面接单面、第三段与第四段的单面接双面、第五段与废纱的双面接单面等。设定提花页中"单面接提花处理"选择"自动挑半目"，设定"提花接单面处理"为"翻针"，即可自动完成衔接处理。点击模拟，查看正反面以及各段花样之间的衔接已经处理，模拟仿真示意图如图2-8-107所示。

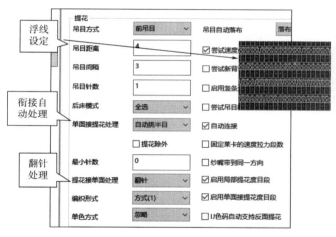
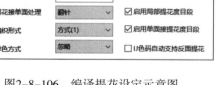
图2-8-106 编译提花设定示意图

图2-8-107 模拟仿真示意图

11. **编织**

（1）读入文件：将出带后文件夹拷贝到U盘，将"TIHUA.pds"文件读入横机中。

（2）工艺参数设计与调整：单面类度目参照纬平针的度目值，平收针行、四平罗纹行度目值单独设定，详细设定参考表2-8-5所示。

表2-8-5 编织工艺参数设计表

段号	度目	卷布拉力	速度	备注	段号	度目	卷布拉力	速度	备注
1	180	15	60	双罗纹	3	320	20	50	大身
2	200	15	30	锁行	4	前200 后100	15	30	起底

续表

段号	度目	卷布拉力	速度	备注	段号	度目	卷布拉力	速度	备注
6	330	18	50	圆筒	10	前280 后300	20	30	全出针提花
7	340	12	30	翻针行	16	360	20	50	废纱
8	340	28	60	单面类、圆筒	23	320	15	30	大身翻针
9	前300 后280	20	60	芝麻点提花					

12. 检验与整理

下机后观察组织花样的完整性，织物收针平整度、有无横路、竖道（针路）、断纱、破洞、油污、飞花、等疵点；拆除起口纱，末行套口封口，拆除封口废纱，将试样整烫熨平。

13. 机台保养与卫生

（1）机器每天使用前对所有针踵进行加油：将油挤到毛刷头对针踵刷油，不宜过多。

（2）保持台架整洁卫生，使用前进行擦净、筒纱摆放整齐，无线头。

（3）编织中的线头、废纱等不许落地，及时扔进垃圾桶内，时刻保持场地整洁卫生。

14. 试样织物特征与编织分析

各组分析提花试样各段织物的组织结构与特性、服用性能、正反面外观风格，分析编织中遇到的问题与处理方法，以书面报告形式上交；做好演讲PPT，在下一次课前进行汇报讲评。

（三）琪利系统制板操作

制板流程：描绘工艺图→分段描绘花样→复制到引塔夏→编织形式设定→修图→编译。

1. 描绘工艺图

运行琪利软件→新建文件→光标点击"工艺单"图标→弹出"工艺单输入"对话框→去掉"起底板"→输入起始针数（开针数）"100"→起始针偏移、废纱转数为"0"→罗纹输入"6"→选择罗纹为"1×1罗纹"→空转输入1.5→衔接选择"普遍编织"→领子类型勾选"领子"→其他默认→在"左大身"第1行、"转"的下方格子里输入"100"转，点击确定，生成矩形试样。

2. 描绘第一段二色背面1×2拉网提花花样

用231号色描绘100×40矩形：点击231号色→右键点击"矩形"→输入宽度"100"、高度"40"→勾选"输出模式"，生成矩形→移动光标将矩形叠放在翻针行之上。

用232号色打字：右键点击"T"→设定为"粘贴"→点击原图→弹出对话框，输入文字"电脑横机"→点击设置，选择"黑体、小三号、粗体"→点击"确定"→将光标拖动文字移至20转正中点击→完成。用231号、232号色将两侧边缘各2针描绘鸟眼封边。

3. 描绘第二段二色圆筒提花花样

用233号色描绘100×40矩形：点击233号色→右键点击"矩形"→移动光标将矩形叠放在第一段花样之上。

点击234号色，打字输入文字"针织纬编"→将光标拖动文字移至20转正中点击→完成。用233号、234号色将两侧边缘各2针描绘鸟眼封边。

4. 描绘第三段二色背面浮线提花花样

用235号色描绘100×40矩形：点击3号色→右键点击"矩形"→输入宽度"100"、高度"40"→点击输出，生成矩形→移动光标将矩形叠放在第二段花样之上。

用236号色描绘千鸟格花样，背面浮线提花原图如图2-8-108所示，描绘一个循环后使用注意控制浮线长度针数，满足针型要求，两侧边缘各2针描绘鸟眼封边。

5. 描绘第四段三色背面芝麻点提花花样

用237号色描绘100×40矩形：点击7号色→右键点击"矩形"→输入宽度"100"、高度"40"→点击输出，生成矩形→移动光标将矩形叠放在第三段花样之上。

点击238号色，打字输入文字"毛衫技术"、宋体粗体→拖动至正中点击→完成。框选"技术"→换色为239号色→完成，三色提花原图描绘如图2-8-109所示，两侧边缘各2针用238、239错位描绘鸟眼封边，每行均有三个色码。

图2-8-108 背面浮线提花原图　　　　　图2-8-109 三色提花原图描绘

6. 描绘第五段二色背面全出针提花花样

用241号色描绘100×40矩形：点击12号色→右键点击"矩形"→输入宽度"100"、高度"40"→点击输出，生成矩形→移动光标将矩形叠放在第四段花样之上。

点击242号色，打字输入文字"针织专业"、宋体粗体→拖动至正中点击→完成。

7. 提花形式设定

（1）设定各段提花形式：在第一段花样第1行的214功能线第2格空格右键点击，弹出菜单提花形式设定示意图如图2-8-110所示。选定"2色提花"→"1×2天竺"→在第2格出现"92"色码→将92向上复制充满第一段花样→将215功能线纱嘴改为"0"号色。

（2）同样方法214功能线设定第二、三、四、五段花样提花类型为"62""12""33"与"22"，纱嘴组设定示意图如图2-8-111所示。

8. 纱嘴设定

点击"纱嘴设置"图标，弹出对话框，纱嘴设定示意图如图2-8-112所示。直接点击提花色码，弹出键盘，输入所对应的纱嘴号码。点击"提花相关设置"，弹出对话框，设置间隔与浮线长度针数，本例设定吊目间隔为4针，浮线长度为5针。

9. 修图与工艺参数设计

各段花样中存在衔接问题，如下摆1×1罗纹与第一段花样工艺单中设定了衔接；第一段与第二段单面接双面、第二段与第三段的双面接单面、第三段与第四段的单面接双面、第五

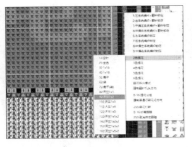

图2-8-110　提花形式设定示意图

图2-8-111　纱嘴组设定示意图

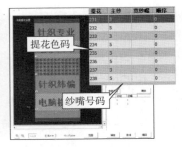

图2-8-112　纱嘴设定示意图

段与废纱的双面接单面等。

（1）插入翻针行：在下摆结束行上方插入1行空行，描绘下摆1×1罗纹与1×2天竺的翻针衔接，从左起描绘0、110、110色码三格为一个循环，向右复制到右端，各种衔接处理示意图如图2-8-113（a）所示。

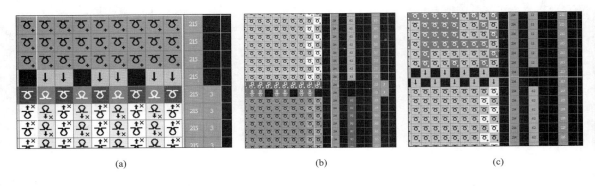

(a)　　　　　　　　　　　　(b)　　　　　　　　　　　　(c)

图2-8-113　各种衔接处理示意图

（2）单面接双面：第一段1×2天竺与第二段圆筒、第三段浮线提花与第四段芝麻点提花之间为单面接双面衔接处理，使用挑半目或四平线圈连接，如图2-8-113（b）所示。

（3）双面接单面：第二段圆筒与第三段单面浮线提花、第五段全出针提花与废纱之间的衔接为双面接单面，插入后翻前的翻针处理，如图2-8-113（c）所示。

（4）度目段号设定：设定芝麻点提花度目段为第9段、全出针提花度目段为第10段，卷布拉力段、速度段默认，检查其他设定。

10.　编译

检查无误后，保存文件为"TIHUA.pds"至指定的文件夹中，点击"编译图标"，弹出编译设定对话框，编译提花设定示意图如图2-8-114所示。点击模拟图标，查看正反面以及各段花样之间的衔接已经处理，模拟仿真示意图如图2-8-115所示。

11.　编织

（1）读入文件：将编译后文件夹拷贝到U盘，将"TIHUA.pds"文件读入横机中。

（2）工艺参数设计与调整：单面类度目参照纬平针的度目值，平收针行、四平罗纹行度目值单独设定，详细设定参考表2-8-6所示。

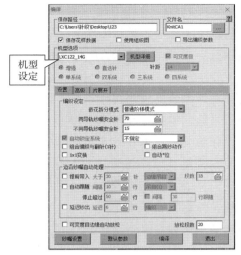

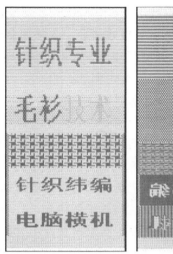

图2-8-114　编译提花设定示意图　　　　　　　图2-8-115　模拟仿真示意图

表2-8-6　编织工艺参数设计表

段号	度目	卷布拉力	速度	备注	段号	度目	卷布拉力	速度	备注
1	55	15	60	双罗纹	8	90	25	30	单面、圆筒
2	50	15	30	锁行	9	前85后70	15	30	芝麻点提花
3	90	20	50	大身	10	前70后75	20	30	全出针提花
4	前20后40	15	30	起底	16	90	20	40	废纱
6	80	20	50	圆筒	23	85	15	30	大身翻针
7	85	18	30	翻针行					

12．检验与整理

下机后观察组织花样的完整性，织物收针平整度、有无横路、竖道（针路）、断纱、破洞、油污、飞花、等疵点；拆除起口纱，末行套口封口，拆除封口废纱，将试样整烫熨平。

13．机台保养与卫生

（1）机器每天使用前对所有针踵进行加油：将油挤到毛刷头对针踵刷油，不宜过多。

（2）保持台架整洁卫生，使用前进行擦净、筒纱摆放整齐，无线头。

（3）编织中的线头、废纱等不许落地，及时扔进垃圾桶内，时刻保持场地整洁卫生。

14．试样织物特征与编织分析

各组分析提花试样各段织物的组织结构特性、服用性能、正反面外观风格，分析编织中遇到的问题与处理方法，以书面报告形式上交；做好PPT，在下一次课前进行汇报讲评。

【思考题】

知识点：单面背面浮线提花、双面圆筒提花、背面拉网提花、背面芝麻点提花、背面全出针提花的定义、编织原理图、基本小图描绘；翻针提花、浮凸提花；浮线长度控制、封边处理、多色提花、编织形式、提花色码。

（1）简述单面背面浮线提花的组织结构与织物外观，描绘其编织图和基本小图。

（2）简述双面圆筒提花的组织结构与织物外观，描绘其编织图和基本小图。

（3）简述背面拉网提花的组织结构与织物外观，描绘其编织图和基本小图。

（4）简述背面芝麻点提花的组织结构与织物外观，描绘其编织图和基本小图。

（5）简述背面全出针提花的组织结构与织物外观，描绘其编织图和基本小图。

（6）简述翻针提花的组织结构与织物外观，描绘其编织图和基本小图。

（7）简述浮凸提花的组织结构与织物外观，描绘其编织图和基本小图。

（8）设计一个提花花样，使用至少五种提花组织，采用基本小图的方法进行描绘和花样展开，编织成 A4 纸大小的试样。

任务9 嵌花类花样设计与制板

【学习目标】

（1）了解和熟悉嵌花的编织原理与特点，学会电脑横机嵌花编织图的描绘方法。

（2）了解和熟悉嵌花花样的描绘方法，学会五角星、菱形嵌花花样的描绘方法。

（3）了解和熟悉嵌花花样的设计方法，学会嵌花花样的设计、制板与编织。

【任务描述】

分别使用岛精、慈星、龙星电脑横机，按照给定的嵌花花样，进行嵌花编织设计和编织文件的制作，学会嵌花上机文件的制作与试样编织方法。

【知识准备】

近年来，随着电子技术在毛衫编织机械上的广泛应用，电脑横机机电一体化技术更加完善，自动化、智能化程度更高，毛衫生产中的新技术也层出不穷，其中主要有沉降片技术、压脚技术、嵌花技术等，此外电子选针技术、电脑花型准备系统也有了很大发展。

嵌花（Intarsia）术语来自装饰建筑用语镶嵌的意思。嵌花技术是指形成组织时，由多个不同颜色或不同种类的纱线编织成的色块镶拼而形成花色织物的方法。

嵌花是一种选针与纱线交换相结合的新技术，与提花技术不同，嵌花编织既能像提花那样用不同的纱线形成各种花纹图案，又不使同一纱线跳过未被选到的织针在织物反面形成浮线或在反面形成编织，这种编织方法又称为无虚线提花技术。嵌花部分的织物组织主要是单面组织和罗纹组织为主，对于小花型花样可以使用嵌花提花相结合的技术。

一、嵌花织物的特点与编织原理

（一）嵌花织物的特点

（1）嵌花织物花型别致、花纹图案清晰，色彩纯净，织物反面没有色纱重叠，因而更加精致，给人以清新高雅之感。同一个横列的颜色分段数一般不超过45个，常用6段以下。

（2）嵌花织物反面无虚线（浮线），因而织物纵、横向的弹性不受影响，织物轻薄，织物可不增加额外重量得到提花效果。典型菱形嵌花花型织物正反面示意图如图2-9-1所示。

（二）嵌花织物的编织原理

与提花相比，嵌花织物的形成过程需要更多的编织技术。形成嵌花织物的一个先决条件是机器要具有改变线圈横列形成方向的性能，这样对圆机来说，要编织嵌花织物就必须具有顺反转都能编织线圈的功能。而在横机和柯登机上编织嵌花织物则具有得天独厚的优势。在横机和柯登机上形成嵌花织物的主要原理是：在编织过程中，改变导纱器的移动范围，即每种纱线的导纱器只能在它自己颜色区域内垫纱，区域内垫纱结束后，将导纱器留下直到下一横列机头返回时再带动编织。在下一个颜色区域的边缘，另一个导纱器继续编织这一横列。

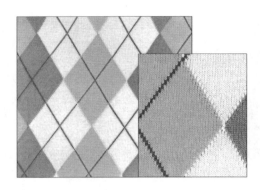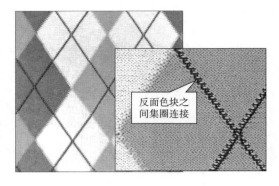

反面色块之间集圈连接

图2-9-1　典型菱形嵌花花型织物正反面示意图

1. 踢纱嘴法（普通纱嘴电脑横机）

如图2-9-2（a）所示，某试样有A、B、C三个色块的编织区域，编织组织为纬平针。分别采用4号、5号、6号三把纱嘴编织相应的区域。编织A色块时，编织区域内不能停放其他的纱嘴（直纱嘴时），否则纱嘴会与织针相撞；如果有其他纱嘴停放时，则需要将该纱嘴带（踢）出此编织区域，这种织法又称为踢纱嘴法。编织过程中有时需要将其他纱嘴踢出，存在踢纱嘴行，因此编织效率较低，图2-9-2（b）一行中有三个色段，则机头需运动8～11次。

2. 打斜纱嘴编织法（专用嵌花机）

为了提高编织效率，希望解决踢纱嘴时空跑行的浪费，发明了纱嘴可以打斜或升降的方法，即纱嘴停放时可摆动一定的角度后纱嘴口升高，即使织针上升也不会碰到纱嘴口，不需将纱嘴踢出就可编织；因此纱嘴可在任何位置停放，单系统机需要编织三行，而双系统机编织一行即可以实现，如图2-9-2（c）所示。

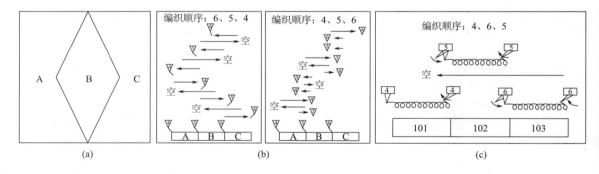

图2-9-2　普通纱嘴嵌花与摆动纱嘴嵌花编织原理

（三）嵌花编织特点

（1）一般嵌花形成单面织物的编织效果，织物轻薄、精致。

（2）一行中由不同的颜色色段组成，色段的数量有一定的限制，根据具体机型而定。

（3）相邻的色块之间用吊目连接，紧密、坚固、平整。

（4）嵌花编织分为专用嵌花机与普通电脑横机，专用机型编织效率高，普通机型编织效果好。

随着技术的创新，岛精的可摆动纱嘴、STOLL的IDF纱嘴投入应用，嵌花的编织效率有了大幅提高。尤其自跑式纱嘴的出现，使得编织速度有了进一步提升。

（四）嵌花描绘与制板方法

使用专用的嵌花颜色对色块进行独立分区描绘，典型的五角星花样描绘原图、分区图如图2-9-3所示。依据嵌花为单面背面无浮线的提花结构，按照横向投影法，将试样分为A、B、C、D、E五个区域，虽然A、B、E区域同为地色，由于被C、D阻隔，不能用同一把纱嘴编织，因此每个色块需要各使用一把纱嘴进行编织，即共五把纱嘴。多色嵌花图岛精系统与国产系统描绘效果如图2-9-4所示。

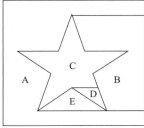

图2-9-3　典型的五角星花样描绘原图、分区图　　　　图2-9-4　多色嵌花图岛精、国产系统描绘效果

横向颜色分段数即为嵌花的最大色数；嵌花最大色数应小于该机器的纱嘴总数。描绘时，横向色段每个分段对应一把纱嘴，纵向分区同色时可使用相同的纱嘴。

二、岛精系统嵌花制板

（一）编织机特点

岛精电脑横机主要分为普通机型、嵌花机型、全成型机型等。嵌花编织时需要分为普通纱嘴、嵌花纱嘴不同进行相应的描绘设定。

SIG机型的机器配置专用可摆动的嵌花纱嘴，如图2-9-5所示，嵌花编织时可使用摆动纱嘴与固定纱嘴两种织法。一般该机型编织普通花样的织物时，应加装固定块，变成固定纱嘴，以确保编织效果，减少纱嘴的磨损；编织嵌花时去掉固定块，提高编织效率。针对机型的不同，出带时纱嘴设定不同的属性。纱嘴类型规定如下。

（1）12G、14G机器嵌花编织时纱嘴设定为KSW1类型。

（2）16G机器嵌花编织时纱嘴设定为KSW2类型。

（3）7G机器嵌花编织时纱嘴设定为KSW3类型。

（4）普通编织时（固定纱嘴时）编织选用KSW0类型。

（二）嵌花编织类型

岛精电脑横机编织嵌花织物时采用嵌花机的嵌花纱嘴（斜纱嘴）编织法与普通纱嘴（踢纱嘴）编织法。

图2-9-5　专用可摆动的嵌花纱嘴

1. 嵌花纱嘴（斜纱嘴）编织法

使用SIG机型，在功能线R4上指定填写5号色，称为嵌花编织类型1。嵌花专用机型编织如图2-9-6所示的色块花样时，系统按纱嘴的顺序进行带纱编织，编织在两个色块的交界处纱线线圈的重叠顺序如图画圈处所示，吊目有时出现在正面。

2. 普通纱嘴（踢纱嘴）编织法

使用SSG、SSR等普通提花机型时，在功能线R4上指定填写10号色，称为嵌花编织类型2。编织时，系统按纱嘴的编织顺序进行带纱，编织后在两个色块的交界处纱线线圈的重叠顺序如图2-9-7所示，集圈均在背面，布面效果较好，但编织效率较低。

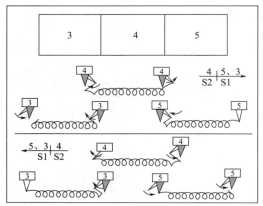

图2-9-6　嵌花专用机型编织（类型1）

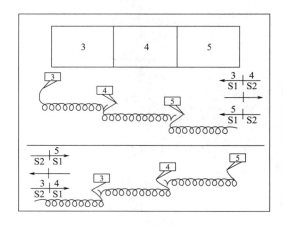

图2-9-7　普通纱嘴编织（类型2）

以上两种类型比较，类型2的色块交界处线圈重叠顺序较好，集圈在线圈后面，编织后效果美观，但是有空跑行，编织效率较低；类型1为了重视效率，集圈线圈重叠在前或在后，影响美观。

（三）嵌花描绘时的主要事项

（1）相邻的色块使用不同的颜色组别描绘。

（2）一般每个色块画偶数行为好。

（3）如果同一色块表示不同的针法，需要使用同一组别颜色描绘。比如在101色块上编织反针则用111色描绘，前吊目则用161色描绘。

（四）原图描绘

嵌花花样描绘时，嵌花区域使用专用的色码进行描绘。当同一横列中有多段色段时，需要用不同的色码对每一色段进行划分，使用不同的纱嘴编织每一色段，同一横列中不同的色段编织时不可使用相同的纱嘴号码。

嵌花描绘主要使用101～106色码表示正针编织，在横向、纵向不相邻的区域可重复使用。其他色码使用如表2-9-1所示，色码应同组使用。嵌花制板需要两个图：嵌花领域图与组织图。嵌花领域图使用嵌花代码描绘，表示纱嘴编织的范围；组织图具体表达编织动作，可由嵌花领域图直接转换而成；如有复杂动作如交叉、移圈与线圈移动时，使用普通编织色码在组织图中描绘。领域图与组织图要一一对应。

表2-9-1 嵌花代码表

序号	编织形态	组1	组2	组3	组4	组5	组6
1	前编织（正针）	101	102	103	104	105	106
2	后编织（反针）	111	112	113	114	115	116
3	前后床编织（四平）	141	142	143	144	145	146
4	前床吊目	161	162	163	164	165	166
5	后床吊目	171	172	173	174	175	176
6	前床编织+吊目取消	121	122	123	124	125	126
7	后床编织+吊目取消	131	132	133	134	135	136
8	不织	99					

（五）功能线设定

1. 使用类型1方法制作花样时附加功能线的方法

（1）在功能线对话框的"引塔夏描绘"选项前打勾。

（2）R4线上自动填写5号色，即指定引塔夏编织类型为类型1。

（3）R7线上自动填写1号色，指定引塔夏纱嘴引进或引出方式。R7线填写1号色表示直接以浮线方式引进引出纱嘴。R7线填写3号色表示前床吊目+后床编织方式引进引出纱嘴（编织2行后退后床线圈），应该使用3号色填写较好。R7上填写4号色表示浮线+翻针引进引出纱嘴。R7上填写6号色表示浮线+后床编织引进引出纱嘴（再退后床线圈）。

（4）与普通花样混合编织时，在嵌花编织的区域，用手动方式在R4功能线上填写10号色、在R7上填写3号色，注意与原图对齐。

2. 在普通提花电脑横机上进行嵌花编织时附加功能线方法

（1）按照普通花样进行附加功能线。

（2）在嵌花编织的区域，用手动方式在R4功能线上填写10号色、在R7上填写3号色，注意与原图对齐。

3. R7功能线的指令

普通色与引塔夏色之间纱嘴引进引出按照R7功能线的指令进行。

（1）R7=1时，纱嘴带进带出以浮线方式进行。

（2）R7=3时，纱嘴带进带出以浮线+前床吊目+后床编织方式进行，隔2行后自动落布。吊目方式引纱嘴经过有反针编织时，后床线圈自动翻到前床，引纱过后再翻回后床，不会使纱线露出正面。

（3）带纱进以最后一针背床编织结束，带出时以背床开始编织。

（4）一边进行前床吊目，一边进行后床编织引进，引出引塔夏编织，背床编织部分进行落布。

（5）前床有线圈的部分，前床吊目后床编织改为后床编织同时变更部分不进行落布处理。

（6）前后床没有线圈的部分，前床吊目更改为后床编织，同时那个部分编织以挂目间隔1/2间隔。后床进行落布。

（7）通常后床落布是纱嘴引进后编织2行进行，也可以在编织控制设定中更改行数。

4. R3功能线的指定

（1）R3功能线在引塔夏编织行填写0号色，表示左侧边缘有先行系统编织。

（2）R3功能线在引塔夏编织行填写1号色，表示左侧边缘有后行系统编织，如图2-9-8、2-9-9所示，两者不同主要是控制两色块连接处线圈的重叠顺序，影响编织的效果。

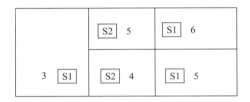

图2-9-8　嵌花编织类型R3=0

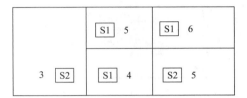

图2-9-9　嵌花编织类型R3=1

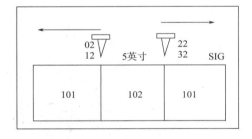

图2-9-10　同轨道嵌花纱嘴使用

（六）纱嘴排列规则

（1）导轨左右两边纱嘴都使用时，同一导轨上的纱嘴不能交叉，否则会碰撞。

（2）同一导轨使用两把纱嘴编织时，两把纱嘴之间的间隔即原图色块SES S机型大于7英寸；SES、SI机型大于6英寸；SIG型织机的色块间隔大于5英寸，同轨道嵌花纱嘴使用如图2-9-10所示。

（3）全部使用左侧纱嘴时，左侧尽量使用小号纱嘴编织。

（4）SIG机器使用扩张纱嘴时，先使用内侧，再使用外侧纱嘴，结束时先结束外侧，再结束内侧纱嘴的编织。

（七）嵌花花样制板

1. 嵌花绘制流程

嵌花图形描绘→填充嵌花色码→附加功能线→花样变换→组织花样描绘→出带（编译）。

2. 导纱器使用规则

岛精电脑横机标配为左侧9个导纱器，其中有3个导纱器固定使用废纱、抽纱、起底纱，其中有6个可使用，超过时需要在左侧或右侧加装导纱器，使导纱器数量达到要求。导纱器的使用先内侧后外侧、先小号后大号的原则；同一轨道上的两个导纱器最小距离大于5英寸。

3. 嵌花型纱嘴停放控制

嵌花型纱嘴停放控制是指对纱嘴停放的状态与纱嘴停放位置的控制，纱嘴停放的状态包含纱嘴打直停放与打斜停放两种方式；纱嘴停放位置是指纱嘴停放点与最后编织点的距离，也称"纱嘴微调"。

使用可打斜纱嘴编织时，纱嘴自动停放点有13、113两个色码，在描绘时根据不同情形使用；嵌花编织时纱嘴微调（纱嘴停放位置）常用3个控制页控制。

（1）嵌花花样行编织时纱嘴停放控制。使用嵌花（打斜）纱嘴进行嵌花编织时，不需描绘纱嘴停放点，该编织行纱嘴打斜任意停放，纱嘴停放值由"纱嘴微调"菜单中第1～3页（P1～P3）控制。

① P1页：除8号、18号纱嘴有微调值外其余纱嘴微调值均设定为"0"，纱嘴打斜停放。

② P2页：控制纱嘴打直的编织行，如下摆、废纱封口段，有纱嘴微调值；此段纱嘴自动停放点可用113号色描绘，纱嘴打直停放，利于编织。

③ P3页：控制固定程式编织行（起口段）、纱嘴带出行，有微调值。

（2）普通花样行编织时纱嘴停放控制。

① 普通花样行描绘13号色表示纱嘴微调由P1控制且纱嘴打斜停放，易勾住边上纱线。

② 普通花样行描绘113号色时，纱嘴微调值由P2控制且纱嘴打直停放，防止勾纱。

③ 普通花样行描绘113号色时，在R8功能线填写53，则相应行的微调值则改成由P3页控制且纱嘴打直停放。

④ 普通花样行描绘13号色时，同时在L7功能线上填写14～17则相应行分别表示使用P4～P7页控制。

⑤ 固定程式行普通花样描绘113号色时，纱嘴微调由P3页控制且纱嘴打直停放。

纱嘴微调控制页共有7页（P1～P7），嵌花机型（SIG）编织时纱嘴微调常用3页（P1～P3）来控制，纱嘴微调值由P1页控制且纱嘴打斜停放。如在L7功能线填写14～17色号则分别指定对应编织行使用P4～P7页控制。

4. 花样展开设定

"花样展开"页设定纱嘴、衔接、浮线处理、纱嘴带进带出、纱嘴移动等方式。点击"花样展开"时，会弹出"调整编织"对话框进行设定；或先点击"调整编织"进行设定纱嘴微调。操作步骤为：打开"调整编织"菜单→点击"初期设定"→点击"纱嘴微调"标签页→勾选"引塔夏"→点击"初期设定"，设定嵌花纱嘴微调值为"0"，编织调整设定如图2-9-11所示。

（1）纱嘴设定。确定纱嘴类型、分离编织最大针数、禁止选择等，纱嘴页设定如图2-9-12所示。

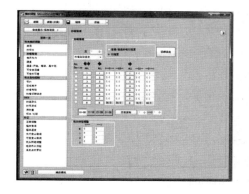

图2-9-11　编织调整设定

图2-9-12　纱嘴页设定

① 纱嘴类型：设定机型后自动显示该机型的摆动纱嘴或直纱嘴类型，也可直接设定。

② 防止纱嘴重叠设定：为执行花样展开时正确判别纱嘴停止位置而设置的功能。使用摆动式纱嘴编织引塔夏时，此处的微调不反映在纱嘴微调第1页。按默认值设定禁止区间针数。

③ 分离编织最大针数：防止误钩其他纱嘴的纱线，通常使用初期值（点回车默认值）。

④ 禁止针数：使用普通纱嘴时才能使用。普通花样展开时，为防止纱嘴重叠，使之错开。输入针数越大，则纱嘴错开距离越大。

（2）连接设定。连接是指相邻两个色块之间的连接方式，包含连接方式、避免织入纱线、双面组织连接方式、两段度目使用等内容，连接设定示意图如图2-9-13所示。

 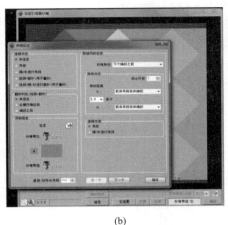

(a)   (b)

图2-9-13　连接设定示意图

① 避免织入连接纱线。执行引塔夏连接吊目时，可能会钩到其他纱嘴上的纱线。遇到这种情况，只要在"基本"处打勾，可以简单地解决这种问题。

（a）通常：嵌花的连接吊目会比正常的位置偏离1针，设定嵌花纱嘴时才有效。

（b）只限1针的区域（吊目取消时）：在只有1针的配色上执行的吊目会移开1针。可以在如菱形格纹花样的交叉线一般有1针配色的引塔夏花样中使用。

（c）编织用纱嘴：往斜方向执行连接吊目的花样，为了保持良好的编织效率而不执行1行规程处理时，有时连接吊目会被挂到相同的纱线上。在此处打勾后，连接的吊目会挂到其他纱线上。

② 吊目两段度目。根据具体情况选择"使用""不使用"两种方式。

③ 双面组织吊目连接。可根据编织效果使用"最近吊目""前床吊目""后床吊目"三种连接方式。

④ 连接方法。可选"吊目""隔1针吊目""挂目+翻针（添纱）""挂目+隔1针翻针（添纱）"四种方式。

（a）吊目：是指在相邻色块第1针上进行相互吊目连接，细腻，适用于斜线形等的连接。

（b）隔1针吊目：是指在色块相邻处第2针后吊目，适用于直条形连接。

（c）挂目+翻针（添纱）：是指先挂目再翻针的方式，适用于添纱类织物防止反纱，连接漂亮但编织动作多，编织效率降低。

（d）挂目+隔1针进行翻针：用于直条形添纱组织防止反纱，连接漂亮但编织动作多。

在低版本软件中，连接方式在引塔夏"纱嘴号码"设定页中，点击"纱嘴带进/出"按钮，弹出对话框如图2-9-13（b）所示，可设定各个纱嘴编织间的连接方式。

（3）1行规程设定。是针对花样前行的终点和下行花样的开始点不在同一位置时使用，包含1行规程、双面吊目衔接。有"吊目""交错吃针""不执行"处理三个选项，如图2-9-14所示。

① 不执行：不执行处理。

② 吊目：编织1行后以吊目+浮线的形式返回，线头不好处理。

③ 交错吃针：以1隔1方式编织，将1行分为2行的方法返回。引塔夏颜色和引塔夏提花颜色的转换部分作为吊目类型被处理。

④ 如果在下列项目中不打勾的情况，对纱嘴的停止位置和起动位置偏离2点以上的花样，"1行规程"的设定有效。

（a）加1针（先行）：勾选时，在纱嘴的停止位置和起动位置偏离1点的花样，花样先行编织幅度增加的时候，进行1行规程的编织。

（b）减1针（先行）：勾选时，在纱嘴的停止位置和起动位置偏离1点的花样，花样先行编织幅度减少的时候，进行1行规程的编织。

（c）加1针（后行）：勾选时，在纱嘴的停止位置和起动位置偏离1点的花样，花样后行编织幅度增加的时候，进行1行规程的编织。

（d）减1针（后行）：勾选时，在纱嘴的停止位置和起动位置偏离1点的花样，花样后行编织幅度减少的时候，进行1行规程的编织。

（e）加1针（提花）：勾选时，在纱嘴的停止位置和起动位置偏离1点的花样，花样编织幅度增加的时候，进行1行规程的编织。

（f）减1针（提花）：勾选时，在纱嘴的停止位置和起动位置偏离1点的花样，花样编织幅度减少的时候，进行1行规程的编织。

（g）吊目针数："1行规程"挂上吊目时设定挂上吊目的间隔。

（4）衔接设定。

① 吊目两段度目：设定相配色的衔接是否使用和吊目两段度目，旧版本衔接设定示意图如图2-9-15所示。

② 双面吊目衔接：分为前吊目、后吊目、前后吊目三种方式。

（5）浮线处理。当花样中的浮线大于1英寸以上时自动做浮线处理编织。在"浮线针数"设定区间的间隔针数进行吊目处理，控制浮线长度在1英寸以内。浮线类型分为：不执行处理、吊目、编织+放针三种方式，浮线处理设定新旧版本画面示意图如图2-9-16所示。

① 不执行处理：对浮线方式不做处理。

② 吊目：有浮线时挂上吊目，放跳线。

（a）纱嘴类型是普通纱嘴时，未对应浮线处理的编织+放针情况下，使用吊目方式。

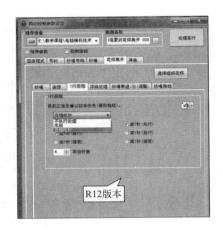

图2-9-14　1行规程设定示意图

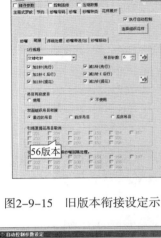

图2-9-15　旧版本衔接设定示意图

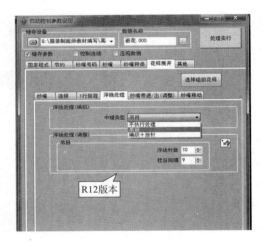

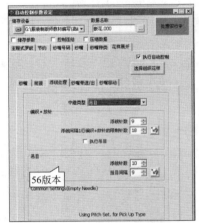

图2-9-16　浮线处理设定新旧版本画面示意图

（b）浮线针数：在这里设定的区间数量以上的地方，进行"吊目"的编织。

（c）吊目间隔：设定吊目的间隔。设定浮线针数与吊目间隔初期值，根据自动控制设定针距，初期值不同。

（d）编织+放针：用空针挂上，放跳线。此后除去挂线。

（e）浮线针数：在这里设定的区间数量以上的地方，进行"编织+放针"的编织。

（f）浮线间隔1行编织+放针的限制针数：空针在"浮线针数"以上、"浮线间隔1行编织+放针的限制针数"以下的情况时，这中间进行一次"编织+放针"的编织。空针在"浮线间隔1行编织+放针的限制针数"以上的情况时，以1/2的限制数量的间隔进行"编织+放针"的处理。

（6）带纱进/带纱出。附加功能线指定R7=3或R7=6时进行设定，带纱进/出设定示意图如图2-9-17所示。

①附加功能线指定R7填写3号色时：

（a）前床吊目/后床编织设为1时，对前吊目1设定后编织（背挂目）的数值。

（b）放针前的编织行数：后床编织（背挂目）后，设定此行后再织数个编织行后放掉线圈。

（c）挂目间隔：前床吊目、后床编织（背挂目）的间隔行数。

（d）度目/纱环长段号：设定背挂目用的度目段号。

② 附加功能线指定R7填写6号色时，禁止针数小于设定值的位置不进行纱嘴移动。其他项相同。

（7）纱嘴移动：纱嘴移动时的各种设定，如图2-9-18所示。放针前的编织行数是指后编织（背挂目）后，设定后几行之后放出。挂目间隔是指前吊目、后编织（背挂目）的间隔。度目/纱环长号码是指设定背挂目用的度目段号。禁止针数是指设定数值以下位置不进行纱嘴移动。

以上设定一般按系统默认值设定，根据试样效果再改进设定。

图2-9-17　带纱进/出设定示意图

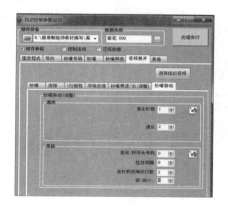

图2-9-18　纱嘴移动设定示意图

（八）菱形嵌花花样制板操作

如图2-9-19所示的配色效果使用NSIG122SV14G电脑横机编织一块尺寸为35cm×55cm、1×1罗纹下摆8转、大身纬平针的嵌花试样。

1. 确定针转数、颜色数量

（1）确定试样的针数与转数。设计试样为35cm×55cm，按14G电脑横机通常成品横密为7.5针/cm、纵密为4.4转/cm计算开针数与转数。

① 开针数=35cm×7.5针/cm=255针。

② 大身转数=55cm×4.4转/cm=242转。

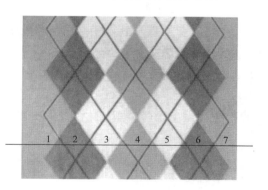

图2-9-19　嵌花花样

（2）试样颜色、花样设计。按图设计为菱形花样，选用14针时，考虑同轨道两个导纱器相距最少70针，设计菱形宽71针，菱形高142横列。下摆使用1×1罗纹8转。

配色图中，以最多色块位置画一条线进行分析，自左向右为7个色块以及有6根斜线，对应需使用13把导纱器进行编织。

2. 使用嵌花色码绘制8色嵌花组织

嵌花花样图中，分析其为纬平针组织，使用101～106色码进行描绘，色码可以重复使用，线条编织宽度为1针，采用提花色码（200号以上色码）进行描绘。

（1）尺寸描绘。点击"图形"图标→点击"四方形"→勾选"指定中心"→输入"宽度173、高度264"→点击101色码→拖到工作区点击出现一个四方形，嵌花花样原图描绘示意图如图2-9-20所示。

（2）菱形描绘。点击"图形"图标→点击菱形格纹→选择菱形色号103→选择线条色号201、202→输入尺寸：X针数1、Y针数2、宽度41、高度82、个数3→拖放到四方形上。

（3）嵌花领域描绘。将103号色菱形之间的101号色的菱形改为102号色，上下两个三角形与菱形顶点平齐用102号色封口并填充，右侧投影部分用104色码描绘，嵌花花样领域图如图2-9-21所示。提花线条用201～206六个色分别描绘。

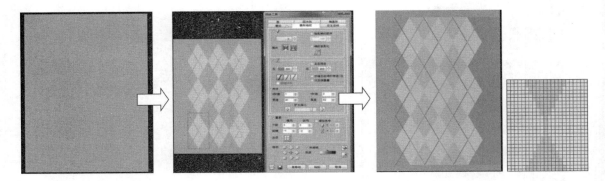

图2-9-20 嵌花花样原图描绘示意图　　　　图2-9-21 嵌花花样领域图

3. 附加功能线

选定"花样范围"→点击原图→确定→点击"功能线"图标→勾选"自动描绘"、勾选"引塔夏"、勾选"1×1"罗纹→勾选描画废纱→勾选"单面组织"。

4. 花样变换

（1）选定范围：点击"范围图标"→勾选"组织花样"→点击原图→点击"确定"。

（2）花样变换：点击"EDIT"图标→点击"引塔夏/提花"标签→点击"花样变换"→点击空白处出现两个图形，如图2-9-22所示。

5. 功能线设置

（1）设定罗纹纱嘴：将R3功能线上6号色改为常用的4号色、R8功能线31号色改为0号色，其他不变，如图2-9-23所示。

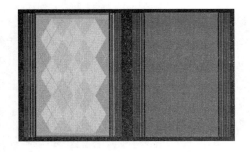
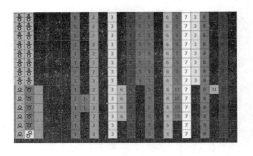

图2-9-22 花样变换示意图　　　　图2-9-23 功能线设置示意图

（2）R4功能线设置：在嵌花花样段（嵌花色码描绘段）使用NSIG122SV 14G时填写5号色（类型1、嵌花纱嘴），使用SSG、SSR机型时填10号色（类型2、普通纱嘴）。

（3）R7功能线填写：在嵌花花样段（嵌花色码描绘段）填写3号色，纱嘴带进带出使用前床吊目、后床编织+落布方式。

6. 嵌花纱嘴设置

（1）嵌花纱嘴使用规划如图2-9-24所示，色块分为7个区域，线条共分为6根，两者共13个区域，对应使用13个导纱器。

（2）纱嘴配置设定：设定为"纱嘴扩张"15把以上，纱嘴使用示意图如图2-9-25所示。

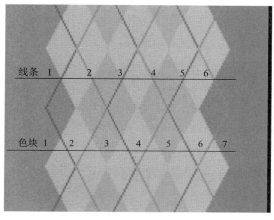

图2-9-24　嵌花纱嘴使用规划图

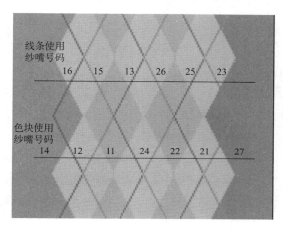

图2-9-25　纱嘴使用示意图

7. 编译检查并重点检查纱嘴回踢位置

自动控制设定：点击"自动控制图标"→设定机种为"SIG122SV 14G"→勾选"纱嘴扩张"→起底类型为"类型2"→带纱进类型勾选"无废纱"→勾选"自动控制花样展开"，如图2-9-26所示。

8. 自动控制参数设定

点击"自动控制执行"→弹出范围对话框，点击原图→确定→点击花样图→确定→弹出"自动控制参数设定"对话框，如图2-9-27所示。

图2-9-26　自动控制设定示意图

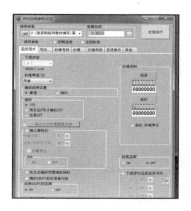

图2-9-27　自动控制参数设定示意图

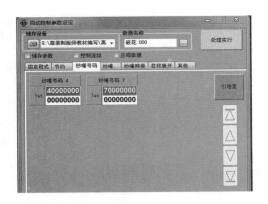

图2-9-28　纱嘴号码设定示意图

（1）设定文件存储路径文件名。保存到U盘根目录下"G:/"，文件名为"linxing.000"。

（2）固定程式页设定。纱嘴资料设定：起底纱嘴设为与罗纹同号码，输入"4"，废纱输入"7"。

其他默认（纱嘴带进带出为两者，编织结束为：普通，抽纱编织1行）。

（3）节约页设定。按罗纹转数、废纱段转数设定相应的节约数值。

（4）纱嘴号码设定。在纱嘴号码页，纱嘴号码4输入"4"，纱嘴号码7输入"7"。点击"引塔夏"按钮，弹出纱嘴号码设定输入框，如图2-9-28所示。

① 设定提花纱嘴号码。在纱嘴号码选择框中，共有左右四列纱嘴选择，使用嵌花纱嘴时先内侧后外侧的原则。提花纱嘴按闪烁顺序按照纱嘴规划方案依次从左向右输入：16、15、13、26、25、23共六个纱嘴号码，输入完成点击"OK"，提花嵌花纱嘴号码设定示意图如图2-9-29所示。

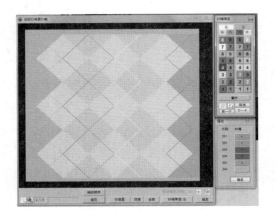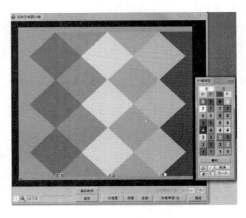

图2-9-29　提花、嵌花纱嘴号码设定示意图

② 设定色块嵌花纱嘴号码。在弹出的第二次纱嘴选择框里依次自左向右选择：14、12、11、24、22、21、27共七个纱嘴。设定完成点击"确定"。

（5）纱嘴设定。点击"纱嘴标签"页，设定纱嘴启用、位置，如图2-9-30所示。关闭纱嘴位置左侧"白色"变成灰色，7号纱嘴的白色在内侧，两侧的纱嘴均选用内侧号码。

（6）纱嘴种类设定。两侧14个纱嘴全部选择"KSW1""总针"。8号纱嘴为"S"、18号纱嘴为"DY"类型，如图2-9-31所示。

（7）花样展开设定。点击"花样展开"标签，弹出"编织调整"对话框，先设定纱嘴微调选项，勾选"引塔夏"，点击初期设定，表中1～7纱嘴微调数值均为"0"。然后进行各项参数设定。

① 纱嘴设定。确认纱嘴类型为"摆动"型，勾选"防止纱嘴重叠"，勾选"禁止选针"

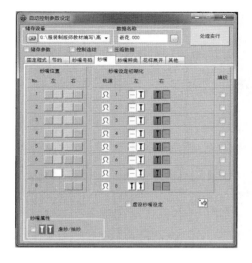

图2-9-30 纱嘴启用、位置设定示意图

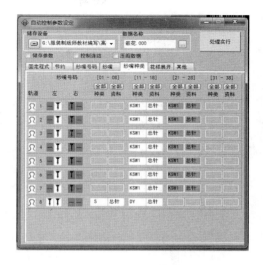

图2-9-31 纱嘴种类设定示意图

中："纱嘴带进带出""纱嘴移动""翻针选针"，按"回车键"选针初始值"0"。

②连接设定。

（a）避免连接纱线：勾选"通常""只限1针区域""编织用纱线"。

（b）吊目两段度目：勾选"不使用"。

（c）双面组织吊目连接：本例为纬平针，不起作用，默认"最近吊目"。

（d）连接方法：本例为菱形花样，色块之间为斜线，勾选"吊目"。

③1行规程。选择"交错翻针"，点击"回车键"选择初始值：默认勾选"加1针后行""减1针先行"，吊目针数为"6"针。

④浮线处理。浮线处理（编织）选择"吊目"方式，浮线处理（调整）按回车键选择初始值：浮线针数=10针，挂目间隔=9针。

⑤纱嘴带进带出（调整）设定。点击回车键设定为初始值，速度设为第2段。本例R7填写为"3"号色，度目号码设为"0"，挂目间隔设为"8"，放针前的编织行数设为"2"行，前：后设为1：1。

⑥纱嘴移动设定。

（a）通用：禁止针数设为"1"，速度设为第2段。

（b）吊目：度目号码设为"0"，挂目间隔设为"8"，放针前的编织行数设为"2"行，前：后设为1：1。

点击"处理实行"键，系统进行编译文件。模拟编织后"没有发现错误"，无"编织助手信息"。

9. 导出文件，保存花型，存档

点击"文件"，选择"保存成新的群组"，输入路径文件名，点击确定。

（九）SSG、SSR等普通机型编织文件制作

（1）附加功能线时不要选择"引塔夏"选项，其他相同。

（2）在嵌花区域内在R4功能线上填10号色、R7功能线填3号色。其他修图相同。

（3）机种设定：选择相应普通机型，如SSG112SV 14G、SSR112SV 7G等。

（4）纱嘴微调：在"调整编织"菜单下，点击纱嘴微调标签，选择"普通纱嘴引塔夏"。

（5）纱嘴号码、纱嘴属性、花样展开设定方法同上所述。设定完毕出带即可。

（十）直接成型法嵌花的描绘操作（新版本）

在R16版本以上的系统，不识别R4功能线的嵌花指定，使用直接成型法制板。新方法的制板流程为：新建文件→命名文件名→选择机种→选择编织方式→设定花样尺寸→选择花样类型→描绘嵌花花样→组织初期化→成型设定→纱嘴配置检查→原图自动展开→出带。

1. 新建文件

点击新建图标，弹出对话框如图2-9-32所示。命名文件名，指定存储位置、路径，选择机种，选择编织方式。编织方式有"S Paint""成型""不做成型"三种方式可选择，本例编织一个矩形试样，选择"不做成型"标签。

（1）设定花样尺寸：输入试样的长、宽尺寸，单位为cm。

（2）选择花样类型：有"组织""提花""引塔夏""合并"可选，选择"引塔夏"。

（3）"改变尺寸"设定，如图2-9-33所示。

① 左右反转：选择反转的方式，用于成型身片，本例为矩形选择"不执行"。

② 全身/半身：选择"全身/半身"以及身片的"左半""右半""反转"的形式。

③ 花样的重复处理：设定花样的重复处理次数。

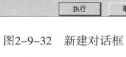

图2-9-32 新建对话框

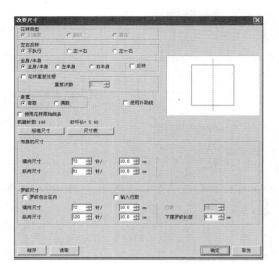

图2-9-33 改变尺寸设定对话框

④ 身宽设定：可以选择身宽总针数为单数或偶数，根据不同的组织来选定。

⑤ 布身尺寸：在此处进行大身、罗纹密度的输入设定。横向密度为针/10cm，纵向密度为转/10cm。同理输入罗纹的密度值，下摆罗纹尺寸有行数与高度两项可选。点击确定后，系统自动生成两个图：前身组织花样图、前身引塔夏图，如图2-9-34所示。

2．描绘嵌花花样

在"前身引塔夏图"上进行嵌花图案的描绘。在花样图中描绘组织花样如集圈、移圈等。

（1）嵌花图案用101以上色码描绘，一般采用101～106色码。

（2）有的嵌花色块非常细小如线条状，线条应按嵌花提花的方式来进行编织，用200号以上的色码来描绘，常用200～206代码。

（3）菱形图案的描绘。如图2-9-35所示，两个叠加的菱形采用101、102色码来描绘；在两个菱形上描绘一条细线，用201色描绘。曲折的线条根据编织规律拆开分别用不同色码描绘，否则背面会有浮线。折线进行拆分编织区域，方法参照光照法，需要细致划分区域和进行纱嘴规划。

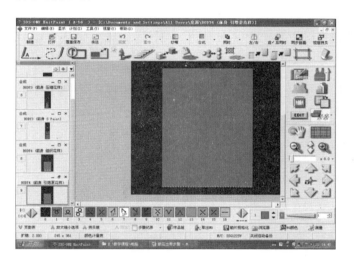

图2-9-34　前身引塔夏花样图

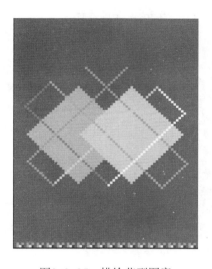

图2-9-35　描绘花型图案

3．组织初期化

描绘结束后先进行组织初期化。点击"组织初期化"的图标，弹出组织初期化对话框如图2-9-36所示。

（1）花样回复。选择不同的组织花样进行回复。

（2）加针类型。选择机头同侧或对侧加针的方式。

（3）减针类型。指领底、夹圈、腰部等部位的减针设定。

全部设定后点击执行。本例可跳过此步骤。

4．成型设定

点击成型设定图标，弹出成型设定对话框

图2-9-36　组织初期化对话框

如图2-9-37所示。对话框中有成型款式、编织组织以及六个标签页（下摆罗纹、减针、废纱、其他、附加功能线、引塔夏）的设定。

（1）成型款式。选择衣片不同款式，如开领（圆领、V领）、左身或右身片成型的选项。

（2）编织组织设定。设定该身片的基本组织形式，如单面、罗纹或集圈等形式，本例设定为单面组织。

（3）下摆罗纹。设定下摆罗纹的高度、选择组织结构、是否叠纱（添纱）编织等。

（4）减针。在减针标签页中根据机型设定减针针数、编织效率及腰部、夹圈、领部的收针方式。

（5）附加功能线设定。设定主要编织部位（罗纹、大身、收夹、开领）的度目、速度、卷布、压脚等段号。

（6）引塔夏设定。设定纱嘴带进/带出的方式，主要有普通、翻针、后床编织+放针、吊目选项。

 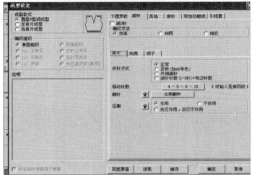

图2-9-37　成型设定对话框

5. 纱嘴配置检查与设定

点击上方快捷工具栏中"纱嘴"按钮进行纱嘴配置检查。弹出对话框有四个标签。

（1）"引塔夏纱嘴分配"设定。对各登录色所使用的纱嘴进行合理的规划与分配，考虑穿纱操作的方便、合理，如图2-9-38所示。

（2）"引塔夏提花"设定。设定"引塔夏颜色""引塔夏提花颜色""配色""提花处理模式"，对应纱嘴与穿纱，如图2-9-39所示。

（3）配色设定。设定不同登录色相应的纱线颜色，记录纱线类型、颜色，便于随时调用、查看，如图2-9-40所示。

（4）引塔夏提花设定。设定提花的处理模式，有"引塔夏提花""剪贴工艺"两个选项，将得到不同的效果，如图2-9-41所示。

6. 原图自动展开

点击"S Paint"花样制作图标，系统对描绘的引塔夏原图进行自动处理，生成展开图，如图2-9-42所示。

图2-9-38　引塔夏纱嘴分配设定示意图

图2-9-39　引塔夏提花设定示意图

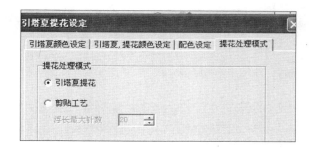

图2-9-40　配色设定对话框　　　　　　　图2-9-41　提花处理模式设定对话框

图中共有5个图，分别表示纱嘴位置与配色、纱嘴号码图、配色图、引塔夏原图、组织花样图。

图中方便查看、检查纱嘴分组与纱线分组情况。如需改变组织，可在组织图中进行描绘普通色码。

7. 描绘组织花样

在"前身组织花样图"中，可以进行各种花样的描绘如集圈、移圈等花色组织。描绘完成后点击"S Paint花样制作"，系统将自动处理后出现如图2-9-42右上角所示的图形。

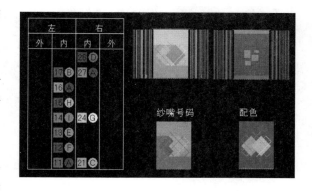

图2-9-42　"S Paint"花样制作示意图

8. 自动控制设定

点击"自动控制"图标→选择机型（纱嘴扩张）→自动控制执行→点击"引塔夏原图"→指定组织花样→点击"组织花样原图"→弹出自动控制对话框→进行自动控制设定→主程式罗纹设定→节约设定→纱嘴设定→纱嘴属性设定→花样展开设定→自动处理→模拟

编织。

自动控制参数设定如图2-9-43所示，罗纹纱嘴、废纱纱嘴、节约设定方法同前。

（1）纱嘴号码设定。点击"引塔夏"粉红色按钮，弹出如图2-9-44所示画面。当使用较多纱嘴时，要合理规划纱嘴的使用，参照图中左侧所示的纱嘴设定，先设定提花纱嘴再设定嵌花纱嘴，色块闪烁时点击右边相应的数字按钮设定纱嘴号码，设定结束点击确定。

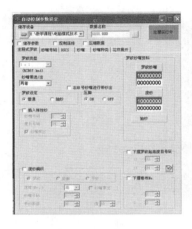

图2-9-43　自动控制参数设定

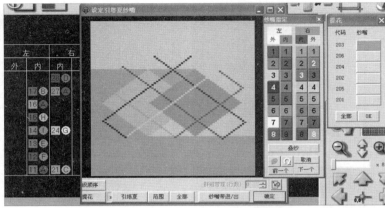

图2-9-44　纱嘴设定示意图

（2）纱嘴属性设定。点击纱嘴标签，点击回车按钮，纱嘴属性为"KSW3"（NSIG122-SV）。点击"编织调整"，纱嘴微调中选择"引塔夏"，点击"初期设定"纱嘴停放点的距离全部为"0"，如图2-9-45所示。

（3）花样展开。花样展开是用来设定嵌花色块之间连接的方式，一般设定为"吊目"方式连接。在此页中，初学者可以按标准或确定键进行默认设定，纱嘴设定与花样展开设计示意图如图2-9-46所示。

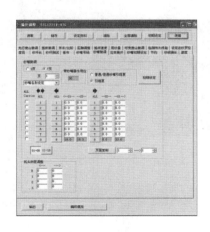

图2-9-45　编织调整初期化

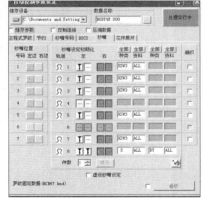

图2-9-46　纱嘴设定与花样展开设定示意图

（4）出带。点击"处理实行中"按钮→点击模拟编织→生成"****.000"文件。如有出现错误，则按照提示逐个进行解决。

三、恒强系统嵌花制板

嵌花花样的制作流程为："花样"页原图描绘→复制到"引塔夏"页→覆盖花样页并描绘组织→"引塔夏"页设置纱嘴号码→编织形式设定→编译选项设定→编译。

（一）"花样"页原图描绘

嵌花花型图使用1～8、11～18号色码在"花样"页中描绘，然后复制到"引塔夏"页中，再用1号色覆盖"花样"页中的图案，表示为编织纬平针正针。如需编织其他组织，直接"花样"页描绘，与普通组织描绘方法相同，如图2-9-47所示。

（二）"引塔夏"页设置纱嘴号码

在"引塔夏"页对嵌花花型进行分区设定，横向每个色段需要用不同的纱嘴来编织（又称断纬）；采用左侧投影法横向进行区域规划，同一横列中不能使用重复的纱嘴号码，"引塔夏"页纱嘴规划与设置如图2-9-48所示。描绘时同一轨道上的纱嘴相距最小距离需大于6英寸，否则纱嘴会相撞。

图2-9-47　"花样"页意匠图描绘与复制

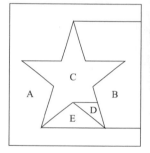

图2-9-48　"引塔夏"页纱嘴规划与设置

（三）功能线设置

在216"编织形式"功能线中右键菜单设定嵌花编织形式。在第一格填"81"号色表示嵌花；第二格填"1"号色表示使用普通纱嘴，填"2"表示使用嵌花纱嘴。系统自动按纱嘴类型进行处理编织方法。

（四）编译选项设定

在编译选项中需要在"引塔夏""自动处理""提花"等选项中进行设定，"引塔夏"选项有连接方式、连接顺序、提花连接、带入方式、落布间隔行数、落布次数、带入最小针数参数等。"自动处理"有安全针数设定，"引塔夏"设定示意图如图2-9-49所示。

1. 连接方式

连接方式是指相邻两个色块间的连接方式有空针、吊目（1）、隔针吊目（3）、编织、编织+翻针等类型，普通编织选择吊目（1），其他情形根据需要而定。

2. 连接顺序

有"编织、吊目"与"吊目、编织"两种可选，一般选择"吊目、编织"，表示先连接再编织。"自动连接"设定如图2-9-50所示。

3. 提花连接

有主色、副色、边缘色等可选，一般选主色，根据情况另定。

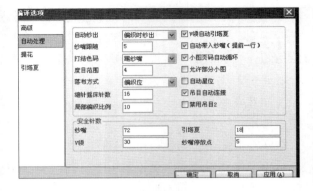

图2-9-49　"引塔夏"设定示意图　　　　图2-9-50　"自动连接"示意图

4. 带入方式

是指编织中间色块时纱嘴带入纱线的编织形式，主要有浮线、吊目+浮线、编织+浮线三大类型。每种类型分为不隔针、隔1针、2针、3针、4针可选，根据机型而定。选定"前吊后织"即前针床吊目、后针床编织的方式。单行模式一般选择"1隔1"交错吃针，其他根据具体情况设定。

5. 落布间隔行数

选用编织+浮线纱嘴带入方式时，是指引入的纱线在后针床编织，因此需要落掉，否则影响正常编织，间隔行数是指带入后隔多少行后进行落布。一般选2～4行，视情况而定。

6. 落布次数

有时落布不完全而影响正常编织，可设定多次落布，一般选2次。

7. 安全针数设定

在"自动处理"中设定安全针数。

（1）纱嘴安全针数：同一轨道上多把纱嘴编织时防止相撞，纱嘴之间最小安全距离不小于6英寸，在此根据不同机型换算成具体针数填入，如12针机，填写"72"针即可。

（2）引塔夏安全针数：设定大于1.5英寸，如12针机，填写"18"针即可。

（五）局部提花

局部提花是指在嵌花区域内，局部花型由于花型块面很小且复杂，用嵌花方法时使用纱嘴数很多，因此该局部可以使用局部提花的方式进行编织。

1. 描绘局部提花图

（1）描绘花型原图：在"花样"页中描绘花型图案，将图案复制到"引塔夏"页面中，用"1"号色覆盖。

（2）规划、设置嵌花纱嘴："引塔夏"页面中，嵌花部分用纱嘴号码填充，局部提花部分则需要对应设置纱嘴页。

（3）制作"提花组织图"：在"引塔夏"页面中，将该需要局部提花部分轮廓用"仅复制当前色"方法复制到"提花组织图"页中。在"提花组织图"页中将该花型全部用"编织形式"的代码填充，如用"1×1天竺"的提花组织形式，则用"9"号色填充，表示局部提花结构为"1×2天竺"。

2．功能线设定

在216功能线上，将局部提花部分用局部提花、组织形式、纱嘴控制页的代码填写。如2色局部提花、1×1天竺，第2页用"121、8、2"进行填写。

3．设置纱嘴系统

在工具栏中点击"纱嘴系统设置"图标，在相应的第2页上对应设置局部提花部分纱嘴。

（六）嵌花花样制板与编织

为了使初学者易于理解，以菱形、五角星嵌花花样为例，制作一个100针、50转的嵌花纬平针花样，讲述嵌花制板与编织的方法。

1．花样原图描绘

（1）花样整体描绘。点击"新建"图标，弹出对话框→选择机型"H2-2"、机号输入"12"针→设置尺寸"512×512"→勾选"1×1"罗纹→"面1支包"→总针数"100"针→罗纹"6"转→大身"50"转，点击"确定"，系统自动生成一个图形，包括起口、1×1罗纹、大身三大部分。

（2）绘制嵌花花型原图。

① 菱形描绘：用2号色描绘，点击"8"色码，右键点击绘图工具中的"菱形"图标，弹出对话框，在宽度输入"21"、高度输入"31"，点击"输出"拖动光标到工作区，横向均匀放置3个，第二行放置2个，与第一行的3个错开，顶点相接且不在同一横列上，如图2-9-51所示。

② 五角星描绘：用8号色码描绘，点击"2"号色码→点击绘图工具"T"图标→右键点击，勾选"粘贴"→点击工作区，弹出对话框→切换中文输入法，输入"WJX"→选择"★"→调整字号为"72"→拖动到花样正中点击放置，注意距离下边菱形顶点为偶数行，如图2-9-52所示。

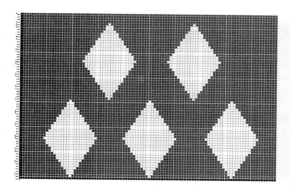

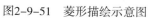

图2-9-51　菱形描绘示意图

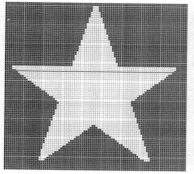

图2-9-52　五角星描绘示意图

③ 废纱描绘：花样的最后10行（5转）用8号色描绘，217功能线纱嘴改为1号色（1号纱嘴）。

2．花型图案复制与覆盖

纵向从菱形的第一行到五角星最后一行、横向全部选定，右键点击选定区，选择"复制到"→"引塔夏"页，点击"引塔夏"页查看。将"花样"页的图案用1号色覆盖。

3. 嵌花纱嘴设定

（1）菱形花样嵌花纱嘴设定。在横列方向有颜色交替时需要更换纱嘴，使用左侧投

影法将菱形部分按图2-9-53所示方法进行分区，在每个区域规划使用纱嘴，用相应的色号填写区域的纱嘴号码。

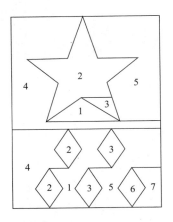

图中第一行三个菱形将横向隔成七个区域，每个区域彼此独立，各需要用一个纱嘴编织。第二行的两个菱形将横向分割成五个区域，两行的左侧可合并为一个区域，花样颜色为地色，考虑到下方的罗纹，该区域用4号纱嘴编织；左侧上下两个菱形不重叠，且为花色，用2号纱嘴编织。同理地色部分用1号、5号、7号纱嘴，花色用2号、3号、6号纱嘴编织。

（2）五角星花样嵌花纱嘴设定。图2-9-53上半部为五角星区域，与菱形之间的空隙如果为偶数行，用4号纱嘴编织使纱嘴回到左侧；如果是奇数行，则使4号纱嘴编织右侧区域，即每个区域描绘行数时必须要考虑与纱嘴的编织方向相匹配，以提高布片质量与编织效率。

图2-9-53　菱形花样嵌花纱嘴的设定

将五角星按图示划分五个区域，左、右侧设为4号、5号纱嘴，两角之间设定为1号纱嘴，三把纱嘴均穿地色纱线。五角星的两个区域设定为2号、3号纱嘴，同穿花色纱线。

4. 功能线设定

在"引塔夏"页，在第一行位置的216功能线上右键点击空格，选择"81引塔夏、普通纱嘴"，出现81、1，将217功能线上的纱嘴更改为0号色，将216、217功能线所有格横向选定，向上复制到嵌花段的最后一行。

5. 纱嘴设定

在217功能线上，将罗纹以下的起口部分纱嘴设定为1号纱嘴，穿废纱。在罗纹第一行到嵌花之前的纱嘴设定为4号。嵌花结束至废纱前设定为4号纱嘴。

6. 编译文件

保存当前文件，点击"自动生成动作文件"图标，弹出对话框，按照图2-9-49、图2-9-50所示自动连接、嵌花选项。查看222功能线上对应的废纱最后一行是否有"1号色"，1号色为编织结束标志。点击"自动生成动作文件"图标，自动生成"***.HCD"等上机文件。

7. 错误处理

编译后出现1号、3号、6号、7号纱嘴为未到初始位置纱嘴错误，如图2-9-54所示。1~8号纱嘴的初始位置在左侧，在正式纱的倒数4行将4号色对应更改为1号、3号、6号、7号，每行1个色；重新编译文件，无错误提示，纱嘴更改示意图如图2-9-55所示。点击"仿真"工具，系统自动进行线圈模拟处理，正、反面仿真示意图如图2-9-56所示。

（七）嵌花提花制板描绘

指在单面组织的嵌花区域进行局部多色提花形成嵌花织物的编织方法。嵌花提花的制作

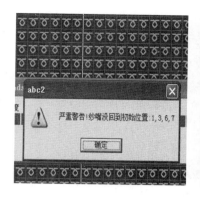
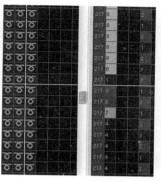

图2-9-54 纱嘴错误　　　　图2-9-55 纱嘴更改示意图　　　　图2-9-56 正、反面仿真示意图

流程为：描绘原图→复制到"引塔夏"→选取提花区域，复制到"提花组织图"→设定功能线→纱嘴设定→编译选项设定→编译。

1. 描绘原图

在"花样"页面中制作1号色为主体的嵌花提花花样，并复制到"引塔夏"页。

2. 制作嵌花提花花样

在"引塔夏"页面中用纱嘴号码描绘嵌花和提花的花型图案，将局部提花的区域选定，通过右键菜单"复制当前色"复制到"提花组织图"中，嵌花提花图案描绘示意图如图2-9-57所示。

3. 设置局部提花编织结构

在"提花组织图"页面中，将局部提花的廓型用色码进行设定为背台形式，如进行芝麻点提花，则用3号色填充廓型；如采用"1×1天竺"，则采用8号色进行填充。色码与"编织形式"中的第二列代码设定相同，提花组织图、功能线设置图如图2-9-58所示。

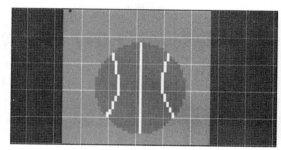
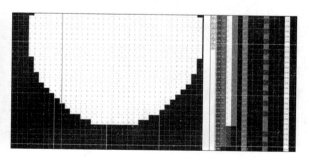

图2-9-57 嵌花提花图案描绘示意图　　　　图2-9-58 提花组织图、功能线设置图

4. 设定功能线

在216功能线编织形式中设定相应的局部提花及纱嘴组页码。右键点击"编织形式"空格，选择"局部提花"、背台形式（25种）、填写纱嘴页码。

5. 纱嘴设定

点击"纱嘴设置"图标，在对话框中设定描绘色对应的纱嘴号码，注意对话框中的行编织方向在此不起作用，可随便填写。

6. 编译选项设定

（1）"提花"设定：在提花标签页中，勾选"自动连接""单面接提花处理"选择"自动挑半目"。

（2）"引塔夏"设定：设定"连接方式""连接项目""带入方式""落布间隔行数""落布次数"等。

四、琪利系统嵌花制板

琪利系统嵌花指定使用201～206（反针），211～219、221～226（正针）色码进行描绘嵌花花样，绘制流程为：绘制嵌花→设置嵌花纱嘴→设置编译参数→编译。

（一）"花样"页原图描绘

一般花型使用绘图工具手工绘制，比较简单直观；也可以通过导入图片的形式，把原有的颜色转换成嵌花色码，这种花型往往比较复杂，此方法同样适用于提花、局部提花。

嵌花花型图使用211～219号、221～226号色码在"花样"页中描绘，如图2-9-59所示。

（二）嵌花分区设定

原图描绘完毕后对嵌花花型进行分区设定，横向每个色段需要用不同的纱嘴来编织（又称断纬）；采用左侧横向投影法使用嵌花色码进行区域划分，使用不同的色码划分不同的编织区域，如图2-9-60所示。描绘时同一轨道上的纱嘴相距最小距离需大于6英寸，否则纱嘴会相撞。

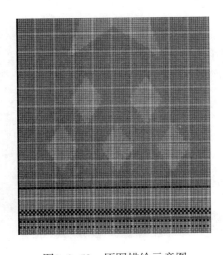

图2-9-59　原图描绘示意图

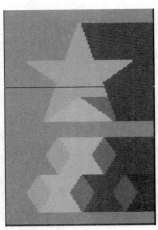

图2-9-60　嵌花区域划分

（三）设置纱嘴号码

嵌花区域划分完成后，检查各段花样的衔接处理，点击"纱嘴设置"图标，弹出纱嘴设置对话框如图2-9-61所示。对应的色码设定相应的纱嘴号码。

（四）设定纱嘴带入、带出编织方式（区域属性）

设定纱嘴带入带出的方向、打结方式、编织方式等。设置时，先选中需要设置的嵌花纱嘴，中间的框中出现纱嘴号码的颜色，然后再选择相关属性设置。

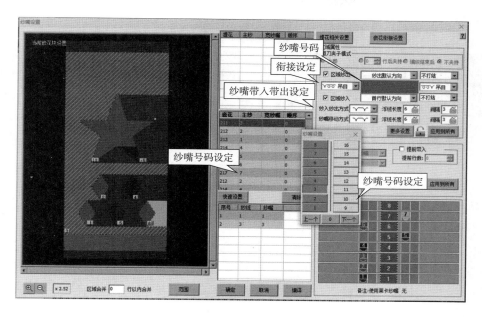

图2-9-61　纱嘴设定示意图

1. 编织区域纱出设定

设置纱嘴编织相应嵌花区域最后一行的方向、打结方式、衔接方式。

（1）方向：设置纱嘴编织相应嵌花区域最后一行的方向，分为默认方向、向右、向左。默认方向为最后一行嵌花纱嘴方向从左向右；向右为最后一行嵌花纱嘴方向从左向右；向左为最后一行嵌花纱嘴方向从右向左。

（2）打结方式：根据编织要求选择设置纱嘴带出编织区时的方式，分为不打结、打结方式1、打结方式2、打结方式3。打结后线头可不用固定，减少手工工作量，如图2-9-62所示。

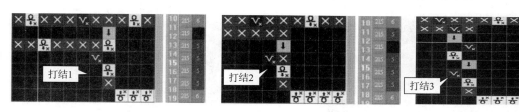

图2-9-62　三种打结方式示意图

2. 区域纱入（带纱进）设定

设置纱嘴编织相应嵌花区域第一行的方向及打结方式，参考纱出的设定。

3. 衔接方式

设置嵌花横向相邻区域之间的连接方式。分为吊目、间隔吊目、不吊目，分别对应嵌花区域的左侧和右侧，中间颜色区域表示当前纱嘴编织区域在花样轮廓图中显示的颜色，左右两侧均需设定，一般选择"吊目"，或根据需要选择，如图2-9-63所示。

4. 区域外纱嘴纱入纱出方式设定

设置纱嘴带入、带出编织区域的方式，分为带纱方式、浮线长度、间隔针数。

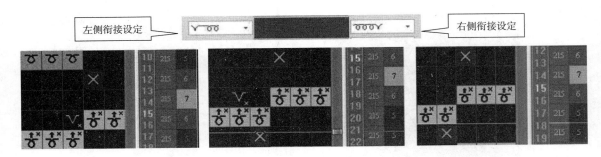

图2-9-63　吊目、间隔吊目、不吊目选项编织示意图

（1）带纱方式：不处理、吊目+浮线、前吊后织+浮线，区域外带纱进、出方式示意图如图2-9-64所示。

（2）浮线长度：是指纱嘴带纱不作处理的最大浮线长度，设置范围为2～15针。纱嘴在自身编织区域移动距离大于设置值执行"纱入纱出"设置，否则以不处理方式进行。控制浮线长度针数按针型设定，一般不超过1英寸的针数。

（3）间隔针数：设置纱入纱出方式为吊目、前吊后织时吊目与吊目（编织）的间隔。按针型而定，一般不超过1英寸的针数。

5. 纱嘴移动方式

纱嘴移动是指同一个嵌花纱嘴在编织一个区域A之后，在A区域的末行移动到另一个间隔的区域B编织，从A到B这个距离的带纱处理方式。移动方式分为不处理、吊目+浮线、前吊后织+浮线三种类型。浮线长度、间隔针数的设置方法同上所述，纱嘴移动示意图如图2-9-65所示。

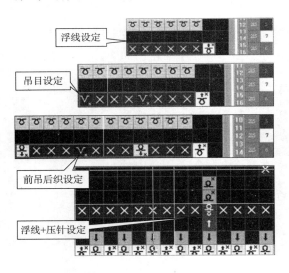

图2-9-64　区域外带纱进、出方式示意图

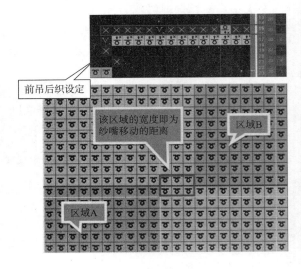

图2-9-65　纱嘴移动示意图

6. 应用到所有

将当前区域的设置应用到其他区域，处于锁定状态下的区域无效，便于设定。

（五）嵌花衔接设置

对嵌花区域有加减针数、提花色码、嵌花色码、双面组织时进行的设置以及脱圈设定。

1. 嵌花衔接

（1）嵌花衔接方式设定：对嵌花区域加减针进行设置，分为不处理、吊目、交错吃针，衔接设定示意图如图2-9-66所示。

① 不处理：嵌花的衔接处无论加减多少针都不做处理，可用于加减针数少、编织效率优先，布片效果要求次之的编织需求，不建议使用。

② 吊目：对嵌花衔接加减针执行吊目处理，适用于加减针数较少，对布片反面效果要求不高的布片。

③ 交错吃针：编织精确，布片的背面效果平整，适用于加减针跨度大的花样。

（2）吊目间隔：相邻两次吊目间隔的针数，设置范围为1~10针。

（3）使用吊目宽度：设置为交错吃针时有效，设置值范围为5~50。加减针距离不大于设置时用交错吃针处理；加减针距离大于设置时用吊目处理。

（4）自动：嵌花（或局部提花）在加减1针时的一种处理，可改善衔接效果。建议勾选自动，能有效避免吊目出现漏洞从而提高布片的质量，而且能同时兼顾效果和编织效率的平衡。当勾选"自动"后，其他功能选项无效。

2. 吊目取消提花色码

嵌花点针花样用一组提花色码中若干个色码在嵌花色码区域点缀绘制，但是如果不进行设置，点针会吊目，并且每编织一个点针纱嘴就会带入带出，嵌花设定示意如图2-9-67所示。

纱嘴设置：分别在提花、嵌花纱嘴设置区设置色码对应纱嘴。同时设置区域合并的值大于1（该设置值对应图2-9-67所示点针绘制图），避免纱嘴每织一个点针就带入带出。

吊目取消提花色码：在设置区勾选使用到的提花色码，勾选的提花色码在做提花时不进行吊目编织。

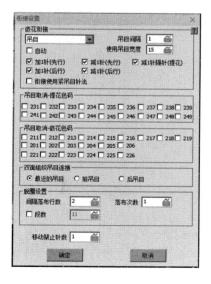

图2-9-66　衔接设定示意图

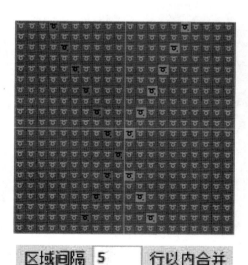

图2-9-67　嵌花设定示意图

3. 吊目取消嵌花色码

勾选的嵌花色码在做嵌花时不进行吊目。

4. 双面组织吊目连接

设置双面嵌花组织相邻区域的吊目连接方式。

5. 脱圈设置

间隔落布行数是指纱嘴带入、带出编织区域后执行的编织动作。当执行完带入、带出动作后第 n 行进行落布处理，避免后编织的线圈吊挂影响布面效果，必须进行脱圈（落布）处理。

6. 移动禁止针数

两个嵌花块相距一定针数时，当设置的禁止针数小于等于该距离时，纱嘴进行移动处理或不进行移动处理。

（六）局部提花制板描绘

指在单面组织的嵌花区域进行局部多色提花形成嵌花织物的编织方法。嵌花提花的制作流程为：花型绘制→背面描绘设置→设置纱嘴→参数设置→编译。

1. 描绘原图

单面部分使用嵌花色码211~219，双面部分使用提花色码231~238、241~248，嵌花提花图案描绘示意图如图2-9-68所示。

2. 背面描绘

在背面行上，色码表示相应的提花、嵌花纱嘴在这一针的后床针有参与编织。背面描绘的参数保存到KNI花型文件后，下次打开可看到上次的参数设置。

单击工具栏"背面描绘图标"，弹出对话框，点击"显示高级参数"，弹出对话框如图2-9-69所示。单击"隐藏高级参数"，出现的新界面将隐藏。

图2-9-68 嵌花提花图案描绘示意图

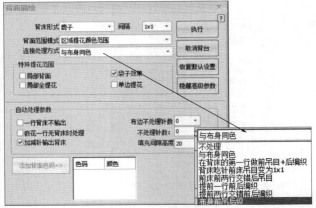

图2-9-69 背面描绘对话框示意图

（1）执行：设置完背面描绘后，点击执行。此时功能线206上，填写1或2色码的行即为标识背面行。或右键菜单进行设置。

（2）取消背台：取消已经展开的背面组织。

（3）恢复默认设置：将背面描绘的参数恢复为默认设置。

（4）背床形式：背床形式分为竖条、鹿子、全选、芝麻点、天竺等形式。

背面形式分为"竖条"和"鹿子"时，可使用提花色码231～238、241～248；在背面行上，描绘有嵌花色码（211～219）的纱嘴有后床编织；对应的提花色码纱嘴有后床编织。

当背面形式为"全选""芝麻点""天竺"时，可使用提花色码231～236；背面行对应色码代表含义如表2-9-2所示。

表2-9-2　背面行对应色码动作表

背面行色码	代表含义	背面行色码	代表含义
1	嵌花色的纱嘴有后床编织	16	234的纱嘴有后床编织
2	231的纱嘴有后床编织	32	235的纱嘴有后床编织
4	232的纱嘴有后床编织	64	236的纱嘴有后床编织
8	233的纱嘴有后床编织		

其他色码均由上述色码叠加而来，例如3=1+2，表示嵌花色和231提花色的纱嘴在后床都有编织；5=1+4，表示嵌花色和232提花色的纱嘴在后床都有编织。

3. **连接处理方式**

提花部分为双面编织，与嵌花部分单面组织需要进行衔接处理。处理单面到双面，双面到单面的过渡方式。分为"不处理""与布身同色""在背床的第一行做前吊目+后编织""背床吃针前床吊目变为1×1""前床两行交错后吊目""提前一行前后编织""挑半目""自动布身同色挑半目""布身前吊后织"等方式。

（1）不处理：直接编织，不做任何处理。

（2）与布身同色：在单面转双面时，最后一个单面行提前做前吊后织，再后编织；在双面转单面时，第一个单面行编织两行后再翻针。此时需要在纱嘴设置→提花设置中设置处理时的度目段数，如图2-9-70所示。

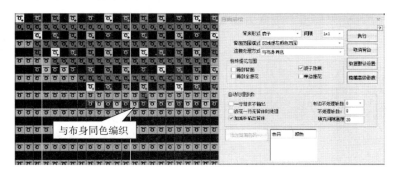

图2-9-70　与布身同色编织示意图

（3）挑半目：在单面转双面时，最后一个单面行提前做前床挑半目到后床；双面转单面时未做处理。挑半目针数过多时布面不平整，不常使用。

（4）自动布身同色挑半目：单面转双面时，双面加针针数大于2，使用"与布身同色"处理；加针针数等于1，使用"挑半目"处理；双面转单面时都做"与布身同色处理"。适用于不规则局部提花。

4. 特殊提花范围

（1）局部背面：只对圈选区域进行背面描绘和取消。

（2）袋子效果：双面提花编织时，前床编织则后床不编织，即前床有的提花色码，背面就不会有。

（3）局部全提花：圈选区域中的所有区域都输出背面，背面编织的纱嘴为区域内所有提花色码和嵌花色码所对应的纱嘴。使用"局部背面"和"局部全提花"时，圈选区上下左右边缘应该都是嵌花色码，否则将无法自动处理单面到双面的过渡。

（4）单边提花：提花区域的一侧没有嵌花色码时需要嵌花色码对应的纱嘴在提花区域输出背床勾选该项。

5. 自动处理参数

（1）一行背床不输出：某行提花前后都无背床时该段背床不输出背床。

（2）嵌花一行无背床时处理：嵌花的前后行都有提花时该段嵌花也编织后床。

（3）加减针输出背床：处理左右边缘单面和双面的衔接处，避免纱嘴带纱过长。

（4）布边不处理针数：布边距离在设置范围内时不做相应的背床处理。

（5）不处理针数：浮线长度在不处理针数范围内时不做相应的背床处理。

（6）填充间隙高度：同一提花块，当提花色码的间隙小于或等于设定的值时，展开背面。

6. 纱嘴及参数设置

纱嘴设置参考提花、嵌花纱嘴，注意设置纱嘴初始方向，可提高编织效率。纱嘴的带入带出及移动处理，背面浮线的处理以及安全针数等设置类似于做提花和嵌花，根据花型及需要设置。做一行嵌花提花的连接处理方式选择很重要。连接处，纱入纱出以及纱嘴移动对布面效果有直接的影响，一般选择"前吊目，后编织"的形式。

"间隔区域"与"范围"的设置及效果与上述嵌花的相同。参数设置完成后，点击"确定"。为了让局部提花的背面线圈容易编织，布片外观效果更好，在设定度目值时左键双击删除添加的色码可将后床的度目设置小一些（上机调节）。

7. 编译选项设定

（1）"提花"设定：在提花标签页中，勾选"自动连接""单面接提花处理"选择"自动挑半目"。

（2）"引塔夏"设定：设定"连接方式""连接项目""带入方式""落布间隔行数""落布次数"等。

【任务实施】

一、教学设备

（1）SDS-ONG岛精花型准备系统、恒强制板系统、睿能琪利制板系统。

（2）SSG122-SV 14G、MACH2SIG 14G、NSIG122-SV 7G、SSR-112SV 7G、SCG-122SN 3G，CE2-52C、LXC-252SC系列电脑横机。

二、任务说明

使用电脑横机编织试样：开针100针，在针床正中编织。下摆罗纹为袋编6转。大身第一段花样共20转，制作单面二色背面1×1拉网提花，花型为"电脑横机"，字号16、字体黑体。第二段共30转，制作二色嵌花（纬平针），花型为"五角星"，高度为25转。第三段共30转，制作一个三色、图形为篮球的嵌花花样（纬平针）。废纱5转封口。各段密度、卷布、速度等工艺参数自定，具体数字合理并在原图旁边注明。

三、实施步骤

（一）岛精系统制板操作

1. 原图描绘

（1）描绘第一段花样：点击"图形图标"→点击"四方形"→选定"指定中心"→输入"宽100、高40"→使用201色码→光标拖动到合适位置点击，描绘第一段花样轮廓。点击"EDIT"→点击"编辑"→点击"打字"→选用202号色、输入"电脑横机"、调整字号、字体→拖动到四方形中间，点击定位。

（2）描绘第二段花样：用"指定中心"画四方形→输入"宽100、高60"→使用101色码→光标拖动到合适位置点击，描绘第二段花样轮廓。点击"EDIT"→点击"编辑"→点击"打字"→选用102号色、输入"★"、调整字号→拖动到四方形中间，使五角星高度为25转，点击定位。用103、104、105划分各编织区域，如图2-9-3所示A、B、C、D、E区域。

（3）描绘第三段花样：用"指定中心"画四方形→输入"宽100、高60"→使用101色码→光标拖动到合适位置点击，描绘了第三段花样轮廓。用106画一个半径为20的圆。在圆的正中用203号色画一条竖线、在左右两侧分别用204号、205号色画一条向外侧的弧线。用光照法描绘各区的色码，球的左侧用101、右侧用105填充，其他自定，原图三段花样描绘示意图如图2-9-71所示。

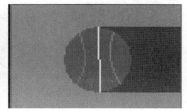

图2-9-71 原图三段花样描绘示意图

2. 附加功能线

分析原图中第一段为普通提花花样，不能全部用引塔夏方式，使用手动指定填写方法。

（1）附加功能线：选择"自动描绘"、不勾选"引塔夏"、罗纹选择"袋编有翻针"、废纱为"单面组织"，其他默认。点击"执行"，使原图附加功能线，原图与展开图如图2-9-72所示。

（2）纱嘴规划：第一段使用2把纱嘴，地色用1号、花色用4号；第二段使用五把纱嘴，五角星左侧地色用1号、右侧用2号、底下用3号，五角星用4号、5号；第三段使用六把纱嘴，球体用6号、左侧用1号、右侧用2号，提花用4号、5号、7号，废纱用7号。其中1号、2号、3号纱嘴穿地色纱线，4号、5号、7号穿花色纱线，球体使用另一个颜色纱线穿6号纱嘴，共三种色纱。

（3）罗纹纱嘴修改：将罗纹纱嘴改为2号，同时将R8上的31号色去掉，R11压脚关闭。

（4）嵌花指定：在第二、三段花样范围内，将R4功能线填5号色（SIG机型）、R7功能线填3号色。

3．提花Package花样制作

制作1×1拉网提花基本小图，登录色为201、202，附加功能线，地色使用2号纱嘴，花色使用4号纱嘴。

4．花样展开

按照Package花样展开方法与步骤对原图进行展开处理，如图2-9-72（b）所示。

5．修图

第一段为背面1×1拉网提花，与罗纹、第二段单面之间有衔接的问题，需要处理。

（1）与下摆之间的衔接处理：在圆筒的末行其编织符号为29色码，对应后面第2行有52色码的针上，将29号色改为51（不用翻针），如图2-9-73（a）所示。

（2）与单面的衔接处理：第二段为单面平针嵌花，第一段末行与之进行衔接需要翻针，将末行上的52号色改为30号色（后床编织+翻针至前），如图2-9-73（b）所示。

(a)

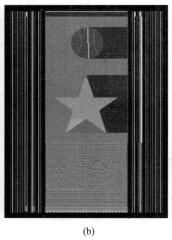

(b)

图2-9-72　原图与展开图

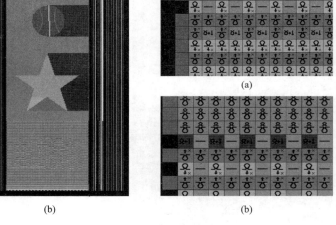

(a)

(b)

图2-9-73　衔接处理示意图

6．自动控制设定与执行

（1）机种选定：选择SIG2Cam、120cm、SV、针数7G、纱嘴附加"标准"。

（2）自动控制设定：编织型式"普通"、起底花样"标准"、罗纹"主程式""无废纱"。

（3）自动控制参数设定：罗纹纱嘴设为"2"、设定废纱纱嘴"7"。

（4）嵌花纱嘴设定：在纱嘴号码页中，点击"引塔夏"按钮，设定提花纱嘴分别为4、5、7；设定嵌花编织纱嘴：五角星为4号、5号，左侧为2号、右侧为1号、底下为3号，球体为6号、左侧为2号、右侧为3号。

（5）纱嘴属性设定：1~7号纱嘴设定为左侧、种类为KSW3、资料为ALL。

（6）花样展开：按衔接选"吊目"，其他按回车按钮，使用默认值。

（7）出带：按"处理实行中"，系统自动编译文件，点击"模拟编织"。

如有错误出现，仔细检查编织方向。纱嘴设定等项目，逐个处理。

采用SSG、SSR机型普通纱嘴编织时，嵌花段R4上填写10号色，其他制板步骤类似，出带后可直接编织。

7.　上机操作

（1）文件读入：插入U盘，点击"文件"→"读取"→选择"文件名"→点击"执行"。

（2）手动原点：按"准备"键→弹出准备键菜单→按"F4"→机器自检、复位。

（3）检查纱嘴：检查纱嘴状况，确保1~7号纱嘴均可打斜使用，否则不可使用机器。

（4）调整纱嘴属性：将纱嘴的属性调成与出带相同"KSW3"属性。进入编织调整菜单→进入纱嘴初期设定子菜单→按"F3"键→出现"纱嘴初期设定画面"的"纱嘴种类设定"示意图，如图2-9-74所示→光标调到每个纱嘴的"机器"下方→按"ENTER"多次→直到出现"KSW3"，将1~7号纱嘴全部调成"KSW3"属性。退出时会提示是否"保存"，光标调到"是"，按回车键。注意确认6号纱嘴改为嵌花纱嘴（可打斜）后设定为"KSW3"，如果是宽纱嘴则不可使用。

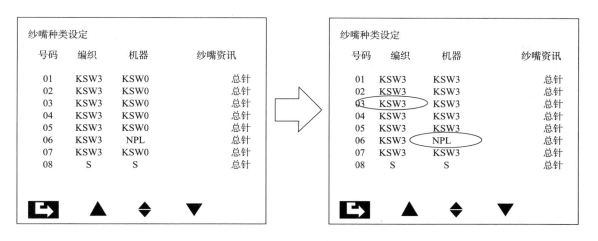

图2-9-74　纱嘴初期设定画面"纱嘴种类设定"示意图

（5）设定嵌花纱嘴微调值：将1~7号纱嘴的停放点设定为"0"（纱嘴打斜停放）。进入编织调整→纱嘴微调→弹出纱嘴微调画面→按"F3"→弹出选择菜单→移动光标到"引塔夏花样设定"，选择"引塔夏"花样→按回车键确定→画面中1~7号纱嘴停放距离数值变为"0"，退出到主菜单界面，如图2-9-75所示。

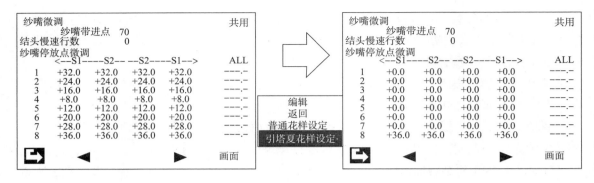

图2-9-75　嵌花纱嘴微调设定示意图

8. 工艺参数设计（表2-9-3）

表2-9-3　岛精系统编织工艺参数设计表

度目段	度目值	备注	卷布拉力段	卷布拉力值	备注
1	38	翻针	1	25～30	翻针
5	45	提花、嵌花平针类	3	30～35	下摆罗纹
7	50	废纱	4	35～40	大身
13	前10后20	起底横列	速度段	速度值	备注
14	35	空转	0	0.6（高速）	大身、废纱
15	前40后38	袋编	1	0.35	翻针
17	45	翻针行			

9. 编织

（1）按工艺参数表数据输入对应的电脑横机中，或做成"999"文件进行输入，调整编织工艺参数。

（2）检查穿纱是否正确、1~7纱嘴是否可摆动、纱嘴停放点微调值是否为"0"、纱嘴属性是否改变，按电脑横机试样操作法进行编织操作。

（3）编织完成后将机器纱嘴属性改回ksw0，将纱嘴停放点恢复为"普通花样"值。

10. 故障处理

（1）布片浮起：编织中有时会有"布片浮起"提示，仔细观察编织情况，有时由于七把纱嘴停放在一起，造成探针报警，确认无"布片浮起"故障，可继续编织。

（2）布片破洞：编织后出现破洞，可能是因为纱线未张紧造成吃不进纱线造成脱圈，检查侧边张力装置的挑线簧，跳线张力是否足够。纱线退解是否顺畅。

11. 检验与整理

下机后观察组织花样的完整性，织物平整度、有无横路、竖道（针路）、断纱、破洞、油污、飞花、夹边紧等疵点；拆除起口纱，末行套口封口，拆除封口废纱，拆除背面的纱嘴带进带出的浮线，线头留下2cm，用钩针进行藏线头处理，将试样整烫熨平。

12. 机台保养与卫生

（1）机器每天使用前对所有针踵进行加油：将油挤到毛刷头对针踵刷油，不宜过多。

（2）保持台架整洁卫生，使用前进行擦净、筒纱摆放整齐，无线头。

（3）编织中的线头、废纱等不许落地，及时扔进垃圾桶内，时刻保持场地整洁卫生。

13. 试样织物特征与编织分析

各组分析试样各段织物的组织结构与特性、服用性能、正反面外观风格，分析编织中遇到的问题与处理方法，以书面报告形式上交，做好演讲PPT，在下一次课前进行汇报讲评。

（二）恒强制板系统操作

1. 花样整体描绘

点击"新建"图标，弹出对话框→选择机型"H2-2"、机号输入"12"针→设置尺寸"512×512"→勾选"F"罗纹→"面1支包"→总针数"100"针→罗纹"6"转→大身"80"转，点击"确定"，系统自动生成一个图形，包括起口、袋编罗纹、大身三大部分。

2. 描绘提花原图

（1）输入文字：在第一段100×40的区域中间部位输入文字"电脑横机"。点击2号色→右键点击绘图工具"T"图标→勾选"粘贴"→点击工作区，弹出对话框→切换中文输入法，输入"电脑横机"→调整字号为"三号"、字体为"黑色""加粗"→拖动到第一段区域正中点击放置。

（2）提花花样复制与覆盖：将提花"100×40"区域全部复制到"引塔夏"，用"1"号色覆盖"花样"页的该区域，两侧用鸟眼封边。

（3）设置功能线：在216功能线上，相应的花样第一行右键点击，选择2色提花、1×1天竺，在第三格填"1"号色，在217功能线将纱嘴更改为"0"号色，点击绘图工具"线形复制"图标，横向选定21、8、1及0，向上复制共40横列。

（4）设置纱嘴：点击工具栏"纱嘴系统设置"图标，在弹出的对话框中第1行输入"2-2+""1-3+"，表示设置为2号色为花色，由2号纱嘴编织；1号色为地色，由3号纱嘴编织，点击"确定"。

（5）衔接处理：下摆为袋编，提花为1×1天竺，将袋编翻针行的第2、4行偶数针位30号色更改为8号色。

3. 绘制嵌花花型原图

（1）五角星描绘：在第二段"100×60"的区域用8号色码描绘五角星。右键点击绘图工具"T"图标，勾选"粘贴"→点击"8"号色码→点击工作区弹出对话框→切换中文输入法，输入"WJX"→选择"★"→调整字号为"初号"→拖动到区域正中放置，注意距离下边提花花样为偶数行。

（2）嵌花花样复制与覆盖：将嵌花"★"区域复制到"引塔夏"，用"1"号色覆盖"花样"页的该区域。

（3）嵌花分区与纱嘴设定：在"引塔夏"页上，按右侧投影法将五角星划分为五个区域，分别用五把纱嘴编织：规划1号、2号纱嘴穿花色纱线（与提花段共用花色），3号、4号、5号穿地色纱线，在相应的区域之间用纱嘴号码的色号填入，★下方应为偶数行（注意纱

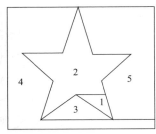

图2-9-76　五角星描绘与规划示意图

线位置），五角星描绘与规划示意图如图2-9-76所示。

（4）设置功能线：在216功能线上的嵌花段设置为"嵌花""普通纱嘴"，即"81""1"；在217功能线上纱嘴号码更改为"0"，表示已由"引塔夏"页设定了纱嘴号码。

（5）衔接处理：上段为1×1天竺提花，后针床有1隔1编织，将本段第1、2行改为平针组织，第1行偶数针位上的"1"号色更改为"70"号色，即先翻针再前编织，完成第一、二段花样衔接。同时本段216功能线上的1、2行去掉81、1。或单独插入翻针行较为简单。

4. 绘制嵌花提花花型原图

（1）篮球图形描绘：在第三段"100×60"的区域用2号色码描绘篮球。点击"2"号色码→右键点击绘图工具"填充椭圆"图标→弹出对话框，宽度输入"50"，高的输入"50"，点击输出→拖动到区域正中放置（下方距离第二个花样空4行）→用6号色在圆正中画一条竖线，在两侧各画一条弧线，使形状像篮球的线条，如图2-9-77所示。

（2）嵌花花样复制与覆盖：将"篮球"100×60区域复制到"引塔夏"页，再将"篮球"圆形单独复制到"提花组织图"页，"花样"页的篮球区域用"1"号色覆盖。

（3）嵌花分区与纱嘴设定：如图2-9-77所示，将球体左侧用4号纱嘴编织，球的右侧阴影区域用5号纱嘴编织，球体部分采用2号与6号纱嘴进行局部提花编织。

（4）局部编织设定：在"引塔夏"页中，选定球体部分→点击工具栏中"仅复制当前颜色"→右击球体颜色→选择"复制到"→选择"提花组织图"→在"提花组织图"中将整个球体用8号色（即1×1天竺的编织形式）填充。局部编织有自动衔接功能，嵌花中的背床编织能进行自动衔接。

（5）功能线设定：在216功能线上将球形局部提花部分用"121、8、2"进行填写；嵌花部分用"81、1"填写，"提花组织图"示意图如图2-9-78所示。

（6）衔接处理：本段花样为平针组织，上一段花样为平针组织，不用做衔接处理。

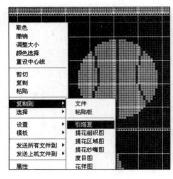
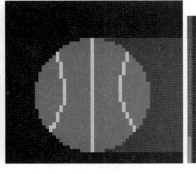

图2-9-77　篮球图形复制与纱嘴设置

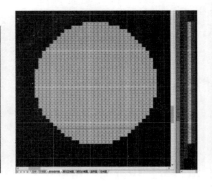

图2-9-78　"提花组织图"示意图

5. 废纱及结束行描绘

花样的最后10行（5转）用8号色描绘，217功能线纱嘴改为8号色（8号纱嘴）。将222功能线上废纱最后一行设定"1"号色为结束行，去掉大身最后一行的1号色。

6. 纱嘴设定

在217功能线上，起口段用8号纱嘴，下摆罗纹（袋编）用4号纱嘴填写，大身提花或嵌花部分用4号纱嘴填写，废纱用8号纱嘴填写。

在"纱嘴系统设置"中，第1页为提花纱嘴，1号色为地色用4号纱嘴，2号色为花色用2号纱嘴；第2页中为局部提花，对应的球体为花色用2号纱嘴；3号色对应的为球体线条，用其他色，本例用6号纱嘴。

7. 编译文件

保存当前文件，点击"自动生成动作文件"图标，弹出对话框，如图2-9-79所示。"引塔夏"页设定：连接方式为"吊目"，连接顺序为"吊目，编织"，提花连接为"副色"，带入方式为"1隔4"，单行模式为"1隔1"，其他默认。查看222功能线上对应的废纱最后一行是否有"1号色"编织结束标志。点击确定。弹出编译信息对话框，有错误信息提示。

图2-9-79　编译选项设定示意图

错误1：第65行简易动作错。原因：在高级页中勾选了"前后床分别翻针"（简易机）。

错误2：5号纱嘴未回原位。处理方法：在废纱中插入一行，将纱嘴改为5号。

错误3：第125行48列三角错。处理方法：在提花页的单面接提花中设定为"四平"。

"花样""引塔夏""提花组织图"及正、反面仿真示意图如图2-9-80所示。

8. 编织

（1）编译后将"嵌花"文件夹拷贝到U盘，读入横机中。

（2）工艺参数设计与调整：嵌花段度目参照纬平针度目值，详细设定参考表2-9-4所示。

（3）编织：按纱嘴设定穿纱，按试样编织步骤进行编辑操作。

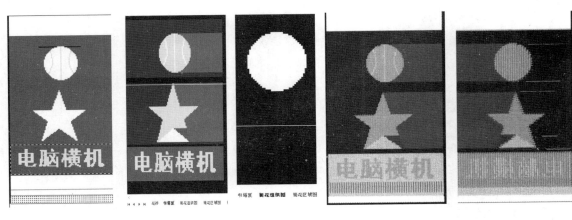

图2-9-80 "花样" "引塔夏" "提花组织图" 及正、反面仿真示意图

表2-9-4 编织工艺参数设计表

段号	度目	卷布拉力	速度	备注	段号	度目	卷布拉力	速度	备注
1	200	15	30	双罗纹	7	340	18	30	翻针
2	180	15	30	锁行	8	340	20	40	单面、拉网提花
3	320	20	40	大身	16	360	20	40	废纱
4	前200后100	15	30	起底	23	320	15	30	翻针
6	320	20	30	1×1罗纹					

9.检验与整理

下机后观察组织花样的完整性，织物收针平整度、有无横路、竖道（针路）、断纱、破洞、油污、飞花、等疵点；拆除起口纱，末行套口封口，拆除封口废纱，将试样整烫熨平。

10. 机台保养与卫生

（1）机器每天使用前对所有针踵进行加油：将油挤到毛刷头对针踵刷油，不宜过多。

（2）保持台架整洁卫生，使用前进行擦净、筒纱摆放整齐，无线头。

（3）编织中的线头、废纱等不许落地，及时扔进垃圾桶内，时刻保持场地整洁卫生。

11. 试样织物特征与编织分析

各组分析试样各段织物的组织结构与特性、服用性能、正反面外观风格，分析编织中遇到的问题与处理方法，以书面报告形式上交，做好演讲PPT，在下一次课前进行汇报讲评。

（三）琪利制板系统操作

1. 花样整体描绘

点击"新建"文件，点击工艺单→起始针数"100"针→废纱转数"0"→罗纹"6"转→空转高度"1.5"→罗纹选择"空气层"→衔接选择"普通编织"→"面1支包"，其他默认。左大身输入"70"转，点击"确定"，系统自动生成一个试样图形，包括起口、袋编罗纹、大身三大部分。

2. **描绘提花原图**

（1）描绘提花矩形：点击提花色码231→右键点击实心矩形工具→勾选"输出"→输入宽100、高40→移动光标将矩形叠放在下摆罗纹翻针行之上。

（2）输入文字：点击232色码→点击绘图工具"T"图标→在工作区点击，弹出对话框→输入文字"电脑横机"→点击"字体"→调整字号为"三号"、字体为"黑色""粗体"→点击"确定"→将文字拖动到第一段区域正中点击放置。

（3）描绘封边处理：背面拉网提花为两层结构，在两侧用2个色码进行鸟眼封边处理。

（4）提花编织形式设定：在214功能线右键选定2色背床1×1拉网提花，在第二纵格描绘82号色设定第一段花样全部行的编织形式，提花花样描绘示意图如图2-9-81所示。

3. **绘制嵌花花型原图**

（1）描绘嵌花矩形：点击嵌花色码211→右键点击实心矩形工具→勾选"输出"→输入宽100、高60→移动光标将矩形叠放在第一个花样之上。

（2）五角星描绘：在第二段"100×60"的区域用212号色码描绘五角星。点击"212"号色码→点击绘图工具"T"图标→点击工作区弹出对话框→切换中文输入法，输入"WJX"→选择"★"→字号为"初号""常规"→拖动到区域正中放置，距离下边提花花样为6行。按分区法用213、214、215色码填入3、1、5区域，五角星分区描绘示意图如图2-9-82所示。

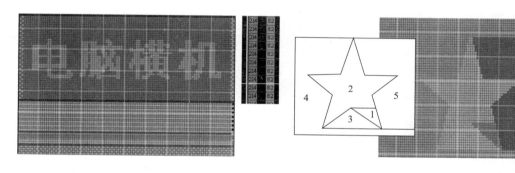

　图2-9-81　提花花样描绘示意图　　　　　图2-9-82　五角星分区描绘示意图

4. **嵌花提花花型原图描绘**

（1）描绘嵌花矩形：点击嵌花色码217→右键点击实心矩形工具→勾选"输出"→输入宽100、高60→移动光标将矩形叠放在第二个花样之上。

（2）篮球图形描绘：在第三段"100×60"的区域用216号色码描绘篮球。点击"235"号色码→右键点击绘图工具"填充椭圆"图标→弹出对话框，宽度输入"50"，高度输入"50"，点击输出→拖动到区域正中放置→用233号色在圆正中画一条竖线、在两侧各画一条曲线，使线条形状像篮球的线条。用218色码描绘球体外的右侧部分，如图2-9-83所示。

5. **纱嘴与背床描绘设定**

（1）纱嘴规划：第一段提花花样使用2号作为花色、3号作为地色。第二段花样左、右侧使用3号、5号纱嘴，五角星下方使用4号纱嘴，五角星使用2号、7号纱嘴。第三段花样左、右侧使用3号、5号纱嘴，球形使用6号纱嘴，线条使用4号纱嘴。

（2）提花纱嘴设定：点击"纱嘴设置"图标，弹出对话框如图2-9-84所示。在上方"提花色"框中输入提花色与纱嘴号码，231输入"3"号、232输入"2"号纱嘴号码，如图2-9-85所示。

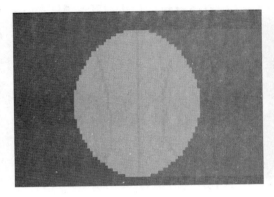

图2-9-83　篮球图形复制与纱嘴设置

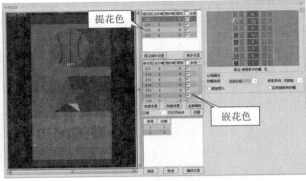

图2-9-84　"提花组织图"示意图

（3）嵌花纱嘴设定：在对话框中部"嵌花色"中输入嵌花色与纱嘴号码，如图2-9-86所示。

（4）衔接设置：嵌花衔接设定为"吊目"，其他默认，如图2-9-87所示。

图2-9-85　提花色纱嘴输入示意图　　　　图2-9-86　嵌花色纱嘴输入示意图

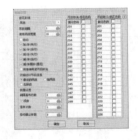

图2-9-87　嵌花衔接设定

（5）背面描绘：针对篮球的局部提花，设计球体部分为背床1×1拉网提花（1×1天竺），需要在背床描绘对话框中进行设定。点击"背床描绘"图标，弹出对话框如图2-9-88所示。

背床形式设定为"天竺"；间隔设定为"1×1"；背床范围模式设定为"行提花颜色范围"，意为球体的部分区域。连接处理方式设定为"与布身同色"，特殊提花范围选择"袋子效果"。其他为默认值。设定完成，点击执行，如图2-9-89所示，检查展开图的编织效果。

6. 衔接处理

（1）下摆罗纹与第一段花样的衔接处理：在下摆翻针行的2、4、6……偶数针把30号色改为8号色，奇数针不变，如图2-9-90所示。

（2）第一段与第二段花样之间的衔接处理：系统默认为自动衔接处理，自动生成翻针色码，在编译后点击"PAT"图标进行展开图查看，如图2-9-91所示。

（3）其他衔接处理：查看球体与前后单面之间的衔接，如图2-9-92所示。球体为背床

图2-9-88　背床描绘设定示意图

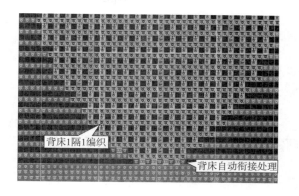

图2-9-89　背床描绘设定示意图

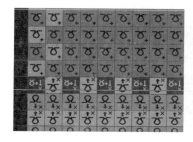

图2-9-90　下摆罗纹衔接处理

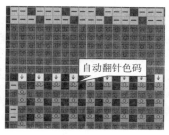

图2-9-91　翻针衔接处理

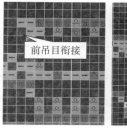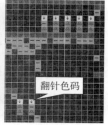

图2-9-92　球体前后衔接处理

拉网编织，后针床起针通过前吊目与单面连接而成。球体编织结束，两侧边缘后床编织针数逐渐减少，自动生成翻针色码，进行后翻前翻针衔接处理。

7. 废纱描绘

花样的最后10行（5转）为8号色描绘，215功能线纱嘴为1号色（1号纱嘴）。

8. 编译文件

保存当前文件为"嵌花"文件夹，点击"自动生成动作文件"图标，弹出编译对话框，设定机型为"睿能普通型2系统"、针型为12针、其他默认，点击"编译"，自动生成上机文件。点击模拟工具，查看编织效果，如图2-9-93所示。

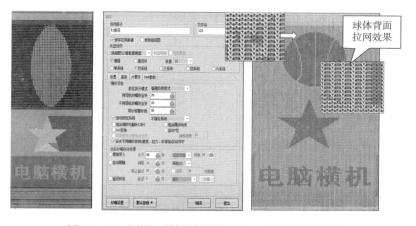

图2-9-93　原图、编译对话框及正、反面仿真示意图

9. **编织**

（1）读入文件：将编译后"嵌花、001"压缩文件拷贝到U盘，读入横机中。

（2）工艺参数设计与调整：单面类度目参照纬平针的度目值，平收针行、四平罗纹行度目值单独设定，详细设定参考表2-9-5所示。

表2-9-5　编织工艺参数设计表

段号	度目	卷布拉力	速度	备注	段号	度目	卷布拉力	速度	备注
1	55	15	60	双罗纹	7	85	18	30	翻针行
2	50	15	30	锁行	8	90	25	30	单面、拉网
3	90	20	50	大身	16	90	20	40	废纱
4	前20 后40	15	30	起底	23	85	15	30	大身翻针
6	80	20	50	圆筒					

（3）编织操作：按设计进行穿纱，2号、7号纱嘴穿A色，3号、4号、5号纱嘴穿B色，6号纱嘴穿C色。检查各项工艺参数无误后，转运操纵杆进行试样编织。

10. **检验与整理**

下机后观察组织花样的完整性，织物收针平整度、有无横路、竖道（针路）、断纱、破洞、油污、飞花、等疵点；拆除起口纱，末行套口封口，拆除封口废纱，将试样整烫熨平。

11. **机台保养与卫生**

（1）机器每天使用前对所有针踵进行加油：将油挤到毛刷头对针踵刷油，不宜过多。

（2）保持台架整洁卫生，使用前进行擦净、筒纱摆放整齐，无线头。

（3）编织中的线头、废纱等不许落地，及时扔进垃圾桶内，时刻保持场地整洁卫生。

12. **试样织物特征与编织分析**

各组分析嵌花试样各段织物的组织结构与特性、服用性能、正反面外观风格，分析编织中遇到的问题与处理方法，以书面报告形式上交；做好PPT，在下一次课前进行汇报讲评。

【思考题】

知识点：嵌花、嵌花编织原理、局部提花、嵌花色码、嵌花纱嘴、踢纱嘴、嵌花指定、局部提花指定、嵌花纱嘴指定、纱嘴微调、色块连接方式、单行编织方式。

（1）简述嵌花组织结构与织物外观，与提花组织进行比较异同点。

（2）简述岛精嵌花机的型号以及编织特点。

（3）简述普通电脑横机的嵌花编织原理。

（4）简述单面五角星嵌花岛精嵌花机的制板与编织操作方法。

（5）简述单面五角星嵌花岛精普通机的制板与编织操作方法。

（6）简述单面五角星嵌花恒强系统制板与慈星机的编织方法。

（7）简述单面五角星嵌花琪利系统制板与龙星机的编织方法。

（8）自主设计一个嵌花花样，至少使用五把以上的纱嘴，制板并编织成A4纸大小的试样。

项目三　毛衫花样仿样设计

毛衫产品生产主要有两种模式：自主设计与代工。自主设计是指企业有自主销售渠道，通过自主设计产品进行生产成衣的模式；其主要生产流程为：产品研发→首样制作→客户订货→生产→销售。代工是指接受客户订单，按客户设计要求进行生产的模式；其主要生产流程为：接受订单（来样）→首样制作（仿样）→客户确认→生产→交货。

毛衫面料的花样设计开发也是通过对采样的仿制、改造、再创新的过程，因此仿样设计是毛衫产品生产中的一个重要环节。

任务1　毛衫花样仿样设计与制板

【学习目标】

（1）了解和熟悉仿样设计的方法，掌握毛衫织物仿样设计的内容和流程。

（2）了解和熟悉组织分析的方法，掌握纬编针织物组织结构的分析过程。

（3）了解和熟悉纬编针织物的组织结构与特性，学会毛衫面料花样的仿样设计。

【任务描述】

按给定的毛衫面料样片，分析样片的组织结构和纱线原料，使用电脑横机专用软件描绘试样花型的原图和编织图，能选用合理的纱线、机型和编织工艺参数进行编织成品。

【知识准备】

一、仿样设计的概念

仿样设计是初学者学习过程中的一个主要部分，其作用是通过对来样进行纱线、组织结构、编织方法的分析，学会织物组织结构的设计方法、外观与组织结构设计的配合、编织技巧等方面的知识，从而提高自身的设计能力。

仿样像是绘画中的临摹，通过对织物的分析编织出与来样相同的织物。

仿样设计是指对样品的仿制后，通过对纱线、组织结构、编织工艺的改进和变化，设计出新花样面料的过程。

面料的创新设计是指在熟练掌握织物组织结构与编织方法的基础上，针对不同服装的主题要求、款式、穿着方式与风格、季节、年龄等因素进行面料的组织结构、花样效果、配色、纱线配合等设计，编织出新型的毛衫面料织物。

二、毛衫花样仿制步骤与方法

样品分析主要步骤为测定织物横纵向密度、组织结构分析、提取组织最小循环、描绘意匠图、分析纱线原料、上机工艺设计等。

（一）判断织物的编织方向

观察线圈的形状，确定织物的编织方向，针编弧在上为自下向上编织。

（二）鉴别正反面

依据各企业的习惯，确定织物的工艺正面或反面。一般电脑横机采用前针床进行编织，根据样品特征与不同制板系统的特点确定其正反面，进行意匠图的描绘。

（1）平针类织物以正针线圈较多的一面为工艺正面或外观效果好的为正面。

（2）罗纹类织物为双面织物，一般不分正反面，编织时背面略紧，则略松一面为正面。

（3）移圈织物按线圈重叠（叠针）效果判断正反面，正针较多一面为工艺正面。摇床花样根据效果而定，突出主题效果的一面为工艺正面。

（4）提花面料花纹清晰的一面为工艺正面，嵌花织物正针一面为工艺正面。

（5）复合组织结构比较复杂，以花样清晰、效果较强的一面为正面。

毛衫组织也有很多组织效果出现在反面，如集圈类，判别时注意以外观效果为主。

（三）分析织物的密度、克重

测量密度的位置应处于来样的最中间位置，要求布面均匀、平整，至少一个花型循环以上的范围，力求准确。

1. 测量来样的横密与纵密

将来样平铺在光滑的桌面上，平整，视样品的大小用直尺度量10cm或5cm，或用色笔做两端的记号，注意必须在同一个横列或纵行上。用照布镜仔细数出其纵、横向的线圈数，纵、横向的线圈数除以10或5，即得到纵、横密度（WPC、IPC）。

2. 拉密测量

测量密度之后，测量大身、罗纹等各组织的拉密参数，一些双面组织需要测量正面、反面的拉密，前后的度目不同，前松后紧，正面外观饱满。选取中间位置，大身一般选取10针进行拉密测量，1×1罗纹选用5坑拉密、2×1等罗纹选用3坑拉密，视针型不同而定。

3. 克重测定

针织物由于结构稳定差、容易变形，通常以平方米克重作为织物规格的重要指标。毛衫面料常用一定的长宽织物称取其重量折算得到，圆机面料则用圆形取样刀取样称重得到。

（四）组织最小循环提取

意匠图按照组织的最小循环来进行描绘，而后对花型向四个方向复制（四方连续）得到。

1. 简单组织最小循环的提取

简单组织是指纵横向最小循环数，组织结构简单的织物，以纬编基本组织、变化组织、花色组织为主构成，易于识别。也包括以基本组织为基础搭配少量花色组织的大循环织物。

（1）小花型织物提取：方法是直接确定组织点的线圈形态，确定纵、横向的重复点，得出纵、横向的线圈循环数，描绘最小循环的意匠图。移圈花样实物图如图3-1-1所示，图中由孔眼组成的花样，地组织为单面纬平针，花型纵、横向以菱形顶点、边为特征取起终点，数出横列数和纵行数为循环数。

（2）大花型织物提取：先确定地组织的组织结构，确定原点位置，再分析局部花样的结构、相对于原点的纵横向线圈数，然后扩展到各个花样位置，按位置描绘意匠图。

2. 复杂组织最小循环的提取

复杂组织是指由多种组织组合而成、含有多种编织动作、纵横向最小循环数大于十个线圈以上的组织织物，如图3-1-2所示。提取方法为确定纵横向的重复花样的位置，用笔做起终点的记号，数出纵横向循环内的线圈数，逐个分析线圈的编织形态，描绘到意匠图中。如比较复杂的花样，可采用拆线法，将纱线逐根拆开，分析每个组织点的编织形态，判断编织方法。

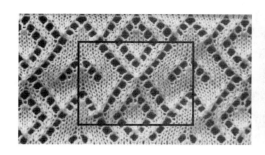

图3-1-1　移圈花样实物图　　　　　　图3-1-2　复杂组织花样实物样

3. 提花组织最小循环的提取

提花组织的最小循环与图案大小相关。在正面找出图案的最小循环，得出最小循环数；再分析提花组织的结构，两者结合而成。

（五）织物结构分析

1. 单面织物

单面织物是指由单针床编织的组织织物，在电脑横机中由单面线圈构成的组织也属于单面组织，如单桂花、双桂花等正反针组织。包含正针、反针、单面集圈、单面添纱、单面移圈等组织以及单面提花、嵌花等。

2. 双面织物

双面织物是指由双针床编织的组织织物，包含满针罗纹（四平）、1×1、2×1、2×2等各种罗纹以及圆筒、三平、空气层、双罗纹以及双面提花等组织。

3. 复合组织织物

复合组织织物是指由两种或两种以上组织复合而成。复合组织结构复杂、编织动作较多、不能由单个组织命名的编织规律。

4. 变针距织物

采用隔针技术编织或实现借针位编织动作编织而成的织物。其特征为横密小于正常值、纱线支数大于或等于正常值、单面织物中横向含有粗细针编织效果、双面织物中单面有孔等编织类型的组织织物。根据判断不能确认为某个机号而是介于两个机号之间的织物。

5. 提花织物

提花组织正面为花型图案、背面由各种不同效果构成的织物，主要有单面背面浮线提花（虚线提花）、背面拉网提花（1×1、1×2、1×3、1×4、1×5等）、圆筒提花、背面芝麻点提花、背面全出针提花、翻针提花、浮凸提花等类型。

6. 嵌花

又称为单面无虚线提花，多属于单面组织织物，图案类型多为块状，如菱形、条块形等。

（六）编织动作分析与意匠图描绘

描绘意匠图需要了解各种编织动作，通过分析实物样判断最小循环内各线圈的动作状态，在意匠图中按顺序逐个记录下来。

1. 编织动作与符号

电脑横机一般具有两个针床，可单针床或双针床编织。编织机构能完成成圈（编织）、集圈（吊目）、浮线、翻针、接圈、摇床六个基本编织动作，不同的编织动作组合形成以下的编织动作符号，主要有前编织、后编织、前后编织、集圈、浮线、翻针、编织+翻针、斜翻针、移针、交叉移针、摇床等，其对应关系如图3-1-3～图3-1-9所示。不同的电脑横机制板系统的编织动作与符号对应略有不同，其编织原理相同。

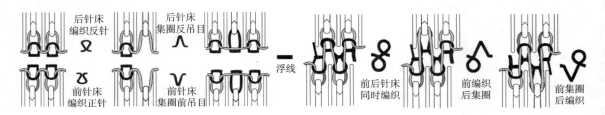

图3-1-3　编织、集圈、浮线动作符号示意图　　　　图3-1-4　双面编织、集圈动作符号示意图

图3-1-5　翻针动作符号示意图　　图3-1-6　编织与翻针复合动作符号示意图　　图3-1-7　交叉动作符号示意图

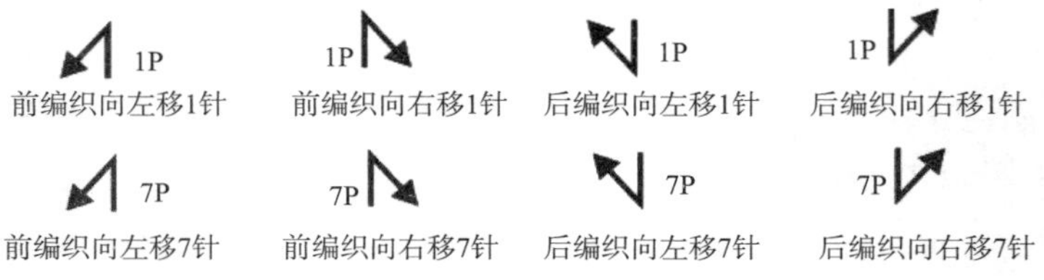

图3-1-8　线圈同侧移针编织动作符号示意图

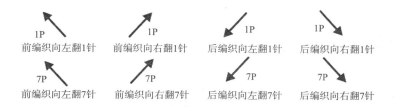

图3-1-9 线圈对侧移针编织动作符号示意图

2. 试样分析与编织动作确定

普通毛衫织物组织根据对试样分析得出一种或多种基本组织，分类型直接描绘。如图3-1-10所示为织物A，表面线圈歪斜且有浮线，应属于移圈组织；其基础组织为纬平针正针组织（一般在前针床编织），从织物看出横向最小循环为3针，有2针为正针线圈纵行，有1针为隔行移圈，分别向左、向右交错移圈1针形成曲折。

复杂组织需要进行编织动作分析确定编织方法后再进行描绘，如图3-1-11所示为织物B。

图3-1-10 试样实物图A

图3-1-11 试样实物图B

3. 意匠图描绘

意匠图分为花型意匠图、编织意匠图，花型意匠图用于提花图案描绘，编织意匠图用于编织的描绘。电脑横机制板软件中用不同的代码进行描绘编织意匠图或花型意匠图。

（1）试样A为挑孔花样织物，由横向6针、纵向4个横列为一个最小循环，根据浮线的走向及线圈的歪斜得出，浮线是向左或右移1针移圈后形成的，意匠图如图3-1-12所示，意匠图中"×"表示前床编织正针，"↙""↘"分别表示线圈向左或向右移动一个针距。

（2）试样B织物为较复杂组织，图中显示有粗细两种纱线，其他组织部分线圈结构较松，应为粗针细线的编织方法；浮线较粗，需要较大的纱嘴才能穿过，判断针型应该为中粗型。根据粗线花型得出横向的最小循环数为50针，纵向为图中最高处为66个横列，如图3-1-13所示。细线做抽针罗纹式编织，粗线做浮线衬垫（不能成圈，否则会断针），下一个横列依据花样进行翻针，线圈翻针后将粗线夹住而形成浮线花样。意匠图中"×"表示正针、"○"表示反针，"－"表示浮线，"↑"表示为前针床翻针至后针床，"↓"表示为后针床翻针至前针床。限于篇幅关系只作局部示意描绘。

（七）纱线的鉴别

纱线由短纤维或长丝（纤维）通过相应的纺纱或制丝工艺加工而成。其鉴别分为原料与纱支两项内容。

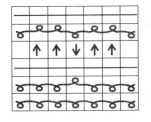

图3-1-12 试样A线圈编织图与意匠图

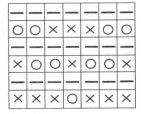

图3-1-13 试样B局部线圈编织图与意匠图

1. 原料鉴别

组成纱线的纤维原料主要分为天然纤维、化学纤维两大类以及其他制品如亮片（塑料）等。

天然纤维分为棉、毛、丝、麻四大类，主要特性为柔软、吸湿性好，光泽柔和，与人体皮肤有天然的亲和性，触感舒适。

化学纤维分为再生纤维与合成纤维两大类。再生纤维常用的有黏胶、莫代尔（Modal）、天丝（Tencel）、莱赛尔（Lyocell）、竹纤维等，合成纤维常用的有腈纶、锦纶（尼龙）、涤纶（聚酯）、氨纶等。

普通再生纤维与天然纤维相近，具有良好的光泽性、吸湿性、柔软性，纤维强力偏低。普通合成纤维光泽好、吸湿性差、强力高，易起静电、导热性差、保暖性好。

纱线纺制时可由一种纤维纯纺或由多种纤维按比例混纺而成。纯纺纱线原料单一易鉴别，混纺纱线精确鉴别较为复杂，需要由专门检测机构进行检测其成分和混纺比例。在仿样设计中一般进行简单鉴别，再根据纱线的外观、刚性等特征选择相近的纱线进行编织仿制。

纱线原料简单的鉴别采用燃烧法，将纱线燃烧观察火焰颜色与跳动特征、灰烬特征、烟味来进行鉴别纱线的主要原料成分。常用纤维原料燃烧特征如表3-1-1所示。

表3-1-1 常用纤维原料燃烧特征

原料类别	燃烧特征	燃烧气味	灰烬颜色、形状
棉纤维	燃烧快，产生黄色火焰与蓝色烟	有烧纸的气味	灰烬少，灰末细软，呈现灰色或灰白色
麻纤维	燃烧快，产生黄色火焰与蓝色烟	有烧纸的气味	灰烬少，灰末细软，呈现灰色或灰白色
羊毛	边徐徐冒烟起泡边燃烧	有烧毛发臭味	灰烬多，为有光泽的黑色发脆块状
桑蚕丝	燃烧慢，烧时缩成一团	有烧毛发臭味	灰烬为黑褐色小球，用手指一压即碎
黏胶	燃烧快，产生黄色火焰	有烧纸的气味	灰烬少，呈现浅灰色或白色
涤纶	燃烧时纤维卷缩，边熔化边冒烟，有黄色火焰	有芳香气味	灰烬为黑褐色硬块，用手可碾碎
腈纶	边熔化边缓慢燃烧，火焰呈白色，明亮有力，略有黑烟	有鱼腥臭味	灰烬为黑色圆球，脆而易碎
锦纶	边熔化边缓慢燃烧，无烟或略有白烟，火焰少，呈蓝色	有芹菜味	灰烬为浅褐色硬块，不易捻碎

2. 纱线鉴别

纱线外观不同分为短纤维纱线、长丝与花式线三大类。

（1）短纤维纱线：分为单纱、股线，纺纱类型分为毛型纱线与棉型纱线。由短纤维直接纺成的称为单纱，由2根或2根以上单纱并合而成的称为股线。

毛型纱线纤维长度较长，由纺纱工艺不同分为精纺与粗纺。精纺纱线的纤维原料长（为8cm左右），外观光洁、毛羽少，织物纹理清晰、手感弹性好、有身骨、强力高。粗纺纱的纤维原料长度短（中短纤维多）、纱线捻度小、条干不均匀、手感柔软、蓬松、强力低，织物蓬松、绒感强，舒适度好。

棉型纱线纤维长度较短（25～38cm），由纺纱工艺不同分为精梳与普梳纱线，精梳纱线纺纱时梳理次数多，纤维排列整齐，纺纱后纱线毛羽少、条干均匀、品质高；普梳纱线纺纱时梳理次数少，纤维排列不整齐，短纤维含量多，纱线毛羽多、条干差。

（2）长丝：由单根或多根单纤维平行排列组合而成。分为天然蚕丝与化学纤维长丝。

天然蚕丝分为桑蚕丝、柞蚕丝两大类，桑蚕丝应用较多。桑蚕丝光泽柔和、亮度好、手感滑爽，吸湿性好，华丽高贵，织物表面无毛羽、光洁。桑蚕丝可切短进行纺纱称为绢纺纱，或与其他短纤维混纺，如桑蚕丝、黏胶、尼龙、羊绒、棉纤维进行混纺。

化学长丝包括所有类型的化学合成、再生纤维。化学合成纤维如涤纶、锦纶、腈纶、氨纶等，再生纤维如黏胶、莫代尔、天丝、竹纤维、大豆纤维、牛奶纤维、铜氨丝、醋酸丝等。腈纶在针织中应用广泛，有人造羊毛的美称；涤纶纤维应用广泛，常用有短纤维纱线、弹力丝（高弹、低弹）、变形丝、网络丝、改性纤维等。化纤可纯纺、混纺成纱线。

（3）花式线：花式线是指在纺纱和制线过程中采用特种原料、特种设备或特种工艺对纤维或纱线进行加工而得到的具有特种结构和外观效果的纱线，是纱线产品中具有装饰作用的一种纱线，可由短纤维纱线、长丝等制成。花式纱的结构由芯纱、饰纱、固纱组成。芯纱承受强力，是主干纱；饰纱以捻包缠在芯纱上形成效果；固纱以相反的捻向再包缠在饰纱外周，以固定花纹，但也有不用固纱的情况。主要品种有结子线、螺旋线、粗节线、圈圈线、结圈线、辫子线、金属丝线等。

通过对纱线结构、外观的分析，选用相近特征、性能的纱线为仿样的纱线材料。

（八）编织工艺设计（机号选择、密度设计、拉力配合）

1．机号的选择

（1）以纱支细度选择：根据原样的实物，将样品上的所有纱支拆开进行鉴别其细度的大小，依据机号与纱线细度、组织结构的配合，选用纱线或机号。

（2）以密度选择：测量成品的密度，按密度进行机号的选择（不含加弹性纱线），常规品种的机号与密度关系如表3-1-2所示，仅供参考。

表3-1-2 电脑横机机号与横密、纵密的关系

序号	机号	横密 针/cm	纵密 转/cm	序号	机号	横密 针/cm	纵密 转/cm
1	3G	1.9	1.05	4	8G	4.1	2.5
2	5G	2.7	1.6	5	9G	4.5	2.8
3	7G	3.6	2.2	6	10G	5.1	3.1

序号	机号	横密 针/cm	纵密 转/cm	序号	机号	横密 针/cm	纵密 转/cm
7	12G	6	3.5	9	16G	8.5	4.6
8	14G	7.2	4.1	10	18G	10	5.5

（3）以客户要求选择：按客户提出的机号确定。

2．纱线选择

（1）纱线类型选择：分析原样纱线的细度、原料成分，按原样纱线进行精确选择，所选的纱线尽可能与原样一致。

（2）按客户要求选择：以客户的意见为准进行选用纱线。

（3）类似选择：原样的纱线不能及时找到时，可按选与原样相近似特性的纱线代用。

3．编织工艺参数设计

（1）度目值设计：根据机型与拉密值进行判断度目参数值的大小，且在编织试样中进行不断修正；下机后对试样进行测量，在复样编织中进行适当调整以实现原样的拉密。

（2）卷布拉力的设计：卷布拉力的大小直接影响织物的成型质量，拉力较小时线圈成型不良，圈柱松弛不平直；拉力过大使得脱圈困难、产生断头等，应在编织中及时进行调整。织物越厚拉力越大、织物越薄拉力越小。

（3）速度：编织速度需要根据所编织的组织结构而定。普通平针、1×1罗纹等简单织物等速度最高，达到最高车速的80%，四平组织需要降速，移圈、摇床编织时降低速度，可调整后针床的摇床速度进行配合。

4．幅宽设计

（1）最大编织幅宽=总针数÷横密=针床有效宽度×机号÷横密。

（2）编织幅宽=参与编织针数÷横密=一个横列纱长÷线圈长度。

5．克重设计

（1）公制支数纱线：平方米克重=线圈长度（m）×线圈总数÷支数（m/g）。

（2）英制支数纱线：平方米克重=线圈长度（m）×线圈总数÷英制支数（s）÷0.591。

（3）纤度丝线：平方米克重=线圈长度（m）×线圈总数×旦尼尔÷9000。

（4）公制号数：平方米克重=线圈长度（m）×线圈总数×tex÷1000。

6．工时计算

对试样的编织时间进行计时，编织速度应该调到该机型的正常编织速度进行计算，如普通电脑横机的编织速度根据花型的难易程度为0.6~0.8m/s。

（九）花型仿样设计应注意的问题

（1）机型的选择：仿样设计时应按照企业自身所拥有的设备机型来确定仿样效果。

（2）纱线选用：尽量选择与原样相同或类似的纱线，同时也要考虑可替换性与改进性。

（3）编织速度的设计：编织工艺参数中编织速度要留有余地，以免出现意想不到的难度。

（4）密度控制：编织密度应该以该机型的正常密度为主，便于提高编织效率。

（5）设计时需要考虑后整理的处理适应性。

三、仿样实施

1. 样品

以典型的图片样品为例，举例说明样品分析过程，花样如图3-1-14所示。

2. 分析机型

根据图中的编织效果，试样图片的外观效果略微粗犷，可采用7针机中型机型来进行试样试验编织。

图3-1-14　试样

3. 测量密度

实物样在回缩稳定后进行测量密度；图片样品按正常密度编织后再进行实物的测量。

4. 测算花样的最小循环

试样为扭曲的凹凸花样外观，从图片中用照布镜仔细观察，扭曲部分的线圈约为3针，纵向间隔为6个线圈即3转，初步确定横向循环为6~8针、纵向为6转。

5. 分析组织结构

试样的外观为扭曲的凹凸花样，类似于交叉移圈（绞花）花样，显然以纬平针为基础组织，产生扭曲的方法有交叉移圈、单向移圈，主要原因是线圈移圈后产生的扭力使正面产生扭曲。正面看不到移圈的线圈，应该是背后有移圈的线圈。正面外观为交错扭曲，因此背面的线圈是分别向左、右转移。简单的方法是需要移圈的位置编织满针罗纹，再将后床的线圈斜移造成扭力。

6. 描绘意匠图

按以上分析，以纬平针为基础组织，在后针床进行斜移圈处理，拟设计移针数3~4针，4针移圈幅度较大，易断纱，因此应设计为3针。如图3-1-15所示为3针结构的后向前移圈编织示意图。

意匠图用于表达单面编织的编织动作，由于试样有后床编织且有移针，因此需要用编织图来表达，如图3-1-16所示。

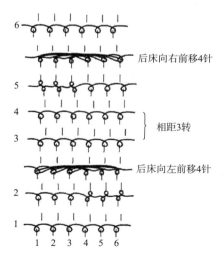

图3-1-15　试样为3针移圈编织原理图

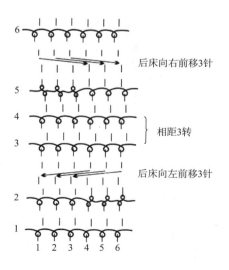

图3-1-16　试样编织图

7. 纱线分析

从效果图中可以看出纱线较为蓬松，为了减少大幅度移圈所产生的断纱现象，初试时选用26N双股2根腈纶膨体纱或毛腈混纺纱进行试验，编织后看效果再进行改进纱线的使用。

8. 花样实例

以下有12个典型花样，试分析其织物风格特征、组织结构，如图3-1-17所示。

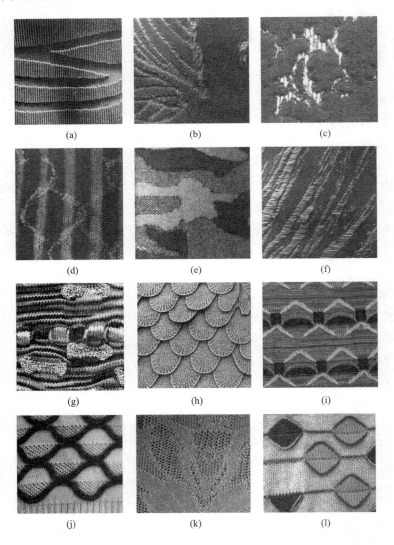

(a) (b) (c)

(d) (e) (f)

(g) (h) (i)

(j) (k) (l)

图3-1-17 实物试样示意图

【任务实施】

一、教学材料与设备

（1）教学材料：各种组织毛衫织片、图片。

（2）教学设备：手摇横机、各类电脑横机、制板软件。

二、实施步骤

按给定的图片进行仿样设计，如图3-1-18所示。

1. 试样分析

图片外观显示出了孔眼与浮线的结构，有线圈纹理的倾斜纹路，判断此样品为单面移圈类试样，其基础组织为纬平针组织，包含正针、反针、移圈、浮线四种类型的线圈状态。

2. 最小循环分析

分析纹样的组织点，在图片中画出了黑框为最小循环。框内下部两侧有明显的6个孔眼，表示1转1次移圈，每次减少1针，形成了6针的山型挑孔花样，横向循环针数为14针（6+6+1+1=14）。中部有3个大孔，分配的针数为5针、5针、4针，分别向左、右移圈形成浮线花样，之后是2转反针，再1个浮线花样之后为3转反针，纵向共36横列，试样线圈编织图如图3-1-19所示。

3. 意匠图描绘

（1）山型挑孔花样：第一段先画13针山型移圈花样，左右各6针相内移圈，叠在中间针上，每1转减1针，共6转；左边加1针与下一个循环过渡，横向共14针。

（2）挑孔浮线花样：第二段描绘挑孔浮线花样，横向14针分成三个单元：5针、4针、5针。每个单元先向左、右同时移圈，连续2次，而后两侧同时加针，做关门封口，共3转。

（3）反针编织：第三段根据图片效果，细数横列数，判断为2转反针，描绘4行反针。

（4）挑孔浮线花样：第四段与第二段相同，描绘挑孔浮线花样，共3转。

（5）反针编织：第五段为反针，根据图片效果比第三段多1转反针，描绘3转反针。

两段反针与正针之间需要1行正针相衔接，2段反针共需要2行。以上总计18转。

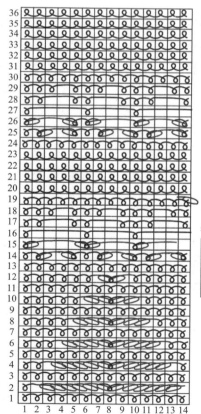

符号说明

符号	说明
－	不编织、浮线
↘↙	前床编织向左移1针
↙↘	前床编织向右移1针
8 ○	后床编织、反针
8 ×	前床编织、正针

图3-1-19　试样线圈编织图

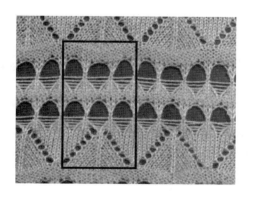

图3-1-18　试样设计

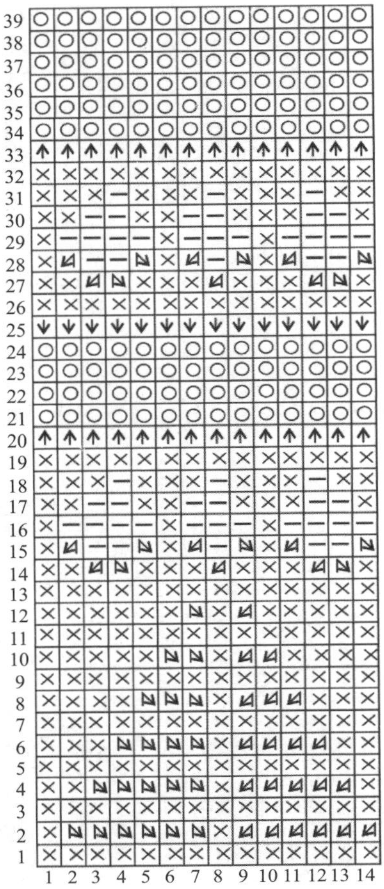

图3-1-20 试样意匠图

意匠图用中"×"表示前床编织为正针、"○"表示反针，"↙""↘"分别表示线圈向左或向右移动一个针距，"−"表示浮线；"↑"表示为前针床翻针至后针床，"↓"表示为后针床翻针至前针床。试样意匠图如图3-1-20所示。

4. 机型选择

根据试样的纹理外观，织物为细腻型，根据已有的设备选择为12G机型。

5. 纱线选择

根据12G机型，使用纱线的细度为76.92tex（52N/2×2）~90.9tex（44N/2×2）。如选择48N/2×2（83.33tex）或24N/2的精纺纱线。

纱线原料种类较多，可选择纯纺、混纺等多类纱线，在此不再一一赘述。

6. 制板

拟编织30cm×40cm的试样，在电脑制板系统中使用12G电脑横机编织，开针数等于试样宽度乘以12G机的横密，约为6×30=180（针），长度约为40×3.5=140（转）。在180×280个格子区域内描绘四方连续的编织意匠图，在附加功能线进行工艺设置，编译成编织文件。

7. 编织工艺设计

编织工艺参数包含纱嘴号码、度目、卷布拉力、速度等，初次编织时尽量按正常的工艺值进行设定。

8. 试样编织与修正

试样编织后进行洗水整理，查看密度与外观效果，可酌情进行工艺调整以达到满意的效果。

【思考题】

（1）简述仿样设计的方法和步骤。

（2）如何提取花样组织的最小循环？

（3）按给定的花样提取其组织规律的最小循环。

（4）针对仿样如何进行其纱线的选择？

任务2　毛衫花样创新设计

【学习目标】

（1）了解和熟悉毛衫织物设计的方法，掌握毛衫织物设计的内容和流程。

（2）了解和熟悉毛衫效果图分析的方法，掌握纬编针织物外观设计的分析过程。

（3）了解和熟悉纬编针织物的组织结构与特性，学会毛衫织物的设计方法。

【任务描述】

通过学习毛衫织物的设计方法，学会分析毛衫服装设计效果图进行毛衫织物结构的设计方法。通过对当季毛衫流行趋势的调研，设计一款毛衫花样面料。

【知识准备】

一、毛衫织物设计的概念

毛衫织物设计是根据毛衫服装的流行趋势选择新原料、新工艺、新技术等方法，获得新的外观风格、触感和功能的织物。是设计者根据产品的不同用途、针对不同的消费对象和使用要求进行设计的，从纱线原料的品种和规格、组织结构和花型图案、机型选用、编织工艺参数、后整理工艺等一系列的综合设计。

（一）流行趋势分析

毛衫服装设计需要符合世界潮流，与当前的流行趋势相结合。主要表现在色彩、款式与织物三个要素上。织物由色彩、纱线、纤维原料、组织结构四个要素构成。

1. 色彩分析

色彩分析是通过查询各类流行资讯的杂志、网站等媒体所发布的流行趋势分析文章等媒体资讯，调研实体市场、淘宝网站等，从中总结得出色彩的流行趋势，得出将要流行的主体色彩、色系、配色等资料，便于进行毛衫色彩设计。

2. 款式分析

通过查询各类流行资讯的杂志、网站等媒体所发布的趋势分析文章等资讯，调研实体市场、淘宝网站等，从中总结得出毛衫款式的流行趋势，得出将要流行的款式资料，便于进行毛衫的款式设计。

3. 毛衫织物分析

通过查询各类相关的知名杂志、网站等媒体所发布的纱线趋势分析文章等资讯，调研实体市场、实体店、淘宝网站、纱线生产企业等，从中总结得出纱线原料款式的流行趋势，毛衫织物的组织结构、针型等，得出将要流行的织物花样类别，便于进行毛衫的织物设计。

（二）毛衫效果图分析

1. 外观效果分析

毛衫织物的外观风格可分为平整、凹凸、起皱、镂空、立体、横条、提花、起绒、光泽、细腻与粗犷等类型。

（1）平整类织物表示为布面平整、光洁，素色为主的织物。主要品种如纬平针、双罗纹、满针罗纹（四平）、圆筒等组织织物。

（2）凹凸类织物表示为布面有凹凸感的织物，主要品种有正反针、1×1、2×1、2×2等抽针罗纹类型的织物。

（3）起皱类织物表示为布面凹凸幅度小而细腻的织物，主要品种有正反针及变化组织、集圈类、松紧密度类、浮线、三平、空气层及变化组织、闭口凸条及变化组织等织物。

（4）镂空类织物表示为有较大的孔眼、透空、纱罗网眼类织物。主要品种如单向移圈类的挑孔类、挑孔+浮线类和粗针细线类等织物。

（5）立体类织物表示为外观立体感强、凹凸起伏大或局部较大凸起等效果的织物。主要品种如交叉移圈类的多针绞花（2×2绞花以上）、开口凸条、空起花样、局部编织鼓包、摇床鼓包、3D立体编织类等织物。

（6）横条织物表示为横向色条的间色类织物，为毛衫织物变化中的一大类型。

（7）提花类织物表示为织物表面具有2色或以上的色纱形成的花型图案类型的织物。主要品种有单面提花、双面提花、嵌花、嵌花提花等类型的织物。

（8）起绒类织物表示为表面具有毛绒的效果，主要由长毛绒纱线编织或后整理起绒得到。

（9）织物从光泽感可分为光亮、柔和、暗淡等光感。

光亮感表示为织物组织平整反光性强，如纬平针正针、双罗纹、圆筒织物；或以长丝类纱线编织而成（如锦纶、涤纶长丝，玻璃丝等）；或使用金属色线（金、银线）、花式线（亮片）、有光丝等纱线编织出现光亮感的效果。

柔和感表示由短纤维纱线编织、或产生光漫反射的组织、或真丝类纱线等编织而成的织物，外观光感柔和。

暗淡感表示由纬平针反针、桂花针等组织，或由消光纱线编织而成的暗淡光感织物。

（10）细腻与粗犷表示为织物的组织纹理表现出的细腻或粗犷感。毛衫织物中由粗、细针型的机型、纱支细度、组织结构共同体现其风格，如细针平针类表现出细腻柔软，2×2罗纹、多针绞花、粗针的织物纹理表现出较为粗犷感。

2. 触感分析

针织纬编织物大类属于柔软度较好的织物类别，其触感从接触角度分为柔软、光滑、粗糙、硬挺，从感知角度分为轻、薄、厚、重等类型。

针织织物的柔软性与编织密度、组织结构、纱线类型相关，密度小、组织结构松、纱线柔软则织物柔软，反之硬挺。以纬平针织物为最轻薄柔软且其工艺正面为光滑、反面为粗糙；以双罗纹织物较为挺括密实；以多色提花织物为厚重，如单色、多色芝麻点结构的织物。

从穿着效果分析毛衫的穿着位置分为外衣、中衣、内衣，以不同的触感组织进行设计，如平针类最为柔软，适用于内衣、打底衣等；从廓型结构分析出轻薄、中型、厚重的组织设计，如双罗纹、芝麻点组织织物挺括，适用外衣；从外观纹理效果分析出平整、起皱、立体、镂空、提花、起绒等不同效果，配以各种部位的设计。

3. 织物风格与款式配合分析

优秀的设计重视织物风格与款式配合，设计效果图中往往会表现出织物的悬垂感、飘逸感、镂空感、挺括感、厚实感、光泽感、细腻感、粗犷感等，不同的款式与织物结构合理、协调的搭配是毛衫设计的基础。

高档的单衣需要表现出质感，外观平整、光泽柔和、悬垂感强、有飘逸感，如使用纬平针组织、细针机型、羊绒纱线进行编织，通过良好的后整理使其展现出优越的质感，如图3-2-1所示。

中型针型的机型，搭配多种配色宽横条，能表现出强烈的民族风格效果，如图3-2-2所示。

粗针的纱罗组织，搭配彩色横条，作为外搭，更能表现出时尚的风采，如图3-2-3所示。

  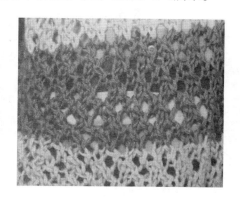

图3-2-1　质感效果图　　　　图3-2-2　色彩配色图　　　　图3-2-3　粗针编织效果图

（三）纱线原料的选用

1. 原料类型与纱线特性

（1）精纺纱类：精纺、精梳纱线纺纱时经过多次梳理，纤维长度较长且排列整齐，纺纱后纱线外表毛羽少、光洁，适用细针、平整类织物，纹理清晰、质感较强、弹性好。

（2）粗纺纱类：粗纺纱线纺纱时梳理次数少、捻度低，成纱后纱线表面毛羽多、蓬松、柔软、强力较低，织物柔软，后整理后表面绒感强烈。

（3）花式线：合理运用花色线表现出的光感使织物高贵、或活泼、或时尚。

2. 服装穿着与原料的关系

（1）内衣类：内衣类与身体全接触，外面有外衣，宜选用柔软性好、吸湿性强、抗起球起毛、与皮肤亲和性好的纱线，如采用天然纤维、再生纤维为原料纯纺或混纺的纱线，舒适性为要素。

（2）贴体类：如春夏秋季单衣或有短内衣时的穿着，全部或部分与身体接触。选用纱线时既要考虑触感的舒适性也要考虑外观的视觉感。

（3）中衣类：中衣类以保暖为主要目的，兼顾外观。

（4）外衣类：外衣类以外观视觉感为要素。选用颜色鲜艳、强力较好、耐磨、外观造型好的纱线。选用精纺纱、花式纱、粗纱、混纺纱等类型。

（四）织物参数设计

织物参数主要是指密度，即横密与纵密，毛衫织物通常由多种组织结构构成，如下摆为罗纹结构，大身为单面或双面结构，因此参数的设计尤为重要。

1. 合理的密度设计

在设计织物时，应先确定使用的机型为基础，以该机型最适宜编织的密度为基准。每一种机型其编织原理是相同的，即织针成圈时与沉降片的距离是有一个合理的参数，即弯纱深度。常规织物要求一定的充满系数来保证织物的稳定结构。

密度设计可分为常规、稀松、高密、松密相间等，根据不同效果进行设计合理的密度参数。

2. 局部密度设计

（1）花型饱满度要求：某些提花织物，如浮凸提花、缩底提花等，要求花型正面凸出感较强，设计正、反面的密度参数尤为重要。

（2）正面饱满度要求：如下摆罗纹、元宝针花样等要求正面饱满，一般设计底面较紧，正面略松，使正面凸出感较强。

（3）空起要求：如眼皮、开口凸条等花样，一般设置空起时密度略紧，防止脱散。

二、毛衫织物创新设计

织物创新设计是指所设计的织物在外观、组织结构、纱线的使用上是前所未有的，是一个原创设计的过程。

（一）织物外观设计

织物的外观设计是包含外观物理形态、光泽感、视觉感。

1. 外观物理形态

外观物理形态的设计是考虑在毛衫服装穿着效果基础上进行的设计，所设计的形态必须与服装的风格、服用性相匹配。

物理形态分为：平整、起皱、凹凸、镂空、立体等形态，可单独使用或组合使用，如图3-2-4 ~图3-2-6所示。

图3-2-4　平整效果　　　　图3-2-5　起皱效果　　　　图3-2-6　镂空、凸起效果

2. 光泽感设计

光泽感是指利用纱线的光反射作用使织物具有多样的光亮感。在设计中使用弱光、亮光、透光、发光等不同手法，使毛衫服装穿着后出现不同的光泽效应。

（1）弱光设计：采用短纤维纱线设计，光泽柔和，为常规设计方法。

（2）亮光设计：采用光反射较强的纤维纱线进行设计，如有光长丝、金银线、亮片线进行全织或局部使用，使毛衫服装外观闪闪发光，夺人眼目。

（3）透光设计：透光是指光从内部透出的一种设计方法，如采用内衬亮线，使之隐隐闪光；或采用镂空、玻璃丝编织设计配合内搭的光亮色而透出的效果。

（4）发光设计：利用荧光、新型自发光纱线材料、导电发光材料进行设计编织，织物在光照下发光，利用人体的热源转换成电源或外加电源而发光，达到发光的效果。

3. 视觉感设计

视觉是消费者对服装的直接感受，包含色彩设计、纹理设计与图案设计。根据不同的服装风格设计协调的色彩与图案、纹理与花样，增加对消费者的吸引力。花型、图案可由组织结构、提花、印花、绣花等多种方法实现。如图3-2-7 ~ 图3-2-9所示，色块、弯曲的纹理、立体等对视觉造成强烈的冲击。

 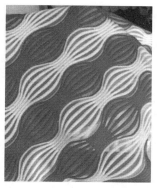 

图3-2-7　嵌花反面花样设计　　　图3-2-8　灯笼花样设计　　　图3-2-9　孔雀尾花样设计

4. 功能性设计

（1）保暖功能设计：如利用发热功能纱线编织、配合适当的组织结构设计起到保暖作用。

（2）降温功能设计：选用易排湿、散热性好的功能纱线结合适当组织结构设计起到凉爽作用。

（3）抗菌功能设计：选用抗菌纱线进行设计编织，使成衣具有一定的抗菌功能。

（4）抗紫外线设计：选用防紫外线纱线配合适当的组织设计，适合户外时穿着。

（5）智能穿戴设计：在面料中植入功能传感器，是毛衫服装智能化可穿，满足健康监控、保健功能、可视功能等智能化需求。

（二）织物结构设计

织物肌理设计是指通过组织结构的设计在织物表面呈现出各种不同的肌理效果。如纹理清晰与模糊，外观光洁与毛感、镂空与紧密、平整与立体，需要用组织结构来表达。利用基础组织进行组合、变化来实现。

1. 基础组织的运用

（1）纬平针组织：在多数毛衫服装中运用纬平针组织，原因是纬平针组织外观平整、柔软，可编织性最强、织物厚度最薄、生产成本最低、编织效率最高。配以松紧密度、横条等变化、正反面制作等多种组合变化实现织物的多样性。

（2）罗纹组织：罗纹组织在外观上有纵向凹凸纹理的视觉感受，纹理可细可粗，变化多端，织物可织性强，有厚度、弹性好；可变性强，如满针罗纹、双罗纹、抽针罗纹等。

（3）双反面组织：织物拉开后在外观上有横向凹凸纹理的效果，与罗纹效果类似，通过变化具有横条的凹凸效应，纵向延伸性好。在纵行上进行正反针变化，可演变出多种效果。

2. 花色组织运用

如集圈、添纱、衬垫、毛圈、移圈、提花、衬纬等组织，变化多、织法复杂、能形成各种外观形态，实现织物外观的多样性。参照任务1，在此不再赘述。

3. 复合组织

复合组织是指两种或两种以上的组织组合叠加在一起形成的组织结构，由于组合变化多无法以组织构型进行命名。编织中编织动作多且复杂，但能呈现出特殊的外观效果。

4. 缩率的运用

缩率包含纱线洗水后的回缩和弹性纱线的回缩两种类型。

（1）洗水后回缩：纱线洗水后的回缩设计应用有两种途径：整体回缩与局部回缩。

整体回缩主要应用于纯毛类的织物中，通过缩绒后产生整体性回缩，实现尺寸稳定、密实、表面绒毛感等效果。局部回缩是指采用两种或多种缩率不同的纱线进行提花或某些结构的编织，经洗水后产生不同程度的回缩，达到花型或局部凸起的外观效果，如图3-2-10所示。

（2）弹性纱线回缩：利用弹性不同的纱线通过编织后实现花型或局部凸起的外观效果，如图3-2-11所示。

图3-2-10　缩后凸起效果　　　　图3-2-11　弹性纱回缩花型凸起

（三）纱线的运用

纱线决定织物的性能、外观特征、色彩以及其他特殊的效果，因此纱线的运用在织物设计中占主要部分。

1. 羊绒纱的运用

羊绒纱织物柔软且富有弹性，是高端的纱线，成本高。如采用羊绒纤维按5%～10%的比例与其他纤维混纺后也能得到良好的绒感。采用单面组织、松密度、天然类或再生纤维类纱线、进行柔软处理、拉绒或磨毛后整理处理等方法能使毛衫织物手感柔软。

2. 高捻纱、化纤纱的运用

毛衫服装希望实现挺括、有身骨的整体或局部造型效果，可使用双面组织、紧密度、化纤类纤维或捻度较大的纱线进行编织。考虑贴身穿着的需求，可采用内侧使用吸湿性强的纤维纱线复合编织，如图3-2-12所示。

3. 长绒线的运用

采用长绒线进行配合编织得到表面毛绒的效果，如长绒花式线、马海毛等。或采用粗纺毛纱通过缩绒处理，或织物经过磨毛、起绒等整理方法实现绒感设计，如图3-2-13所示。

4. 花式线的运用

花式线种类繁多，在外观设计中占到越来越多的比重，如粗细纱、结子线、辫子线、夹花线、段染纱、亮片线、金银线、AB线、编结线等，良好的运用能呈现各种特殊效果。

5. 透明纱的运用

透明纱在女装中应用广泛，利用透明的效果使成衣做成局部透明、透出内衬纱等效果，如图3-2-14所示。

 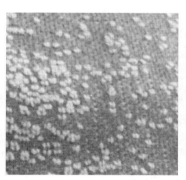 

图3-2-12　硬挺的效果　　　　图3-2-13　粗纱的运用效果　　　　图3-2-14　透明纱的运用效果

三、毛衫花样创新设计

（一）根据成衣效果图设计花样

1. 设计效果图分析

如图3-2-15所示，成衣风格年轻，织物轻薄、略有挺括、外衣贴身穿着，外观轻微起皱。

2. 机器选择

根据效果图的成衣效果显示为轻薄类型，拟采用细针的机型，如12、14针横机编织。

3. 纱线选用

织物显示轻薄且有一定的挺括性，拟采用粗纺纱线与尼龙长丝进行交织。

4. 基本组织选择

起皱织物可以选用正反针及变化组织、三平或空气层及变化组织、闭口凸条组织等类型

图3-2-15　毛衫服装效果图

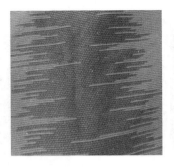
图3-2-16　添纱混色效果

图3-2-17　衬纬配色与起皱

组织为基础，也可通过缩绒、弹性回缩等手段进行实现。或可采用纬平针添纱提花组织实现外观图案，如图3-2-16所示。

5. 起皱效果的设计

起皱效果是指在织物表面出现细微的起伏，根据起伏的效果可分为横条皱褶、局部皱褶、波浪皱褶、漫射型皱褶等类型。根据效果图分析属于横条配色、横纹皱褶的起皱效果。

6. 组织结构设计

依据横条配色、横纹皱褶的起皱且不规则的横条配色设计的判断，在组织结构上可以选择正反针、三平、空气层、闭口凸条，本例选用正反针为基础组织加衬纬的编织方式。

（1）正反针：正反针编织是正反横列交替所形成的凹凸效果，该织物纵向回缩较大，整个横列的正针或反针形成织物不易表达图中的配色效果。

（2）三平或空气层组织：两者都能实现正面凹凸起皱的效果，但配色横条是规则的，同样难以实现无规则的配色效果。

（3）闭口凸条：闭口凸条可以实现横向直条、波浪形凸条的起皱效果，同样难以实现无规则的横条配色。

（4）衬纬组织：衬纬组织是指将某些纱线以浮线的方式横向衬在织物中。衬纬织物的优点是横向伸缩性小（弹性差），接近机织物的效果，如图3-2-17所示。

如果将形成线圈的纱线改用透明的丝线（如玻璃丝），衬纬部分采用配色的两种色纱或段染纱，编织后两种色纱将不受约束，自由出现在织物正面，正面将显示两种颜色的混合效应，如图3-2-15所示，与服装效果图的外观效果比较接近。

7. 试样编织与效果判别

（1）织物厚度：编织后织物的厚度略大于单面织物，原因是采用玻璃纱编织单桂花组织才能夹住衬纬纱线。

（2）织物弹性：下机后测试织物纵横向的伸缩性较差，织物结构与尺寸比较稳定。

（3）双色混色效果：两种色纱可同穿一把纱嘴进行混色编织。

（二）根据灵感来源设计花样

1. 设计主题——"溯源"

释义：万物之源，皆可追溯。以物之相，探求本源；以事之本，追求根源；用心思之，探究之因，回首往事，探寻渊源。

2. 灵感来源

源为水之源，寻找水之源的图片，选择两款图片如图3-2-18所示。

(a)

(b)

图3-2-18　"源"之灵感图片

3. 提取图片可运用元素

（1）图3-2-18（a）主题效果为横向平行凹凸的岩石层。岩石层叠的纹理、水流连接层叠、中驼色、褐色、白色等。

（2）图3-2-18（b）主题效果为纵向潺潺的水流。水层、波浪、线条、不规则、蓝色、白色、黑色等。

4. 提取基础花型可表现的效果

（1）图3-2-18（a）中的纹理可采用凸条组织表现凹凸有致。设计思路：闭口凸条、开口凸条、眼皮、配色横条、格子配色、浮线、集圈等。

（2）图3-2-18（b）中的纹理可采用集圈、停针等组织表现纵向连接不断。设计思路：停针编织、多行集圈、配色凸条、浮线、色条色块、圆筒、翻针提花等。

5. 图片表现与纱线选择

（1）棉麻表现整体春夏效果。图3-2-18（a）中的色彩为自然色、浅米色、浅驼色、点缀深色，同麻纤维色，设计为棉麻纱线的编织效果，用于春夏装，套衫、T恤、背心、长裙、短裙、开衫等。

（2）棕色麻丝表现岩石纹理及粗糙效果。图3-2-18（a）中棕色、白色叠加，棕色麻纱、透明丝做底，翻针、空起、圆筒搭配表现岩石纹理、粗糙风格的效果。

（3）白色麻丝体现流水清澈。图3-2-18（b）中流水、反光、丝缕，采用透明丝、仿麻纱等配合，表现水纹、水流、色块等清澈的效果。

6. 元素与基础花型针法相结合及融合

（1）棕色纱线的闭口凸条表现横向的岩石层。

（2）白色纱线的吊线表现顺流而下连绵不断的流水。

（3）白色丝线组成色块表达反光的效果。

（4）起伏的凹凸线条表达水纹。

（5）条形色块表达粗糙感。

7. 针法结合、组合、融合创作出新的针织花型

（1）横向棕色谷波与白色平纹间色处理。

（2）纵向白色吊针越过棕色谷波形成连接。

8. 针法及效果延伸设计

组织：间色闭口凸条（谷波）；针型：12G；纱线：2/28Nm有机亚麻（100%有机亚麻）、3/48Nm汇春麻（10%亚麻、40%黏胶、50%腈纶）。

（1）花样1设计：成品效果图如图3-2-19所示，组织意匠图如图3-2-20所示。

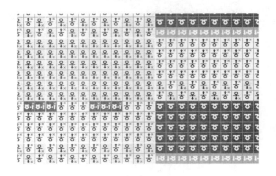

图3-2-19　花样1成品效果图　　　　　　　　图3-2-20　花样1组织意匠图

（2）花样2设计：成品效果图如图3-2-21所示，组织意匠图如图3-2-22所示。

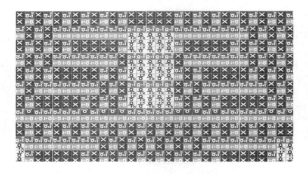

图3-2-21　花样2成品效果图　　　　　　　　图3-2-22　花样2组织意匠图

（3）花样3设计：成品效果图如图3-2-23所示，组织意匠图如图3-2-24所示。

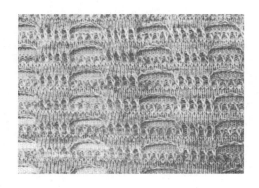
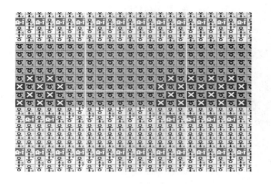

图3-2-23　花样3成品效果图　　　　　　　　图3-2-24　花样3组织意匠图

（4）花样4设计：成品效果图如图3-2-25所示，组织意匠图如图3-2-26所示。

图3-2-25　花样4成品效果图

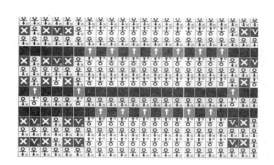

图3-2-26　花样4组织意匠图

（5）花样5设计：成品效果图如图3-2-27所示，组织意匠图如图3-2-28所示。

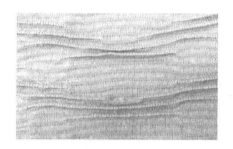

图3-2-27　花样5成品效果图

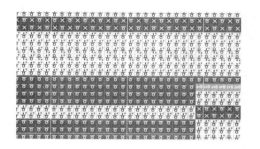

图3-2-28　花样5组织意匠图

（6）花样6设计：成品效果图如图3-2-29所示，组织意匠图如图3-2-30所示。

图3-2-29　花样6成品效果图

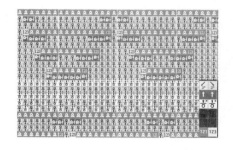

图3-2-30　花样6组织意匠图

（7）花样7设计：成品效果图如图3-2-31所示，组织意匠图如图3-2-32所示。

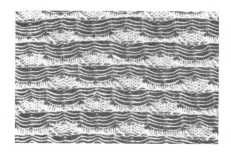

图3-2-31　花样7成品效果图

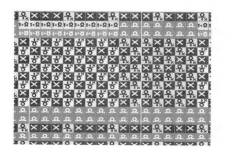

图3-2-32　花样7组织意匠图

（8）花样8设计：成品效果图如图3-2-33所示，组织意匠图如图3-2-34所示。

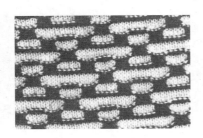
图3-2-33　花样8成品效果图

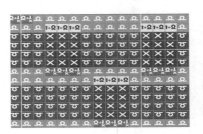
图3-2-34　花样8组织意匠图

【任务实施】

一、教学设备与材料
（1）各类纱线、织片样品。
（2）岛精电脑横机制板系统、各型号岛精电脑横机。

二、实施步骤
（一）任务说明
给定一款毛衫服装效果图，简要描述外观效果特征，按效果要求设计一款毛衫织物，说明适用性。

（二）实施过程
1. 设计效果图分析
（1）穿着效果：贴身穿着、春夏装、面料有身骨、柔性好、舒适性好。
（2）服装面料厚度：中等厚度。
（3）服装风格：淑女型的典雅风格。
（4）色彩设计：采用2色或3色，有格子效果的隐纹效果，如图3-2-35所示。

2. 机器选择
从效果图分析，面料为中等厚度，预设计为双面类织物，因此选用细针电脑横机机型，如图3-2-36所示。

3. 纱线选用
从效果图分析，成衣为贴身穿着，应考虑穿着的舒适性，从设计角度对服装的服用性能、适穿性、成本等方面进行分析，纱线拟选用蚕丝、黏胶、尼龙、羊绒混纺精纺纱线与金银丝。

4. 基本组织选择
从织物结构、外观效果分析，织物有身骨、柔性好、舒适性好，选用双面组织为基本组织，细针型编织后形成中等厚度的织物，采用银丝线作为点缀，混纺纱线作为表、里层组织用纱。组织结构构型拟采用三色圆筒提花结构，在提花基础上进行格子纹理处理。三色圆

图3-2-35 毛衫服装效果图

图3-2-36 毛衫面料效果图

筒提花表里两层会出现分层，影响织物的挺度，将格子的竖纹做成交错翻针提花，使表里合一，达到一定的挺度。圆筒提花部分块面较大，平整，组织为纬平针线圈，整体触感柔软舒适；翻针提花的竖条给予一定的挺度支撑，使织物具有身骨。

5. 配色设计

三色提花的配色需要突出主题，表现淑女典雅的风格，宜采用浅色偏暗的中间色调。以下配色采用潘通色卡的色号，配色设计如表3-2-1所示。

表3-2-1 配色方案

配色方案	A色	B色	C色	格子
方案1	米白	大红	茄紫	黑丝+银丝
方案2	浅米	浅蓝	中灰	深蓝+银丝
方案3	浅桔	浅咖	中蓝	浅米+银丝

6. 花纹图案设计

三色提花的花纹应注重三色块面相当，三色间距适中，拟采用云纹加以变化的柔型图案作为本款大身的图案，参照如图3-2-37所示图案风格进行变形设计。

图3-2-37 各类提花图案

7. 原图描绘

使用岛精、恒强、琪利等专用软件进行制板描绘，计划使用12～14G机号电脑横机编织，拟设计试样的大小为40cm×50cm，使用原图大小约为280针×200转。

（1）底纹描绘：参照如图3-2-20所示的效果，进行变形描绘，使图案柔和、飘逸。

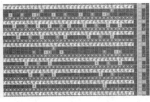

图3-2-38　二色翻针压线花样

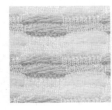
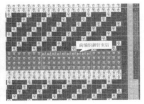

图3-2-39　三色翻针压线花样

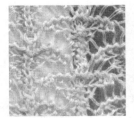

图3-2-40　移圈花样示意图1

图3-2-42　毛圈类花样示意图

（2）配色：对三色提花按3个配色方案进行配色，选取相对效果较好的配色方案。

（3）格子设计：按服装效果图所示的效果将格子设计成2cm×3cm、3cm×4cm大小，格子高度大于宽度，可显示身材修长。做对比后并进行修型，得出格子大小以2cm×3cm为宜。格子纹理设计为纵条宽为3针（交错翻针，前翻后）、横条高为2转。格子内13针宽、8转高。

（4）合并原图：将格子与底纹提花花样合并，正面形成4色圆筒提花。

（三）试样描绘举例

如图3-2-38～图3-2-42所示为不同试样效果。

图3-2-41　移圈花样示意图2

（四）撰写设计报告

依据上述设计过程，撰写成毛衫花样面料设计说明书。

【思考题】

（1）简述毛衫织物设计的概念。

（2）毛衫织物的外观风格有哪些类别？

（3）按图3-2-43所示的意境，试设计一款毛衫织物面料。

图3-2-43　设计灵感图片